陈昌曙文集

科学认识论与方法论卷

陈昌曙/编著

科学出版社

北京

内 容 简 介

1982 年，陈昌曙明确提出了科学与技术划界的思想，阐述了技术与科学之间存在着本质性的差异，从而奠定了技术哲学学科在中国的独立地位。对科学认识论和方法论的研究贯穿于陈昌曙先生的整个学术生涯，成为其最为重要的研究主题之一。陈昌曙先生对科学技术认识论和方法论的研究既有其独到的见解，又有其独有的特点。本书对于全面认识陈昌曙哲学思想、对于深化我国科学认识论与方法论研究具有重要的学术价值。

本书可作为全国高校技术哲学参考书和科学技术哲学研究生参考用书，对从事技术相关的工作者具有一定参考价值。

图书在版编目（CIP）数据

陈昌曙文集·科学认识论与方法论卷/陈昌曙编著.—北京：科学出版社，2014

ISBN 978-7-03-040065-9

Ⅰ. 陈… Ⅱ. 陈… Ⅲ. ①陈昌曙（1932～2011）-文集 ②科学哲学-认识论-文集 ③科学哲学-认识论-文集 Ⅳ. ①B-53 ②NO2-53

中国版本图书馆 CIP 数据核字（2014）第 045399 号

责任编辑：樊 飞 郭勇斌／责任校对：刘小梅
责任印制：李 彤／封面设计：铭轩堂

科学出版社 出版
北京东黄城根北街 16 号
邮政编码：100717
http://www.sciencep.com
北京厚诚则铭印刷科技有限公司 印刷
科学出版社发行 各地新华书店经销
*
2014 年 8 月第 一 版 开本：720×1000 1/16
2023 年 1 月第四次印刷 印张：24 3/4
字数：600 000

定价：169.00 元

（如有印装质量问题，我社负责调换）

《陈昌曙文集》

编委会

总　　序

陈昌曙教授是中国技术哲学的开创者和奠基人，是我国科技哲学领域的一代名师。他在哲学道路上近半个世纪的耕耘，始终跋涉于马克思主义哲学和科学技术哲学领域，为我国当代哲学的发展和技术哲学学科的创立做出了重要贡献，在国内外享有较高的学术声誉，影响深远。

陈昌曙教授 1932 年 7 月 7 日生于上海，1950 年毕业于江苏苏州中学，同年考入东北工学院（现东北大学前身），1954 年被选派到中国人民大学马列主义研究班学习，开始了他的哲学学术生涯，两年多的研修历程，也使他的哲学才华逐渐展露。1956 年回到母校任教，从事哲学教学和研究工作。1961 ~ 1965 年，他开始将哲学认识论的研究与自然科学相结合，研究自然科学方法论问题，这为他日后的技术哲学探索累积了丰厚的学养。1978 年“文化大革命”结束了，他和千千万万个中国知识分子一样，满怀热情地迎接科学的春天，开始探索我国技术哲学这一新的学术领域。

20 世纪 80 年代初，陈昌曙教授对我国技术哲学独立地位的思考日渐成熟。1982 年，他发表了《科学与技术的统一和差异》一文，明确提出了科学与技术划界的思想，阐述了技术与科学之间存在着本质性的差异，从而奠定了技术哲学学科在中国的独立地位。1986 年以后，他广泛深入地了解了采矿、电子、化工、自控等专业的特点，仔细考察了工程技术人员的研究过程和成果，认真探究了工程技术人员思维方式和研究方法，进一步深化了对工程技术学科的认识，这些独创性的研究都为我国技术哲学学科的奠定了坚实的基础。

1992 年，陈昌曙教授带领的学术团队在技术哲学领域斩获颇丰。在理论研究方面：提出了人工自然理论、科学与技术的差异、技术的本质和技术体系的结构等新观点和新理论，形成了技术哲学理论的研究重点；在应用研究方面：重点关注了东北老工业基地技术改造中的哲学问题和社会学问题，以及技术创新、可持续发展中的技术等应用问题。正是沿着理论和应用两个方向，陈昌曙教授带领的学术团队为技术哲学学科构建了坚实的支柱，并逐渐形成了技术哲学研究的“东北学派”。

1980 ~ 2001 年，陈昌曙教授发表了 60 余篇文章探讨技术哲学问题，内容涉及技术哲学得以成立的基本前提、技术哲学的研究对象、历史演进、学科性质、学科体系、基本内容、技术的本质与要素、技术与生产、技术与工程的关系、技术与社会的关系、产业与产业技术，以及可持续发展等问题。经过20余年的努力，他开创了具有工程传统的中国技术哲学研究方向，高屋建瓴地绘制了我国技术哲学发展的图谱和路线图，在国内外学术界产生了深远的影响。

在学科创建之初，陈昌曙教授遇到的第一个问题就是要建立什么样的中国技术哲学。由于多年以来深受马克思主义哲学思想的浸染，他将中国的技术哲学定位于以马克思主义为指导，以中国工程技术实践为土壤的哲学学科。当然，这种定位无论就中国的学术环境，还是从他学术成长道路而言，都是必然的。陈昌曙教授的哲学道路就是从马克思主义哲学开始的。1955～1957年，他以辩证唯物主义为基础，深入细致地研究了唯物辩证法和认识论，在《哲学研究》上发表了《关于唯物辩证法的两对范畴》、《唯物辩证法的范畴——本质与现象》、《唯物辩证法的范畴——形式与内容》等系列文章，出版了《唯物辩证法的主要范畴》（人民出版社，1957年）和《唯物辩证法的范畴——必然性和偶然性》（湖北人民出版社，1957年）两部著作。在之后的研究中，他又以历史唯物主义为基础，阐述了对社会主义的认识，对劳动价值、知识价值和劳动分配关系的理解，以及领导干部与马克思主义哲学的关系等问题。

自哲学研究以来，陈昌曙教授对认识论问题极为关注，并将认识论与自然科学相结合，试图打开科学认识论和方法论的“黑箱”。除“文化大革命”期间被迫停止所有研究工作以外，他从未间断过对这些问题的思考，其思想的火花可见其学术生涯的各个时期。因此，科学认识论和方法论的研究成果，是陈昌曙教授技术哲学思想的理论基础，也是其技术哲学思想的重要组成部分。

对于国际技术哲学的理论成果，陈昌曙教授认为应该用辩证的态度去认识。他指出：“我们不赞成把国外的技术哲学或技术论原原本本地搬到中国来，把它抬高到不适当的高度。西方技术哲学和日本的技术论当然是值得借鉴的，其中也包括有益的资料和合理的思想，有的还试图用历史唯物主义的观点探讨问题，但同时也要注意到，无论是德国或是美国的技术哲学，或者是日本的技术论，都处在形成的过程中，对工程技术界和学术理论界的影响都不甚大，而且，国外的技术哲学终究不是针对我们所面临的问题，在提出问题和解决问题的观点方法上也有可分析批评之处。”他和远德玉教授合著《技术选择论》的目的之一就是要在批判西方的“技术自主论”思想的基础上，明确人与技术之间的选择关系。在这部论著中，两位先生一致认为：人虽然不能完全自由地选择技术，但是在一定程度上，人对技术有着广阔的选择天地，在技术选择上也有自己的用武之地。当然，他们也并没有完全否定“技术自主论”，也认为其中“包括着合理的东西”。两位先生对待西方学术思想的态度也正是我们今后应该效仿的。

中国的技术哲学要直面中国工程技术实践中的现实问题，使之成为工程师能够听懂并可以实践的哲学，从而实现人文学者和工程技术人员的对话，这是陈昌曙教授对中国技术哲学的基本要求。他从科学与技术的关系，技术的先进性标准与适用性标准的区别与联系，技术发展的内部关系，技术研究的体系，技术发展的条件，技术科学与工程技术研究的方法论，技术、自然与人的协调等 8 个方面，对中国技术哲学要回答的实际问题给予明示。从这一点上看，中国技术哲学从一开始就是工程传统的。尽管陈昌曙教授十分喜欢技术，但他本人并不是一位职业工程师，相反，他是一位有着卓越哲学思维的哲学家，其深厚的哲学底蕴使他能够突破工程师的职业视角，以一个哲学家的角度反思工程技术，这使得他的技术哲学尽管具有浓重的工程传统色彩，但还是体现了其人文主义的反思倾向，这在他撰写的《技术哲学引论》中关于“人工自然”和“可持续发展”问题的讨论里表现得尤为突出。

陈昌曙教授自开垦中国技术哲学这块处女地伊始，就在思考中国技术哲学发展的基本问题，因为凝练的基本问题具有研究纲领的意义和价值。20 世纪 80 年代，他在《技术是哲学的研究对象》一文中就初步构建了技术哲学的研究框架，在宏观上对技术哲学的研究方向做了初步探索。20 世纪 90 年代末，他认为提出中国特色技术哲学基本问题的时机已经成熟了。2000 年 10 月 14 日，在清华大学召开的“第八届全国技术哲学研讨会”上，陈昌曙教授和陈红兵博士提交了《技术哲学基础研究的 35 个问题》这篇带有研究纲领性的论文。文中就技术哲学的学科定位和性质、技术哲学研究的理论意义、技术哲学的本质、科学与技术的关系、技术的价值、技术发展的规律性等 6 个方面提出了 35 个至关重要的问题。就如同 20 世纪德国数学家希尔伯特提出的 23 个数学问题一直指导着整个 20 世纪世界数学研究一样，陈昌曙教授关于技术哲学基础研究的 35 个问题，以其深远的立意、丰富的内涵和深邃的思想，不仅深刻地影响着当代中国技术哲学的研究范畴，也必将对我国未来技术哲学的发展产生历史性的影响。

当然，陈昌曙教授的学术视野并没有局限于理论层面的探讨，先生以其独特的视角，关注着现实问题。1978 年以后，关于科学技术如何成为生产力的问题，他从当时我国科学技术发展的实践出发，提出“技术是科学转化为生产力的中介”这一重要思想，为我国科学技术尽快长入经济，实现科学技术的生产力功能提供了理论基础；为注重基础科学研究同时大力加强应用研究的科技政策的制定提供了科学依据，促进了当代中国科学与技术的协调发展。

自此以后，从哲学层面关注现实问题成为陈昌曙教授重要的研究方向，论题涉及 STS 问题、技术社会化问题、技术创新问题、高技术问题、企业技术改造问题、东北老工业基地转型问题、可持续发展问题等诸多方面，先生为此撰写了大量论文，充分体现了科学技术哲学的应用价值。

陈昌曙教授一生致力于中国的技术哲学研究，开创了中国特色的技术哲学研究传统，为中国技术哲学的发展指明了方向，“没有特色就没有地位，没有基础就没有水平，没有应用就没有前途”。这是先生的至理名言，它鼓舞着我们后辈学者朝着此方向不断探索着理论与实践的未来世界。

陈昌曙教授的学术成果，之前主要以论文和专著的形式单独发表，先生去世之后在遗稿中又发现了很多没有发表的文字资料。这些已发表和未发表的论著，从不同角度多方面地反映着先生的学识、学养、学术、学风。现今我们将这些成果整理成《陈昌曙文集》，在科学出版社出版。

先生虽已驾鹤西去，却为我们留下了大量而宝贵的精神财富。《陈昌曙文集》的出版，必将对具有中国特色技术哲学的发展产生重要影响，也必将使我们在国际技术哲学领域里，不断推进具有中国气派和中国风格的技术哲学思想，使我国的技术哲学在国际技术哲学领域占有一席之地，产生重要影响。

陈　凡

2014 年 6 月 7 日于沈阳南湖

目　　录

中篇　西方科学哲学

下篇　科学方法论

上 篇

自然科学的发展与认识论

导　　言

自然科学与认识论的相互关系，是当代科学哲学的一个最重要的问题。科学研究需要正确的认识论作指引，认识论的探索必须以科学知识为依据。爱因斯坦有一段名言："认识论要是不同科学接触，就会成为一个空架子。科学要是没有认识论——只要这真是可以设想的——就是原始的混乱的东西。"①

广义地说，整个哲学都有认识论意义。然而，认识论也可以作为哲学的一部分，即把认识作为第二性的东西，作为人对客观世界的反映过程来考察，把人的意识、知识作为研究的对象。就此而言，认识论乃是关于人类知识产生和发展的规律的学说，它要回答世界能否被人认识、认识的动力和来源、知识形成的历程和形式、获取知识的方法和逻辑、判定知识可靠性的准则等方面的问题。本书就是从知识论的角度来讨论认识论的。

辩证唯物主义的认识论已经对我们的科学工作起了促进作用，从实际出发、实事求是、实践出真知、具体问题具体分析等观点已被广大的自然科学工作者理解和接受，并运用于自己的工作中。在物理学、化学、生物学、天文学、数学等领域都有了自觉掌握马克思主义哲学并作出重要成果的专家。但是，事情并不是都能令人满意的。现实生活中还存在着不可讳言和回避的矛盾：一方面，辩证唯物主义哲学能够指导自然科学的发展，我们提倡科学工作者自觉地学习它、应用它；另一方面，却有为数不甚少的科学研究人员对于哲学、认识论不那么热心，不十分感兴趣，或忙于具体业务无暇顾及哲理，或视为身外之物，认为认识论的原则无补于事、无益于己，有的则望而生畏、敬而远之。如果我们低估乃至否认这个矛盾的存在，不努力去加以解决，就不能真正做到科学同哲学的结合。

自然科学和认识论理应互相依存、相互促进，然而却存在着上述的矛盾，这是不应该的。这种情况是怎样造成的呢？

认识论同科学的分离是有其历史缘由的。在古代，这两者曾经融为一体，那时的许多学者既研究自然界的事物，又思考人类知识的由来和性质。到了近代，

---

① 《爱因斯坦文集》第1卷，北京：商务印书馆，1976年，第480页。

自然科学和认识论就逐步分化为两个专门的领域：科学家去考察具体的对象和过程，哲学家则致力于解释世界和认识的普遍特征。这种分化是必然的、有进步意义的，是科学和认识论各自趋于成熟的标志和条件；同时，也由于这种分化，又会在自然科学研究与哲理探索之间产生隔阂。因此需要特别强调两者的结合，强调彼此加强接触；如果双方互不了解，只顾分道扬镳，就会相互脱节。

谈到认识论同科学分离的现实原因，有的同志认为主要是自然科学工作者有片面注重具体经验和实证知识、不注重理论思维的倾向。确实，漠视哲学的倾向在科学工作者中间是存在的。但是，对于相当大的一部分科学技术工作者来说，他们不大关心认识论，对哲学兴趣不浓，倒是应该检讨我们的认识论宣传是否使科技工作者感到痛痒有关，我们的认识论研究能否适应自然科学发展的需要。过去，我们阐述认识论的基本原理，往往论断多，论证少，缺乏具体分析和深入说明；若干论点尚不够全面、不够确切和严密；对于现代科学发展提供的大量实际资料和经验教训，没有做出应有的概括和总结；对资产阶级哲学中关于认识论问题的评述或不够充分，或有失实之处。我们自己的工作做得不够好，不能完全归罪于别人。

近几年来，哲学工作者、自然辩证法工作者在具体论述实践是检验真理的标准、现代科学的特点和意义、自然科学的研究方法等问题上，在介绍和分析现代科学（如信息论、控制论、系统论）中的认识论问题、若干著名科学家（如爱因斯坦）的哲学观点和西方的“科学哲学”等方面，已取得了较大的进展。哲学教科书中关于认识论的章节也比过去丰富，更有说服力了。但是，认识论宣传和研究中的上述缺陷仍有待进一步克服。如果一方面继续动员和组织科学工作着在自愿基础上学习马克思主义哲学；另一方面又立足于自然科学的实际使辩证唯物主义认识论得到具体发挥，是会有助于自然科学同哲学的结合的。

在近几年来的认识论讨论中，在涉及某些基本观点（如实践观点、认识过程中的主观能动性、认识阶段的划分等）的问题上，还存在着一些有分歧的看法。因此，认识论的研究不仅需要更充实、更真切、更有新意，而且需要经过进一步的讨论，促成重大问题上意见的一致。这对我们认识论的宣传，促进与自然科学工作者的结合是很必要的。

搞好认识论的研究和宣传，不是写几篇文章或一两本书能办到的，不能只靠哲学工作者去做，还要有自然科学工作者的努力。研究认识论的途径，可以着重于总结现代自然科学的最新成果，可以着重于分析现代哲学中的认识论观点，可以着重于考察历代哲学中的认识论观点，也可以着重于从科学发展史去探讨认识论。我们认为，从科学发展的进程去考察认识科学的原理，是必要的和重要的。对认识论的研究不能只靠举例，引用个别的科学事实，还要从科学认识的历史去论证。人类认识世界的历史和认识的逻辑是统一的，在一定意义上认识史就是认识论，认识论是认识史的缩影和精华。自然科学的发展经历了从经验水平上升到理论水平，从分门别类的研究过渡到整体性考察，从科学转化为“知识工业”的过程，这同科学研究要由积累资料到揭示本质和规律，由分析到综合，由理论到实践，是一致的、类似的。列宁就很重视科学史研究的认识论意义。他认为，整个认识的历史、各门科学的历史及儿童智力发展史等，“是那些应当构成认识论和辩证法的知识领域”。① 他还指出：“要继承黑格尔和马克思的事业，就应当辩证地研究人类思想、科学和技术的历史。”②

本书将结合自然科学的发展，探讨认识论问题。笔者科学知识不足，对科学史料的引述难免不准确，理论观点上的错误更不会少，希望得到自然科学工作者、哲学工作者的关心和帮助。

① 《列宁全集》第38卷，北京：人民出版社，1963年，第399页。
② 《列宁全集》第38卷，北京：人民出版社，1963年，第154页。

第一章　科学的起源和知识的特征

第一节　自然科学的萌发

从自然科学的发展来讨论认识论的问题，前提是科学知识已经出现，至少是有了萌芽形态的科学。一般认为，人类的科学大厦从人猿相揖别的时代就开始动工兴建，对此似乎没有什么争论。但是，自然科学的历史究竟从什么时候算起，仍是值得研究的。

一种意见认为，到18～19世纪才有自然科学。因为科学是要反映事物的本质和规律，是要有条理、有理论的，只是搜集材料、积累经验，虽则可以叫做自然研究或获得知识，却还不能称之为科学。在18世纪以前，人类的自然知识基本上是零散的甚至是杂乱的，大量的认识资料还没有得到清理，没有揭示出其中的内部联系和必然性，因此可以有理由说那时的自然知识还没有达到科学的高度。

另一种意见认为，从15世纪开始就有了自然科学。因为这时科学已作为宗教的对立物出现并宣告其独立，自然科学已在其特有的实践形式——科学实验的基础上得到发展。这种意见的根据是恩格斯的这段话："精确的自然研究只是在亚历山大里亚时期的希腊人那里才开始，而后来在中世纪由阿拉伯人继续发展下去；可是真正的自然科学只是从15世纪下半叶才开始，从这时起它就获得了日益迅速的进展。"①

还有一种意见把自然科学的产生追溯到奴隶社会的初期，因为那时已有从事科学活动的脑力劳动者，有了文字。持这种意见的同志指出，恩格斯在论述自然科学各部门的顺序发展时首先提到的就是古代的天文学、力学和数学。恩格斯说："在整个古代，本来意义的科学研究只限于这三个部门"②，持这种意见的同

① 《马克思恩格斯选集》第3卷，北京：人民出版社，1972年，第418页。
② 《马克思恩格斯选集》第3卷，北京：人民出版社，1972年，第523页。

志认为，恩格斯在这里所说的古代，指的就是奴隶制社会时期。

再一种意见认为，自然科学的历史和人类一样悠久。科学就是对自然界的正确反映，正确的自然知识就是科学。在原始社会中不仅有了道德、艺术、宗教，同时也有了科学，尽管它是很不发达的。在马克思主义创始人的著作里还没有见到原始社会中就有科学这样明确的提法，但也可以找到某些论述作为这种观点的佐证。

看来，要确定自然科学的诞辰是难以简单地引一两句经典作家的话做根据的，因为引文的不同提法应当从它所针对的问题和特定的意义去理解。那么，自然科学的产生问题究竟如何解决呢？有人认为，不同的看法同如何规定自然科学这个概念有关，只要给自然科学下一个明确的定义，事情就好办了。

定义当然重要，但首先要做的事情并不是给自然科学下定义，再以符合定义的东西为起点，从而讨论自然科学的认识论问题，而是要把科学的渊源和概念当作认识论本身的一个重要问题加以研究。而且，正像不能把原始宗教和现代宗教等同看待一样，也不能只用一个标准去衡量远古的科学和现代的科学。科学的对象、内容、形式，在不同的历史时期有不同的特点。这样说，并不是要否定对科学可以下一个总的定义，问题只是普遍的界说不能脱离具体分析。

我们认为，在原始社会中，就有了萌芽状态的科学，这是因为原始社会中就有了物质生产和工艺技术。众所公认，我们的远祖在原始社会的漫长时期里在生产技术上已有了不少的创造与成就：

第一，创造并使用了征服自然的武器——劳动工具。从制造粗笨的石器到精巧的石器，发明了长矛、梭镖和弓箭，进而学会了利用自然铜或陨铁。

第二，开始了对自然力的支配，他们不仅要利用天然火，还学会了人工取火，从而有了熟食、取暖和照明。

第三，不仅把自然物作为劳动对象，采集、捕鱼、狩猎，并且还创造出自然界原来不存在的东西作为新的劳动对象。他们不仅捕杀野兽，还学会了驯化某些兽类，饲养家畜；不仅采食野果，还学会了播种、灌溉、栽培农作物。假如借用哲学史上的术语并在特殊意义上使用，原始人已开始把“自在之物”变成“为我之物”，开始在“第一自然”（不以社会条件为转移的自然界本身）的基础上创造了“第二自然”（由社会生产所创造的自然过程，如畜牧业、农业）。

第四，在生产工艺上还做出了一系列的发明。除了人工培育家畜和农作物外，原始氏族的成员还掌握了陶器的制作，这可以说是最古老的化工工艺；学会了用石头或日晒砖建居室，这是最初的建筑工艺；学会了用植物纤维或兽毛编织衣着，这是纺织工艺的雏形；还能够制作木筏、木轮车、皮船，修桥筑路，这是交通运输技术的开端。据考证，金属工具到原始社会后期仍未普遍使用，但在一些地方，人们已开始从事金属冶炼，有了冶金工艺的萌芽。在原始社会中也有了医疗技术，应用了泻药和呕吐剂，甚至还有虽然粗野却是有用的外科医术。

以上这些创造发明，如果从它们把人类同动物界分开的解放作用来看，从它们都是开创性的活动来看，并考虑到原始人的生活条件，那就不能不说是重大的创造发明，是对人类文明的重大贡献。

那么，能不能说原始社会的人们只有生产技术上的创造发明，却没有正确的自然知识呢？显然不能。人和其他动物的一个重要区别在于人有思想，有语言，能积累经验。原始氏族的成员在劳动过程中是有目的、有意识的，他们在劳动中不断减少其盲目性，逐步学会估计劳动的预期后果，对能否达到目的和如何达到目的进行自觉的思考。原始人在改造自然的过程中必须要认识自然，并且能够不断地正确认识自然。把原始人看做是毫无自觉意识和知识的“非文化的人们”，这是不正确的。

恩格斯在论述从猿到人的过程时曾指出：“随着手的发展、随着劳动而开始的人对自然的统治，在每一个新的进展中扩大了人的眼界。他们在自然对象中不断地发现新的、以往所不知道的属性。”① 原始人能不断发现自然对象的属性，这可以由他们的创造发明并不断改进技术得到证明。我们虽然不能找到原始人设计弓箭的文献资料，却可以推断原始人在制造弓箭时已具备了相当的自然知识。弓身的制造要选用有较好弹性的木料，弦要用韧性强的动物腱、皮革或植物纤维制作，还要用坚硬的石、骨或兽牙制成箭镞，或许还要在箭尾加上羽毛使箭能保持定向飞行。“弓、弦、箭已经是很复杂的工具，发明这些工具需要有长期积累的经验和较发达的智力，因而也要同时熟悉其他许多发明。”② 原始人没有也不可能写出制陶工艺学的专著，但不能设想他们只会制陶却没有相应的自然知识。制陶必须选用可塑性好的黏土，还要在原料中掺入适量的砂粒。制陶要把原料加工成各种形状的陶坯，再用高温烧烤，原始制陶的焙烧方式先是利用篝火，后改进为炉灶，乃至出现了陶窑。原始人还学会了在陶器的表面上釉，这不仅是为了美观，也是为了要使陶器不会渗漏。在原始人的各项发明创造中都包含着正确的自然知识。

当然，承认原始人有技术上的发明创造，有正确的自然知识，还不等于肯定在原始社会中就有了科学。问题是当时的这种知识能否称得上是科学，是否连萌芽状态的科学也不够格？

---

① 《马克思恩格斯选集》第3卷，北京：人民出版社，1972年，第510页。

② 《马克思恩格斯选集》第4卷，北京：人民出版社，1972年，第18页。

断定原始的自然知识不是科学或不叫科学的理由之一是原始社会中没有文字，因此不能把那时的自然知识算作科学。确实，文字对科学发展有重要作用，科学成果大都要在著作、文章中发表。然而，有什么根据说任何自然知识必得表现为文字记载才算得上是科学呢？我们并不因为李春没有关于修筑赵州桥的文章，就否定他对赵州桥的兴建有正确的设计思想，或者只把这种设计思想看成知识而不列入古代建筑科学成就之内。我们也不因为北京天坛的回音壁、三音石和圜丘无法从原来的说明书去考证，就怀疑回音壁的设计原理是古代声学的可贵贡献。一个现代学者在口头报告他的某种发现时，即或当时还没有写成文字的东西，我们仍可以承认他提供了科学知识。为什么原始人的创造发明就全然不算科学成就，原始人口头讲述生产技术知识和自然知识就要完全排除于科学之外呢？

理由之二可能是认为原始社会中没有知识分子，没有专门从事科学活动的人，因此这时就谈不到科学。脑力劳动者、知识分子是精神生产（包括科学研究）的重要力量，但我们却不能简单地把知识分子与知识、科学家与科学等同起来。在原始社会中没有专门从事艺术活动和伦理研究的人，也没有专门的神职人员，而却有了原始的艺术、道德、宗教；我们也不能说这个社会里没有知识分子就没有知识，没有科学家就没有科学。原始氏族的成员都是物质生产领域的劳动者，我们不应当把这一点误解为他们只有体力劳动而没有任何脑力劳动。在那时，体力劳动同初级的脑力劳动还没有分化，物质生产同简单的科学也没有分化。

再一个理由是认为原始社会中的自然知识是经验性的，因而不能把这些知识称为科学。原始人在改造自然的过程中得到的正确认识是经验知识，没有达到理论高度。然而，科学是否都是理论呢？我们知道，就是在近代和现代科学中也要包括经验性的知识和现象的描述。如果近代人从煤焦油制取得到某种染料，或发现了某种元素的放射性，在尚未做出理论解释时已属于科学成就，那么，又怎么能说原始人用黏土制成陶器或识别了某些植物的药性就同科学无缘呢？

原始社会中正确的自然知识已是人类科学大厦的奠基石和组成部分，当然，也不能夸大和过分抬高原始文明的地位。那时的自然知识终究是肤浅的，没有文字工具作记载，没有经过专门加工，确切些说，是应当称之为萌芽状态的科学或科学的萌芽。萌芽的植物或植物的萌芽也是植物发展的一个阶段，上述提法也没有缩小或贬低原始自然知识的价值。

如果说早期的人类就有了萌芽形态的科学，那么，对于生产和科学的关系就应有较扩展的了解。我们常说科学的产生一开始就是由生产决定的，但往往不明确提出生产一开始就决定科学的产生。这个“逆命题”能否成立是要提出来做出回答的。我们认为生产和科学一开始就是共命运的，人类只要进行生产就需要探索自然。原始的生产相应地就决定着萌芽的（原始的）科学。认为人类在几十万年乃至更长的历史年代里只有生产技术而无科学知识，理论上是讲不通的。

如果说在原始社会中就有了萌芽状态的科学，而它又是科学发展的一个阶段，那么，关于科学的一般概念就要有广泛的概括性。比如说，只有反映事物本质、只有表述为定理才是科学，就未免有些褊狭性。就如最一般的宗教概念，大体上也只能说它是对现实的虚幻反映，而不能把“阶级的意识”概括在内，否则这个概念就不适用于原始宗教一样，说明科学的普遍特征时，也要注意类似的问题。科学是人类认识世界的活动，科学属于知识的范畴，这些知识是以社会实践为基础，以如实地、正确地反映客观现实为内容的。科学具有认识的职能和意义，并且能在人们的实际生活中得到应用，这应该说是对科学的一般概念的广泛概括。当然这并不排除对近代和现代科学进行具体的分析和规定。

第二节　原始宗教中的自然观

原始氏族的成员在同自然界作斗争中逐步积累了生产经验和正确的自然知识，这不过是当时人与自然界关系的一个侧面；如果全面考察这种关系，分析原始人的全部认识和知识，情况就要复杂得多。

人与自然界的关系从来是相互作用的，这种关系在任何时候都具有两重性。人们总是既改造自然又依赖于自然，既变革自然又要顺应自然。既控制自然条件又受自然条件的约束，既支配自然力又受到自然力的支配。无论在什么历史情况下，我们都不能只看到人类征服自然所取得的胜利，忽视人类还受到自然界制约的方面。在原始社会中，生产力水平极度低下，人们对自然界的依赖、顺应、受自然条件的限制和自然力的威胁，则更突出。它们面临的困难，遭到的挫折和失败，比他们所取得的成就更多。

人对自然界的认识反映着人与自然界的相互作用，而且，这种反映还有它自身的两重性。人们的认识总是既包括正确的东西，又包括谬误的东西，正确的东西会不断增多，克服谬误的东西，但不会到某一天只有正确，毫无谬误。原始社会中人们的认识手段和认识能力都很不发达，更不能不产生出许多谬误的观念。原始人在改造自然的过程中获得了成功，却难以解释自己的胜利；面对神秘莫测的自然条件，威严巨大的自然力量，他们又会对外部世界和自己的命运困惑不解，更难以说明遭到的失败和不幸。

人和自然界关系的双重性，人们认识的双重性，就是原始宗教产生的社会根源和认识论根源。对原始宗教的分析，又有助于了解这种双重性。原始宗教是当时人们幼稚无知的表现，是对自然现象的虚幻的、颠倒的反映。如果说原始人群在实际生产中的经验知识有一定的正确性和可靠性，那么，他们在解释自然界时的宗教幻想和虚构，则是生存困难和蒙昧的表现。

萌芽状态的科学是正确的知识，原始宗教是谬误的臆想，这种划分似乎是泾渭分明的。然而，如果我们只强调这两者的对立，认为原始宗教纯属主观想象、荒唐无稽，同正确的知识毫无牵连和贯通，那就不能理解人类怎样认识世界。原始宗教观念是虚幻的，它却不同于蓄意的伪造和毫无事实根据的谎言；原始宗教也起着使人畏惧神灵或用神灵给人以慰藉的作用，它的目的却不是要用来世的幸福去麻醉人们的意志。原始宗教观念是原始人对自然现象和人的行为难以理解的一种理解，难以解释的一种解释，难以讲出道理来的一种道理。在原始宗教的自然观中，包括某些合理的因素。原始宗教是当时自然知识不足的表现，又是一种特殊的自然知识，因而也是那时的萌芽状态的科学的补充。

原始宗教观念的主要内容是万物有灵论和自然崇拜。几乎有多少种自然现象，就有多少要崇拜的神灵。在新中国成立前还过着原始氏族生活的鄂伦春人那里，他们所崇拜的就有太阳神（得勒钦）、月亮神（别亚）、北斗星神（奥伦）、风神（阿丁博儿）、雨神（莫都儿）、雷神（阿克的恩都力）、火神（透欧博加坎）、山神（白那恰）、管狩猎的神（吉雅其），以及管全身疼痛的神、管人昏迷不醒的神、管人头痛和胸痛的神、管疯病的神、专给孩子治病的神等。① 在原始的易洛魁部落中，人们除了相信雷魔、风魔之类，还崇敬三姐妹神——玉蜀黍之精、豆荚之精、南瓜之精。②

有什么根据说原始宗教自然观中有合理的东西呢？根据在于它崇拜的对象是神化了的自然物，它认为土地、天体、山石、河流、水、火及各种动植物均有精灵，而且这些神灵仍具有自然物的某些属性。雷神会发出轰鸣和闪光，盐神能带来咸味，风神来去无踪，玉蜀黍、豆、南瓜三姐妹之精是人们生命的赡养者。

原始宗教里神同人的关系基本上就是自然力同人的关系。绝大多数的神具有双重性格，它们既可对人怀有善意，也会给人降临灾祸。几乎所有的原始部落都崇敬太阳神，它会给人带来光明和温暖，又会带来酷热和干旱。山神管理着野兽，它高兴时会把兽类交给人捕获，它发怒时就使狩猎者空手而归。土地神高兴就有丰收，它生气就会颗粒不收。原始宗教里的神灵也有喜怒忧乐的感情，这反映了神的人格化；更重要的是这些神灵大都喜怒无常、难以捉摸，这反映着人们在当时不能驾驭自然和掌握自己的命运，因而把自己的成功归之于神的恩赐，把

① 秋浦：《鄂伦春社会的发展》，上海：上海人民出版社，1978 年，第 158 ~ 160、176 页。
② 摩尔根：《古代社会》上册，杨东莼等译. 北京：商务印书馆，1977 年，第 191 页。

碰到的困难说成是神的恶意和惩罚。自然神是超自然的力量，本质上是自然界的力量和人的力量。

更值得注意的是原始人对神灵的态度，这表现在原始的宗教活动、宗教仪式中。原始宗教仪式大致可以分为三种情况。

在原始宗教仪式中包含着大量没有实际效果的乃至是有害的活动。最通行的方式是祈祷、祭祀、供奉，其意图一则是感激神的善意，给以报答，乞求它们多多行善；一则是对神的威严表示敬仰，讨好神灵，乞求它们免降灾难。在供奉中有时还要牺牲，除了宰杀动物祭神，还用人血献祭地神以求赐予丰收，把人投入河中以求河神息怒，免于洪水泛滥。在原始宗教仪式中还有对自然界的模仿。人们学蛙鸣来求雨，披散头发祭神求农作物丰收，有的部落在种植芋头的园地里放圆形的石头，以为形似芋头的石块是芋头的精灵，供奉它会使芋头增产。

自然崇拜的宗教仪式并不全是蒙昧的祈祷和无谓的供祭，其中也包括一些符合自然过程和自然物属性的活动；如果用现代语言来说，原始人在对待鬼神的态度上还有实际上符合自然规律的地方。鄂伦春人在进餐时要给火神吃一些东西，向篝火扔进一些食物，还禁忌在火上倒水或用刀子、木棍在火中乱捣，以免触怒火神。我们不能说这仅仅是神秘主义，在这里反映了火种在人们生活中的重要，包含着保持火种不灭的知识。在有的部落里，人们在祭祀水神的时候要把水道竹槽修理一番，认为这样可以博得水神的欢心从而使水流畅通，这是实用的仪式。原始人群在山里打猎时禁忌喧哗，认为大声说话会触怒山神，山神就不把野兽交出来；这种禁忌是不信神的近代人在捕捉动物时也要遵守的。原始人还禁忌人和家畜经过刮旋风的地方，认为这是要回避风神，以免被风神带走，这无非是要躲开旋风的危害。不许杀死作为图腾的动物，如果不得已打死这种动物则要祈求宽恕，这实际上具有动物保护的意义。

在原始宗教中，还有驱赶鬼神的仪式，这对原始社会的人们来说乃是相信自己的力量的特殊表现。在有的原始部落中，人们在制作陶器的时候要用咒语和烟熏把魔鬼赶跑，认为有魔鬼在就会把陶器搞裂。这反映了原始人不懂得在制陶中产生龟裂现象的真实原因，同时，也反映着原始人有不怕鬼神的精神。原始人认为疾病也是魔鬼附身引起的，把魔鬼赶走病才能好。他们认为给病人吃脏东西就可以把病魔吐出来或泻掉。还有用火烤人、让人跳入水中来驱魔治病的。在我们现在看来，这些做法是幼稚的，常常不是治好了病，反而对人体有害。但在现代医疗中，有冷敷、服呕吐剂或泻药等，这些疗法和药剂同原始医术却有着多么相似之处啊！原始人相信鬼神，又相信自己可以把某些鬼神赶走，并不单纯搞顶礼膜拜，这应该说在当时是有积极意义的。

在原始的宗教观念和宗教活动中包含着某些合理的因素，并构成原始人自然知识的组成部分。然而，宗教观念终究是虚幻的，宗教活动毕竟不合理，应当逐步由科学取代。

我们还要看到，万物有灵和自然崇拜的观念对原始人来说是不可避免的，这不仅是由于人类受到自然力的支配，也还由于原始人对自己的心理活动同生理过程的关系搞不清楚。原始人最不明白两件事：做梦和死亡。他们既不怀疑梦境的真实性，又不怀疑做梦醒来时自己仍在睡觉的地方，只好认为人在入睡时"另外一个我"离开躯体去进行活动，而当这个面貌相同的"第二重人"返回躯体时人就醒了。如果"第二重人"由于某种原因没有或无法返回躯体，人就死去。在有的原始部落中，人们认为应当避免把睡眠者喊醒，以免"第二重人"来不及赶回来。还认为要是改变睡眠者的外貌，给他的脸上涂颜色或贴上胡子，就等于犯杀人罪，因为这样做会使"第二重人"不知道自己的住宅从而不能回到躯体。至于人因受伤而死，则是"第二重人"被夺走了。这种"另一个我"或"第二重人"，就是人的灵魂。① 在原始人看来，既然灵魂在人活着的时候可以离开躯体独立活动，那么它在人死后仍然可以独立生活；既然灵魂不是人体的附属物而是活动的根源，自然界的千变万化也有灵魂的力量在起作用；既然灵魂是主宰变化的独立自在的实体，那就必须供奉灵魂，给死者的灵魂吃喝，对万物的灵魂崇敬。如果考虑到现代人要查明睡眠和做梦的实质也并非易事，原始人的灵魂观念及以此为基础的原始宗教确实是有历史理由的。

在原始社会中就有萌芽状态的科学，而在原始社会中又有原始宗教，这就发生一个问题：早期人类是先有原始宗教，再有科学的萌芽；还是先有萌芽状态的科学，再有原始宗教；还是两者同时出现呢？有人认为宗教的产生先于科学，甚至说科学发源于宗教；也有人认为原始宗教观念产生于十几万年前的尼人时代，并不是人类一开始就有的。我们主张原始宗教是在萌芽状态的科学之后产生的，在上百万年的原始社会中就有科学的萌芽，原始宗教则是原始社会后期才有的。

就认识所反映的内容来说，原始人在加工石器、取火、制陶等实际活动中积累并运用着生产经验和正确的自然知识；而原始宗教的自然观则是在幻想中包含着合理，在虚构中反映着现实，与谬误并存着正确。前者优越于后者，而更正确些的知识似乎不可能先出现。可是，在认识所反映的对象和反映形式上，前者主要是关于实际生产活动的经验知识，后者主要是关于自然过程的观念性反映，在这点上后者又高于前者。人们的认识能力总要达到能够进行想象、幻想的水平，有一定的抽象概括的本领，才会有原始宗教观念。原始人的思维是不发达的，这

① 拉法格：《思想起源论》，北京：生活·读书·新知三联书店，1978 年，第 121 ~ 122 页。

也表现在他们对每一种自然现象都设想出一种神灵，乃至某一块巨石、某一条河流都会各自成精，人体各种疼痛各有鬼神作怪。在原始人那里从个别到一般、从特殊到普遍的观念是逐渐产生的。他们心目中的火神并不只管山火、篝火、制陶炉灶中的火，而是主宰所有的火；山神、牛神、玉蜀黍之精等并不只管一座山、一头牛或个别的玉蜀黍，而是在某个方面统辖一切；狩猎神在每一次打猎中常在；专管胸痛的神在各次胸痛时都有踪迹。

由此也可以合乎逻辑地推断，原始人必得在语言和智力有了较高水平时才会形成宗教观念。不能设想人类先有石神的观念而后才知道去制造和使用石器；他们是在加工石器中逐步认识到什么样的石头好用，在使用石器中逐步认识到石器的重要，才会把石头神化。总要先看到野牛的力量，认识到牛对肉食、乳食、驮运等方面的作用，才会把牛视为神灵或图腾。断言人类刚开始物质生产和社会生活就有了宗教观念是缺乏论证的。

正因为在原始宗教中更多地表现了概括、想象的成分，也就在更大程度上包含着脱离实际和发生谬误的可能。正像原始社会中的经验自然知识后来发展成古代的实用科学，原始宗教的自然观和幻想也被以后的自然哲学和宗教意识所继承，除了仍然提出了对自然界的合理猜测，还把对自然现象的歪曲和颠倒夸大到非常荒谬的程度。

第三节　人类知识的一般特点

无论是萌芽状态的科学（或者叫早期人类的正确的自然知识），还是原始宗教的自然观，都是人们对自然事物的认识，都属于意识的范畴。人的意识同动物意识有什么联系和区别，人的意识在其产生过程中有哪些特点，如何看待意识是对客观世界的反映，也是探讨知识起源和知识论要注意的问题。

人和人的意识是自然界长期演变的产物。人既是高等动物，又是社会的成员。我们应当看到人的意识的两重性：人既具有动物性意识，人的意识又是社会的产物。否定人的意识同其他动物的意识活动的区别，只从生物学的观点去看待人和人的意识，是错误的；只讲人的意识同动物意识的区别，忽视人也具有动物性意识的事实，也不正确。

承认人有动物性意识，又有作为社会成员所特有的意识，那么，这两者有什么关系呢？这里先作一些比较。

第一，总的来说，动物性意识是生物本能的活动，人的社会性意识是劳动的产物。在人们的感觉、知觉、印象之中，就有生物主体对客体的本能性反映。气候的变迁会引起人有冷暖的感觉，饥饿使人想到要吃，色盲者对某些颜色分辨不清等，都属于人的生物性反映。这类反映能力为许多动物所共有，在人从其他动物转化而来时继承了这种本领。无论是原始人还是现代人，从生下来就天赋地长着生物性的感官和神经系统，不必经过特殊的训练就有相应的感知能力。人们不必去学习如何感知疼痛或香臭，通常也不训练别人如何分辨光明或黑暗。

然而，人类的感觉、知觉、经验并不都是本能的东西。人的社会性的意识需要经过训练、培养才会获得。原始人是在加工石器的活动中学会看出什么样的石头（形状、质地）宜于利用，在栽培农作物的生产中看出植物是否缺水，在陶器的焙烧中看出火的温度是否足够。如果没有社会实践对人的训练，生理构造再完善的眼睛也不会看到这些。要是没有劳动和训练，近代人也不能从砂轮的火花看出物料的性质和硬度，不能听出电机运转的速度和稳定性，不能摸出脉搏跳动的细微区别。

第二，正因为动物性意识是生物的本能，它的个体差异性就较小。只要人们的感官和脑子没有生理缺陷，他们在动物性意识上就不会有很大的不同。一般来说，人们在感觉明暗冷暖、分辨气味音响、区分平滑或粗糙等方面，其本能的能力相差无几。至于人在后天发展起来的感觉能力和意识内容，则有较大的个体差异性。染匠或画家能看出的颜色的种类，通常的人看不出来；音乐家能听出的音调音色不同，通常的人就听不出来；机械工人看出的物体表面的光洁度，通常的人摸不出来。至于知识水平的差异就更明显，是目不识丁还是学富五车，完全是后天造成的。

人的意识、智力上的个体差异在原始人群中还不甚大，但已开始表现出来了。在原始氏族中，由于男女劳动分工不同，女子的农业知识多些，男子则有较多的狩猎知识。据考证，在近代仍过着部落生活的一些澳大利亚人中间，已有少数人分工主要从事制作工具，他们相应的自然知识也多些。在原始社会成员中，并不是所有的人都善于观察天气晴雨的征兆和野兽出没的习性，也不是所有的人都善于用贝壳珠带记事并能看懂贝壳珠带的含意的，只有生活经验比较丰富的人才能做到这些。原始人在智力和知识上的差异，是当时某些人能担负社会管理职能的条件之一。

第三，由于人的动物性意识是生物本能的活动，它在反映客观对象时是被动的、自发的、很少选择性的；而人的社会性意识则有明显的能动性、自觉性和选择性。考虑到这个问题或许会有争执，略多说几句。

就一般的高级动物来讲，外部世界的光线强弱、声音大小都会迫使它们产生相应的视觉或听觉的变化，不管它们愿意还是不愿意感受这种外部刺激。某些动物有着趋光避暗、趋暗避光、在食物中挑出美味的东西先吃的能力，但这只是本能的选择性而不是自觉的选择性。这些动物不能从客观事物的诸多现象和属性中选取更值得注意的方面，仍是被外部刺激牵着感官的活动走。动物的自发注意特别明显地表现在对食物的反映上，纵然是相当高级的动物，也会抛开正在进行的活动，立即趋向身边美味的食物。

人在婴儿时期，或虽成年却缺乏应有的教养，动物性的意识也较突出。他们往往只从生理上的需要自发地感受外部事物，在任何时候（除了机体有病）都不会做到废寝忘食，专心注意于某种特定对象，而是见到好吃的就去吃或想吃，漫无目标地注意周围的条件。

所有的人都有消极的、不由自主的感受能力。人们听到巨响会捂上耳朵，摸到烫的东西立即缩手，看到强光就闭眼或转视他处。我们不能说这些感觉不是人的意识或这些感觉不对人的行为起作用。但是，人的社会性意识则是以自觉注意为特点的，这种特点来自人们改造世界的活动。野兽本身不会把它们当中哪些种类可供驯化向原始人提供名单，只是由于人在狩猎、驯兽、畜牧的活动中自觉地、有选择地注意到兽类的习性才做到这点。地球上同制陶没有直接关系的东西多得很，黏土本身也不会因为它有可用来制陶的性质而去告诉人类加以应用，只是由于人在制陶的活动中才注意到黏土，并进而有目的地专去探索何种黏土适宜于制陶。原始人有选择地反映客观对象也反映在原始壁画中。原始壁画有不少是以动物为内容的，但画中很少有当时人们捕获不到的大猛兽和容易捕捉的小动物，主要的是对人的生存有较大意义并能较多猎取到的野牛、野猪之类的大动物。随着人类的发展，意识活动中的注意力集中、有目的的探索和有选择的研究就更鲜明了。

人的社会性意识在许多情况下是以抑制动物性意识为条件的。饥饿的刺激、寒冷的袭击、强烈的振动、病痛的折磨和死亡的危险等所造成的生物本能反应本来是人体不愿承受的，但人却可以不加规避去探索自然奥秘，去反应他所关心的东西。人类甚至还能把有选择性的反应能力转移到其他动物身上，例如，把一只狗训练得能够专注于特定的外部刺激，而不被他人给予的食物所引诱。当然，犬类不会轻易地接受这种训练，侦察犬也往往本能地表现其动物性意识，只要给食物就吃，因而丧失成为侦察犬的资格。

第四，人的动物性意识是对外部世界的直接性反映，是与外部刺激并存的反映。光源、声源、痛源存在，则明亮、音响、疼痛的感觉存在；光源等消失或变化，相应的感觉也消失或变化。人的社会性意识则主要是对外部世界的间接性反映。人类可以通过感觉、知觉间接地反映客体的属性，借助于仪器把看不见的东西变成能看见的，把听不到的声音变成能听得见的；人具有想象、幻想、记忆、回忆的能力，在感性印象中再现已消逝的对象；人还有抽象概括的本领和理性的思维，能把握事物的非直观的本质和规律。

人的社会性意识的间接性的一个重要表现是语言的作用。原始社会中的语言是不发达的，然而，语言终究是意识的普遍性形式和传授知识的一种工具。如果没有语言，原始人就难以从他们的前辈那里得到间接经验，每一代人都要从自己的直接经验获取知识，那就很难设想原始社会中的技术进步。对近代人来说，由于有了文字、广播、电视，意识活动的间接性更为突出。

第五，由于人的动物性意识具有上述的特点，它的内容是贫乏的，进展也很缓慢。如果脱离了社会条件，人的感官和神经只能提供“狼孩”水平的意识。在漫长的原始社会中，在最近千百年里，人类眼睛、耳朵的生理构造及由生理构造所提供的反映能力并没有根本性的改变，但人们在社会劳动中所形成的智力和知识却有了重大的发展和日益迅速的进步。

区别动物性的意识和社会性意识是必要的和重要的。我们前面讲的萌芽状态的科学和原始宗教的自然观主要是人的社会性意识；至于人的动物性意识则与其他高级动物的意识没有质的不同，只有水平高低之分。可是，我们又不能把人的动物性意识同人的社会性意识的区分说得过分了。人的动物性意识也是人的意识，也能反映客观世界并提供正确的认识。人们先看到雷电的闪光，后听到雷鸣的声响，再嗅到雷击后空气中的异味，这固然是一切生理条件的人都能意识到的，但不能否认这也是人类认识世界的成果。人的动物性意识还是社会性意识发展的基础和条件。如果人们连明暗冷暖都不能做出相应的反映，他们就无法生存，更谈不到去改造世界。即或是利用各种复杂的仪器所进行的现代科学观察，人们归根到底仍要依靠肉眼对颜色明暗的辨别能力，去看出电子的大小和电荷，看到 X 射线的波长，看达远离 200 亿光年的星系。人的动物性意识与社会性意识之间的互相渗透，这在原始人的认识活动和认识成果中更加突出。

第二章　古代科学的形态和方法

第一节　实用科学与经验描述

人类社会进入奴隶制时期以后，有两件事对知识文化的发展至关重要：第一是生产有了较大的提高，产生了脑力劳动者与体力劳动者的划分，出现了一批从事科学活动的知识分子；第二是有了文字，使认识成果得以可靠地记载和广泛地交流，许多学者写出了反映生产经验和自然过程的著作。在奴隶社会、封建社会中，已有了古代的科学，主要是古代自然科学。

古代自然科学的基本特点是什么，或者说，古代科学有哪些知识形态，它们在认识自然的内容、方法上有哪些不同，这是认识论研究的重要问题之一。在这点上，实际上也存在着不同的见解。第一种看法认为，古代科学主要是实用的经验知识，理由是科学首先要总结生产经验和生活经验。第二种看法认为，古代自然科学主要是指当时的天文学、力学和数学，因为在那时唯有这些科学才达到了用定律、原理、学说反映自然现象的本质的水平。第三种看法则认为，古代科学主要表现为自然哲学的见解，理由是当时的哲学同自然科学还没有分化，人们的自然知识包括在哲学中。我们认为，对古代自然科学来说，应当包括实用经验、理论知识和自然哲学这三种形态，至于何者为主，在不同的民族、不同的历史阶段是有所区别的。

古代人在生产实践、医疗和日常生活方面所积累的经验知识，是当时自然科学的一种重要形态，或者可以把这种知识形态叫做古代的实用科学。它区别于古代的天文学、力学和自然哲学，也不同于以理论自然科学原理为依据的现代应用科学。在古代的中国、罗马，那时的自然科学主要是实用科学。

经验自然知识在原始社会中已经产生，并在古代社会中继续发展。这种知识的基本特征是同人们的实际活动密切联系，反映着人们制造和使用劳动工具、利用自然力和治疗疾病等方面的实际效益。恩格斯说过：“随着手的发展，头脑也一步一步地发展起来，首先产生了对个别实际效益的条件的意识，而后来在处境较好的民族中间，则由此产生了对制约着这些效益的自然规律的理解。”① 古代的实用科学基本上也是对工艺技术的实际效益的意识，至于对制约着这些效益的自然规律则是尚未理解或尚未深切理解的。

我国古代的实用科学居于当时世界的前列，出现了一批卓越的科学家和杰出的著作。明代宋应星写的《天工开物》就是古代实用科学的代表作之一。剖析这个典型会有助于了解这种知识形态的特征。

《天工开物》的内容极为广泛，全书计三卷，分为乃粒、乃服、彰施、粹精、作咸、甘嗜、陶埏、冶铸、舟车、锤锻、燔石、膏液、杀青、五金、佳兵、丹青、麴蘖、珠玉共18篇，涉及农作物的种植、养蚕、缫丝、织造、印染、粮食加工、制盐、制糖、制陶、金属冶炼、铸造、锻造、焊接加工、煤炭开采、硫黄和石灰石的生产、造纸、榨油、制曲、朱墨、车船、兵器制造，以及珠玉的采集和加工等方面。这部书的篇名是以当时的农业和手工业各生产部门的活动来划分的，内容着重是反映这些部门的工艺技术和产品性能，即反映的是人类改造自然的操作方法和人所创造的“第二自然”的状况，很少论及自然界本身的规律。

《天工开物》的写作特色是详尽的记载和生动的描述，而不是理论的分析和逻辑的论证；如果用两个字来说明它的写法，这就是“细”和“实”。例如，在专讲粮食作物生产技术的《乃粒》中，就细分为稻、麦、黍、稷、粱、粟、麻、菽等农作物品种；稻宜、稻工、稻灾、水利、麦工、麦灾等农艺方法。讲到水利，又再细分为水轮筒车、脚踏翻车、牛转翻车、手转拔车和桔槔等项，并分别叙述了其结构和使用情况。《天工开物》在作这些记述时，注重的是实际的生产经验，包括生产工具的实际用法、生产方法的实际效果、产品的实际性能，而并不深究产生实效的道理和原因。

《天工开物》从内容到形式，都表现了它是实用经验知识的汇编式总结。然而，在分析这部书的基本倾向时，有的同志却不是明确指出它的实用性、经验性，反而不适当地强调它的普遍性、理论性。他们认为《乃粒篇》中提到的“土脉历时代而异，种性随水土而分”，是宋应星已提出了物种变异的科学见解并为改良品种提供了理论根据；认为《丹青篇》中记载了一斤水银可得朱砂（硫化汞）十七两五钱，增多的部分则“借硫质而生”，是宋应星已有了化合物的概念。我们对此有不同的看法。

我们认为《大工开物》的特色是古代实用科学，而不是关于力学、物理、化学或生物学的理论著作。在这部书中有很有用的、丰富的实际资料，却没有提

① 《马克思恩格斯选集》第3卷，北京：人民出版社，1972年，第457页。

出或阐明科学定律、原理或学说。它讲水稻等农作物，重点不是讨论水稻等的植物生理；它讲水利，重点不是讨论流体力学。我们这样说，并不是把这部书归结为只讲经验不讲道理，只有事实不作分析，而只是指它所讲的是以观察为基础的经验性事实，它所作的分析没有深入到事物的内部机制。

宋应星提出了“种性随水土而分”的观点是可贵的，但这只是《天工开物》中个别的论断，不代表该书的主要倾向，而且还只是讲了这一句话，并未提供实验的根据和理论的分析。如果“科学见解”一词泛指正确的知识，“种性随水土而分”是科学见解；如果“科学见解”指的是理论论证和具有学说水平的知识，则不能把“种性随水土而分”这个简单的断语说成是提出物种变革的科学见解，也就不能把《天工开物》看成是关于生物进化论的著作。

宋应星记述了用水银制朱砂时重量的增加，对此做了定量的考察，认识到增多的重量是水银借硫质而生，这点有重要的科学价值；我们可以说，在这种知识中包含着物质化合的思想或实际上符合元素化合的道理。但是，终究还不能说《天工开物》中这个具体的经验知识和经验性推断已经达到理论的高度，不能认为宋应星已有了近代化学的化合物概念。如果可以这样说，那么，宋应星应是质量不灭（守恒）定律的提出者了，此种看法显然是欠妥的。

我国古代的实用科学著作甚多，其体例和风格与《天工开物》大体相似。例如，《考工记》、《艺文志》、《木经》、《纸谱》、《蚕书》、《齐民要术》等。古罗马的维特鲁维奥写的《建筑学》，普林尼写的《自然史》中关于农业、园艺、酿酒、金属用途的部分，也是实用科学。我国古代关于曹冲称象的记载，亦可以看做是实用科学知识。曹冲已认识到船上的大象与船载其他负荷时吃水深度相同，则二者的重量相等，这已经暗含着排开同体积的水的物体其重量等同的思想。但是，尽管如此，我们仍不能说曹冲称象就是浮力定律。严格地从知识形态上划分，曹冲称象属于古代实用科学知识，它对称量笨重庞大的东西有应用价值，但浮力定律则是已上升到理论水平的自然科学知识了。

在古代实用科学中，医药学占很重要的地位。如果仅从物质运动形式的复杂程度来看自然科学的顺序发展，首先得以成为科学的是关于机械运动的力学。然而，人同自然界的斗争不仅要满足衣食住行的需要，而且必须解决治疗疾病的问题，正因为这样，医学、药学在远古时期就有了萌芽，古代医药学的著作甚至比那时的力学著作还要多。中国古代写的《神农本草经》、《伤寒杂病论》、《肘后备急方》、《千金要方》、《本草纲目》，阿拉伯人阿维森纳写的《医典》，印度佚名学者写的《苏色卢多》，都是古代实用医药学的重要著作。所有这些著作的主要特点也是注重疗效，记述了大量的实际资料。《本草纲目》列举药物 1892 种、处方 11 096 则，它所注重的并不是病理或药理。《医典》区分出 48 种脉象及其与治疗的关系，却没有分析心脏跳动的机理。《苏色卢多》则描述了120多种外科用具和当时实用的种种手术方法。

古代实用科学主要采用的是经验描述的方法，应当看到这种方法同近代科学中的经验方法是有区别的。首先，古代实用科学的内容本身就是物质生产、医疗和生活的经验，实用科学来源于变革现实的实践。农民、手工业工匠对古代实用科学的发展作出了巨大贡献。有的工匠、医生又是知名的实用科学家。其次，古代从事实用科学著述的许多学者，他们自己并不是（或主要不是）实践家或实验家，而是一些文人或官员，他们的成就来自于认真观察他人的实践活动，就这点说，古代实用科学的经验描述又是发源或从属于观察。《天工开物》的作者宋应星当过教谕、推官、知州等地方官，他本人不是农夫、工匠或医生。《天工开物》所记述的不是他自己从事实践活动的经验，而是他看到听到的间接经验。用现今的语言说，《天工开物》是对当时的农业、手工业部门进行调查的结果。即或是本人亲身从事实践的实用科学家，例如像李时珍这样的医生，他们的著作在很大程度上也是观察和描述别人的经验。

古代的许多实用科学家崇尚实务、行及万里、询至百工、见闻广博，这是他们的可贵之处，也是他们同理论家、哲学家们的区别。在古代社会中，真正对当时的生产和现实生活有应用价值的，就是他们所搜集整理的经验知识。在中世纪的西欧，尽管哲理文化几乎停滞，手工工艺和工艺知识的积累仍有进展。中世纪末期的人文主义者维夫斯对积累工艺知识的学者评价很高，他认为："那些人从最有经验的人那里收集了有关每一种工艺的各种题材，并写成文字，他们给人类带来多少智慧财富啊……通过对生活各个方面的这类观察，实践的真知几乎增长到令人不能置信的程度。"① 这一段话恰当地说明了古代实用科学内容（实践的真知、工艺经验），也说明了从事实用科学活动的人所应用的主要方法（观察、搜集）。

第二节　理论知识与逻辑论证

在古代实用科学知识中包含（暗含）着本质上是力学、物理学、化学、生物学、病理学的原理，只是尚未明确揭示出来。在古代社会，开始成为理论自然科学的只有力学和天文学。至于数学，它本身不是自然科学或社会科学，只是它与自然科学联系密切。

① 梅森：《自然科学史》，上海：上海人民出版社，1977年，第113页。

公元前三世纪的古希腊学者阿基米德的成就是古代力学的代表，分析他的贡献有助于了解古代科学中理论自然知识的形态和特点，了解它与实用经验知识的区别。

说到阿基米德，很容易想起许多通俗读物上介绍的故事：他在洗澡时得到启发，从金冠排开多少水解决了金冠在制作中是否被掺假的问题。但是，如果阿基米德只是用这种特定的方法测定出金冠中的含金量，乃至能用这种方法测定其他金属制品的纯度，那就类似于曹冲称象那样，还只能说已有了实用的经验知识，不能由此断定阿基米德在力学理论上有什么造诣。实际上，阿基米德的科学活动和科学成就是远远超出上述故事的，他的贡献远大于测金冠。

阿基米德的力学著作有《论浮体》、《论平板的平衡》、《论杠杆》、《论重心》等。从这些书名就能看出他所研究的对象主要不是操作工艺或产品性质，而是自然界的现象和规律。当然，杠杆可以是一种劳动工具，阿基米德注意到杠杆是与当时在生产实践中较普遍地应用这种工具有关的，但是，阿基米德所考察的不是使用杠杆推动或举起重物的具体经验，也不是杠杆的材质、粗细、形状，而是关于杠杆的力学原理。他对浮体的研究，也不是要反映船只载重的经验，而是探讨关于浮体的力学定律。至于对平衡、重心的分析，更是普遍性的力学问题。

阿基米德的力学著作的写法，同近代理论自然科学的特点颇为一致。他在书中往往首先阐明一些公理或基本假定，继而论证若干理论命题。在《论平板的平衡》这本小册子中，阿基米德阐述了杠杆原理。他提出：“①（离开杠杆支点）等距离处的相等重量处于平衡，不等距离处的相等重量不平衡而朝着距离较远处的那个重量倾斜。②若在（离开杠杆支点）某两个距离处的两个重量处于平衡，而在其中一重量上加一物，它们就不再平衡，朝着加物的那个重量倾斜。③……”[①] 在《论浮体》中，阿基米德阐述了浮力定律。他首先提出两个公设：液体任一部分施于液体的压力朝下，液体对置于其中一物的压力朝上。接着又论证了以下几点：凡与等体积液体等重的固体，若置于液体内，必将浸没到使其表面不致露出液面，但不会浸得更深；若将轻于液体的任一固体置于液体内，它将下沉到一定的程度，使该固体在空气中的重量等于其排开的液体的重量；若将一重于液体之物置于液内，它将下沉到液底，且若在液体内衡其重量，则它轻于原重的数值等于其所摊开液体的重量值。[②]

我们今天在力学教材中所讲述的杠杆原理和浮力定律，从内容到形式，几乎

---

① 克莱因：《古今数学思想》第1册，张理京等译，上海：上海科学技术出版社，1979年，第186页。

② 克莱因：《古今数学思想》第1册，张理京等译，上海：上海科学技术出版社，1979年，第188页。

就是转述阿基米德的成就。他为什么会做出这样的贡献呢？这当然有当时的社会实践条件，他也要观察别人的经验。而且，阿基米德本人还是一个实践家，他发明过一种提水用的螺旋装置（技术史上称之为阿基米德提水器），制造了一个模仿日、月和五个行星绕地球运动的水力推动的仪器（他在《论制作球》中记述了它）。力学科学的研究与机械制作的实践之间显然是相关的，但是，只讲实践并不能充分说明阿基米德的力学建树。提水螺旋和行星仪的机械性能再好也不等于杠杆原理。直接实践是科学的基础，科学知识归根到底来自实践和观察，而在具体分析特定的理论知识成果时，还不能不讲思维的逻辑。

阿基米德在力学研究上的重要发现，在很大程度上取决于他又是一位高明的数学家，善于把数学工具运用于分析力学现象，去揭示力学过程的本质。他的数学著作有《论球和圆柱》、《论劈锥曲面体和球体》、《抛物线的求积》、《论螺线》等。莱布尼茨称颂阿基米德比他以后的数学家们都更值得钦佩，人们在他的墓碑上铭刻的就是他提出的一个数学定理。阿基米德的数学研究有独立的学术价值，并不只是为其力学服务的手段或附属物，但他的数学和力学又是密切联系的。他在《方法》一文中谈到力学研究推进了他的数学研究，在他的力学著作中又可以看到数学的分析如何促成他达到理论的高度。例如，要探索杠杆的机制，就要考察物体的重心；要确定物体的重心，就要分析物体形状同重心的关系；要作这种分析，就要娴熟地、创造性地应用和发展数学。阿基米德不仅分析了三角形、平行四边形、抛物线弓形的重心，还得出一些有关重心的一般性结论：面积不同而相似的图形，其重心也在相似的位置；凡周边凹向同侧的任一图形，其重心必在图形内部，等等。如果不得益于数学并解决了诸如重心位置的问题，杠杆原理、浮力定律就不可能被发现或只有定性的、思辨性的猜测。

在古代，对力学提出理论性命题的不仅有阿基米德，博学多才的古希腊学者亚里士多德也考虑过力学现象。亚里士多德对落体运动做出了两条结论：落体的速度与其重量成正比；落体的速度与其所通过的介质的阻力成反比。这是两条以观察为依据提出的原理，并且似乎可以用观察事实来证实，但它们却是不正确的。

除力学外，古代天文学有了较大的进展。人们记录了大量的天象观测事实，绘制了星图，测算了地球的大小和地球与其他星体的距离（尽管误差甚大），发现了岁差、星光折射等现象，还在这些成果的基础上提出了天文学的理论学说，其中最著名的是古希腊学者托勒密提出的地球中心说。

在托勒密之前，亚里士多德就提出过地球是宇宙中心的自然哲学见解，托勒密则把这种观点具体化为一种天文学的理论体系。地球中心说的内容是尽人皆知的，托勒密把地球看成是太阳系的中心，显然不对。但是，从科学史和认识论的角度去看，却不能简单地把地心说斥之为荒谬，忽视它的合理成分。首先，托勒密提出的是一种天文学的理论学说，他用本轮和均轮的模型去解释月球、太阳和当时已知的行星的运动规律，而不单是观测事实的记述。其次，托勒密的地球中心说有观测的基础，符合人们的感官印象，地心说并不违反那时的天文观测资料。再者，根据托勒密学说所作的推算，能相当精确地同事后的天文观测结果相符，由地心说去预言太阳、月球及其他星体的位置可以得到观测证实。总之，托勒密学说并不是经验的描述或单纯的幻想，而是有一定正确性的理论性知识。

确立地球中心说的托勒密并不是一个脱离实际的空想家，他很重视观测，编制了当时较完备的星表。他又是地理学家，他在《地理学》一书中讲述了绘制地图的方法，给出了地球上 8000 个位置的经纬度。托勒密还是一位数学家，他求出了圆周率为 3.14166，提出了透视投影法和球面上经纬度的坐标法，还证明了圆的内接四边形的对边乘积之和等于四边形两对角线的乘积（几何学上称之为托勒密定理），并对三角术的创立做出了贡献。天文地理的研究推进了他的数学，数学研究又推动托勒密提出地心说。他自己就表示，要把天文学建立在不容置辩的算术和几何方法的基础上。

在古代科学的其他方面也有零星的理论性知识。我国的《墨经》中除了讲到力学，还有光学知识。古希腊学者已认识到光的入射角等于反射角；发现了声波振动与弦长或管长成正比。

在古代民族中，古希腊人在科学理论上的成就多，提出了一些原理、定律、学说，这种情况的原因值得分析研究。我们认为，这里首先要考虑造成整个希腊古代文明的社会条件和社会环境。就古希腊科学的认识论特点来说，由数学的历史发展所造成的注重逻辑论证的长处则是一个重要的因素。

算术、代数、三角、几何等是古代兴起的数学分支，当时许多民族的数学水平都不低，并且既用数学作为计量的手段，又用数学作为逻辑论证的工具。古代数学的进展在不同民族中并不是完全一样的：古希腊人更重视数学的论证、严密的推理，更重视几何学。欧几里得在几何学《原本》中从 10 个公理推出和证明了 467 个命题；阿波罗尼阿斯在《圆锥曲线》中又从这些公理推论出 487 个命题。在古罗马和古代中国，人们则更重视数学的计算、精确的定量，更重视算术。

古希腊人崇尚数学推论和在研究自然时注重逻辑论证，理论思维和理论自然科学的水平较高，这是科学史上的事实。承认这个事实对于了解古代科学的知识形态和研究方法是必须的，对于现代科学研究是有益的。但是，问题仍没有完全解决：为什么古希腊的数学和科学更注重理论论证呢？有人认为，古希腊人的民族特征就是喜欢推理和图形（几何），其他民族的性格就是喜欢计量和算术，这种观点看来是不行的。

在这个问题上，我们赞同莫绍揆同志在1980年出版的《自然杂志》第三卷第六期上发表的《数学三次危机与数理逻辑》一文中的观点。此文从认识史上说明了古希腊学术的特点。古希腊人并不是一开始就喜欢论证和几何的，他们同其他民族类似，也曾注重工艺技巧、经验知识和定量计算。古希腊的数学家也曾更多地研究算术，并认为一切量均可以用有理数去表示，任何的量都可以用更小的计量单位去通约。而古代数学的发展必然会发现无理数，古希腊数学家首先做出了这一发现，打破了传统算术的概念。他们认识到：无理数并不能分割为有限量的集合，不能从人们的经验中产生，而是可以从逻辑上论证的。例如，$\sqrt{2}$这个无理数就不能精确无误地表述为一个有理数值（如1.4142），却可以严格证明它是等腰直角三角形的斜边与其直角边之比。无限数的发现引起了数学史上的第一次“危机”，并使科学思维的方法发生了转折，正如莫文所说：“经过这次发现，希腊人不得不承认：第一，直觉、经验乃至实验都不是绝对可靠的（比如说，用任何实验都只能得出一切量均可用有理数测量这个结果），今后必须依靠证明。第二，数（自然数）及其比（有理数）不能包括一切几何量，但几何量却可以表示数，因此几何较之算术占更重要的地位。”[①] 可见，古希腊人重视论证和几何是历史造成的。

不管对古希腊的学术特点的渊源作何解释，古希腊学者重视数学论证，并把它作为理性分析的方法，终究对理论自然知识的形成和发展起了重要的作用。我国古代的实用科学有巨大成就，古罗马人在兴建引水渠道、桥梁、公共建筑、大地测量等工程项目上卓有成效，但在理论自然知识的发展上不如古希腊，其原因之一就是对具体应用的关心超过了数学证明和逻辑思维。古罗马甚至曾用法律禁止学习没有“实际用处”的几何，只把数学当作度量的方术。古代科学的发展表明，要在理论知识上有所突破和创造，不能只务实，不顾及推理。附带说一点，我们现今的中学数学教学存在着两种方式：一种是过于注重演算，让学生忙于解答一道又一道计算题，对利用数学培养逻辑论证和理论思维能力则较少关心；另一种是既训练学生计算又诱导他们会思索。看来应取后者为妥。

古代科学不仅运用了数学推理，并且使逻辑作为一门独立的学问得到发展。古代逻辑的集大成者是古希腊人亚里士多德。他认为完满的科学知识必须要有论证，论证的理论就是逻辑。他研究了逻辑论证的思维规律，特别强调演绎推理的逻辑。在他看来，如果没有这样的逻辑论证，就不能得到具有必然性的知识结

① 莫绍揆：数学三次危机与数理逻辑.《自然杂志》，1980年第6期，第403~408页。

论。他指出："我们确是借论证来获得知识的。所谓论证，我意思是指一种能产生科学知识的三段论式，……如果所说的知识不是偶然的知识，其意思正就是：有了关于它们的论证。"① 亚里士多德的逻辑对古代自然科学起了积极作用，至今仍有学术价值和教育的意义。

第三节　自然哲学与思辨猜测

哲学不同于自然科学，在不同的历史时代，哲学的对象和内容又有所区别。在古代，哲学与科学还没有分化，那时的许多自然知识包括在哲学中，自然哲学也是古代科学的一种知识形态。自然哲学知识通常是对重要的自然现象的根本性说明，它不是工艺操作的经验记述；它提出了普遍性的命题，同理论自然知识有联系，又不像阿基米德、托勒密那样用严格的数学工具去概括观测事实，而主要是对自然界的想象、猜测。在古代自然哲学中有谬误的东西，也有合理的知识，其中的许多观点即使从近代自然科学的眼光去看亦颇有兴味。恩格斯说过："在希腊哲学的多种多样的形式中，差不多可以找到以后各种观点的胚胎、萌芽。因此，如果理论自然科学想要追溯自己今天的一般原理发生和发展的历史，它也不得不回到希腊人那里去。"② 古代其他民族的自然哲学中，也有合乎科学的知识内容。

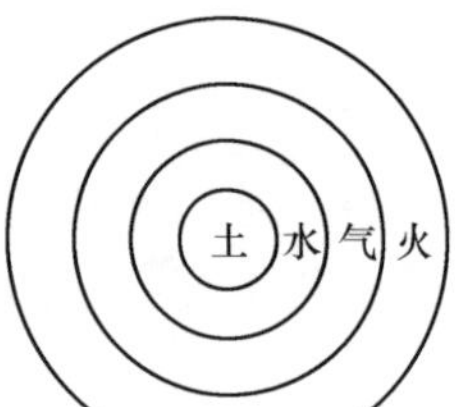

图 2-1

第一，古代哲学提出了自然界（世界）中万物的本原问题。古希腊人曾认为万物的本原是水（泰利士），或是火（赫拉克利特），或是气（阿那克西门尼），或是土、水、气、火四种元素（亚里士多德）。我国古代则有"元气说"、"五行说"。"五行说"认为世界的始基是金、木、水、火、土，主张宇宙是土、水、气、火四元素组成，似乎纯属幻想，但如果考虑到这种划分（如图 2-1 所示）实际上反映着陆地、海洋、大气、太阳"四界"，就会认为四元素说有点道理了。主张世界起始于火或水或气，从现代人的观点看是幼稚可笑的；可是，要是注意到现代天文物理学中的"B^2FH 假说"③ 认为宇宙开始是氢燃烧，就不会认为古代的自然哲学太荒唐了。氢燃烧毕竟可以看做是火（燃

① 北京大学哲学系外国哲学史教研室：《古希腊罗马哲学》，北京：生活·读书·新知三联书店，1957 年，第 293 页。

② 《马克思恩格斯选集》第 3 卷，北京：人民出版社，1972 年，第 468 页。

③ 参见本书上篇第八章第二节。

烧），是气（氢），甚至也和水有关（水分子的三个原子中有两个氢原子）。

第二，古代哲学提出了天体系统的模型。古希腊人主张地球是球形的（埃拉托色尼），断言一切天体的运动都按正圆形轨道进行（毕达哥拉斯）。有的认为日月星辰绕地球运行（最早是欧多克斯）；有人认为太阳是宇宙的中心，地球绕太阳旋转（阿里斯塔克）。中国古代则提出了浑天说、盖天说的看法。依据大量观测资料并利用数学计算论证了太阳中心说的是哥白尼，而太阳中心说并不是到哥白尼的时代才有的，哥白尼在其研究中也知道阿里斯塔克的观点。

第三，古代哲学提出了关于物质结构的问题。众所周知，德谟克利特认为构成物质实体的是微小不可分、坚硬不可入、运动不停息的原子，原子在性质上相同，形状、大小不一，事物的区别就在于组成它们的原子的数目、形状和排列不同。另一位古希腊哲学家伊壁鸠鲁则认为各种原子不但有各自的大小和形状，而且其重量各异。在古代印度哲学中也有原子论的思想，讲到由原子构成单体、复合体、三次体等。可见，古代自然哲学中不仅有原子的提法，还涉及原子体积、原子量及由原子构成万物的层次。近代科学的原子论已远远超出了古代人的朴素观念，但没有理由否定古代原子论是正确的自然知识。

第四，古代哲学说明了物质运动及运动同时空的关系。在我国古代，就有“飞矢不动”、“轮不辗地”的哲学命题，涉及物体运动中时空连续和间断的矛盾。古希腊哲学家芝诺提出的四个悖论，更把运动过程中的这一矛盾揭示得十分尖锐。亚里士多德不仅认为物体必须靠推动者才能运动，他还提到这种推动者既可能在物体的外部（如炮弹的飞行），也可能在物体的内部（如生物的生长）。他还认为空间必须装满物质，因而真空并不存在。现代科学在考察运动的本质、近距作用与超距作用、真空还是“真空不空”的问题时，对自然哲学的这些观点就不能摒弃不管。

第五，古代哲学提出了生命的起源和生物进化的问题。古希腊人阿那克西曼德主张生命起源于泥泽，并认为人是由鱼变来的。原子论者则设想，草木禽兽及人的生命，最早都产生于黏土。亚里士多德把生物的完善程度分为若干级别，认为从植物到动物再到人形成一个连续的序次：植物只有一个生殖的灵魂；多一个感觉的灵魂，就是动物，人又比动物多一个理性的灵魂。如果考虑到生命起源、生物演化至今仍是未充分说明或有争议的问题，就不会觉得古代自然哲学的这些观点是荒唐的了。

第六，古代自然哲学讨论了人体的结构和人的生理功能。古希腊人恩培多克勒已提及血液以心脏为中心流出流进，还认为皮肤会进行呼吸。古罗马的盖仑是个医生，他还进行过动物解剖。盖仑的许多看法是经验性的，属于实用医学知识，同时也有不少属于自然哲学的观点。他认为人体可分为三个系统，相应地受三种灵气支配：消化系统的器官是肝脏，流动着静脉血，靠自然灵气；呼吸系统的器官是心脏，流动着动脉血，靠活力灵气：神经系统的器官是脑髓，流动着神经液，靠动物性灵气。他认为级别不同的血液可以各自流动，但不能彼此交流构成循环。盖仑的观点中有很多谬误并在以后被经院哲学利用，但在他的这些说法中终究还有合理的东西。

第七，古代哲学还提出了关于数学基础方面的问题。古希腊的毕达哥拉斯学派认为世界万物都是数，自然界由 1（点）、2（线）、3（面）、4（立体）四个数组成；10 是代表宇宙的理想数，天体有 10 个，宇宙间有 10 种对立；自然界中的一切，包括天体的运动，都服从于一定的数学关系，形成和谐。列宁指出：在毕达哥拉斯学说中有“科学思维的萌芽同宗教、神话之类的幻想的一种联系。”①

上面所列举的古代自然哲学的观点是不完整的，在这些观点中有谬误也有正确的东西，列举这些观点只想说明古代自然哲学乃是当时科学知识的一种形态，并有助于具体分析这种知识形态的特点。

古代自然哲学在认识方法上的主要特点是思辨性的猜测，这并不是说自然哲学没有观察事实为依据。世界上总要有火、有微粒，人们才能设想万物的本原是火或万物由最小的微粒（名为原子）构成。宇宙间总要有太阳、地球和其他天体的运动，人们才会发生地心说同日心说的意见分歧。问题是自然哲学并不单纯是记载特定的观察结果，而要做出普遍性结论，又缺乏足够的事实或确凿的分析，只得更多地依靠想象去回答自然之谜。

古代自然哲学主要靠思辨猜测，也不是说它没有逻辑的论证和推理。五行说、原子论等多少有归纳的成分，而且，一些自然哲学见解还是演绎的产物。古希腊的阿里斯塔克认为太阳是宇宙的中心，在他心目中就有逻辑的推导过程：

（1）小的东西一定要围绕大的东西转动；

（2）地球小，太阳大；

（3）因此，地球绕太阳旋转。

这在逻辑形式上是完全符合三段论的。古代人关于天体运行轨道的观点也有其合乎逻辑之处：

（1）只有正圆形最完善；

（2）天体应当按最完善的轨道运行；

（3）因此，天体运行的轨道只能是正圆形。

毕达哥拉斯学派甚至还从合乎逻辑规则的推理中“发现”了一个新的天体：

---

① 《列宁全集》第 38 卷，北京：人民出版社，1963 年，第 275 页。

（1）“10”这个数最合理，天体必定有10个；

（2）已知天体有9个；

（3）因此，宇宙间必定还有一个尚未发现的天体，毕达哥拉斯学派把它叫做“反地”，即地球的对立体。

自然哲学既然有一定的事实依据，利用了逻辑推理，为什么不把它归入理论自然科学，而认为它是一种特殊的知识形态呢？理由就是自然哲学主要来自思辨猜测，在它也利用演绎逻辑时，其前提中至少有一个是缺乏基本事实根据的主观设想。阿里斯塔克把小的物体围绕大物体转动作为太阳中心说的出发点，就是如此。古代自然哲学中日心说与地心说之争，也都有着他们的思辨的理由。例如，拥护地心说的论据之一是：地球与恒星之间的距离是不可能变的；如果地球在动，那么这一距离就要变；因此，地球是不动的。阿里斯塔克在反驳这种看法时则认为：地球距离恒星很远很远，相比之下，地球绕太阳转动的半径很小很小，因此在运动的地球上看去它与恒星的距离是几乎不变的。双方都在没有测定地球与恒星实际距离的条件下辩论，这正是思辨的表现。自然哲学还有一个特点，就是定性结论多，定置分析少，几乎不用精确的数学资料和数学计算。正因阿里斯塔克的日心说明显地具有定性思辨的特点，我们才把它看做是自然哲学知识，而把托勒密的地球中心说归为理论自然科学的学说。

思辨、猜测是自然哲学的主要方法，而且是人类认识自然的必要方法。不管阿里斯塔克的日心说的前提多么缺乏根据，他终究猜中了地球是绕太阳运行的。承认自然哲学中有合理的东西，也就肯定了思辨有积极作用的方面。而且，在理论自然科学乃至古代实用科学中，也有不同程度的思辨因素。托勒密的地心说的基本观念也有思辨性，亚里士多德的力学观点就难以截然分明地划属为理论自然科学还是自然哲学，这两者的区别也是相对的。如果科学在任何时候都只能凭确凿的事实讲话而不允许有丝毫思辨，如果排除认识过程中的想象，那就不会有“一尺之棰，日取其半，万世不竭”的观点（“万世”要靠想象），就不会有古代的原子论（当时还不能实际测定原子体积和原子量），也不会有近代的原子学说和现代的“B^2 FH”理论，等等。我们不能听到“思辨”二字就不敢说它，不敢用它。

同时，我们也要看到，思辨猜测毕竟是在事实不足、缺乏定量的基础上进行的，它可能（而且很可能）导致认识上的错误。例如，正圆形运动最完善、自然界害怕真空、天体只有10个、人体中有神经液在流动等就是思辨的产物，然而，却是错误的。因此，人们反对单纯依靠思辨，反对胡猜乱想，反对把想象的结论绝对化，这是有理由的。

第四节　早期科学的认识源泉

在原始社会中就有了科学的萌芽，在奴隶社会、封建社会中有了古代科学，我们姑且把这些统称为早期的科学，并就此讨论有关认识论的若干问题。

早期科学发展的情况表明，人类自然知识的产生（或认识的基础、动力、源泉）是相当复杂的。这里，必须要明确地区分两个问题：一个是有哪些因素要求人们去认识自然界，即认识的任务来自何种需要；一个是人们经过哪些环节去实现认识自然界的目的，即认识的内容经过何种途径得来。这是两个密切相关又不能混为一谈的问题，前者讲的是科学知识的必要性，后者讲的是科学知识的可能性。

早期的自然知识究竟是适应什么样的需要产生的呢？显然，科学认识的任务是由社会实践（特别是生产实践）的需要提出的，认识的目的在于为实践服务。这个观点是最重要的、根本的、正确的，同时，又不应当把人类对自然知识的需求了解得过于狭窄。实际情况是，不仅生产实践需要自然知识，人类生活的一切领域都提出了认识自然的要求。如果对早期自然知识的来源作一些分析，就会发现那时的认识活动受到多方面因素的制约。

第一，早期科学中最重要、分量最大的知识是为物质资料的生产所需要的。原始的经验自然知识和古代实用科学中的绝大部分是如此，古代理论自然科学在很大程度上也是如此。恩格斯在论述古代科学产生的背景时，首先讲了古代的游牧民族和农业民族为了定季节需要天文学；接着讲了农业上的提水灌溉、城市建筑，以及手工业需要力学；天文学和力学又需要数学，然后做出结论："科学的发生和发展一开始就是由生产决定的。"①

第二，治疗疾病的实践需要对早期自然知识特别是古代医药学的形成有重要的作用。医疗实践本身显然不是生产物质资料的活动，治病并不直接创造物质财富；尽管医疗活动归根到底是为生产服务的，是要保证人的生存和"再生产"。在谈论物质生产是科学的动力时，至少应当加上医疗需要这一点作补充。

第三，自然科学本身没有阶级性，这并不是说社会阶级对对科学的发展不提出要求，不是说阶级的需要不会影响自然研究的方向、规模和速度。恩格斯在论及古代科学的产生时也提到航海和战争需要力学。古代的航海有相当一部分就是剥削阶级要掠夺财富和进行军事征服，至于战争是阶级斗争则更不待言。柏拉图

① 《马克思恩格斯选集》第3卷，北京：人民出版社，1972年，第523页。

曾谈到战争需要有天文学和数学知识，或许还应当包括需要气象学、地理学。阿基米德研究浮力问题的一个契机是金冠纯度问题，但这并不来自当时直接生产的要求，而是国王需要检查工匠制作的王冠是否掺假。

第四，自然科学研究的动因在根本上取决于社会实践的需要，并不等于人们探索的任何问题都来自改造自然和生产的要求。认识活动有其相对独立性，这在早期科学发展中就表现出来了。古代的人们就在考虑天体运行以何者为中心、什么是物质结构的最小单元、生命怎样起源、动植物如何演化之类的问题。难道我们能说公元前三世纪的生产实践就要求解决地球绕太阳转还是太阳绕地球转的问题吗？或者说这类问题的提出同探索欲望、好奇心等全然无关吗？如果我们一定要把所有这些问题的提出统统归之于当时的生产需要，就无法解释早期自然知识所涉及的极为广泛的内容，就会把生产决定科学这个本来正确的原理用得不是地方或把复杂的认识现象简单化了。

第五，自然界的力量作用于人，不管人们是否愿意，迫使人们做出反应和解释。雷电、风暴、洪水、火山、地震、传染病等造成了人畜伤亡、农作物毁坏、房屋倒塌，这些现象也对认识发生影响。这时的认识首先不是来自人类能动地改造自然的要求，而是自然力“要求”人们去认识它。

有认识自然的需要并不等于获得了知识成果。阶级和战争的需要可以对自然研究提出许多任务，却不能解决认识自然的具体课题。古代的人们要求农作物和家畜丰产，要求弄清雷电和生命起源的奥秘，但要求总还不是答案。就知识内容看，人们的认识归根到底是来自于对客观世界的反映，反映是认识的唯一源泉。否认这一点，就否认了认识论的唯物论。

早期的自然知识究竟是经过什么样的反映过程获得的呢？显然，科学知识的形成是以社会实践为基础的。人们经过由主观见之于客观的实践，就会得到由客观见之于主观的反映。实践是认识的途径。这个观点也是重要的、根本的、正确的。同时，我们也不应当把实践出知识了解得过于片面。实际情况是，不仅人类改造世界的实践会提供知识，自然界和人类之间广泛的相互作用都是反映的途径。早期的自然知识是通过多种反映方式取得的。

一种是能动的反映，即人们在变革自然物、自然条件的实践中认识自然界。原始人在加工石器和制造陶器的过程中认识到石头、黏土的性质和成型的方法。古代人在选种、施肥的活动中认识农作物的性质，在驯化兽类的活动中了解动物。生产实践是实现和完成认识任务的根本途径。通过医疗实践，古代人获得了对人体、疾病和药物的知识。这种反映的特点是认识的主体自觉地去作用于客体，改造客体，在这种主动的作用中揭示事物的现象和本质。

一种是直观的反映，认识主体消极地反映客体，听任客观世界“进入”人们的意识，类似于照镜子式的或照相机摄影式的反映。原始人认识到太阳会带来光明和温暖，这是人们自发形成的感觉（反映），而不是来自变革自然的活动。古代人认为天圆地方，是视觉直观。宋应星并没有进行变革生物物种的活动，他看到不同的地方物种各异，认识到“种性随水土而分”，这也属于直观的反映。

一种是被动的反映，即客体“能动地”作用于人而产生的认识。自然界的事物并不都是温顺的木偶听任人们摆布或欣赏，人们在一些场合不仅不能主动地去变革现实，对客体有所作为，反而会被自然力所变革，受到自然界的摆布，并在被变革的过程中承认（认识）现实。古代的人们最早并不是经过灭蝗斗争的实践或解剖蝗虫去认识蝗虫的习性，也不是像观看月食那样去直观蝗虫是益虫还是害虫，而是首先蝗虫吃掉庄稼，对人类造成了危害和威胁，才使得（迫使）人们知道它是害虫。自然力在支配人们的同时，就使人们知道（反映）它的威力。

人们对自然现象的直观及自然力对人的支配所带来的认识，对原始人、古代人来说为数不少，就整个人类的自然知识看则只是一小部分，而且这种知识是不深刻的、肤浅的。直观和被动的反映往往只能是能动的反映的起点，有待于转化为自觉的研究。人们在认识过程中可以变消极为积极，变被动为主动。蝗灾、地震、风暴、病菌等威胁人，使人感受其力量，这并不排除人们可以主动地研究这类自然物，从而更深入地认识它们，更有效地加以改造。

承认人们的知识中包括直观的和被动的反映，并不是要贬低能动的反映，更不是要提倡消极的反映论或被动的反映论；承认一件事同提倡一件事是绝不相等的。我们要搞科学研究工作，要揭示事物的本质和规律，当然不能等待被动的反映或满足于直观的反映，必须主动出击，能动地变革自然，取得科学知识，使自然界满足人们的需要。但是，提倡科学工作中的能动地反映自然，也不能无视或否定直观的反映和被动的反映是实际存在着的。

承认直观的、被动的反映，只是想要说明不要把知识来源于改造世界和生产活动的提法简单化和绝对化，不要夸大认识过程中的主观能动性。自然力不会有意识地去征服人类，自然界对人类并无恶意，但自然力也不会轻易地被人征服。不仅猛兽会伤人，人要骑马（马是自然物）有时也会被马摔倒或踢伤。我们不能只看到人们能动地改造自然和能动地认识自然，否定自然界也支配、惩罚、报复于人；否定人们在受到威胁和惩罚时会认识到一些东西，并懂得应当进一步去认识什么。如果我们不承认有盲目的、异己的自然力存在，不承认这种力量会使人处于被动地位并对人们的认识起作用，只讲实践和认识中的自觉能动性，也就取消了要变被动为主动的问题，这样的认识论也是不全面的。

早期科学的发展表明，人们的认识来自主体和客体的种种相互作用，这种观点是否违背辩证唯物主义的认识论呢？有的同志认为，认识的来源只能是改造世界的实践，唯有这种观点才是同马克思主义创始人的提法相符。他们经常援引恩格斯的一段话；“自然科学和哲学一样，直到今天还完全忽视了人的活动对他的思维的影响；它们一个只知道自然界，另一个又只知道思想。但是，人的思维的最本质和最切近的基础，正是人所引起的自然界的变化，而不单独是自然界本身；人的智力是按照人如何学会改变自然界而发展的。”① 应当怎样理解这段名言呢？

我们认为，恩格斯在这里强调了人的活动对科学思维的影响，强调了人的智力是随实践能力而发展的，批评了唯心主义和消极的反映论，这是十分正确的。同时，我们还要注意到：①恩格斯在这里说的是人的思想的最本质和最切近的基础，而不是人的思想的全部来源或唯一来源。②紧接着这段话，恩格斯还说：“因此，自然主义的历史观……是片面的，它认为只是自然界作用于人，只是自然条件到处在决定人的历史发展，它忘记了人也反作用于自然界，改变自然界，为自己创造新的生存条件。”② 恩格斯强调人在改变自然界中认识世界是针对着自然主义观点的，是承认自然界作用于人为前提的，他反对的是自然主义观点的片面性。我们不能从反对一种片面性走另一种片面性。③恩格斯在另一个地方还指出：“我们不要过分陶醉于我们对自然界的胜利。对于每一次这样的胜利，自然界都报复了我们。……我们必须时时记住：我们统治自然界，绝不像征服者统治异民族一样，绝不像站在自然界以外的人一样——相反地，我们连同我们的肉、血和头脑都是属于自然界，存在于自然界的；我们对自然界的整个统治，是在于我们比其他一切动物强，能够认识和正确运用自然规律。”③

综上所述，我们认为，类似于辩证法包含着相对主义的因素又不归结为相对主义一样，辩证唯物主义的反映论包含着被动的反映论又不归结为消极的反映论，马克思主义的反映论的根本观点是能动的反映论。

① 《马克思恩格斯选集》第3卷，北京：人民出版社，1972年，第551页。
② 《马克思恩格斯选集》第3卷，北京：人民出版社，1972年，第551页。
③ 《马克思恩格斯选集》第3卷，北京：人民出版社，1972年，第517～518页。

第三章　16～18世纪的科学革命和实验科学的兴起

第一节　近代科学革命的背景与本质

自然科学在远古和古代社会中萌芽成长，然而，它毕竟幼弱，对经济和文化的发展影响不大。从15世纪下半叶开始，在人类认识史上发生了一场伟大的变革，自然科学获得了独立的、日益迅速的进步，显示其重要的社会意义，这就是近代的科学革命。

学术著作中对近代科学革命多有论述，所见略同，但看问题的角度却不一样：有的侧重于自然科学本身的内容，用更多的笔墨写哥白尼的日心说与托勒密地心说的区别；有的侧重于自然科学的地位和作用的改变，强调科学反宗教的斗争；有的侧重于自然科学研究方法上的转变，特别是科学实验的意义。我们认为，从这些方面来考察近代的科学革命都是必要的，问题是要搞清这场革命的最主要之点是什么。

为了从本质上了解近代科学革命，有必要简略地回顾当时的社会背景。许多历史著作都讲到15世纪末以前宗教盛行的状况，这里不再重复。这一节中要讨论的是：宗教神学为什么能够扼杀科学，它凭什么去阻碍自然科学的发展。

原始社会中的宗教是当时人们幼稚无知的表现，奴隶社会、封建社会中的宗教（古代宗教）也反映着人们对自然奥秘的不理解，但二者之间又有着重大区别：①原始宗教观念主要是自然崇拜，古代宗教观念的核心是来世思想、因果报应、天人感应、君权神授。这种宗教意识是为剥削阶级自欺欺人服务的，也反映了劳动群众受到压榨而不能掌握自己的命运；②原始宗教只有观念性的因素及相应的仪式，在古代社会中则有了专门的宗教组织，有了由主教、牧师和僧侣所控制的宗教团体——教会；③原始宗教从意识形态上约束人们的行为，古代宗教则不单是精神上的和有组织的力量，它还在政治上、经济上成为支配社会的势力。奴隶主、封建主规定宗教为国家法定的思想体系，宗教则依靠皇权作威作福，君王贵族不仅皈依宗教，而且身兼神职，许多大主教、修道院长、大法师本身又是拥有大量土地的剥削者，政教合一是古代社会中的普遍现象。

因此，在古代社会中并不单是宗教观念妨碍科学思想的发展，而是在观念上、组织上、政治上、经济上都有力量的宗教势力支配一切，压制一切异教行为、异教徒和异教思想。在古代尤其是中世纪的西欧，封建教会就是政治机关，教会教条就是政治信条，宗教裁判所就是法院，宗教经典的词句具有法律的效力，所有的事情都要按照神学中通行的原则来处理，知识也要服从于信仰。“神学在知识活动的整个领域中的这种无上权威，是教会在当时封建制度里万流归宗的地位之必然结果。”①

总之，科学在历史上成为神学的婢女，绝不仅仅是基于意识形态或认识论上的原因，科学沦为婢女不能只从她的幼弱去解释，也不是由于她的容颜或心灵不够美好，而主要是科学本身及科学的支持者还没有成为足以同宗教势力相抗衡的社会力量。宗教神学首先不是用经院哲学的说教来制服科学，而是用牢狱、火刑来摧残科学。公元五世纪，基督教会就杀死了亚历山大里亚的数学家希帕西里。14世纪初，意大利的宗教裁判所烧死了天文学家阿斯柯里，理由是他相信大地是球形的。被封建教会迫害乃至用火刑烧死的人数究竟有多少，统计资料提供的数字不一致，难以精确考证，但数以万计，且无神论者和科学家首当其冲，则是无疑的。显然，教会如果只凭精神力量，没有巨大的政治力量和组织力量，是不可能使真理从属于迷信的。

强调宗教是作为社会势力排斥科学活动并打击科学家，并不是说可以低估宗教观念对科学研究的不良影响。宗教势力毕竟要以神学观念作为精神支柱，而宗教观念又毕竟要与如何认识自然现象有关。自然界是庞大的客观存在，人们天天要接触各种自然事物，任何教派、任何势力、任何人都不可能对自然界的一切现象缄默不语。古代宗教如果只讲贫富寿夭、仁义道德，全然不管对日月星辰鸟兽虫鱼的认识，就难以使人信仰。古代的神学家、经院哲学家也有他们的自然观和认识论。

为了有助于了解近代科学革命的背景，还有必要对宗教神学的自然观和认识论的特点作一些分析。我们认为，在作这种分析时，应当注意到以下三点：

第一，人们通常认为宗教迷信是不顾客观事实、荒诞无稽的。这确实反映了神学观念的特点，在宗教教义中确有许多违反现实、光怪陆离的东西。经院哲学家们热衷于议论“造物主在造物以前的思想”、“一个针尖上能站多少魔鬼”，以及其他天花乱坠的神迹，甚至公然说：“正因为是荒谬，所以我才相信。”但是，我们又不能简单地认为宗教神学不讲任何事实。世界上最顽固的神学家也不能全

① 《马克思恩格斯全集》第7卷，北京：人民出版社，1959年，第400页。

盘否定人们的普遍常识，而总得承认地球上有植物、动物，烟会上升到天空，重物要落到地上，水要随着唧筒的活塞升降而流动，猫要吃老鼠，等等。假定宗教连这些事实都不承认，它也无法栖身。

宗教神学并不是全盘否定任何事实的。在它承认某些自然事实的时候，重要的是它对这些事实所作的目的论或命定论解释。目的论是宗教用来说明社会秩序和自然过程的根本观点，也是神学认识论的一个显著特征。按照经院哲学的论证：地球上虽有万物，但五谷、果实、药草、鸟兽等都是上帝为了人类的使用和舒适而设计的。上帝为了供人驱使而创造了马匹，又让大地生长稻草来养马，再让天空的云给稻子浇水；宇宙间虽有万物，但上帝赋予烟以上升的本性；上帝给重物规定的位置就在地上；水随活塞流动是上帝不允许自然界里有真空；上帝创造猫是为了让它去吃老鼠。神学目的论就是宗教的自然观和认识论。

第二，人们通常认为宗教迷信是不讲理性、不顾逻辑的。的确，宗教观念中有许多蒙昧主义和反理性主义的东西，宗教在宣扬其教义时所用的主要方法是形象地描述天堂的幸福、地狱的苦难、上帝的万能，力图从感情上征服人心，“感化灵魂”。然而，这并不意味着宗教神学就没有任何逻辑的考虑，逻辑的力量使经院哲学家也无法全然规避。

宗教神学并不是一点不要逻辑，但它在运用某种逻辑的时候，是以空洞思辨、烦琐考证为特征的。例如，按一些神学家的论证：天堂是美好的，在那里不可能有带刺的东西；天堂里有一切，在那里不可能没有玫瑰花，因此，天堂里的玫瑰花没有刺。我们不能说这里没有逻辑推理或推理过程完全不合逻辑，只是这种逻辑没有实际内容，虽讲得振振有词，却不是科学的逻辑。有趣的是，正因为经院哲学家们不能完全不顾逻辑，也会使他们陷入困境。例如，他们既认为上帝的创造力是无限的，可以创造一切，包括创造任何重物；又认为上帝的推动力是无限的，可以推动一切，包括推动任何重物。“聪明的”经院哲学家觉察到这里是有问题的：上帝能否创造出一块连他自己也推不动的石头呢？他们同时也发现了这里有逻辑上的矛盾：如果说上帝不能创造出这样的石头，上帝的创造力就不是无限的，这违背宗教教义；如果说上帝能创造出这样的石头而自己又推不动，上帝的推动力就不是无限的，这也不符合宗教教义。经院哲学家为了研究诸如此类的课题引经据典，争论不休。

第三，人们通常认为宗教迷信是排斥科学知识，禁绝科学传播的。宗教神学认为《圣经》是最根本的知识来源，它完满无缺，包括一切真理，人们只需要去背诵和记忆，无需再去研究什么，也不允许再去研究。中世纪神学家奥古斯丁主教说过一段有代表性的话：“从《圣经》以外获得的任何知识，如果它是有害的，理应加以排斥；如果它是有益的，那它是会包含在圣经里的。”① 中世纪的基督教会在相当长的时期里曾下令禁止亚里士多德的著作和占星术因为亚里士多德的书里有着《圣经》以外的自然知识，占星术又包含着探索天象的成分。

同时应当看到，古代宗教也有“抬高”科学的表现。宗教势力不能只靠迫害科学家和禁绝科学知识的办法过日子，长期用这种办法更混不下去，因而不得不在某种场合开禁一些著作，竭力使自己的教义具有科学的色彩。经院哲学在容忍科学的时候并不真正是允许研究自然，而是利用自然知识中谬误的命题或被歪曲的命题来为上帝辩护，把这些命题教条化。基督教对亚里士多德的态度是很有代表性的。大约在 13 世纪，教会不仅不再禁止看亚里士多德的书，反而特别推崇亚里士多德，把他的话奉为神圣。教会的这种态度，一则因为亚里士多德是古希腊最有名望的学者，与其加以封锁（又封锁不住），不如借用他的名声给神学扩大影响；二则是亚里士多德的知识非常渊博庞杂，在他的著作中可以找到许多可资利用的东西，为神学观点提供理论依据。我们知道，在亚里士多德的著作中，既有合理的、生动活泼的见解，又有不确切的、缺乏事实根据的提法。例如，他提出了地球中心说，主张正圆形运动最完善，认为无机界的运动只能由外力推动造成，还讲到灵魂、神圣的以太等。经院哲学家们正是看中了这些提法，把它们僵死化或增添神秘主义的内容，把被阉割和歪曲了的亚里士多德学说同圣经教义合而为一。

经院哲学的认识论的根本特点就是教条主义，它不仅把圣经条文看成是万古不变的训诫，而且把某个学者（亚里士多德）看成是真理的化身，认为他的每一句话都不会失误。这种教条主义之迂腐可笑，可以用伽利略讲的一个故事为例：一个经院哲学家从亚里士多德的书中读到神经会合于心脏的话，又在解剖学那里亲眼看到神经在大脑会合的事实，而他却表示：“这件事情你使我看得非常清楚，如果不是因为亚里士多德的课本上讲的和这相反，我将不得不承认它是事实。”② 真得感谢上帝，险些上了相信事实得当，亚里士多德的书使他免入承认事实的迷津！

15 世纪下半叶开始的自然科学革命，就是在上述的社会环境里产生的。恩格斯在论及这场革命时指出：“自然科学当时也在普遍的革命中发展着，而且它本身就是彻底革命的；它还得为争取自己的生存权利而斗争。”③ 这段话高度概

① 克莱因：《古今数学思想》第 1 册，张理京等译，上海：上海科学技术出版社，1979 年，第 234 页。

② 伽利略：《关于托勒密和哥白尼两大世界体系的对话》，上海外国自然科学哲学著作编译组译，上海：上海人民出版社，1974 年，第 140 页。

③ 《马克思恩格斯选集》第 3 卷，北京：人民出版社，1972 年，第 446 页。

括了近代科学革命的主要特点。

自然科学本身就有其革命性，它以如实地反映自然界的本来面目、追求真理为使命，不断用正确的、全面的见解取代谬误的、片面的看法。当着一门自然科学的某种基本观点发生重大改变的时候，也就是这门科学的革命。

然而，在我们考察近代科学革命的时候，最重要的还不仅是个别学科（如天文学）本身的学术见解的转折，而是整个自然科学摆脱了作为神学婢女的地位，获得了独立的发展，并成为动摇封建教会势力统治的有力武器。这场科学革命是在普遍革命的社会条件下展开的，是新兴资产阶级在意识形态领域反对封建主义的斗争的一部分。这场科学革命，首先是自然科学为争取生存权利的斗争，它的根本内容是科学与神学较量，是科学战胜迷信，实事求是的创新精神取代经院哲学的教条主义。如果我们偏离这个根本内容去分析 15 世纪末以来的科学进展（如哥白尼日心说的提出），就不能深刻地了解近代科学革命的实质。

第二节　科学创新与科学革命

由 15 世纪下半叶开始的自然科学的发展，包括两个方面：一方面是在天文学、力学等领域出现了一系列创新，或叫学科领域的革命；另一方面是自然科学在反对宗教神学和教会教条上取得了重大的突破，或叫科学地位的变革。这是两个不尽相同的方面，我们认为近代科学革命主要是后一方面，但后者又是以前一方面为基础的。

近代自然科学在其初始阶段的重大创新，是由哥白尼、开普勒、伽利略、牛顿等人提出的太阳中心说、行星运行定律、惯性原理、万有引力定律以及化学元素的概念、燃素说、血液循环理论等。牛顿力学的形成是近代自然科学成熟的一个标志。就知识内容说，这些创新都是以观测和实验为基础的，而不是发源于社会斗争（包括反宗教的斗争）。哥白尼并不是基于同上帝过不去，从而得到了地球绕太阳运行的知识；开普勒并不是基于反对正圆轨道最完善的教条，从而主张行星按椭圆轨道运行；牛顿的科学活动和科学成果更不是基于向神学开战。我们不能只从反对教会势力去看待近代科学的发展，无神论者与自然科学家并不相同。一个人即使对教会怀有深仇大恨，敢于牺牲一切去冒犯上帝，他仍可能没有学术成就。

不可忽视的是，近代科学中的创新又是在宗教迷信和教条主义盛行的社会条件下产生的。在那时，探索自然受到了阻挠，科学成果同时又有反对神学的价值，新兴资产阶级又需要利用科学来反叛教会、发展工业，这就使科学创新同反对宗教密切联系，互相交织。一批科学上的巨人同时又是反宗教的勇士；一批哲学上的无神论者和唯物主义者同时又是自然科学的宣传家。

在15世纪下半叶新兴资产阶级开始登上历史舞台以后，出现了许多不再安于现状、要求变革的政治家、哲学家、航海家、文艺家。他们作为新兴阶级的代表注重开拓，乃至使冒险精神成为时代的特征。这种精神也推动着科学家们勇于探索，敢于创新。科学上的探索和创新，又鼓舞着人们去反叛教会。

对研究自然并动摇宗教神学有重大意义的事件，首先是15世纪末哥伦布和麦哲伦相继进行的航海探险。他们的活动固然是同寻找殖民地有关的，但就这个活动本身看，则是一项规模巨大的科学考察。古希腊和中世纪的一些学者就曾指出大地是球形的，但是，在15世纪，这种自然知识影响不大，知道的人也半信半疑。人们普遍接受的看法是天圆地方，认为如果在海上沿着同一个方向航行，就会一去不复返，因而远航是愚蠢的冒险。然而，哥伦布和麦哲伦却把大地是球形物的知识作为整个事业的基础。他们在这种知识指引下的探索活动取得了重大成果——绕地球一周并发现了新大陆和新航路，打破了人们的传统观念，大大提高了科学的威信，推动人们满怀信心地去研究自然。现代物理学家劳厄对此评述说："我们必须把15世纪末的伟大的航海发现，首先是哥伦布在1492年发现美洲作为新的研究精神的第一个标志"。①

在近代自然科学发展上实行创新的先锋是哥白尼，他在1543年发表的《天体运行论》一书中提出了太阳中心说，反驳了托勒密的地球中心说。我们认为，如果只从哥白尼学说本身的内容、正确程度、它对天文学发展的意义去评价它，那还只是学科发展中的变化或天文学的革命。在哥白尼之前的托勒密地心说，也曾是一种学术观点和科学假说。地心说符合人们的感觉经验，有天文观测资料为依据，在预测日食月食和天体运行位置上可以准确地得到证实（其精确程度比哥白尼当时的日心说所预见的还高），但它的基本观点则是不正确的。哥白尼在进行天文学研究时除了亲自进行观测外，还曾大量利用了托勒密等人所积累的资料，运用了托勒密学说中本轮和均轮的思想，而且，他在相当长的时间里还是从托勒密体系为出发点来考察太阳系的结构的。哥白尼自己也承认："在开头研究天文学时，曾经根据旧托勒密体系的那些假设来修订天文学，并改正了行星的运动，使计算的结果符合天文现象得多，反过来也如此。"② 可是，哥白尼在这种研究中觉察到地心说过于复杂（本轮和均轮太多），很不方便（要求行星运动时快时慢时停乃至逆行），缺乏和谐（能计算个别天体的运动却难以结合为完整的

① 劳厄：《物理学史》，范岱年等译，北京：商务印书馆，1978年，第5～6页。

② 伽利略：《关于托勒密和哥白尼两大世界体系的对话》，上海外国自然科学哲学著作编译组译，上海：上海人民出版社，1974年，第444页。

系统），从而促成哥白尼去思索和提出一种新的见解。他受古希腊自然哲学的日心说的影响，试图以太阳为中心去说明整个太阳系。

哥白尼的日心说的基本思想是正确的，在逻辑体系上更合理，用它计算天体的运行有相当的准确性并较方便简单。托勒密从地心说去解释月亮和6个已知行星要用77个圆，哥白尼从日心说出发去解释则只需要用34个圆。但是，日心说毕竟是人们的感觉经验所难接受的，它不仅保留了行星作正圆形轨道运行的观点，而且在得到观测证实的精确程度上还曾比托勒密学说逊色。哥白尼的日心说在当时也还只是一种假说，尽管这种假说的提出是天文学上的重大创新。

如果我们只讲自然科学本身的发展，即使哥白尼的学说完全无误、充分严格，托勒密的学说一无长处，也只能说它们是对太阳系结构这个具体问题上的两种看法、两种学术见解。我们承认日心说取代地心说是天文学的革命，因为这是在这门学科中根本性观念的变化，是在重大问题上用正确的认识取代了谬误的认识，绝不是说托勒密的学说（托勒密本人提出的地心说）是反动的，或这个学说中没有任何应当继承的东西。托勒密学说本身同宗教神学并不是一回事。

另一方面，我们又不能只从天文学这一门学科的进展去看哥白尼学说。众所周知，太阳中心说的提出标志着自然科学开始从神学中解放出来，哥白尼出版其《天体运行论》是自然科学宣布其独立的革命行为，是近代科学革命的先声。哥白尼的日心说为什么有这样伟大的意义和荣誉呢？这里的要害并不是在某个特定学科里发表了某种新的学术见解，而是在当时特殊的社会背景下这种见解在反对宗教神学上的作用。

在托勒密于公元二世纪提出地心说之前，宗教神学已经对整个宇宙做了“地上的世界”，和“天上的世界”的划分。在地心说提出以后，教会在一段时期里并未理睬，继而则加以查禁（把地心说视为自然知识），到13世纪教会开禁亚里士多德的著作以后，对地心说的态度才发生变化。宗教神学把托勒密学说中地球是宇宙的中心说成是上帝安排的“地上的世界”，上帝还使人类居于这个中心；地心之外则是由诸神掌管的行星，上帝则居于“天上的世界”。这种被宗教化了的“托勒密体系”同托勒密原来的学说是有根本区别的。正因为地心说被宗教神学歪曲利用，哥白尼的学说才有了超出学术价值的社会影响，宗教势力才畏惧和反对日心说。按照日心说，人类并不居住在宇宙的中心，上帝也要承认其设计错误，教会就会威风扫地，这显然是不能容忍的。假定说，倘若宗教教义一开始就宣称上帝住在光芒万丈的太阳上面并居于宇宙的中心，而把人安排在地上环绕上帝转动，教会恐就不会反对哥白尼学说了。

哥白尼的伟大功绩还在于，反对被宗教化了的地心说为整个自然科学的发展开辟了道路。在当时，宗教教条支配一切，人们只允许按《圣经》和亚里士多德的书去想问题发议论，哥白尼日心说的问世表现了敢于向宗教权威挑战的革命精神，推动了人们的思想解放。既然被宗教神化的地心说是可以反驳的，为什么在其他问题上就不可以突破教会教条呢。哥白尼学说的提出开始打破了当时神云亦云和人云亦云的沉闷气氛，一系列科学创新不断涌现出来，神学世界观果然接二连三地被突破了。

对近代自然科学做出重要创新并推动了科学革命的又一位巨匠是开普勒。他不仅捍卫了哥白尼的日心说，并且修正了哥白尼的缺陷，提出了行星按椭圆轨道运行的三大定律。这是天文学上的伟大发现，并为牛顿力学的产生奠定了基础。同样，就开普勒的行星运动定律本身而言也是学术问题，这一发现之所以又具有科学革命的社会意义在于：其一，因为宗教神学已把天体只能作正圆形轨道运动规定为教义，断言上帝安排天体只能以这种“最完善的形式”存在。开普勒使天体“放弃”正圆形轨道，也就背弃了教会的信条。其二，宗教神学只承认上帝是天空的立法者，开普勒则认为天体本身有其运动规律，人们可以通过科学发现确认“自然界的立法”。既然天体的运行都有规律而且人们可以认识它，地球上的种种事物也就都有其规律性，都可以被人们探索和揭示。在开普勒以后，自然规律的信念、人们能够认识自然规律的信念更加深入人心。

伽利略是近代科学革命的杰出代表之一。他在科学上的创造性贡献是很多的，他自制了望远镜，发现了许多新的天文现象；他进行了著名的力学实验，发现了惯性原理；他忠于观测和实验事实，对自然科学的学术发展提供了有重要价值的材料和见解。然而，如果我们从近代科学的本质方面来看待伽利略的成就，则需要明确地指出以下几点：①如果说教会势力判定哥白尼的日心说犯了离经叛道罪，那么，伽利略不仅拥护哥白尼的学说，而且他还发现了木星也有卫星，并把木卫绕木星旋转的事实看做是一个小太阳系，为日心说提供了佐证，比哥白尼更为“离经叛道”；②宗教神学断言太阳只有光明，毫无瑕疵，伽利略却说，他发现了太阳上有黑子；③宗教神学宣称，球状天体绝对完备，伽利略则说，他看到了金星的盈亏和月亮表面的山谷；④经院哲学推崇亚里士多德是没有任何错误的完人，伽利略以实验事实为基础指出，亚里士多德主张力是速度的原因错了。正因为伽利略的科学发现在当时是违背教会教义的，他才获得了超乎学术范围的声誉，也遭到了宗教势力对他的迫害。

分析伽利略的代表作——《关于托勒密和哥白尼两大世界体系的对话》，对我们认识自然科学成就与近代科学革命的关系，特别是从认识论的观点了解科学革命的精神，是很有典型意义的。伽利略的这部书是什么性质的呢？如果从图书分类看，它应列入天文学类还是属于哲学类呢？我们认为，它既是天文学著作又是反对宗教神学的哲学著作。这本书的名称是讲关于太阳系结构的两大体系，书的内容也注重于比较日心说和地心说，论证哥白尼体系的合理性，剖析托勒密体系的缺陷。但是，这本书又绝不单纯是天文学的学术著作，而同时是一份对经院哲学的起诉书。伽利略的伟大正在于他不把自己局限于对天文学和力学的研究，而以这种研究为基础，自觉地向经院哲学宣战（尽管他在这种斗争中的经历颇为曲折)。他在这部书中并不是着重于反对古希腊的托勒密，而是针对着被经院哲学教条化了的亚里士多德学说和托勒密体系，或者是针对着以亚里士多德名义活动的经院哲学。伽利略在此书前言中说，他之所以写这部书，是因为经院哲学在解释亚里士多德的结论所获得的声誉已成领悟真理方面的最大的障碍。他的这部书是要扫除这种障碍，本质上是经院哲学和近代科学两大思想体系的对话。

伽利略的这部名为《关于托勒密和哥白尼两大世界体系的书，提到托勒密近50次，提到哥白尼大约120次，提到亚里士多德则有220次之多（按中译本统计，以人称代词方式提及他们的均未计入)。特别在此书的前半部，几乎只是批评对亚里士多德的盲目迷信，连托勒密和哥白尼的名字也很少涉及。伽利略抨击经院哲学家是思想浅薄的人，甘心情愿地做亚里士多德的奴隶，把他的什么话都奉为圣旨，一点不能违反。他讥笑经院哲学家还没有弄懂他们的恩师讲的意思就颂扬亚里士多德的种种看法“非常有力”、“理由十分明显”。他指责经院哲学家给亚里士多德戴上绝对权威的王冠只是表明他们自己非常胆怯，害怕真理，只是他们自己想窃取权威的地位。伽利略认为亚里士多德本人是很值得尊敬的大学者(尽管也有错误)，经院哲学家过分抬高亚里士多德的地位恰好是危害他的名望，贬低他的权威性。

伽利略在阐述这些观点时讲了许多富于哲理的话。例如他说：“……任何人只要长一双眼睛，有一个头脑，就足够做他们的向导了。我这样说，并不意味着一个人不应当倾听亚里士多德的话；老实说，我赞成看亚里士多德的著作，并精心进行研究；我只是责备那些使自己完全沦为亚氏奴隶的人，变得不管他讲的什么都盲目地赞成，并把他的话一律当作丝毫不能违抗的神旨一样，而不深究其他任何依据。这种坏学风还带来另一种很大的混乱，那就是使旁人也不想多花点气力来弄懂他的证明有没有力量。在公开辩论时，当有人正在讲述着一个可以证明的结论时，他的话却被一个反对者打断了，用一段亚氏原话堵着讲述者的嘴（这段原话时常是为了完全不同的目的而写的)，试问还有比这种做法更引起人们反感的吗?”①

---

① 伽利略：《关于托勒密和哥白尼两大世界体系的对话》，上海外国自然科学哲学著作编译组译，上海：上海人民出版社，1974年，第147～148页。

16世纪的西班牙医生塞尔维特提出了血液循环的观点，这本来是生理学上的创新，可是，由于塞尔维特的这种见解违反了被宗教奉为神圣的盖仑学说①，加上他还反对上帝是圣父、圣子、圣灵的“三位一体”，结果被教会判处火刑，成为近代科学的殉道者。

自然科学上的创新为近代科学革命奠定了知识基础，许多在学术上有重大成就的科学家为反对宗教势力提供了思想武器，或者同时又是同经院哲学作斗争的战士。我们还应当看到，代表近代科学革命的英雄不仅有科学家，还有坚决支持自然科学的进步的唯物主义哲学家。16世纪的布鲁诺就是为科学革命鸣锣开道并英勇献身的伟大思想家。人们有时把布鲁诺看做是自然科学家，这是不够确切的。尽管布鲁诺曾以一些出色的猜测（例如，他认为太阳对于其他太阳系来说并不是静止不动的）补充了日心说，但他主要不是天文学家，而是一位热情拥护哥白尼学说并坚持反对教会教条的哲学家。布鲁诺论证了自然界的物质性和无限性，反对“信仰的真理”，只承认科学的真理，并无情地嘲弄了神学家对起码的自然知识蒙昧无知。教会对布鲁诺恨之入骨并把他烧死。布鲁诺的壮烈牺牲，是哲学家为近代科学革命付出的代价。

第三节　实验研究的使命及其形成的过程

近代科学革命不单是天文学、力学等知识领域内发生了重大的变化，主要是科学反对神学并获得了独立的发展。如果从自然科学的基础和研究方法来考察它，从认识论的观点来考察它，还必须注意到近代自然科学是实验科学和科学实验的崛起。近代科学革命的重要内容是要屏弃单纯靠引经据典的教条主义，用什么去代替呢？就是要以实验研究作为探索自然的依据。近代的自然科学也不同于以观察和直观为主的自然哲学和观测科学，而是以实验探索为主要立足点的实验科学。近代以至现代自然科学的认识论问题，几乎都是与科学实验有关的。考虑到观测与实验的关系问题目前还有争议，我们将在本章最后专作讨论。在这一节里，仅限于回顾科学实验发展的历史和实验研究的最基本的特点。

什么是科学实验？我们认为，如果只用一句话来说，科学实验就是以认识世界为目标（使命）的实践。这样说，难道其他的实践形式就不是以认识世界为

① 盖仑，公元二世纪罗马医生，他对古代的医学、解剖学和生理学颇多建树，但他认为身体构造和一切生理过程都取决于超自然的目的性，认为人体中不同级别的血液只能在不同器官内流动，不能产生循环。盖仑的学说在16世纪以前被宗教神学绝对化，用以论证上帝的存在和只有“天上的世界”才有循环（圆周运动）。

目标，难道人们不是经过生产活动、阶级斗争获得了（达到了）对客观世界的认识吗？这里需要区别两件事：其一是某种活动以什么作为主要的预定任务；其二是这种活动实际上取得的成果。在生产劳动（或更广泛地说是改造自然的活动，包括医疗实践）、阶级斗争（或更广泛地说是改造社会关系的活动）的过程中，人们实现了对自然界和社会关系的认识，取得了大量知识。可是，生产活动、阶级斗争通常不是为了（至少主要不是为了）认识、探索、研究而进行的，这类社会实践所要达到的直接目的或预期要实现的主要目标是为了改造世界，取得征服自然和变革社会的胜利。只有科学实验才是为了认识世界而进行的活动，是为了获取知识和验证理论而进行的实践——尽管实验研究的成果有时会超出知识形态的范围。正因为科学实验是以认识世界为目标的实践形式，它才与科学的发展有特别密切和重要的关系，也才有许多值得研究的认识论问题。

生产活动本身的主要任务和直接目标是创造物质财富。原始人在制造和使用石器、陶器的过程中需要并可能了解到石头、黏土的性质，但他们绝不是以认识石头、黏土的物性为目的去生产石器和陶器。古代人经过种庄稼、修水利、造铁犁、酿酒的实践同时逐步了解到作物生长或粮食发酵等自然现象，但他们并非以搞清生物生长或水流运动的规律为目标去种庄稼、修水利，也并非以研究冶炼或酿造中的化学反应原理而去炼铜炼铁或去造酒。近代人也不会以探讨植物纤维的性质为直接目标去纺纱织布，不会为了发现力学规律去修建高楼大厦；不会为了检验电磁感应定律去建造发电厂。生产实践需要科学，为科学发展提供资料，考验科学的正确性与适用性，但它的主要使命是要为人类的衣食住行和其他需求提供生活资料和生产资料。

阶级斗争的实践，其主要的、直接的目的也不是为了认识社会现象。农民起义的目的是要推翻地主阶级的统治，不是为了便于人们揭露封建制度的不合理。资本主义国家中工人罢工的目的是要反对资本家的剥削，不是为了证明资本积累的原理。打仗的目的是要消灭敌人，不是为了写出一部论战争的书。同样，阶级斗争的实践需要认识社会，也为认识社会提供了资料，社会理论要在阶级斗争中得到检验，但这与人们进行阶级斗争的目的并非一件事。人们总不能为了搞清经济斗争同政治斗争的关系去发动一次罢工，也不能为了验证作战方针去发动一场战争。

至于科学实验就不一样了，这种实践活动的主要的和直接的目标不是要提供物质财富，而是要实现知识成果的创造。人们之所以需要实验，就是为了探索、考察、研究、获得和检验知识。如果把科学实验也看作是一种生产（精神生产）的形式，它的产品是数据、曲线、实验报告，以及由此而来的概念、定律、原理、假说和理论。在为了探索和发现而进行的实验过程中，人们以弄清化学反应的机制为目标去使粮食发酵或熔炼矿石；以查明电现象的性质为目标去使用起电机、电池或进行电解；以考察物质结构为目标去修建加速器。为了证明或反驳一种见解，可以“发动”一场实验。

生产活动、阶级斗争、科学实验在实践性质上的这种区别往往不是绝对分明的。在某些场合下，生产活动能够兼有科学实验的内容，有的科学实验又能兼有生产物质产品的作用。

甚至在阶级斗争中也有类似实验探索的成分，如火力侦察。但是，这些复杂的情况并不能排除把社会实践基本上划分为两种，一种以改造世界为主要的和直接的目标（生产活动和阶级斗争），一种则以认识世界为这样的目标（科学实验）。

科学实验及以它为基础的实验科学的兴起，是16世纪的事情，并直到19世纪才进入繁荣时期。科学实验只有在社会演变到较高阶段和认识世界已达到较高水平才会形成和成熟，实验科学的产生标志着人类对自然的认识已进入了较高级的程度。同时，科学实验也有它的前史，它也经历了一个由萌芽、生长到成型的历史发展过程。

在远古时期，人类几乎以全部精力进行物质生产（并经过生产得到一些知识），那时既没有专门的实验手段，也没有以实验活动为主的人。然而，这绝不是说那时完全没有以探索为目的的行为。原始人要尝试哪些植物可供栽培或药用，这种尝试就具有为认识而行动的性质。神农尝百草的传说是可信的，尝百草究竟不同于农业生产。要改造自然，就要探索自然。原始人为了生存需要摸索的东西是不可胜数的。

在奴隶社会和封建社会中，农业、畜牧业、手工业和社会生活的各方面有了进步，需要研究的问题更多，也有了能以较多精力去从事科学活动的人。如果没有更多的尝试、试探、摸索，古代的人们就不可能懂得秋播冬灌和温室栽培，就不会培育出奇花异草和各种金鱼，就无从创造出精良的刺绣、牙雕和锋利的宝剑。古代人在改变酿酒用的原料、炼铁用的炉型时的探索具有实验的性质，尽管不是严格意义上的实验，也许可以叫做实验的萌芽。

人们在生产活动中可以兼而完成实验性探索的任务，这在古代社会条件下表现得很明显。之所以如此是因为：第一，当时需要摸索解决的大量问题并不是要开创新的生产部门或发明同原有工艺在根本性质上不同的新工艺，也不是要着重于查明自然过程的物理化学本质，而主要是要在原有的生产技术和工艺方法的基础上逐步有所改进和完善，并不需要离开或放弃这个基础。第二，当时的农业和手工业生产并不是按严格的操作规程和统一的技术标准进行的，工艺过程相对不稳定，就这点说，生产本身就有试探性，也允许有试探性。第三，当时的生产规模狭小，乃至一家一户就是一个生产单位。对于一个小农户来说，如果所要摸索的课题又只是种什么庄稼和用多少肥料合适，这个农户种的土地同时也就是试验田。在规模很小的炼铁炉上或手工业作坊中，也比较容易去改变设备的构造或工艺方法。总之，古代社会的人们不可能并几乎不需要在生产活动之外，另辟专门的实践领域去探索现实意义较强的问题。在那时的情况下，小型的、不甚稳定的（或叫弹性较大的）生产活动，能兼而完成某些不要冒多大风险的探索任务。

还应当看到，古代人对自然的探索并不完全孕育于生产活动之中（相应地，近代科学实验也不全然是从生产实践中分化出来才得到发展的）。在古代社会中已开始出现了某些非生产性的实验活动。古希腊的斯特拉图曾把木材边加热边称其重量，由此考察物体之中存在的孔隙。希罗则设计了蒸汽转动器研究蒸汽力的作用。我国古代有墨子的光学实验及对磁石性质的研究。在古代的许多国家都有动物解剖和人体解剖，这是生物学上的实验探索。这些活动不是由生产兼而完成的，而是有独立性的实验研究，尽管它们在古代社会中不占重要地位。

考察科学实验的产生，不能对古代的炼丹术和炼金术置之不理。炼丹特别是炼金活动在许多古代民族中曾盛极一时，如果我们只把这种活动看成是神秘主义的、徒劳无益的东西，那是不公正的，也无助于认识论的讨论。全面分析古代的炼丹术和炼金术，就会发现在这种活动中包含着近代科学实验的前身，并且看到实验探索会突破人们主观上的狭隘眼界，导致并非神秘的科学成就。

首先，炼丹和炼金活动的出现是有历史理由的。在古代的中国、印度、阿拉伯和西欧国家中兴起这种活动时，金属冶炼已取得成效，也有了制药和药物治疗；同时，人们又不了解用普通的化学手段无法使元素嬗变，不了解药物能去病的机理。在这种情况下，人们很自然会想到：既然可以从石头中炼出铜和铁，可以用药物使人延年益寿，为什么不能把别的什么东西炼成金银，或者能炼出灵丹妙药使人永远健康呢？从这点看，炼丹和炼金乃是社会实践的延续，是基于知识不足又合乎逻辑的推断。当时的当权者、富人和教会为了发财和不死，资助炼丹炼金，是它们得以发展的社会原因。

其次，炼丹和炼金活动是从神秘主义出发的。我国古代的炼丹家们相信人可以成仙，是囿于既然丹砂（硫化汞）烧之越久变化越妙（丹砂加热能分解为汞，汞还能与硫化合回复为丹砂），既然黄金入火百炼不消，埋之毕天不朽，那么，人吃了金丹就可以炼身体，长生不老。古代印度的炼丹术则认为服用丹剂能够使人超越于轮回转世。中世纪的炼金家认为可以找到“哲人之石”，把普通的物质变成金银。有些炼金家认为，无机物都是有生命的，由物质和灵气构成，水银是一种高贵金属的灵气、金属的祖先（“汞是金属之父，硫是金属之母”）；在炼金过程中可以先使贱金属死去，再靠高贵金属的灵气使之复活并变为贵金属。从事炼丹、炼金活动的代表人物大部分是宗教信徒，西欧教会曾是炼金术集中活动的场所。炼丹家、炼金家还把祭祀、祈祷作为炼制过程的重要部分（如在事前祭灶，炼制中祭天地），造成大量人力物力的浪费，并使一批人服用“仙丹”身亡。

古代的炼丹术和炼金术在本质上（内容上）不同于近代的科学实验活动。可是，炼丹和炼金活动毕竟不仅是念经、忏悔、唱颂歌，而是一种变革现实的行为（要“炼”），要利用实验工具进行实验操作；而且，这种活动又不是生产过程中炼铜炼铁那样的实践，而是要试探着寻求能搞出丹药和黄金的工艺，因而具有为认识而实验的特点。炼丹和炼金是由非科学的观念出发的实验，是形式上类似于科学实验的活动，或者可以叫做准科学实验或半科学实验。古代的炼丹家、炼金家们制造了风箱、坩埚、烧杯、蒸发皿、焙烧炉等实验工具和简单的仪器，积累了使用这些东西的操作经验，为近代科学实验做了准备。

炼丹术和炼金术没有搞出仙丹和黄金，其过程和结果常常被做出随意性极大、颇为荒诞的解释。然而，不管从事这种活动的人自己从什么主观意图出发，只要他们真正去进行实验探索，实际地从事实践，总会（尽管要经历曲折的和长期的过程）得到一些对科学认识有益的东西。在炼丹和炼金的实际活动中，人们积累了关于物质化合分解的知识，发现了许多化合物和一些元素的性质。在我国东汉末年炼丹家魏伯阳写的《周易参同契》中，就记载了汞、铅、金、硫等的化学属性，指出氧化铅能被碳还原为铅。葛洪在他的炼丹术著作《抱朴子》中提到了包括石胆（硫酸铜）、消石（硝酸钾）、赤石脂（赤铁矿）等20多种化学原料，还发现了化学反应的可逆性、金属在反应中的置换。阿拉伯人在炼金活动中学会了应用酒精，制造硫酸、硝酸、王水、碱和氯化铵，并把它们作为溶剂。在欧洲的炼金术家中间，有一些人还写出了诸如《论炼金术》、《论金属》、《火术》、《新哲学的炉》、《锑之凯旋车》、《化学实验室》之类的著作。正如恩格斯所指出，在中世纪末期，“化学以炼金术的原始形式出现了”。①

对炼丹术和炼金术的考察表明，一个人的思想（是否相信神秘主义）同他的实际行为（是否从事实验探索）都对其认识起作用，但有决定意义的则是实践。欧洲中世纪末期的瑞士医药化学家帕拉塞斯的观点有浓厚的神秘主义成分，他赞赏炼金术，认为人体器官同天体有联系（心同太阳联系、脑同月亮联系、肝同木星联系），但是，他的主要活动则是从事化学实验的操作，而不是去讲经传道或只是冥思苦索。帕拉塞斯在长期的实验中制备了一批药物，考察了二氧化硫

① 《马克思恩格斯选集》第3卷，北京：人民出版社，1972年，第523页。

的漂白作用，描述了铁粉与硫酸的作用，区分了白矾和蓝矾，因而成为一位著名的科学家。帕拉塞斯以自己的实践为基础成为科学家，他对那些在实验室里孜孜不倦工作的人表示尊重，他所称赞的是人们并不理会衣着和工作条件的污垢，“只是忙于炉火旁的工作和学习炼金术的方法，其中包括蒸馏、溶解、腐烂、提取、焙烧、返焰、升华、固定、分离、还原、凝结、着色，等等。”① 17 世纪德国商人波兰特是炼金术的信徒，他甚至相信从尿液里可以炼出黄金。这显然是荒谬的，但他用尿做了大量实验，却得到了超乎原来想象的结果。他在 1669 年的一次实验中，把砂、木炭、石灰和尿混合，加热蒸馏，虽没有得到黄金，却找到一种色白质软并能在黑暗中放出闪光的物质，他把它叫“冷光”，即发现了磷。我们列举这样的事实当然不是说神秘主义的观念对科学活动能起促进作用或有积极的影响，炼丹术和炼金术毕竟是为了发财和长生不死，而不是为了科学。

再者，我们还应注意到，在哲学史上首先讲述实验的作用的人正是炼金家。13 世纪的英国人罗吉尔·培根是极力倡导实验研究的，他是一位进步的思想家，被誉为近代实验科学的先驱。同时不可忽略的是，罗吉尔·培根又是极力倡导炼金术的，他是一个热衷于从事炼金活动的僧侣，为此花费掉了大量钱财，还写了《炼金术原理》等著作。看来，正因为他亲身从事炼金活动，对物理化学实验的重要性有一定的了解，又看到经院哲学的无能和腐败，他才认识到实验的本领胜于一切思辨的知识和方法，主张实验是科学之王，反对教会和教条主义，并因此被教会关进牢狱 14 年。

古代的炼丹术和炼金术是具有实验性的活动，但它们终究是从神秘主义出发的幻想，并由于屡屡失败而衰落下去了。人类真正立足于科学实验去认识自然界，是在资本主义生产方式出现以后，由 16、17 世纪开始，到 18、19 世纪更为发展。在这个时期的反对宗教神学的斗争需要，生产活动尤其是工业生产的需要，以及其他方面的需要，大大推进了自然科学的研究，提出了许多必须由科学实验来解决的问题。实验必须独立化。在这个时期，实验工具也日益完善多样，实验条件越来越好，它也可能独立化。在近代科学革命的进程中，科学实验得到了系统的发展并逐步实现了它与生产实践的分化，形成一项专门的实践活动；科学实践发展为认识世界为特殊使命的独立的实践形式，是人类认识史中的重大转变，是近代科学革命的重要内容之一。

首先，近代科学需要研究的问题已日益超出直接生产的范围，提出了大量必须经过专门探索才能解决的任务。这些任务主要来自两个方面或两个矛盾：第

① 柏廷顿：《化学简史》，胡作玄译，北京：商务印书馆，1979 年，第 51 页。

一，古代的实用科学和经验性的工艺技术知识已不能满足生产发展的要求。资产阶级为了谋取利润，在竞争中战胜对手，最现实的是要利用对技术更新和工艺完善能带来直接效益的知识。但是，资本家要发展新的工业部门，要使生产过程有重大的改革，又不能只靠直接生产的经验，还必须从根本上研究自然过程的本质和自然界的规律，从科学原理上解决力学、物理、化学、生物学方面的种种问题。第二，古代的自然哲学和直观性知识已不能适应反宗教和一般自然观的要求。本来，直接生产就不是要求探索自然和寻求知识的唯一因素。古代人要说明日食和月食、睡眠和做梦、生命的发生，并非直接来自当时农业和手工业生产的需要。近代科学要反对宗教神学，涉及广泛的自然现象，只用工艺技术知识是不能同宗教自然观作战的；而且，要驳倒各种迷信，还不能只靠思辨对思辨，靠猜测对虚构，需要的是各门科学的实证知识。

其次，由近代生产兼而实现探索性任务的可能性已日趋减小，必须把探索任务交给专门的实验活动去完成。超出直接生产范围提出的问题不能靠直接生产去回答。美术要研究各种颜色的配比，音乐要考察弦长与音调的关系，甚至赌博也要分析获胜的概率，不可能把这些问题放在工农业生产中去解决。即或是由直接生产范围内所提出的问题，也越来越难以靠生产实践来解答了；近代生产特别是机械化工业生产的规模很大，各个环节的配合密切，工艺要求严格，如果没有较充分的可靠性，是不允许轻易变动的，更不可能利用生产过程去做有风险的探索研究。

再者，社会生产的发展还为科学实验的独立化奠定了物质基础和创造了物质条件。科学实验的专门化，归根到底仍取决于社会物质生产的状况。在基本生活资料极度缺乏的原始社会，就不可能有人不去打猎或种植而去搞炼丹术或炼金术。在西欧中世纪，英王亨利六世手下的炼金术士达到三千多人，这不仅由于封建贵族迷恋黄金，也还基于社会生产的剩余产品已相对地多起来，可能养活这批消费者。如果没有近代生产的发展，人们连吃饱穿暖都异常困难，就无法去从事实验探索，也不会有专职的实验科学家。

实验工具和实验的其他物质手段对科学实验的独立化具有决定性的意义。在生产活动中，如果人们没有劳动工具，虽然也可以用双手去采集植物果实，这还不能真正算作改造自然。生产总是以劳动工具的制造和使用为前提的。同理，如果没有实验工具，虽然可以用肉眼去看或者用口去尝，也难以真正算作科学实验。而实验工具的制造一点也离不开生产；否则，连一只烧杯也造不出来。恩格斯在谈到生产对近代科学发展的作用时指出，工业的发展不但提供了大量可供观察的材料，“而且自身也提供了和已往完全不同的实验手段，并使新的工具的制造成为可能。可以说，真正有系统的实验科学，这时候才第一次成为可能。”①在16、17世纪，实验科学已经产生，但那时的科学实验并不很发达，仍处于形成过程中，主要是由于当时的生产水平还不高，只能提供比较少量简易、粗糙的实验工具。19世纪的实验科学硕果累累，科学实验已具有成熟的形态。真正称得上是专门化的实践，主要是那时的机器大工业已能生产出种类繁多、日益复杂和精密的实验工具。生产实践对科学实验常常是很慷慨的，在它委派或支持实验去攻打科学堡垒的时候，不仅哺育着从事探索的兵将，还给他们装备了克敌制胜的武器。

正确认识科学成为独立的社会实践形式是很重要的，同时又要注意到不能把这点过分夸大，认为科学实验可以完全脱离生产实践而独立。全部科学实验归根到底取决于生产实践，许多科学实验是来自生产又为生产服务的，实验活动的独立化是相对的。

第四节　科学实验与能动的认识论

科学实验是社会实践的一种特殊形式，同时它又具有社会实践的一般特点。如果着眼于认识论的讨论，一切实践形式的最本质的特点就是变革现实，也就是人们去改造世界；实践在认识过程中的重大意义，在于认识的主体通过改变被认识的客体（对象）从而认识客体。承认人们在变革现实中反映现实，乃是辩证唯物主义的能动的反映论的一个基本的观点。

马克思主义的创始人在讲到实践时一再指出，实践不是消极地直观对象，而是能动地作用于对象，实践是使客观对象发生变化的一种活动；而且，正因为对象的本来面目由于实践活动的作用发生了变化，人们才得以把握住客观对象的本来面目。列宁指出：“人给自己构成世界的客观图画；他的活动改变外部现实，消灭它的规定性（即变更它的这些或那些方面、质），这样，也就去掉了它的假象、外在性和虚无性的特点，使他成为自在自为地存在着的（即客观真实的）现实。”② 这是实践的普遍特点，也是科学实验的特点。

毛泽东同志的《实践论》中发挥的一个重要思想，学习《实践论》时要充分重视的一个重要观点，就是实践具有变革现实的作用并因而是认识现实的基础。在这篇著作中不仅举出若干实例说明基于变革现实的实践而产生的辩证唯物

① 《马克思恩格斯选集》第3卷，北京：人民出版社，1972年，第524页。

② 《列宁全集》第38卷，北京：人民出版社，1963年，第235页。

论的认识运动，而且鲜明地指出："如果要直接地认识某种或某些事物，便只有亲身参加于变革现实、变革某种或某些事物的实践的斗争中，才能触到那种或那些事物的现象，也只有在亲身参加变革现实的实践的斗争中，才能暴露那种或那些事物的本质而理解它们。"① 可惜，在我们对《实践论》的宣传或研究中，有时对实践是变革现实的"变革"二字却注意不够。

就科学实验也要变革现实，使某种客观条件或客观事物发生改变而言，它与生产实践活动是有相同之处的。铁矿石中存在着铁的氧化物（如 Fe_2O_3 或 Fe_3O_4）和其他脉石矿物（主要是石英），炼铁生产就是要变革这种矿石，去掉其中的脉石成分，并且把氧化铁还原为铁。酿酒、制糖要变革其原料。正因为生产活动具有变革现实的特点，尽管它的直接目的是创造物质财富，但它又能暴露被变革对象的属性成为人们认识事物的基础。医疗实践的直接目标是使人恢复健康，但这种实践必须变革疾病和病体，因而又是病理和医药知识的来源。科学实验要变革被考察对象所处的条件或变革实验对象本身，例如，化学实验中要加酸或碱使物质变化，这与化工生产中要用酸或碱去加工物质产品是没有本质区别的。

科学实验作为变革现实的实践又不同于生产实践，前者不仅以探索、研究为直接目的，而且在变革现实的方式方法上还优于生产活动。①实际生产条件相当复杂，许多影响因素难于加以排除，在科学实验中则能简化或纯化对象所处的条件；②实际生产特别是近代的工业生产要保持较大的稳定性和可靠性，不允许轻易变动，在做实验研究时则可以不受这种限制，尽可能多地改变自然条件去强化自然过程；③人们有时也可以利用生产设备或在生产过程中去探索某些问题，然而，在这种场合下，只能是在局部问题上进行探索，并且这种探索往往所能做的实验次数不足，或者试探性活动的周期太长，或者需用投资较多而得不偿失，影响直接生产，科学实验则可减少或避免这种缺陷；④实际生产中通常不存在极限条件，没有利用极限条件来变革现实的可能，而科学实验则可以在特殊的高温、高压、高频震动、高真空条件下进行；⑤科学实验所变革的对象在不少情况下不是首先由生产提供的，在电磁感应实验之前的生产中没有电机或变压器；在放射性元素实验之前的生产中没有同位素应用，在这种情况下，是靠科学实验自己给自己提供要变革的东西。总之，科学实验能在更多的领域、更大的范围、更方便的条件下变革现实，具有更有力、更多样、更灵活的能动性，因而使近代和现代的自然科学研究更依赖于实验。

① 《毛泽东选集》第1卷，北京：人民出版社，1968年，第264～265页。

科学实验是能动地变革自然从而认识自然的手段，那么，人们对它的认识又如何呢？为了进一步讨论实验的地位和作用，由实验的能动性看能动的认识论，有必要简要回顾对科学实验的认识史。

在实验还处于萌芽状态的时候，不可能有人去论述实验的意义和原理。古代炼金术盛行时，曾一度有重视实验操作的风气。13 世纪的罗·培根是倡导实验研究的先驱。15 世纪末的著名学者达·芬奇则进了一大步，他反对经院哲学，也反对神秘的炼金术，主张科学知识应当帮助人类认识和掌握自然界，而实验则是认识自然的途径。在他看来，“自然界的不可思议的译员是经验。……自然界以原因为开端，以实验为终结，但我们必须采取相反的途径。即我们必须从实验出发，并通过实验去探索原因。”①

关于近代实验科学的创始人，我们看到有两种说法：一种把伽利略看做是近代科学之父，认为他不仅通过实验对近代科学的发展做出了划时代的贡献，并且谆谆教导人们要采用实验的方法去研究自然。爱因斯坦所持的就是这种观点。②另一种把与伽利略同时代的英国学者弗兰西斯·培根看做是近代科学的始祖。马克思说过：“英国唯物主义和整个现代实验科学的真正始祖是培根。在他的眼中，自然科学是真正的科学，而以感性经验为基础的物理学则是自然科学的最重要的部分。……按照他的学说，感觉是完全可靠的，是一切知识的泉源。科学是实验的科学，科学就在于用理性方法去整理感性材料。归纳、分析、比较、观察和实验是理性方法的主要条件。”③

或许可以说，开创近代实验科学的元勋不只是某一个人。就自然科学界来看，伽利略是有杰出贡献的代表。在他所处时代，要打破经院哲学的统治和坚持科学真理是极其困难的。哥白尼向宗教神学宣布了挑战书，而用科学实验的力量来论证科学和驳倒谬误的则首先是伽利略。他还在理论上强调了实验对认识自然的重要性。他把自然界比作一部展示在我们眼前的最伟大的书，我们必须去翻阅它，而获得科学知识，基础就是实验。伽利略不仅要求用实验来发现真理，而且还看到了实验对于检验理论的作用。他已认识到，一个普遍性的命题需要多次实验去证实，而只要有一次实验足以否定这种命题，它的普遍性就会被推翻。他说：“我深深懂得，只要一次单独的实验或与此相反的确证，都足以推翻这些理

① 武谷三男：《武谷三男物理学方法论论文集》，北京：商务印书馆，1975 年，第 86 页。
② 许良英、范岱年编译：《爱因斯坦文集》第 1 卷，北京：商务印书馆，1976 年，第 313 页。
③ 《马克思恩格斯全集》第 2 卷，北京：人民出版社，1957 年，第 163 页。

由及许多其他可能的论据。”①

在17世纪，代表近代实验科学作首席发言的哲学家是弗朗西斯·培根。他本人也搞过一点实验，并因试图冷冻食物受风寒患病去世，但他主要是从理论上论述了有关科学实验和实验方法的认识论问题。他的主要著作《新工具》所讲的“工具”就是实验、归纳。培根认为，真正地解释自然界，就是正确地进行实验，进行有计划的实验。他反对漫不经心地根据虚有的声誉和谣传去构造知识，反对由粗疏模糊的观察所提供的骗人的报道，反对根据空洞的思辨或似是而非的偶然经验去论证知识。他认为，许多为编纂而编纂写出的自然知识不同于真正的自然科学知识，主要是前者不包括实验。他对科学实验的特点做了寓意深刻的表述，并指出：“正如在日常生活中，一个人的性情、心灵和情感上的隐秘活动，总是最容易在动荡的情况下而不是在其他情况下发挥出来。同样，自然的奥秘也只是在技术的挑衅下，而不是在任其自行游荡下，才会暴露出来。”②

18世纪的法国唯物主义者也对科学实验的作用有所论述。狄德罗认为，观察、思考和实验是人们认识自然的三种方法：观察可以搜集已有的事实，思考把它们组合起来，通过精确的实验则可以发现新的事物。狄德罗生动地描述了实验的认识论特征，他指出，人们在实验中可以“探访自然”，“多方地拷问对象”，“有意用一些最奇怪的试验来挑逗自然”，“实验无止境地扩大自己的活动，不停地在行动；理性用来寻找类似之点上的全部时间，实验都用在寻找现象上了。”他还认为实验是检验推理和猜测的办法。“猜测要是正确呢？愈实验，就愈得到证实。”③

说到这里就涉及我们在认识论的宣传中常讲的观点：马克思主义以前的唯物主义在认识论问题上是消极的、直观的反映论，旧唯物主义者把人对客观世界的认识都看做是机械的、照镜子式的反映，他们完全不了解实践对认识的作用，不懂得认识的能动性；而只有马克思主义的认识论才把实践引入了认识论，才不仅是反映论，而且是能动的反映论。这也就是旧唯物主义的认识论与辩证唯物主义的认识论的根本对立。

现在看来，这种观点很可能是不够严格和欠准确的。事实是，在马克思主义产生以前，已经有一些科学家和唯物主义哲学家谈到了认识对实验的依赖关系，谈到了科学实验这种实践形式在认识过程中的能动作用。难道我们能说培根要求

---

① 伽利略：《关于托勒密和哥白尼两大世界体系的对话》，上海外国自然科学哲学著作编译组译，上海：上海人民出版社，1974年，第161页。

② 北京大学哲学系外国哲学史教研室：《十六至十八世纪西欧各国哲学》，北京：生活·读书·新知三联书店，1958年，第42页。译文略有改动。

③ 这一段中引狄德罗的话均见《十八世纪法国哲学》，北京：商务印书馆，1963年，第327～335页。

用实验向自然“挑衅”（或译为“干扰”）仍只是消极的、直观的反映论？或者狄德罗讲的要在“探访自然”、“拷问自然”、“挑逗自然”的实验中发现新的事物仍是主张照镜子式的反映吗？旧唯物主义者有这样或那样的局限性和缺陷，但没有理由认为他们连自然科学实验的作用和特点也会视而不见或一概否认。相反，我们认为，在阐述实践有变革现实的特点时，倒不妨借鉴和发挥挑衅、探访、拷问、挑逗之类的提法。

承认旧唯物主义的认识论在涉及科学实验的问题时有能动反映论的因素、成分，并不排除它在总体上的消极性和直观性。旧唯物主义者不了解物质生产活动是人类历史的基础，不能对社会实践做出全面的科学的解释，也没有把全部实践作为认识的基础。他们在认识论上的基本观点是把认识的主体看成是肉体感官的个人，认识过程则是自然界作用于人的感官而引起的反映。狄德罗讲到实验的能动性，但18世纪法国唯物主义者讲得更多的则是自然主义的认识论，主张人向自然学习时要俯首听命于自然，要像女儿不违抗母亲旨意那样驯从。至于费尔巴哈的认识论，它虽在许多方面比法国唯物主义更深刻、生动、机智，基本上也是从肉体和灵魂的关系论证存在和思维的统一，而不是以社会实践作为认识论的基本观点。费尔巴哈除了在哲学史著作中转述了培根的实验观，在他本人的主要论著中，几乎没有讨论科学实验问题。

承认马克思主义以前的某些唯物主义者，基于对自然科学知识的重视，能从自然知识形成的过程去观察认识问题，因而在一定程度上了解到认识自然对科学实验的实践的依赖关系，这就要求回答怎么理解毛泽东同志在《实践论》中所说的：“马克思以前的唯物论，离开人的社会性，离开人的历史发展，去观察认识问题，因此不能了解认识对社会实践的依赖关系，即认识对生产和阶级斗争的依赖关系。”① 我们认为，第一，应当严格地按照这段话的逻辑和文法去理解其意思。这就是说，旧唯物主义者对人类社会持历史唯心主义的观点，看不到历史首先是物质资料的生产发展史，看不到人的本质是社会关系的总和，而在阶级社会中主要是阶级关系，因此，在认识论的问题上就不可能懂得生产斗争、阶级斗争对认识的作用。对旧唯物主义认识论的这种看法是正确的，不应当给这段话增添它所不包含的东西或把它简单化。例如，认为旧唯物主义完全不了解任何实践。第二，在这段话中没有论及科学实验的实践和旧唯物主义者对这种社会实践是否有所了解。我们认为，这是一个可以从实际情况出发进行讨论研究的问题。事实上，旧唯物主义者也并非铁板一块，其中有的人主要是自然哲学家或对自然

① 《毛泽东选集》第1卷，北京：人民出版社，1968年，第259页。

哲学有所论述的，他们对自然知识依赖于科学实验是了解的。

马克思主义哲学的认识论的基本点是能动的反映论，一方面是由于对人类社会做了历史唯物主义的了解，强调生产斗争是主要的实践活动和认识的基础，另一方面也是反映了科学实验对自然科学发展的作用。正如恩格斯所指出的，真正推动哲学家们前进的，主要是自然科学和工业的强大而日益迅速的进步。马克思主义的创始人对科学实验的认识论做了多方面的论述，我们在这里只能简略地提到一两点。

辩证唯物主义明确肯定了科学实验是实践，这种实践的特点是按照自然条件人为地制造出某一自然过程，经过科学实验的实践人们就能够正确地认识自然。恩格斯在批判休谟和康德的不可知论时说过："对这些及其他一切哲学上的怪论的最令人信服的驳斥是实践，即实验和工业。既然我们自己能够制造出某一自然过程，使它按照它的条件产生出来，并使它为我们的目的服务，从而证明我们对这一过程的理解是正确的，那么，康德的不可捉摸的'自在之物'就完结了。"①

马克思主义的创始人还指明了要经过科学实验来检验对自然规律的认识，并且指出，尽管观察也能证明对于必然性的认识，但这种证明是不充分的。正如恩格斯所说："单凭观察所得的经验，是绝不能充分证明必然性的。……必然性的证明是在人类活动中，在实验中，在劳动中。"②

科学实验以认识世界为直接目标，进行实验就要在变革自然中反映自然，实验能充分表现认识的能动性；承认科学实验的这种特点和作用，是能动的反映论的重要内容。

第五节　观察与实验

科学实验的兴起是近代自然科学发展的重要特点，从自然知识的来源和形态看，由观测科学过渡到实验科学是近代科学革命的一个内容。古代社会中的科学，尽管它归根到底取决于生产实践，尽管已有了实验的萌芽，对从事科学活动的人来说，主要是依靠观察。古代的实用科学的内容反映着当时农业和手工业的生产经验，但写出实用科学著作的人主要是从观察得到见闻，记录和整理其见闻。古代的天文学知识以观测为依据，当时的力学、光学也较少立足于实验。古代的自然哲学更是从观察、直观出发的思辨，而且，那时的观察基本上是靠人们

---

①《马克思恩格斯选集》第4卷，北京：人民出版社，1972年，第221页。

②《马克思恩格斯选集》第3卷，北京：人民出版社，1972年，第549～550页。

的肉眼去看。近代自然科学则是以有系统的实验研究为基础，是由实验工具武装起来的科学。

可是，我们又不能把实验科学取代观测科学简单化。实际上，直到17世纪末，除了力学和化学的研究较多地运用了实验的方法，那时的自然科学的许多学科仍主要地是观察的科学。不过这时的观察大都是利用仪器进行的定量观测，观测也是观察。

第一，对近代科学起了开创性作用的哥白尼学说就是以天文观察为基础的。在早期自然科学中，天文学这门观察科学有重要的地位和许多新发现。在16和17世纪，人们发现了超新星、变星、水星凌日、金星凌日、土星的卫星和光环、火星和木星的自转和月球运动的加速等现象。早期的科学研究基地就是天文观测中心。法国在1667年建立了巴黎天文台，英国在1675年建立了格林尼治天文台。

第二，早期的科学研究工具，除了利用一般生产手段和自制装置去做实验，大部分是观察用的仪器。在16世纪，人们就发明和应用了望远镜、显微镜、温度计、风力计、磁倾角仪。在17世纪又有反射望远镜、复式显微镜、气压计和精密天平等的发明。这些仪器对人们认识自然极为有用，但它们并不是变革现实的武器；它们自身不是排除干扰或施加干扰的用具，而是一些“旁观者”。

第三，在16、17世纪，刚开始兴盛起来的科学实验也带有较明显的直观性，那时的许多研究是由已有的观察引出某种实验，是为使一般观察精确化和定量化所进行的实验。例如，物体的自由下落、平移、抛物线运动、摆动，是人们的肉眼也能看到的，伽利略的实验无非是使这些现象能被清楚地观察到。气压对液体沸腾的影响，气压随高度变化，也是人们可以看到或感受到的，波义耳、巴斯噶只是分别对这两者的实验研究创造了更便于观察的条件。在这方面，特别值得注意的是这个时期的光学发展。17世纪的光学已有了较高的水平，通过许多光学实验，把握了反射、成像、折射、干涉、衍射、色散、双折射的规律。我们应当看到这些光学实验具有变革现实的方面，做这些实验也要排除干扰，并要变更光的行动路线，乃至使白光分离成各种颜色的光；同时，我们也要注意，初期光学研究的对象是不凭实验就能观察到并已经观察到的。早期的几何光学又可以说是以观察为主的光学。

随着科学实验的进一步发展，观察的状况也相应地有所变化。由于实验强化了它的变革现实的能力，人们可以利用实验引起和造成前所未见的新现象，许多科学研究就是要对实验中的“人为现象”进行观测。法拉第的电学实验是要观察“转磁为电”。这种现象就与自由落体、磁针指南不同，不仅肉眼从未见过感应电流，而且是以往的仪器也没有发现的。在这类实验中，更重要的是那些用以变革现实或施加干扰的物质手段，而不是单纯用于监视或计量的观测仪器。在法拉第实验中用以观测的电流表当然必要，但这一实验的核心手段则是用以引起线圈发生变革（产生感应）的装置。

近代科学研究中的可观察性，有许多是实验的产物。人们本来看不到紫外线、红外线，听不见次声波、超声波，摸不出直流电、交流电，经过实验研究才找到了把它们变换为可观察的途径。把各式各样的非电量转化成电量从而使之具有可观察性（利用电工仪表），是近代科学的重要收获。

科学发展表明，观察在认识过程中永远是必要的，没有观测就没有科学；同时，观察的重要性和特点又随历史条件而有不同。从主要凭肉眼的、定性的观察到应用仪器的、定量的观测，再到实验中的、依赖于实验的观测，这是观测随历史条件而发生的变化。科学的发展表明，如果暂且不谈对微观客体的观测，观察本身并不显著地变革对象，而实验则是以能动地变革对象为特征的，因而实验的相对重要性才越来越大。

近代自然科学在总体上日益成为实验的科学，这并不排除观察科学与实验科学的区分。我们也可以从这两类不同的学科去分析观察与实验的不同特点。近代的天文学、地质学主要是观察科学，化学、电学则主要是实验科学。以观察为主的科学在研究过程中不能对所考察的对象造成重大改变，实验科学则相反。观测手段对观察科学居主导地位，它的改进会使这类科学面目一新；而它在实验科学中常处于从属地位，它的改进未必带来重大的成果。望远镜的视距提高10倍，天文学会发生惊人变化；电工仪表的灵敏度提高10倍，电学研究所取得的进展不一定会大得惊人。法拉第即使把电磁感应实验中的电流计做得再灵敏，也不能决定和保证实验的成功。正因为观察科学主要是在听其自然的条件下研究对象，难以更大地发挥认识的能动性，其进展速度相对较慢，确凿性大的自然知识较少；实验科学主要是在人为引起的条件下研究对象，能够充分发挥在变革现实中认识现实的能动性，常常进展很快，而且易于得到更可靠的结论。老资格的天文学至今仍是假说的密林，年轻得多的电磁学却已形成了大量的定律和原理。

观察（及以它为主要方法的科学）不同于实验（及以它为主要方法的科学），这是大家承认的。但是，对于观察是否属于实践的范畴则尚有不同的看法。有的同志认为观察也是社会实践的一种形式，其理由是：①实践是认识的唯一来源；②观察是认识的来源；③因此，观察是实践。他们还认为，如果不这样看，就会否定实践是一切科学知识的基础，就贬低了实践的重要性。

我们对此有不同的意见。关于人类的认识（包括科学知识）是否都来源于改造世界的实践，前面已讨论过。至于观察与实践的区别，我们认为，观察本身是在保持对象本来面目的状态下直观地反映对象的认识方式，实践则以变革现实为本质特征。观察主要取决于感官及其延长（如各种传感器），实践（包括实验）主要取决于人手及其延长（如各种加工工具）。甚至人们的感官也并非都是观察性的。黑格尔曾对感官的功能作过有趣的分别，他说："视觉器官和听觉器官是管认识活动的；我们对于所见到的和所听到的都让它保持本来的样子不动。嗅觉器官和味觉器官却已见出实践关系的萌芽，因为嗅只是嗅已经准备要去吃的东西。味觉也只用在吞嚼的时候。"① 在这个意义上说，眼睛和耳朵乃是观察的器官，人们只用眼看耳听而不改变被考察的对象，就只能算观察而不属于实践。

有的同志或许会说，不应当把实践规定为必须变革现实，凡是主体与客体接触都属于实践，因此不能把观察排除于实践之外。我们认为：①如果把人与客观事物的接触都叫实践，那么，一切唯物主义（包括所有的旧唯物主义）就都承认实践了，直观唯物主义（它也肯定人的认识要来自与外部对象的接触）就会同实践的唯物主义没有本质的区别。②即使可以把观察看做实践，它也是"非变革性的实践"——如果这个提法能够成立的话。在这种情况下，就必须具体分析"非变革性的实践"与"变革性的实践"（如实验），之间的区别和联系，经过这种分析，仍会发现"变革性实践"对认识有更大的能动性。

有的同志或许会说，利用仪器进行的观测应属于实践，因为仪器总是要变革研究条件或研究对象的。我们认为，观测仪器不同于实验手段，而仍是观察用具，温度计与加热炉对客观对象所起的作用有重大区别。同时，我们也承认观测仪器会影响研究对象：用温度计测温时总要"取走"被测对象的一点热量，从而使被测对象的原初温度发生改变；用最精密的电流表测量线路中的电流总要"移入"线路一点电阻，从而使线路内的原初电流减小一点；或许望远镜（如射电望远镜）也能造成被观测天体的一点改变！但是，观测对于被研究对象的这种扰动对于宏观考察来说通常是很微小的，几乎没有什么影响。至于实验手段，其用途就是要改变自然条件和自然过程。把力求缩小扰动的观察同有意造成变革的实验等同视之，是不妥当的。

观察和实验的区分是就人们认识自然对象的方式来讲的，也仅仅是就这一点讲的。这绝不是说观察或观测仪器是简单的，更不是说可以低估主要从事观察的科学家的劳动。搞观察科学，坚持不懈地进行天文气象的观察，以及对地震、火山、泥石流、疫情的观察，是很辛苦的乃至是有危险的，然而，这并不能说明观测是变革现实的实践。我们还认为，不仅制造观测仪器是实践（生产），而且使用观测仪器也是操作实践，需要实践的能力和经验，否则，人们就不必经过训练

① 黑格尔：《美学》第1卷，朱光潜译，北京：商务印书馆，1979年，第178页。

去学会操作经纬仪或望远镜。但是，使用观测仪器是操作实践并不等于观测本身能变革所研究的对象。操作经纬仪去作大地测量不能改变地形地貌，操作望远镜去观测天象不能变革天体，气象台、地震台的种种活动目前也不能影响天气或地震。这种情况是与实验有重要区别的，例如，在做高温实验或真空实验的时候，不仅操作加热炉、抽气泵等实验工具是实践，而且还用新的自然条件使研究对象发生改变。至于观测仪器设备有时要花许多钱，这更不是要把观测算作实践的理由，一个小小的纽扣厂能把原料加工（变革）成扣子，一个耗费惊人的天文台却对任何天体没有加工能力。

列宁说："我们用来作为认识论的标准的实践应当也包括天文学上的观察、发现等的实践。"① 对这段话有不同的理解。我们的理解是：在研究人们不能加以变革的对象时，不仅要通过观察认识对象，而且还要通过观察检验这种认识的正确程度。在这种场合下，科学观察也应当作为认识论的标准，就像物理化学实验可以检验物理学定律或化学原理那样，天文、气象等领域的科学观测也可以对天文学上的假说、气象预报等起检验的作用，这时的观察同实践检验认识具有类似的性质和意义。在日常生活中讲的"眼见为实"，如果"眼见"指的是对客观事物的亲身感受，"为实"也具有证实某种认识的意思，尽管"眼见"并不是变革对象的实践。

我们在这一节里着重讨论了观察与实验的区别，把一些学科主要看做是观测科学，无非是要强调实验在认识过程中有更大的能动性。这并不排除原来以观察为主的科学部门也能转化为以实验为主的科学或较多地采用实验。

① 《列宁选集》第2卷，北京：人民出版社，1960年，第140页。

第四章　近代实验方法的基本特点

第一节　科学实验的类型

科学实验在16、17世纪形成、发展，到19世纪趋于成熟，进入兴旺繁荣的阶段。在近代科学史上有代表性的实验是：

16世纪伽利略的力学实验；

17世纪巴斯噶的大气压力实验，斯涅耳、格里马第、牛顿等人的光学实验，波义耳的化学实验；

18世纪布莱克的比热实验，席勒和卡文迪许的气体实验，普利斯特里和拉瓦锡的氧化还原实验，富兰克林的雷电实验，库仑的静电实验，伏特的电池实验；

19世纪的科学实验更是琳琅满目，硕果累累，难以全面列举所有的有代表性的实验，只能片断地说一些项目，如天体力学上的傅科摆实验，光学上的斐索光速测定实验，热学上焦耳等人的热功当量实验，电磁学上的法拉第电磁感应实验，安培、欧姆、焦耳对电流、电阻、电流热效应所做的实验，赫兹的电磁波实验。在化学中，除了有发现新元素和测定原子量的大量实验，还有盖吕萨克、阿伏伽德罗的气体反应实验，维勒的人工合成尿素实验。在生物学方面，则有孟德尔的杂交实验，巴斯德的灭菌实验和免疫实验。在这些项目中，还不包括19世纪中许多有直接应用价值的实验，以及这个世纪后期对微观、高速领域的实验研究。

在分析以上这些实验研究时，有必要对科学实验的类型作适当的划分。在一些著作中已经把实验的种类分为定性实验、定量实验、结构分析实验、析因实验、对照实验、模拟实验等形式。这样的分类对了解实验的作用和特点是必要的，可是，如果我们认定实验的本质特征是变革所研究的现实，那还应当按照这个本质特征对科学实验进行分类。

从变革现实的方式来划分，我们设想可以把实验分为两类：一类是设法排除对于认识对象的干扰，同时尽力保持被考察的对象的稳定不变，从而在比较纯粹的状态下反映对象，可以把它称为保护性实验；另一类是设法给研究对象进行干扰，造成被考察对象的变化，从而在对象被激发的状态中反映对象，可以把它称为扰动性实验。这两类实验的共同点都要人为地造成某种实验条件，只不过在前一场合下主要是要减少或除去对于所研究事物的干扰；在后一场合则主要是要对所考察的事物施加或增大干扰。因此，保护性实验又可以称为“减法实验”，扰动性实验也可以叫做“加法实验”。

对实验类型的这种逻辑划分大体上符合科学实验由低级到高级发展的历史进程，同时也反映着不同学科在运用实验方法时的特点。在16、17世纪，总的来说，减法实验更具有普遍性。到了18、19世纪，加法实验得到了更多的应用，这种变化是认识史上的进步。

减法实验要排除对于要研究的对象和过程的干扰，它可以用两种办法实现：一种是去掉或隔离某些条件的影响，如抽掉空气、消除摩擦；另一种是使某种条件维持不变，这种条件就不会破坏被考察的东西。在无法消去一些因素（如温度、压力、重力等）时，用这种办法（如设法保持恒温、恒压、等重力）也可以认为是排除了干扰或做减法。利用减法实验，可以在纯化或简化的情况下考察自然事物。马克思在描述科学实验的这种特点时说过：“物理学家是在自然过程表现得最确实、最少受干扰的地方考察自然过程的，或者，如有可能，是在保证过程以其纯粹形态进行的条件下从事实验的。”①

伽利略的力学实验就是“减法实验”的一个典型。针对亚里士多德的运动观，伽利略经过实验发现：不论物体的轻重如何，物体在受到外力时作加速运动，且加速度同外力成正比；如没有外力作用，物体则作等速直线运动或保持静止。这种实验研究是怎样进行的呢？为了研究物体运动与受力的关系，最简单的办法是让不同重量的物体从同一高度自由下落（例如比萨斜塔实验，据考证，此实验不是伽利略做的），可是，在自由落体的场合，重力作用很大，物体运动很快，难以精确判断不同物体落地的同时与否。因此，伽利略采用了斜面以减小重力对物体运动的影响——这时，作用于物体运动方向的力只是重力的分力，重力被“冲淡”了。然而，这又使物体与斜面之间的摩擦成为干扰物体运动的因素，伽利略则把斜面做得极为光滑，并用光滑的球形物来做实验，即排除摩擦的干扰。他还用光滑的平面同斜面接触，考察物体在不受外力又几乎没有摩擦条件下的运动。由于采取了“冲淡重力”和免除摩擦的措施，就使物体的运动以纯粹的形式表现出来，这种看来极为简单的实验解决了十分重大的问题，推翻了人们

---

① 《马克思恩格斯选集》第2卷，北京：人民出版社，1972年，第206页。

公认近两千年的谬误观点，揭示了速度、加速度与力的关系（图 4-1）。

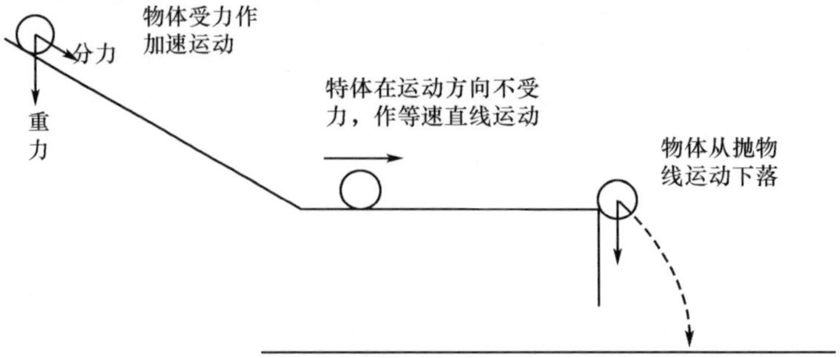

图 4-1

在一些情况下，还可以用减法实验来考察某种被减去的因素。17 世纪法国科学家默森在对弦的振动频率同空气传声速度之间的关系做实验研究时，要保持周围空气的稳定，以免除气流干扰的影响，这在实际上又证明了气流会对声速起作用。17 世纪德国科学家格里凯在对声音的传播做实验研究时，则抽去了容器里的空气，这时就听不到容器中振动物的音响，从而证实了空气是传播声音的介质。

在早期的实验性活动中就不仅有排除干扰，还有故意干扰对象，迫使它暴露出种种现象和属性。古代的炼丹和炼金活动，就其采用的方法看，本质上是加法实验，即用焙烧、加酸、加碱的办法使物质（“贱金属”）发生改变。近代化学研究的主要方法仍然是加法实验。但是，即或是在近代化学研究中，减法实验也有它的地位。化学家们在考察气体的性质时，去掉了燃烧物体周围的氧气，物体即告熄灭，排除了燃烧物周围的氮气，物体继续燃烧，这就表明氧能助燃，氮不助燃。17 世纪英国化学家波义耳对气体体积同压力的关系的研究，也是减法实验的一个典型。气体的压强（P）、体积（V）、温度（T）是互相影响的，如果我们只是在自然条件下观察它们或在实验中使这三者同时变化，就无法分辨这些因素各自对气体状态的作用。波意耳的实验就是人为地设法保持温度不变，集中考察压强与体积的关系，并发现了二者成反比，即 $PV=$ 常数或 $P_1V_1=P_2V_2$。18 世纪末的法国科学家查理则在实验中保持气体的体积不变，发现了压强与温度成正比，即 $P/T=$ 常数或 $P_1/T_1=P_2/T_2$。

在 18 世纪以前，减法实验较多，加法实验的威力还不甚大。在 19 世纪以后，由于机器大工业能够提供更强大的实验工具，造成异乎寻常的实验条件，以扰动实验对象为特点的加法实验的意义日益突出，成为近代和现代自然科学研究的主要手段。加法实验更鲜明地表现了科学实验要变革现实的特点。

19 世纪上半叶英国物理学家法拉第所做的电磁感应实验，是加法实验的一个典型。法拉第这一实验的目的按照他自己的说法，是要转磁为电，即要使线圈内产生电流。为此，他所采取的办法主要不是排除对线圈的干扰，反之，恰恰是要用磁场的条件去干扰（施加感应于）线圈，试图使线圈接受干扰（产生感应电流）。法拉第曾用各种不同的磁场条件去干扰线圈，对方无动于衷；一旦线圈接受这种干扰，就取得了巨大的成功。

加法实验不仅不是保持或保护对象的原初状态，它要扰动对象，而且这种扰动还常常达到使对象破坏的程度，乃至又可以叫做“破坏性实验”。19 世纪初的电解水实验，就是用电流扰动水分子使之瓦解，从而揭示出它的组成是氢和氧。19 世纪末起对原子结构的研究之所以产生重大的突破，重要的一条就是人们经过实验可以“破坏”原子。过去，科学家们已经可以把电子“塞进原子”，或把原子中的电子“拉出来”，对原子的这种扰动（使之成为离子）已是很大的成就；而当人们可以用中子或质子作炮弹，把原子打得四分五裂的时候，科学就由此进入到崭新的领域。

在很多情况下，人们要使施加的干扰达到它自身的最大限度——在这个过程中实验对象是否破坏则是另一个问题，在这种实验条件下进行的加法实验又可以叫“极限条件实验”。例如，在当时所能达到的高温、低温、高压、强磁场条件下进行的实验，都可称之为“极限条件实验”。显然，所谓“极限条件”是有条件的、历史的。

实验类型的上述划分是相对的，正像数学中的减与加不能截然分割，减法实验和加法实验之间也是相互贯通、相互渗透的。排除干扰可以看做是进行反干扰，而且包含着某种干扰。在伽利略的力学实验中要尽力减小摩擦因素的影响，但为了做到这一点就把斜面和球体的表面加工得非常光滑，这种加工也就是干扰。在进行加法实验的时候，也包含着要消除、切断或约束某些条件的要求，或者说，为了要加必须要减，只加不减或者乱加干扰，可能什么也得不到。在法拉第电磁实验中，在不同的实验场合，他曾分别保持线圈匝数，外磁场强度等因素不变，在排除多余干扰的条件下集中对研究对象施加特定的干扰。如果把某种科学实验看成只有纯化，另一种只有强化，这是不妥当的；这样说，并不否定基本的实验分类，而且是以这种分类为前提的。

第二节　理性与实验

科学实验是以认识世界为目标的实践，它不是盲目的行为，而是在人类理性指引下进行的变革现实的活动。实验过程受理性指引或科学实验中有思想先行，通常是从假说的作用来论述的。这一节的标题也可以写作“实验与假说”，我们没有这样做，是认为理性对实验的作用虽较多地涉及假说，又不局限于假说，而且包括更广泛些的方面。

不论哪一种类型的实验研究，在人们着手进行以前，总要确定以下几点：①实验内容，即实验要解决什么问题，探索哪方面的自然规律，预期要取得何种成果；②实验工具，即实验要用哪些装备和仪器，从而能实现有计划的变革和有效的观测；③实验材料，即实验要选哪些事物作为变革的对象，方能较明显较迅速地考察需探索的属性和规律；④实验方法，即实验工具如何作用于实验对象的程序、步骤，对全部实验过程作出总体设计。如果事先没有想好并准备好这四个环节，任何科学实验都不能顺利实现乃至不能实现。这些环节的事先确定，都离不开理性、思想，在这个意义上，任何一项实验都是先想后做；人们不会在没有预计和预料的情况下就着手去搞某个实验，也不可能做这样的实验。

实验内容的确定要以理性为指引。科学史上的实验活动涉及各个自然领域、包罗万象，从其基本内容划分，也可以分为三种：一种是为了搜寻和揭示未知的自然现象、自然属性、自然规律（如法拉第电磁感应实验），我们姑且把它叫创新实验；一种是为了证实或否定某种理论观点（如赫兹电磁波实验），或叫验证实验；一种是对已知的事物或关系作定量考察（如斐索的光速实验），或叫测定实验。各种实验的任务都是探索和发现，都要了解过去不知道或不甚清楚知道的东西。其中，验证实验和测定实验又很明显地表现了理性的指引作用，是以已知理论或假说为前提的、有自觉意图的研究。所谓创新实验，还没有形成理论之前进行的实验，情况又如何呢？例如，在法拉第电磁感应实验之前，显然还没有麦克斯韦的电磁感应理论，诸如法拉第电磁感应实验的创新是否也是在理性指导下进行的呢？显然也是在理性指引下进行的，而这时的理性就是某种设想、猜测、假说。我们认为，科学实验中的创新、验证、测定虽可以作大致的区分，又不能截然分割。创新实验也是验证，即通过实验去证实或否定某种设想、猜测、假说，而为了创新和验证又需要测定。尽管实验之前的理性不尽相同，有时是相当模糊的设想、根据不足的猜测、可靠性有限的假说；有时是经过逻辑推敲的理论、精密分析过的定理，但各种各样的实验都有思想领先，都是先想后做，这是共同的。

近代科学的发展表明，“假说——实验”是普遍存在的事实。从年代顺序上看，也经常是设想、推断等理性的东西在先，尔后才去搞实验。

1643 年，巴斯噶的学生托里切利和维维安尼发现一头封闭的玻璃管中水银柱高约 29 英寸时不再下降，维维安尼设想这是由于大气有压力。1648 年，巴斯噶做了验证这种设想的登山实验；在登山之前还要假定山上的气压比低处小，如果大气确有压力的话。

1668 年牛顿从事反光望远镜的制作。这时，透镜望远镜已普遍应用但还不完善，常给出歪曲的和有彩色（色差）的影像。牛顿认为光透过弯曲玻璃（镜片）就可能产生色差，因此要加以改进。与牛顿同时代的格雷戈里则反对透镜会产生色差的看法，这就推动了牛顿在1672年利用棱镜片去研究白光分为颜色（色散）的现象。

1749年，富兰克林就做出推断：既然天空中的闪电和物体摩擦生的电在发光、光色、快速、气味、引燃、杀伤等方面相似，这两者就是同一种电。他写了《论闪电与电气之相同》的论文，遭到一些人的反对和讪笑。1752年，富兰克林在雷电暴雨中做了著名的“采集”闪电的风筝实验。

1822年，法拉第就有了“转磁为电”的设想，但他专心致志地作电磁感应的实验研究，则是在1830年以后。1862年，麦克斯韦预言电磁波的存在并认为光就是一种电磁波。大约从1883年开始，赫兹对麦克斯韦理论做实验研究，并于1888年取得证实电磁波的重要成果。

近代的一些著名科学家已经谈到科学实验要以理论为指引的问题。18世纪的英国学者普利斯特里就认为，假说能够引导人们去进行各种实验，他说：“理论和实验必须相辅相成，任何进步都是由于接受了某些专门的假说，即对自然界某些作用的环境或原因的猜测。因此，凡是能自由想象并把互不相干的各种观念结合起来的人，就是最勇敢、最有创造性的实验者。虽然这里面有许多观念后来判明是荒谬的、幻想的，但是其中也有一些思想可能引出最伟大的和最有价值的发现。”① 道尔顿则认为，尽管人们必须当心被错误的理论引入歧途，然而，建立有关研究对象的初步观念，对于指导人们在一定的研究轨道上前进却是必要的。赫兹指出：“科学的首要的，而且在某种意义上是最重要的任务，就是使我们能够预言未来的经验，因而使我们能按照这个目标来指导我们目前的活动。”②

然而，并不是所有的科学家都充分认识到猜测、假说等对实验的前导作用，有的人甚至否认（至少在表述上）假说有任何意义。牛顿在1672年给奥尔登堡的信中就认为，探求事物属性的准确方法只能是从实验中把它们推导出来，因此，应当立戒去考虑假说。他写道：“因为任何不是从现象中推论出来的说法都应称之为假说，而这样一种假说，无论是形而上学的或者是物理学的，无论是属于隐蔽性质的或者是力学性质的，在实验哲学中都没有它们的地位。”③ 对能量

---

① 敦尼克等：《哲学史》第1卷，中共中央马恩列斯著作编译局译，北京：生活·读书·新知三联书店，1959年，第678页。

② 梅森：《自然科学史》，上海：上海人民出版社，1977年，第472页。

③ 塞耶：《牛顿自然哲学著作选》，上海外国自然科学哲学著作编译组，上海：上海人民出版社，1974年，第8页。

守恒和转化定律做出贡献的迈尔则说：“一个单独的数字比一座装了各种假说的奢华的图书馆具有更真实和更永久的价值；企图用假说来探究世界秩序的内在奥秘，这是像炼金士的努力一样的例子。”①

应当说，牛顿、迈尔的这些说法是对假说及其在实验探索中的作用的误解。实际上，假说并非“不是从现象中推论出来的说法”，在牛顿的实验研究（如前面讲的色散实验）中也有设想、猜测先行。牛顿自己还提出了另外一些假说，如绝对空间、绝对时间。他所想象的“第一推动”就是最大的也是最不合理的假说。迈尔否定用假说来探究世界，他的热功当量实验就来自假说，而且是他自己提出的假说。他曾是一名海轮上的医生，海员告诉他，暴风雨耐海水温度较高，迈尔受此启发认为机械运动与热可以互相转化（这是尚未经实验证实的思想），并写了文章阐述这一见解。可是，杂志拒绝刊登这篇文章，他的朋友就劝他用实验来证实上述思想，于是他做了把机械运动转化为热的简单实验（把一块凉金属从高处落入盛水容器或用力摇动容器使水温升高）。

历史上有的哲学家也谈到科学实验要以思想、原理为导引的问题。值得注意的是，强调这种观点的并不是旧唯物主义者，而是先验论者和唯心主义者。在这方面，特别需要分析康德的实验观。大家知道，康德是先验唯心主义哲学的主要代表人物，那么他是否就不讲实验和经验呢？不是的。康德同时又是一个自然科学家，他曾在大学讲过物理学、地质学、地理学、矿物学等课程，发表过一些自然科学论著，提出了太阳系起源于星云的学说。康德所了解的科学成就和他本人的科学研究不能不对他的哲学见解产生影响。康德哲学的一个重要特点就是强调人在认识过程中的能动作用，乃至提出了“人向自然立法”的观点。在他看来，人们不应当让自然界牵着自己走，而要迫使自然界回答理性提出的问题，要做到这一点的方法就是进行实验。他对实验研究中理性的先导作用讲了一段颇为精彩的话：“当伽利略把他的圆球在他选定的重力作用下沿斜面滚下时，或当托里切利使空气携载他事先已知的水柱的重量相等的重量时，或当更近时期斯托尔以撤去金属中的某成分，保存某物的方法，使金属变为石灰，石灰又变为金属时，一线光明就给所有自然的研究者打开了。他们认识到，理性所能洞察的只是它根据自己的计划所产生的，又认识到，理性必须不让自己好像由自然用绳子牵着走，而必须以建立在一定法则上的判断原理展示自己的途径，强迫自然回答理性规定的问题。偶然的观察，不是服从于事先思想好的计划，不会有必然规律的联系，而这种规律却是理性所追求的和所需要的。理性，一手带着原理，只有与此原理

① 梅森：《自然科学史》，上海：上海人民出版社，1977年，第469页。

一致的现象，才能看做规律；一手抓住实验，这种实验是依据这些原理设计的，它去接近自然是为了受自然的教诲，但这种受教并不像学生那样事事坐听教师所讲，而应如法官一样，强迫证人回答他所提出的问题。”①

康德这段话是精彩的，因为他对实验研究的能动作用比培根、狄德罗讲得还深刻，讲到了有计划的实验与偶然的观察的区别，并对理性与实验的关系提出有合理因素的见解，我们不能一提到康德就只讲他宣扬先天的逻辑框架，似乎他根本否定实验和经验；问题是康德把实验的价值从属于他的整个哲学体系，认为实验和经验必须纳入理性原则和逻辑框架才有意义，而这些原则和框架都是先验的。

科学实验要思想领先，这个观点自然适用于实验中的观察，而且也适用于非变革性的科学观察，即科学观察也要以目的观察、推断、假说、原理等为前提。这就是科学观察不同于茫然的观察和被迫观察的地方。有的人把随意看到街上的行人、不自主地看到雷电的闪光等只称为视觉而不叫观察，仅承认有自觉意图的看和听叫做观察，这种观点是有理由的。

一切科学观察总是去看观察者想要去看的对象，想要看出所期待的现象或属性，想从观察得到某种发现，也就是先想后看。黑格尔（又是唯心主义者!）曾说过“意识进行观察”，他把理性作为“观察的意识”，并指出，当观察意识进行“感觉的时候，它已经在为它自己而规定这个感觉对象了。而且这种规定，对于意识来说，其重要性至少不在那种感觉之下。”② 只要我们不把理性看做“绝对观念”，这种观点就是合理的。

在现代科学家、哲学家中间几乎不再有人反对假说对实验观测是有积极意义的了，论及“假说——实验”的论著也不少。贝弗里奇在总结近代和现代的科学研究方法时指出：“假说是研究工作者最重要的思想方法，其主要作用是提出新实验或新观测。确实，绝大多数的实验及许许多多的观测都是以验证假说为明确目的来进行的。”③

实验工具的选择、研制和使用也要以理性为指引。为了便于说明问题，我们主张把观测仪器同实验装备的概念作适当的区分。观测仪器（如天平、温度计、放大镜、望远镜、示波器等）是非变革性的观测手段，也是实验研究中用于观测的工具，这些仪器承担的任务不是去造成实验条件和实验对象的改变。实验装备（如加热炉、抽气机、压力机、加速器，以及各种特殊的装置和设备）则是要造

---

① 李泽厚：《批判哲学的批判》，北京：人民出版社，1979 年，第 75 ~ 76 页。

② 黑格尔：《精神现象学》上卷，贺麟、王玖兴译，北京：商务印书馆，1979 年，第 163 页。

③ 贝弗里奇：《科学研究的艺术》，陈捷译，北京：科学出版社，1979 年，第 49 页。

成某种实验条件和改变实验对象的手段。在加法实验中，实验装备更为重要。

观测仪器和实验装备是人类认识自然的物质条件和有力武器。前面提到，新的实验工具的出现使得科学实验成长为专门的实践领域；我们在这里要补充的是，实验工具是在理性的指引下形成并发挥其作用的。

任何实验研究都要利用前人提供的仪器和装备，在这方面，需要的是善于加以选择、组合和应用，为此就要有知识上的准备，特别是对实验内容的理解。

特别值得注意的是，在科学史上，许多做出重大业绩的人，同时又在改进、设计、研制观测仪器和实验装置上有所建树，而且这是他们取得成就的重要条件。许多著作中对科学家们在认识自然时如何坚持不懈、勤奋刻苦、不怕失败、勇于献身做了介绍，我们认为，在表彰科学家的精神时，还应当重视自己动手去创制特殊的实验装备（有时还有观测仪器）的工作态度。

伽利略发明了天文望远镜，还制作了进行力学实验的一套装置（尽管是相当简单的，却是独创性的、有重大作用的）；托里切利和维维安尼制造了测定大气压力的仪器；波义耳改进了抽气机和其他多种仪器，他设计并应用了进行减压蒸馏、燃烧、焙烧实验的装置；富兰克林制造了可以捕捉雷电的特殊风筝；席勒、卡文迪许、普利斯特里、拉瓦锡都有他们自己的实验室和专用的一套仪器设备；法拉第不仅要设计安装电磁感应实验的设施，还要亲手绕制线圈、制作铁芯；焦耳是第一个用实验方法确立热力学第一定律的，他曾研制了几类测定热功当量的装置；赫兹实验是利用已有的莱顿瓶进行的，但他把瓶中小铜球的间隙调整到极微小的距离，这也是对实验手段的改进，而且在当时条件下，是需要极为精湛的技巧才能做到的改进。

光速测定的工作有力地表明，研制适用的、精巧的实验观测工具对科学研究有着重要的意义。在人们实际地测定光速以前，科学家就已相信光的速率必定是有限的。他们还懂得，由于光行极快：如最要在较小的距离作光速测定，必须使时间间隔作准确精细的分割；如果做不到这点，那就要在较大的距离范围去测定光速。伽利略曾按前一思路去测光速，由于计时度量困难，失败了。丹麦学者沿着后一思路靠天文观测在1676年算出光速，但其误差较大。在19世纪，许多科学家都想在地面上用实验的方法测光速，这时，解决问题的关键已不是思路，而是实验的物质手段。斐索在1849年第一次在地球范围内成功地做了光速测定实验，就是由于他研制并采用了用齿轮和旋转镜组成的测光机构，使光聚焦并分割为一系列的光脉冲。法国物理学家科纽把斐索的装置改进得更灵敏，每分钟能隔断光源一百多万次。之后，迈克尔逊又用八面镜加以改进，使光速测定的误差仅有万分之一。

在实验研究中，由自己改进和制作的仪器和装置，与所使用的成型用具相比，通常为数较少，然而，前者却有特殊重要的意义。科学实验是探索未知领域的活动，它所面对的是专门的课题，要解决特殊的矛盾，应做出具有创造性的成果。如果只应用定型的、通用的仪器和工具就难以胜任，甚至只能“发现”别人已经发现过的现象。

实验工具的研制是进行有独创性实验的条件和组成部分，这种研制更需要知识、理解力和活跃的思想。富兰克林倘若不是认识到静电的性质并假定“天电”与“地电”相似，就不会去做导电风筝；赫兹如果不了解预言中的电磁波是高频振荡，就不会把铜球的间隙调节得小到足以快速放电。

科学实验中物的因素除了工具，还有实验对象或实验材料。在不少场合下，实验内容已决定了在什么对象和哪些对象上进行实验。在一些场合，某种实验目的可以用不同的材料作为实验对象去实现。托里切利和维维安尼用水银来做大气压力实验，如果用水柱高度做实验就困难得多；孟德尔等人用豌豆、果蝇搞杂交实验取得了成就，要是用多年生植物或较难繁殖后代的动物作这种实验，就会事倍（乃至多倍）而功半。在这类场合下，实验材料的选定靠的仍是理性。

无论哪一种实验，都还要有实验方法的设计，使研究过程按一定的步骤和途径进行，保证实验工具有效地作用于实验对象，达到预期的实验目的。实验方法的设计必须以理性思考为前提，其中，逻辑推理有重要地位，我们将在下一节里另作讨论。

实验依靠于理性，实验活动的各个环节中都有思想领先，是科学发展中的事实。我们在这一节里仅限于承认这一事实，至于实验之前的理性和思想是从哪里来的，如何解释上述事实，则在本章最后再来考察和说明。

第三节　实验与分析

科学实验是在某种已知的东西指引下探索未知事物的活动。既是探索未知，就包含着理性无法完全预计的东西，包含着不确定性和诸多的可能性。它可能需要很长的时间（迈克尔逊从事光速测定实验近 50 年），很多的次数（焦耳做了 400 多次热功当量实验），可能遭到挫折、危险乃至牺牲（法国化学家莫瓦桑在提取氟单质的实验研究中四次中毒；俄国科学家黎赫曼在雷电研究中牺牲）。这些可能性中有些是难免的、必然的，但是，我们又不可以认为实验的时间越长越可靠，次数越多越宝贵。相反地，倒是应当吸取科学发展中正确运用实验方法的经验，使有限次数的实验取得尽可能好的效果。

实验方法涉及的问题较多，我们在这一节里只考虑单因素分析实验的安排或设计。一项科学实验的进行，类似于兴建一项工程，是需要进行设计的。近些年来，论述实验设计和试验设计的著作不少，但几乎都是用数理统计的方法考察多因素综合实验（试验）的安排，似乎单因素实验已不可取或太简单，无需探讨其设计问题。然而，单因素分析实验尽管有它的局限性，它却是多因素综合试验的必要前提（关于实验与试验的同异将在以后讨论）；进行单因素分析实验也要考究实验的设计；形式逻辑中讲述的判明因果关系的逻辑方法，同时也是设计和进行单因素分析实验的方法。

弗·培根在论述其归纳逻辑时，提出了在观察和实验中判明现象间必然联系的三种方法。19 世纪的英国哲学家穆勒又把它发展为五种，这就是现今形式逻辑读本中讲述的判明因果关系的方法。作为逻辑思维的方法，可以说成是，当人们获得了经验材料以后，用这五种方法去整理材料，判明其中的因果关系。但是，只是这样来理解培根和穆勒所总结的方法还不够，这些方法还是单因素实验的设计原则，即在人们从事实验和观察之前，就以这些方法为原则去安排和进行实验。理性思维方法又是规划实验过程的方法。

单因素分析实验的任务只要认识个别现象、个别事物的属性及它对其他现象和事物的作用。然而，客观过程却是普遍联系之网，事物之间的关系相当复杂，在时间上的顺序关系、空间上的并存关系、数量上的函数关系（相关关系）、相互作用上的因果关系。科学实验就是要用物质的手段，从事物之间前后相继和同时并存的关系中，把在数量上和性质上互相关联和有因果作用的关系寻找出来。为此，有必要从实验设计的角度对判明因果关系的五种方法再作一些评述。

第一种是契合法或叫求同法，这种方法可以表示为：

如果在 ABCD 出现时 a 出现；

在 ABDE 出现时 a 出现；

在 ACEF 出现时 a 出现；

⋮

⋮

因此，A 与 a 之间有因果关系。

例如，焦耳在 1840 ~ 1848 年间所作的四类实验就是以契合法来研究热功当量：

（1）将水放在与外界绝热的容器中，通过重物下落带动铜制浆状叶轮搅动水，水温升高；

（2）以机械功压缩汽缸中的气体，汽缸浸在水中，水温升高；

（3）以机械功转动电机，电机产生的电流通过水中的线圈，水温升高；

（4）以机械功使两块在水面下的铁片互相摩擦，水温升高。

因此，机械功是产生温升的原因，机械能可以转化为热能。他从这些实验计算了使一磅水升高华氏一度的机械功数量。

由契合法起始的叙述方式是符合认识发展的秩序的。人们在考察自然界时首先碰到的是充满质的多样性的现象：有各种物体的运动，各种不同的声光电热（例如，人们曾认为摩擦电、伏特电、生物电、温差电、磁电是本质不同的电），还有各种花草树木、鸟兽鱼虫。科学必须发现这些差异中的共同性，通过重复性去揭示规律。契合法就是对各种不同的情况进行比较的方法，是异中求同的方法，非变革性的观察和变革性的实验研究都要应用这种方法。

第二种是差异法或叫求异法，可表示为：

如果在 ABCD 出现时 abcd 出现；

在 BCD 出现时只有 bcd 出现；

那么，A 与 a 之间有因果关系。

例如，巴斯德在 1860～1864 年间所作的曲颈瓶实验，就是以差异法来研究空气尘埃中含有能使有机物腐败的微生物。他在一次演说中讲述他的实验要点：

（1）把有机物浸液装入长颈瓶煮至沸腾（杀死液体内和瓶壁上的细菌），放冷，但空气中的尘埃、臭氧、电磁及其他未知物质均能窜入瓶内，两三天后有机物浸液内会出现微生物并腐败；

（2）一般处置方式相同，只把瓶颈抽成弯曲的尖头，空气、臭氧、电磁及其他未知物质仍能窜入瓶内，只是尘埃不易进去，有机物浸液仍保持洁净，未出现微生物。

可见，空气中浮荡的尘埃上有生命的原种即微生物。

差异法比契合法能更可靠地揭示事物的原因。差异法也是对各种情况比较的方法，它所比较的是相似（共同）点甚多的情况，是同中求异的方法。大量的科学实验就是差异法的应用。如果一个现象与 ABCD 等因素有关，人们常在实验中逐一地使某因素变动（减去），同时保持其他因素不变，从而考察各个因素同该现象的关系，从该现象的相关反应找寻因果。

第三种是契合差异并用法或同异并用法，这是前两种方法的综合运用①，这里不再赘述。

第四种是共变法，可表示为：

如果在 A_1BC 出现时 a_1 出现；

当 A_1 变为 A_2，即 A_2BC 出现时，a_1 相应变为 a_2；

在情况变为 A_3BC 时，又相应地有 a_3……；

---

① 金岳霖：《形式逻辑》，北京：人民出版社，1981 年，第 234～236 页。

因此，A 与 a 有因果关系。

例如，法拉第在 1833～1834 年间所做的电解实验，就是以共变法来研究电压、电流与电解产物之间的关系：

(1) 他曾设想，电场强度（电压）是影响电解的因素，但实验中不断改变电压，电解产物的数量并无增减；

(2) 在其他因素不变时，改变通过电解质的电量（电流），发现电解产物与电流成正比地增减；

(3) 可见，电流量是决定电解生成物数量的原因。

如果把某一因素的数量区别看做是不同的条件，共变法也可以看做是差异法；如果把某一因素的不出现理解为这一因素变化为零，差异法则是共变法的特殊情况。差异法也是一种比较，是在变动中求稳定（因果关系是有相对稳定性的）。共变法也是科学实验中广泛应用的方法。

第五种是剩余法，可表示为：

如果已知 ABCD 的总和是 abcd 的原因；

且已知 A 是 a 的原因，B 是 b 的原因，C 是 c 的原因；

那么，D 与 d 之间有因果关系。

例如，德国科学家本生和基尔霍夫在 1859～1861 年间所作的光谱分析实验中，就用了剩余法发现了铷和铯：

(1) 本生和基尔霍夫发现，每一种元素都有它的特征光谱线，某一物料的火焰有多少种光谱线，该物料就含有多少种元素。本生在研究一种矿泉水时，把它滴于火焰并在分光镜上看到一系列光谱线；

(2) 在这一系列光谱线中有钙、锶、镁、锂发出的谱线，还剩下从来没有见过的鲜艳的蓝色明线；

(3) 由此，本生判定，新谱线存在的原因在于该矿泉水中还有一种新元素，他把它命名为铯（天空的蓝色之意）。之后，本生和基尔霍夫又用类似的方法发现了铷。至于制取得到的金属铯和金属铷则更晚些。

剩余法在更大程度上是指导实验观察和处理观测资料的方法。它也是一种比较，是在比较已知中发现未知。剩余法常应用于天文观测和化学实验。

我们在介绍判明因果关系的五种方法时，引述了有人物、年代的实验内容为例，就是要说明这些方法在科学史上曾被人们自觉或不自觉地应用，有其积极意义。许多科学家在实验研究之前就懂得，如果要研究 A 现象与 a 现象的关系，至少要作三方面的考察：①A 出现时 a 是否出现；②A 被排除时 a 是否消失；③A 变动时 a 是否相应变动。也就是要用契合法、差异法、共变法来安排实验过程，进行有计划地探索，判明因果关系的方法在这时成为进行实验设计（确定具体实验方案）的指导思想。在实验观测的过程中，如果科学家发现A出现时a可能出现可能不出现，或A被排除时a可能仍存在，或A变动时a不变，或a的变动不与A对应（如不成比例），就可以认为A与a之间没有因果关系，应从其他方面再作探索。这时，判明因果关系的方法就是处理实验结果的原则。

判明因果关系的这五种方法是实验研究中进行比较的方法，只是单因素的分析方法。在运用这些方法时只是从某一个因素的有无或变动考察与之相关的情况，同时要保持其他因素不变或不考察其他因素。这种单因素实验是必要的、不可缺少的，如果法拉第在做电磁感应实验时不是抽出某一因素去考察它可能与感生电流有什么关系，而是同时使原电池电压、电流、线圈匝数、导线粗细、铁芯等都作变动，那他就很难查明哪个因素与电磁感应无关，哪个因素有关。

在认识过程中，作为一种研究方法，撇开普遍的联系而孤立地考察个别因素是不可避免的，是揭示因果关系的必由之路。恩格斯指出："为了了解单个的现象，我们就必须把它们从普遍的联系中抽出来，孤立地考察它们，而且在这里不断更替的运动就显现出来，一个为原因，另一个为结果。"① 我们不能一提到"孤立"、"割裂"就认为不可容忍，那样，就会否定科学实验的必要，就会取消单因素实验，就无法认识事物。列宁也说过："如果不把不间断的东西割断，不使活生生的东西简单化、粗糙化，不加以割碎，不使之僵化，那么我们就不能想象、表达、测量、描述运动。思维对运动的描述，总是粗糙化、僵化。不仅思维是这样，而且感觉也是这样；不仅对运动是这样，而且对任何概念也都是这样。"②

但是，在运用上述五种方法对因果关系作分析研究时终究会有困难和矛盾：客观过程本身诸因素普遍联系，人的主观认识又难免使个别因素孤立化。为此，我们在科学研究时既要设法把个别因素抽取出来考察，又要考虑到它与其他因素的关联，使因果关系的判明有更大的可靠性。逻辑教材中已经提到运用穆勒五法的注意事项，我们仅从科学史中的若干经验教训略作补充。

无论用哪种方法分析因果关系，都要尽可能全面地估计到各种场合的各种因素，尤其不可放过与被考察对象密切结合的条件和成分，否则就不能恰当地反映现实。法国化学家贝托雷对氯的研究就犯过这样的错误。他在1785年发现，露置于日光下的氯水可以分解，产生盐酸，放出氧气，他认为这是因为氯化物（氯=盐酸+氧）引起的。贝托雷得出这一结论是他忽视了原始场合中既有氯还有水，

---

① 《马克思恩格斯选集》第3卷，北京：人民出版社，1972年，第552页。
② 《列宁全集》第38卷，北京：人民出版社，1963年，第285页。

而且这两者还有相互作用（实际是氯+水$\xrightarrow{\text{日光}}$盐酸+氧）。意大利解剖学家伽伐尼在发现“动态电”（电流）上有功，但他从青蛙实验中得出动物生电的结论则是不对的。1791 年，伽伐尼把两种不同的金属导体分别与蛙腿的神经和肌肉接触，再把两导体的另一端互相连接，这时蛙腿会抽搐，如同蛙腿受到莱顿瓶放电刺激。伽伐尼认为，这种现象表明电来源于动物的肌肉。尽管人们可以用种种不同的金属导体重复这种实验时都发现，只要有蛙腿就会有电流产生；但伽伐尼的结论错了。从方法上说，这里虽实际上应用了契合法（有蛙腿就出现电），可是，在所有场合中都还有一个共同点——两种导体。伽伐尼忽视了这个共同点而只抓住蛙腿，结果走上了歧途。

为了避免由契合法做出不正确的判断，契合法的结论最好由差异法实验来核对和补充。伏特在 1792～1796 年重作伽伐尼实验，就排除了蛙腿，仅在不同金属间隔以湿的硬纸、皮革或其他海绵状的东西，也发现有电流产生，否定了动物电的观点（在伽伐尼实验中蛙腿只起验电器作用），伏特用差异法纠正了只用青蛙做实验的片面性，但差异法的结论也是应当推敲的。现在我们知道，两种不同金属接触时确实存在电动势，但不能产生恒稳电源，伏特电堆需要从电解质理论去解释。

应用共变法来判明因果关系是更为有益的。这种方法不仅有定量研究的优点，而且具有在普遍联系中进行分析的长处。如前所述，巴斯德是反对“天然生殖”的，他认为空气尘埃中的微生物是有机物腐败的原因；如果这个看法成立，有机物置于极为清洁的空气中就不会腐败。这又需要实验证明，而毫无尘埃的空气在当时是很难找到的，只有到高山去找新鲜空气，巴斯德做了这样的实验。当时，还有卢昂博物院院长普谢和他的两个学生也在做这种实验。普谢是反对上帝创造生命的科学家，也反对巴斯德的观点。他认为啤酒液、肉汤之类有机物溶液自身就能产生出生命（微生物），即使放在最干净的空气中也是如此。普谢和他的学生不顾寒冷和疲劳，登上海拔 3000 米的高山，在冰河裂隙处把事先灭菌了的干草汁瓶打开，装入高山空气再封好。结果发现一些瓶中的液体也起了变化。普谢认为这就证实了天然生殖。巴斯德在做这个实验时的用具和操作办法与普谢大致相同，但实验设计却不一样。他在实验旅行到农村小道时打开了 20 个盛有有机物浸液的玻璃瓶（事先也经灭菌），立即封闭，之后发现其中 8 瓶中有微生物出现；登上高八百多米的山上打开 20 瓶，产生变化的只有 5 瓶；再继续登高在冰河上打开 20 瓶，只有一瓶产生变化。尽管巴斯德的登山高度还不如普谢，但他的实验操作比普谢更精心更准确，更重要的是思想对头。对于极难排除掉的空气尘埃一定要绝对排掉往往是不可能的（在某些实验中还不必要或不应该），但如果能证实尘埃越少有机物越不易腐败，这就表明尘埃（中的微生物和细菌）是有机物腐败的原因。当然，共变法的结论也是有条件的，原因的变化与结果的相应改变都与其他因素有关，只是在一定范围的共变，这也是运用共变法时要注意的。

第四节 实验观察中的机遇

按照前面所说，科学实验和科学观察是有自觉意图的、从一定设想出发的、遵循逻辑规则进行的探索活动。但是，我们又不可以把实验和观察中的目的性、预见性、计划性夸大或绝对化，把探索过程里的一切都说成人们意料之中的事情。实际上，科学研究中的意外，想象不到的困难和挫折，事先无法估计到的奇异因素的出现，预料不到的收获和成功，或许比做任何其他的事情都多。

人们常把意外的发现和发明叫做认识活动中的机遇，并且列举出这种机遇的大量事实。在贝弗里奇写的《科学研究的艺术》一书里，专用一章讲机遇，谈到机遇的 10 个例子。此书的附录《机遇在新发现中起作用的其他实例》，又讲到 19 个例子。[①] 在市场泰男写的《科学史上的九十九个谜》中，也专用一章讲"意外的发明、发现——偶然导致了什么"，[②] 他引述了 13 个实例。如果去掉重复的，他们两人就举出 38 个例子说明机遇对科学活动的作用。

这样的实例是数不胜数的，我们还可以在这 38 个例子以外，再说一些：

哥伦布的探险是要开辟到达印度的新航线却意外地发现了美洲大陆。

普利斯特里本来是试用聚光镜加热各种物质，并认为汞锻灰受热放出空气，实际上却发现了氧（尽管他把它叫"脱燃素空气"）。

1811 年，法国人库特瓦为了制硝，用硫酸处理海藻灰母液以除去硫化物，但由于用酸过多，从溶液中突然发生一种前所未见的紫色蒸气，并能凝成黑色结晶，这就是碘。

法拉第电磁感应实验也是在机遇中成功的。他原来设想，由持续恒稳电流所产生的磁场，如果强度足够，就会引起感生电流，但实验屡屡失败。一次，他发现在电流接通或中断时，即磁场强度变化时，感生电流却出现了。这个偶然的发现成为电磁感应实验成功的契机。

为了说明机遇现象大量存在，这里超出 19 世纪的范围，看近几十年科学研

---

① 贝弗里奇：《科学研究的艺术》，陈捷译，北京：科学出版社，1879 年，第 165 ~ 173 页。

② 市场泰男：《科学史上的九十九个谜》，李耕新译，太原：山西人民出版社 1980 年，第 59 ~ 78 页。

究中的一些意外：

1910年，著名物理学家卢瑟福在指导盖革、马斯登做α粒子轰击金属箔实验时，按照卢瑟福的预料，这种实验就好像用15英寸的炮弹来射击一张薄纸，α粒子不会在穿透原子的飞行过程中发生较大的偏离。但实验的结果却发生了卢瑟福自己认为是“我一生中遇到的最难以置信的事”，α粒子出现了大角度散射，就好像用来射击薄纸的炮弹被弹回来打中了发炮人。由这一事实出发，卢瑟福领悟到原子是有核的，提出了新的原子模型。卢瑟福后来叙述了做这个实验的经过，他说：“我想用这个例子来表明你如何时常会出乎意料地看到事情的真相。”①

1911年，荷兰物理学家昂内斯在测定汞的电阻时，预料电阻值会随温度下降相应地逐步减小，但他意外地发现当温度达到4.12开时，汞的电阻突然消失，即发现了超导现象。

1927年，贝尔电话实验室的戴维森和杰默原意是要用金属镍进行实验，但实验室却把镍片的加热时间拖长了，使金属镍成为单晶，结果发现这种单晶适合于做电子衍射实验。

1931年，美国工程师詹斯基在作无线电研究中，偶然发现了外层空间的射电源。

1939年，法国女化学家佩雷一心要提纯锕锕，结果却在剩下的残渣中意外地发现了钫。

1945年，美国的巴丁、布拉顿、肖克利等组成了固体物理学研究小组，并确定以半导体材料锗、硅为研究对象，试图探索半导体的放大作用。这时，电子管已广泛应用，但它的效率低、寿命短、体积大，需要新的放大器件；而且，肖克利也从理论上预言，对半导体薄膜施加侧向电场可以调制电流，使之起到放大作用，提出了“场效应”实验设计的方案。他们的实验研究的目的性、预见性、计划性是相当充分的，是名副其实的现代科学实验。但是，他们开始的实验没有取得理想的效果，却发现了实验结果同表面理论的矛盾。巴丁、布拉顿又转入表面效应的理论分析和实验研究，意外地发现了光生电动势的剧增，使他们进一步认识到利用场效应原理做半导体放大器是可能的。他们又沿着这个方向努力，结果又意外地发现了锗的空穴放大效应，并利用这种新效应在1947年制成了第一只晶体放大管。布拉顿本人描述他们取得重大突破的那次实验情况时说：“……实验过程中，针尖和金之间出现放电，损坏了中央小孔附近的金层。但是，由于针尖放到了小孔边缘的金上，却意外发现了一个新的效应。在清洗硼酸二醇时，

① 韦斯科夫：《人类认识的自然界》，张志三等译，北京：科学出版社，1979年，第63页。

我们无意地也洗掉了溶于水中的氧化膜，金也蒸发到刚刚作过阳极处理的锗表面上。当在金层上加一个小的正向电压时，流进锗表面的空穴流大大地增加了从锗流向针失的电流，而针尖相对于锗片是处于很大的反向偏压下。”① 1956 年，肖克利、巴丁、布拉顿三人获诺贝尔物理学奖。

1965 年，美国的彭齐亚斯和威尔逊在检查卫星通讯中，偶然发现 3 开背景辐射。

连同《科学研究的艺术》和《机遇在新发现中起作用的其他实例》所讲到的，在科学活动中机遇的实例已有约 50 个，如果必要，还可以举出更多，真是不胜枚举。但是，枚举得再多也不能代替论证。为了从认识论上考察机遇，正确对待实验观测中的机遇，还需要作一些说明。

科学研究中的意外发现或机遇是认识过程中的偶然性，任何发现、任何发明都难免有这种或那种机遇出现。有的同志在说明机遇时实际上把人们的探索成果的取得分为两类，一类是有计划的、非机遇的发现，另一类是机遇性的、无计划的发现，两者性质不同。我们不赞成这种观点。我们认为：①所有的科学实验和科学观测都是有目的、有思想指引、有一定计划性的；②绝对按预定目标、设想、步骤进行的科学研究，不差分毫地实现开始时拟定的研究计划和方案，这在实验和观测中是不可能的。自然界的复杂性，实验和观测的复杂性，连最高明的预言家也无法囊括无遗；纵然是在明确的理论指导下进行的实验观测也不能百分之百地估计到探索过程中的一切细节。法拉第的电磁感应实验，卢瑟福的 α 粒子散射实验，巴丁等人的半导体实验，是科学预见相当明确、实验安排精心周到的探索，结果仍然有意外。至于只有比较模糊的设想所进行的实验，就更不能如愿以偿了。英国的珀金在 1856 年试图制造奎宁（药物），结果却得到了苯胺紫（染料）；艾克逊预定要造人造金刚石却搞出了碳化硅，就是由于他们对奎宁、人造金刚石的形成机制还很不了解。

现代科学研究的理论指导、预见性、计划性，与古代的炼丹术、炼金术相比不可同日而语，与近代的一些经验性探索相比也高级得多，然而，这并不排除机遇现象的普遍存在。现代的科学实验，大体上都有类似于巴丁等人研究半导体时的情况，仍然难免种种意外。科学研究是在已知指引下去探索未知，总要碰到已知与未知的矛盾。既然是探索未知（验证理论的实验、工程技术中的试验也包括探索未知的成分），人们在事先就不可能充分、具体、详尽地认识到被考察的对象和过程的全部特点，就不可能十分准确地估计到是什么人、在什么时间、什么

① 刘普霖：《晶体管的发明》，《自然杂志》1980 年第 3 期，第 213 页。

场合、以什么方式把探索的对象和过程弄清楚，就难免有分析或操作的失误；如果说这一切都已经完全明白，那还用探索什么呢？从这点来说，有计划的研究总要通过这样或那样的意外来实现，机遇也有它的必然性。

同时，机遇的发现又不是独立自在的探索方式，在探索活动中，没有也不可能有纯粹为了取得“意外”而进行的科学实验和科学观察，没有绝对的机遇。在前面所引述的实例中，都指明了人们原来预计要干什么，想要得到什么，但实际结果却超出了原定的目的和原有的设想。有些事情是原来在研究 A 时实际却得到了 B，或原来想得到 A 实际却发现了 B。刚开始露头的机遇，只存在于观察的领域，而且是作为研究过程的结果出现的。机遇是在科学观察中看到没有想到的东西，是在实验中观察到本来没有料及的事物；机遇在产生以后可以作为进一步做实验探索的出发点，但一项科学实验的开展不可能以该项实验中的机遇为前提。从这点来看，这样或那样的意外发现又取决于有目的、有计划的研究，机遇是这种认识活动中的偶然性。

这并不是说，机遇在科学的进展中没有多少作用；相反，这种作用常常是很大的、惊人的。大量的化学元素和天文现象的发现相当明显地来自机遇。法拉第偶然看到磁场强度改变会感生电流，促进了电磁感应理论的建立和电机的制造。由偶然因素引起的晶体管、不锈钢、青霉素、甲醛等的发现和发明对人类生活起了多么大的作用。原子有核模型、超导现象、伦琴射线、天然放射性物质，经过“意外”被揭示有重要的理论价值和实际意义。1934 年，意大利物理学家费米为了用人工方法造出“超铀元素”，用中子轰击铀，却出乎他的意料发现了原子核的裂变，从而促成了原子弹的制造、核潜艇的出现，以及核能发电站的建造，其重要性或许不亚于哥伦布发现新大陆。

机遇是否被捕捉到，它对人们认识自然能起到何种作用，决定于进行科学研究的人。在科学史上，放过可能促进探索的机遇的事是屡见不鲜的。1675 年，有人把装有水银的玻璃管倒立在水银槽中振荡，发现上方（管口封闭）真空部分有闪光出现，却未认真研究。到了 18 世纪，才有人认识到这种光是水银与玻璃壁摩擦生电的结果。1858 年，德国的盖斯勒又利用它造出了低压放电管。早在 16、17 世纪，帕拉塞斯、海尔蒙特、波义耳等就偶然接触过氢，他们也没有认真研究这种气体。1781 年，普利斯特里收集了氢并把它和主气放在闭口玻璃瓶内，用电火花使之爆鸣，发现原来洁净和干燥的瓶壁上有露珠出现，但他没有仔细分析这种露珠。同年，卡文迪许用各种不同比例的氢与空气混合重新进行爆鸣实验，并确认露珠是纯净的水。尽管卡文迪许把氢看做燃素，化学史上仍认为他发现了氢是水的组成部分。1804 年，英国人台奈特把粗制的铂溶解于王水，发现一些有金属光泽的黑色粉末留在底下。这种现象前人也曾注意到，但未作什么分析就断言这种粉末是石墨；台奈特则仔细分析了它，证明其中含有一种金属，即锇。别人又在其中发现了铱。在1895年伦琴发现X射线以前，专门研究阴极射线的英国科学家克鲁克斯在1876年就发现了这种不知名的射线。但他在放电管附近的照相底片上进行感光时，并未认真思索和鉴别，只以为是底片质量不好而去底片生产厂退了货。1890年，美国人古德史培德也曾偶然得到X射线照片，他也同克鲁克斯一样放过了机遇，否则X射线是可以早5年、10年或20年被认识到的。伦琴没有让机遇溜掉，成为X射线发现的创始人。

前面引述的几十个例子中的科学家和发明家，都是捕捉机遇的能手和认真研究机遇的有心人。青霉素的发现也是一个典型。1928年，英国医生弗莱明在玻璃器皿中进行葡萄球菌的培养实验，本来应不让霉孢子混入，但由于他在灰尘较多的旧房子里工作，有的器皿中的培养基却被普通面包的霉菌（青霉菌）污染了。这样的培养皿本应作为不合格品废弃，但弗莱明却意外地发现，在霉菌周围没有葡萄球菌生长。他设想，霉菌中可能有一种物质能阻止病菌繁殖。弗莱明把掺入的霉作为宝贵材料加以研究，从而导致了青霉素这种重要药物的出现。阿西莫夫在叙述这一发现过程时说，弗莱明没有让机遇从视野中溜掉，并说："要是我可能就会把它（指被污染了的培养基）丢掉而没有别的想法。"①

怎样才能抓住机遇促成科学研究的进展，简单地说，是要求实验观测者要目光锐利。然而，敏锐观察力不是天生的，不是只靠生理感官决定的，它要靠知识、经验，靠以学问为基础的思索、细心。如果普利斯特里没有渊博的化学知识，巴丁不懂物理学，弗莱明不是医生，就不会看出机遇；头脑空空，"意内的"东西很少，也不会有意外。但是，知识多而不细心，或拘泥于既定的设想而不容易接受新事物，也不能注意到机遇。巴斯德有句名言："偶然的机会只利于素有准备的心灵，"② 这句话含有深刻的哲理。如果认为无需什么知识准备，无需仔细关注自然现象，就可以全凭运气得到伟大的发现，可以幸运地等待意外发明的降临，那就未免太天真了。

机遇可以是科学进展中的一环，也只是造成发现和发明的一个环节。由观测到出乎预料的现象到搞清它的奥秘，往往还要经过深入的实验研究。法拉第在偶然发现磁场变化能感生电流之后又反复做了电磁感应实验；德国物理学家楞次在法拉第工作的基础上探讨了感生电流的方向，在1833年提出了楞次定律；麦克斯韦则从理论上奠定了经典电磁理论的基础。弗莱明在发现青霉素可以抑制细菌生长之后继

---

① 阿西摩夫：《氮的世界》，育春译．北京：科学出版社，1977年，第90页。

② 丁柱中译：《巴斯德传》，北京：中华书局，1935年，第74页。

续从事提纯实验，未获成功。过了10年（到1939年），英国化学家弗洛里和恩斯特才分离出了青霉素，到1941年才把青霉素首次用于病人。如果碰上了机遇就停步不前，浅尝辄止，不付出持续的、艰苦的努力，是不会有重大作为的。

第五节　实验前思想的由来

科学实验是有思想先行的，是先想后做，那么，我们究竟是承认实验（实践）——思想（认识）——实践，还是主张思想——实践——思想呢？如果是前者，应如何解释实验研究有思想指引的事实；如果是后者，那岂不是宣扬先验论和唯心主义吗？我们认为，这里并没有注定无法克服的困难，而是有认识论的道理可讲的，只不过问题不很简单罢了。

第一，如果不是把人对客观世界的任何接触、直观都说成是实践，如果实践乃是改造世界、变革现实的活动，那么，人类的社会实践总是有目的、有设想的，人们总要抱有一定的愿望、期待、预计去从事实践。目的、设想、预期等就是观念、理性、思想的东西，这是人类实践（包括科学实验）都具有的特点。“最蹩脚的建筑师从一开始就比最灵巧的蜜蜂高明的地方，是他在用蜂蜡建筑蜂房以前，已经在自己的头脑中把它建成了。劳动过程结束时得到的结果，在这个过程开始时就已经在劳动者的表象中存在着，即已经观念地存在着。”①

第二，在各种社会实践活动中，自觉意图和推断预见表现得最强烈的是科学实验。人们的思想对生产劳动和阶级斗争的选择性是相对较小的，每一代人来到社会就碰到现成的生产形态并处于特定的社会关系中，人们不能轻易采纳或抛弃一种生产方式或社会阶级地位。科学实验和科学观测则是富于灵活性的活动，实验研究的对象、内容、条件和方法都要求选择，而且有较大的选择余地，采纳某种新的实验方案或抛弃某种方案，是经常发生又比较容易做到的。目的观念、知识、假说、理论等主观因素在实验探索中更有用武多地，实践，尤其是实验，是主观见之于客观的活动。

或许有的同志会说这两点的道理还不全面，只有这两条并没有说出引导实验的观念、设想、假说等是从哪里来的，并没有同先验论划清界限。他们认为，必须强调实验（实践）之前的思想（认识）只能是以往实践的产物，这样才是完整的、合乎唯物主义的答复。确实，只讲上面两条并不全面，人们的观念（即或是比较模糊的观念）、设想（即或是一些猜测）、假说（即或是简单的假定）等

---

① 《马克思恩格斯全集》第23卷，北京：人民出版社，1972年，第202页。

都不是头脑里固有的或从天上掉下来的，上述两点并没有回答实验前思想的由来。可是，如果说这种思想只能来自以往的实践，那个以往的实践是否也有思想指引呢？倘若有，这种思想又怎样产生？于是又要追溯到再以往的实践……，一直追溯到最以往的实践，而这个“第一实践”必定是毫无任何目的、完全没有思想的活动，“第一实践”是纯客观的活动，它能推动主观认识的出现，它本身则不需要也不允许有一点主观因素或受其他东西推动。这样说，原始人在制造第一把石刀、第一只陶器时所从事的就是“第一实践”。

我们认为，把事情推到原始人的实践已经使问题复杂化了，而且，我们也很难设想原始人在制造第一把石刀或第一个陶器时是没有任何思想的、盲目的行动。那么，我们会不会在实践产生思想（主观认识来自实践）和思想导引实践（实践是主观见之于客观的活动）之间循环而无法解脱呢？这里的矛盾也可以说是一种“佯谬”，它不能只用简单的公式去解决，却可以从科学认识的历史的分析中得到说明。为此，还得对实验前思想的由来作些具体考察。

让我们也用倒推法作一些追溯：

（1）赫兹的电磁波实验来源于麦克斯韦电磁理论的预见；

（2）麦克斯韦的电磁理论来源于法拉第的电磁感应实验；

（3）法拉第的电磁感应实验来源于他的“转磁为电”的设想；

（4）法拉第的“转磁为电”的设想来源于1820年丹麦物理学家奥斯特发表的电流磁效应实验（该实验实现了“转电为磁”）；

（5）奥斯特的电流磁效应实验来源于他研究电与磁关系中的机遇观察。他从1807年起就从事这种研究，探索了十几年无所获，但在1819年偶然发现电流可使磁针偏转，他抓住了这个现象做了几十次实验；

（6）奥斯特研究电与磁的关系（包括他多年探索而无所获的实验）来源于他看到电荷之间和磁极之间的力都遵循平方反比关系，因而猜测电与磁有相似性及电对磁可能起作用。或者说，奥斯特是从自然哲学的角度对电与磁发生兴趣；

（7）电荷之间的静电力呈平方反比关系来源于1767年普利斯特里的空心带电体实验，磁极之间力也有平方反比关系来源于1750年米歇尔的测定；

（8）普利斯特里的静电实验来源于“渗透电”与“表面电”两种观点的争论。前一种观点是富兰克林提出的，他设想电是没有重量的电流质，这种电流质渗透于整个空间和一切物质实体之中。但是，这种观点有它的逻辑上的困难：如果空气中也渗透着电流质，带电的两极就会随时自动放电，这与事实不符。为此，又有人设想电流质并不是到处渗透的，空间（包括球体内的空间）不带电流质，电荷只集中于物体的表面。至于米歇尔发现磁力的大小与磁极距离平方成反比，则是用扭秤对人们早已观察到的磁的同极相斥做了定量考察；

(9) 富兰克林提出电流质渗透一切的观点，来源于他对风筝实验等电现象的解释，而1752年的风筝实验又来源于他在1749年就设想雷电和一般静电的性质是一样的；

(10) 富兰克林提出天上的雷电与地上的静电一致的看法，一方面是他看到雷电能瞬时产生、伴随声响、能引燃物体、伤人……，另一方面是他看到起电机的摩擦电也有这类性质，而摩擦生电是人们早已观察到的现象。

这个倒叙的过程表明，指引科学实验的思想可以从多种途径而来。它可能来自以往的实验，例如，法拉第实验——麦克斯韦预见——赫兹实验；奥斯特实验——法拉第设想——法拉第实验。这类情况甚多，在近代和现代的科学研究中，基本上是按实验——假说——实验的秩序进行的，这是实践——认识——实践的特殊表现。

实验前的思想还可能来自以往的科学观察或感性直观。人们最早发现磁石吸铁和磁极相斥就不是经过实验——如果认定实验具有变革现实和有目的性的特点的话，米歇尔也可以由看到磁极相斥的现象，想到磁极之间存在着使彼此分开用扭秤去做测定斥力的实验。海员感到暴风雨时海水温度较高，这也不是实验结论，迈尔在知道这一事实时从中做出了机械能可以转化为热能的设想，并由这个想法去做热功转化实验，这也是观察——设想——实验的过程。如果要把观察也算作实践，那就要换个提法：非变革性实践——设想——科学实验；而所谓“非变革性实践”并不都是有思想先行的。人们事先可能没有什么想法就看到了磁石引铁或暴风雨时水温较高。

实验前的思想也可能来自被动的观察，或确切地说来自人们的被动感受。雷电的种种现象是自然界施加于人的，人们早期对雷电现象的认识也不是经过实验；但这种认识却可以引起人们去思索和研究雷电的性质，进行风筝实验。病菌使人类养的蚕和牛羊得病，人被疯狗咬伤死亡，这种情况很难说成是人们的实践或实验活动，但这些事实迫使人（如巴斯德）去认识它们，并进行病理和防治实验。假定把雷电击伤人畜、病菌危及人畜等也叫人类的实践，从而把人们早期对这些现象的认识也归入于由实践到认识，是讲不大通的；如果一定要讲，就要承认有被动的实践——思想——科学实验的过程，而“被动的实践”（？）是不必要有思想先行的。

实验前的思想在很多情况下来自机遇的启示。例如，奥斯特偶然发现电流能使磁针偏转，因而形成电流可能产生磁效应的设想，产生奥斯特的转电为磁的实验。伽伐尼所做的青蛙实验也有这种性质。他本来不是电学家，而是医生、解剖学家，他把一只解剖了的青蛙放在桌上，桌旁有台静电机，在别人用解剖刀触及蛙体时他偶然发现了蛙腿神经抽搐，这使他想到这种现象是否同静电机有关，由此，伽伐尼才开始了动物生电的实验研究。恩格斯曾提到，达尔文“是从最广泛地存在着的偶然性基础出发”去认识物种起源的①，研究科学发展中的机遇，应会有助于搞清认识过程的规律性。实验研究中的机遇是总体上有目的、有预见的活动的一个环节，意外的发现并不是毫无意识地瞎碰；机遇本身又不是人们思想上已经料到或大体猜测到的东西，机遇观察本身终究还不是实践。机遇观察——设想——实验，在探索自然时是常见的，如果一定要把伽伐尼意外地看到蛙腿收缩或奥斯特偶然看到磁针转动的机遇观察也叫实践，那就要说“意外实践”（?）——设想——实验；而意外实践本身是在“意内”（思想）以外的。

可见，只要具体分析实验前思想的由来，并不难对它做出合理的解释，不会把认识过程理解为“思想——实践——思想”；实验前的思想无论是来自被动的感受、感性直观、科学观察，或是来自科学实验及实验观测中的机遇，总不是从天上来或人们头脑里固有的。然而，假定把实验前思想的种种来源都叫做实践，又不去区分“非变革性的实践”、“被动的实践”、“意外的实践”（我们认为这些概念是不妥切的），那就会陷入实践前有思想而思想又在实践之后产生的悖论。

我们认为科学实验是在理性指引下进行的，实践是有思想领先的，并对这种理性和思想的来源做了上述的分析。从这种分析也可以看出，促成人们进行实验的假说、推断、猜测同经过实验证实的定律、理论等相比，前者是缺乏充分根据的。正因为这样，在指引实验的设想、学说之中，包含着不合理的、错误的成分就更多些；而从迷误的观念出发去进行实验，其结果就会事与愿违，迁延拖沓乃至徒劳无益。研制永动机的许多实验也是以某种设想为依据的，而且这种观念还相当顽强，尽管巴黎科学院在1775年就宣布不受理永动机的报告，能量守恒定律在19世纪中叶已经确立，直至前些年仍有人企图用实验证明不用动力可以做功。可是，由于两类永动机②的设想都是违背客观规律的空想，它只能以失败告终。瑞典化学家贝采里乌斯长期从事原子量测定实验，工作量不谓不大，态度亦不谓不认真，他在1814年发表的计有41种元素的原子量表中包含着不少正确的内容。可是，由于他从一些不合理的假设③出发去操作天平和计算数据，测出的

① 《马克思恩格斯选集》第3卷，北京：人民出版社，1972年，第543页。

② 第一类永动机是不消耗任何能量就能永远做功的机器，它违反热力学第一定律；第二类永动机虽需要热源，但它可以在没有温度差的情况下从某一物质系统不断吸取热量并使之转变为机械能，它违反热力学第二定律。

③ 《化学发展简史》编写组：《化学发展简史》，北京：科学出版社，1980年，第105～106页。

原子量有不少就高于实际值的一倍或几倍。恩格斯在谈到燃素说的不正确观念如何束缚了对氧和氧化的研究时指出："从歪曲的、片面的、错误的前提出发，循着错误的、弯曲的、不可靠的途径行进，往往当真理碰到鼻尖上的时候还是没有得到真理。"① 这一段话也表明了科学实验的指导思想的重要。

正因为这样，我们不仅要承认在实验研究中有思想领先是合理的，还要力争使科学实验具有合理的指导思想。在还没有进行实验并取得结果以前，要充分判断先行假说的正确性是困难的，尽管这样，人们仍有可能在相当程度上对指导思想的合理程度做出估计。科学发展过程中许多成功的实验表明：第一，指导实验的观点、假说应当合乎先前观察和实验的事实，符合已有的科学原理；同时又要注意到前人知识的相对性，使新的看法有一定的创造性。第二，实验的指导思想应当是合乎逻辑的，经过深思熟虑，言之有理，持之有故；同时又要发挥想象、猜测、直觉的作用。第三，在实验的过程中，要经常把假说与实验相对照，不断修正和充实原有的指导思想，使之日趋合理化。

合理的指导思想是必要的和重要的，然而也要考虑到，错误的出发点未必都会使实验一事无成；而且，思想的正确或错误终究只有经过实验才能判明。如果必须保证目的、假说百分之百的正确才能做实验，那就几乎不会有实验。

① 《马克思恩格斯选集》第3卷，北京：人民出版社，1972年，第555页。

第五章　科学发展的理论阶段和 19 世纪的理论自然科学

第一节　近代科学的第一次理论综合

从自然科学产生以来，就不单有经验知识的积累，还逐步取得了理论上的成果。前已指出，古代科学中的杠杆原理、浮力定律等是理论形态的知识。16 世纪哥白尼的日心说是以天文观测为基础的理论性见解。在 17 世纪，科学家们在几何光学、化学、生理学等方面也提出了一些理论观点（如光线的反射和折射定律、元素的概念、血液循环理论等）。

个别学科中的理论成就，未见得对整个自然科学的状况发生重大影响。与近代自然科学总体发展有关的、大的理论综合曾有两次：一次在 17 世纪，以牛顿力学的形成标志；一次在 19 世纪，主要表现为能量守恒和转化定律、电磁感应理论、生物进化论等的确立。

牛顿在 17 世纪发现的万有引力定律和他所总结的运动三定律，奠定了经典力学的理论基础，是人类自然知识的第一次大综合。

已有不少著作具体分析了牛顿力学是对天体运动和地面上物体运动的综合性认识，在牛顿以前，开普勒发现了行星运行三定律①，伽利略提出了惯性原理并指出力是加速度的原因，惠更斯证明了物体保持圆周运动需要向心力及计算向心加速度的公式，胡克发现了弹性定律，巴斯噶、格里凯等人对液体静压力、大气压力进行了定量的实验研究，等等。可是，所有这些成果却没有联系起来，从动力学上加以解释，并用数学分析的方法使之系统化。

牛顿在力学方面的一个重大贡献，是在开普勒定律的基础上发现了万有引力定律，即两个物体之间由于物体的质量（m_1 及 m_2）必然产生相互吸引，这个引力（F）的大小与两物体的质量乘积成正比，与两者的质心距离（r）成反比，

---

① 开普勒定律：一、行星在椭圆轨道上运行，太阳在一个焦点上（轨道定律）；二、在相等时间里，行星和太阳的连线所扫过的面积相等（面积定律）；三、行星公转周期（T）的平方与它同太阳距离（R）的立方成正比，即 $T_2=R_3$。

即 $F=G\frac{M_1 \cdot M_2}{R^2}$（式中 G 为比例系数即引力常数）。许多力学著作都指出，开普勒定律属于运动学的见解，而万有引力定律则是动力学的解释，由运动学的观点到动力学的分析，是科学发展中的进步。如果从认识论上来考察这一进步，还应当说：

第一，从开普勒定律到万有引力定律，在某种意义上乃是由经验的认识过渡到理论的认识。开普勒定律是在分析整理第谷的天文观测资料基础上提出的，这些定律与观测资料相比已具有理论总结的性质；然而，开普勒的三定律毕竟还只是对行星运动的状况的描述，还不是对这种状况的解释，因此，它们又具有经验定律的性质。而万有引力定律只用一条定律就从根本上说明了行星运行的三定律，在理论上大大前进了一步。万有引力定律也可以说是万有引力理论。

第二，从开普勒定律到万有引力定律，又是由对结果的认识过渡到对原因的认识。所谓运动学的见解主要反映物体的运动轨道是什么，动力学的分析则阐明了物体为什么会那样运动。万有引力定律是从开普勒定律引申而来的，一旦做到了这一点，又可以从万有引力定律出发把开普勒定律推导出来。

第三，更为重要的是，从开普勒定律到万有引力定律，还是由对特殊事物的认识过渡到对普遍事物的认识。开普勒定律尽管有较大的适用范围，但终究只适用于太阳系的所有行星，而从这些定律的再加工所得到的万有引力定律则不仅适用于天体（一切天体，包括行星之间、恒星之间），而且适用于所有的物体。牛顿把物体之间的相互吸引叫做万有引力是颇为恰当的。

牛顿在力学方面的另一个重大贡献，是总结和提出了物体运动的三大定律：第一运动定律是，任何物体不受外力作用时，它将保持静止或匀速直线运动的状态；第二运动定律是，任何物体受到外力作用时，物体的加速度（a）与所受外力（f）成正比，与物体的质量（m）成反比，加速度的方向与外力的方向一致，即 $a=f/m$，$f=ma$；第三运动定律是，当物体甲给物体乙一个作用力时，物体乙必然同时给物体甲一个反作用力，作用力与反作用力大小相等，方向相反，且在同一直线上。第一运动定律也就是伽利略提出的惯性原理，牛顿把它纳入三大定律的体系之中。第二运动定律吸取了伽利略认为力与加速度有关的思想，但牛顿揭示了力和加速度之间需要有质量这个媒介，从而说明了为什么轻重不同的物体会以同样的加速度下落。牛顿还定量地确立了力、质量、加速度的关系。至于第三运动定律，则是牛顿分析天体的运行和以实验为依据得到的。

1687 年，牛顿在《自然哲学的数学原理》一书中发表了他的力学定律和万有引力定律。这部巨著中不单是搜集了大量的观测材料和实验材料，而且着力于对材料进行数学的分析整理。这部著作奠定了经典力学的基石。由于牛顿的杰出贡献，人们用他的名字来命名 17、18 世纪的力学是有充分根据的。牛顿力学的意义已远远超出个别学科，对整个自然科学乃至人类的思维都有着广泛深刻的影响。基于这些方面，我们把牛顿力学的形成看成是近代自然科学发展中的第一次大综合和大飞跃。

许多科学家对牛顿在近代自然科学发展中的作用给予很高的评价。劳厄在谈到用严格的数学方法推导开普勒定律时指出："没有任何东西像牛顿对行星轨道的计算那样如此有力地树立起人们对年轻的物理学的尊敬。从此以后，这门自然科学成了巨大的精神王国，没有任何权威可以忽视它而不受惩罚。"① 爱因斯坦则认为："牛顿的成就的重要性，并不限于为实际的力学科学创造了一个可用的和逻辑上令人满意的基础；而且直到 19 世纪末，它一直是理论物理学领域中每个工作者的纲领。"② 尽管爱因斯坦不赞成把一切物理事件都归结为牛顿力学的定律，并且以他的相对论突破了牛顿的框架，但他仍认为，牛顿"所创造的概念，甚至今天仍然指导着我们的物理学思想，虽然我们现在知道，如果要更加深入地理解各种联系，那就必须用另外一些离直接经验领域较远的概念来代替这些概念。"③

从认识论的角度看待牛顿的力学创见，还要注意到以下几点：

第一，牛顿力学所反映的是机械运动的规律性，就对整个物质运动形式的认识来说，它只是科学发展的一个方面，一个阶段，然而它是不可缺少的、十分重要的方面和阶段。运动的规律性，就对整个自然界的物质运动包括机械运动、物理运动、化学运动、生命运动等形式，每一种运动都有其特殊性，不能把高级运动形式等同或归结为次一级的运动形式；然而，每一种比较高级的运动形式又都包含着低级些的形式，各种运动形式都包括机械运动。如果对于机械运动没有足够的了解，就不可能把握声光热电、化合分解和遗传变异。恩格斯指出："研究运动当然应当从这种运动的最低级、最简单的形式开始，先理解了这些最低级的最简单的形式，然后才能对更高级的和更复杂的形式有所阐明。"④ 牛顿力学对最低级最简单的运动形式实现了理论综合，这绝不意味着这个综合是微不足道或轻而易举的。

第二，牛顿力学还只是宏观低速领域的知识体系，它并没有充分全面地反映整个机械运动。例如没有反映高速过程的规律性，但这也不能贬低牛顿力学作为

---

① 劳厄：《物理学史》，北京：商务印书馆，1978 年，第 30 页。
② 许良英、范岱年编译：《爱因斯坦文集》第 1 卷，北京：商务印书馆，1976 年，第 225 页。
③ 许良英、范岱年编译：《爱因斯坦文集》第 1 卷，北京：商务印书馆，1976 年，第 15 页。
④ 《马克思恩格斯选集》第 3 卷，北京：人民出版社，1972 年，第 491 页。

理论综合的重要意义。人类终究不是立足在电子之上或在接近光速的火车中认识世界，同人类生活有密切联系的大量行为（工农业生产、交通运输、日常生活）终究是直接与宏观对象和低速过程打交道。因此，尽管对微观的、高速的领域的认识有很大的重要性，却不能由此断言反映宏观低速运动的牛顿力学是相对次要的。

第三，牛顿力学为机械的决定论奠定了基础，它所遵循的也是机械的决定论。机械的决定论没有全面反映事物之间的因果关系，例如，没有反映统计的因果性，但是，我们并不应摒弃机械的决定论，而应当给它以恰当的地位。按照牛顿的运动定律和万有引力定律，人们可以从某个物质体系的瞬间状态，精确地计算出这个体系及它的各个部分的全部运动。例如，天文学家只要知道太阳和各个行星的质量及它们之间的距离，就可以根据万有引力定律确定它们之间的相互作用力；知道了这些相互作用力和原初条件，便能够根据牛顿运动定律，计算出这些天体的未来运动。我们不能说这种机械决定论的观点是完全错误的或荒诞无稽的，相反，却要在合理地范围内正确地运用它。

牛顿实现了近代科学的第一次理论综合，因而成为自然科学史上最伟大的人物之一。至于他在世界观上的形而上学和神学观念（如“第一推动”），特别是他晚期埋头于注释圣经、当然是不正确的。我们在这一节里着重讨论的是牛顿在力学上的贡献，其中包括牛顿力学的形成对人类思想的积极影响。科学史表明，在牛顿力学产生以后，人们更加坚信自然界的规律性和人对客观世界的认识能力，更加坚信科学的力量。

18 世纪的法国学者拉普拉斯说过，如果智慧在某一个时刻知道使自然界活跃的一切力量以及自然界的一切组成部分的相对关系，并且，如果智慧非常渊博，以至于能够把这些材料加以分析，那么，它就可以用一个公式来概括宇宙中最大的物体的运动和最微小的原子的运动，也就是说，没有任何东西不是智慧确切知道的，它对于未来的东西如同对于过去的东西一样了如指掌。这一段话可以仅仅看成是机械决定论的典型言论，对于不了解拉普拉斯的哲学倾向的人还可以把这段话中的“智慧”一词看做是全能的上帝。确实，拉普拉斯的这段话充满了牛顿色彩，并且有导致神学宿命论的可能，但拉普拉斯并不是虔诚的教徒而是坚定的无神论者，他在这里所说的“智慧”应读作自然科学或牛顿力学。拉普拉斯的这段话既是机械决定论的宣言，又是对人类智慧（以牛顿力学为中心的经典物理学）的颂词。在整个 18 世纪乃至 19 世纪，几乎所有的自然科学家都是以牛顿力学所提供的准则和方法去研究自然，发展智慧的，甚至可以说，牛顿和牛顿力学培养、激励着几个世代的自然科学家。

18 世纪的自然科学基本上是沿着两个方面发展的：一方面是牛顿力学和天

体力学更加完善；另一个方面是在物理、化学、生物等领域积累了许多材料，并且形成了若干理论性的观点。

从力学方面来说，力学的进展既取决于当时的生产过程中日益广泛地利用机器，也是由于机械运动这种最基本的运动形式还有许多问题有待弄清。在牛顿确立他的力学定律以后，瑞士的数学家丹·贝努利和欧勒研究了多质点体系、刚体和流体力学，法国学者达兰贝尔提出了处理动力学系统的数学原理；另一位法国数学家拉格朗日用变分法得出了能概括牛顿力学的普适数学形式；英国的卡文迪许用扭称法测定了万有引力定律中的比例常数。在天文学方面，康德提出了星云凝聚形成太阳和行星的假说、潮汐摩擦使地球自转变慢的假说；拉普拉斯在1799年出版的五卷本的《天体力学》则是这个世纪天文学上集大成的著作。

从物理、化学、生物等领域来说，牛顿在1704年出版的《光学》是对17世纪及先前光学成就的总结，也可以说是光学领域内的理论综合，只是它对整个自然科学的影响不及牛顿力学。英国的布拉德雷根据光行差算出了光速。18世纪初，英国人纽可门制成了第一个能供实用的蒸汽机；德国人华仑海特和瑞典人摄尔西斯分别创立了华氏温标和摄氏温标；德国人斯塔尔把燃素说发展为系统的学说，之后，法国的拉瓦锡提出了燃烧的氧化学说。在18世纪里，科学家们还发现了磁力的平方反比定律、静电力的平方反比定律，明确了电荷仅有两种：异电相吸，同电相斥；还发现了一批新的化学元素和化合物，改进了化学分析的方法。在生物学方面，瑞典学者林耐在《自然系统》一书中提出了动植物的分类系统。地质学里则有岩石起源上的水成说与火成说之争。

在本书中不可能也没必要详细说明18世纪自然科学的种种成就。总的来说，在18世纪里，一方面是已有的理论综合（牛顿力学）的深化，另一方面则是未来的理论综合（19世纪的理论自然科学）的准备。这并不是说18世纪的自然科学中没有新的概念、新的原理产生，只是说18世纪里个别学科的理论性见解对于整个科学的发展还没有造成全局性的、重大的影响。

第二节　19世纪的科学理论

19世纪是近代自然科学的盛世，在这世纪里，蒸汽机被大量应用，而且不断的提高着蒸汽机的工作效率。电力技术已露端倪，科学实验全面繁荣，近代自然科学的第二次理论综合就是在这种条件下，在17、18世纪的科学成就的基础上实现的。

恩格斯在论述19世纪自然科学发展的特点时指出，在这个时期，“经验自然科学积累了如此庞大数量的实证的知识材料，以致在每一个研究领域中有系统地和依据材料的内在联系把这些材料加以整理的必要，就简直成为无可避免的。……因此，自然科学便走进了理论的领域。”① 他在1886年还说过：“直到上世纪末，自然科学主要是搜集材料的科学，关于既成事物的科学，但是在本世纪，自然科学本质上是整理材料的科学，关于过程、关于这些事物的发生和发展，以及关于把这些自然过程结合为一个伟大整体的联系的科学。”②

在理解恩格斯的这些论断时有必要注意到：①18世纪末以前的自然科学主要是搜集材料的科学、经验自然科学，并不意味着在那时没有对材料的整理和已形成理论体系的个别学科（如牛顿力学）；②19世纪的自然科学本质上是整理材料的科学、理论自然科学，并不等于那时不再注重搜集材料和积累经验。实际上，19世纪也是科学实验兴旺繁荣的时期；③恩格斯的论断只涉及宏观自然过程，即19世纪的自然科学在各宏观领域进入到理论综合阶段。至于人们对微观世界的认识要到这世纪末才发现和积累实验事实。恩格斯没有也不可能讲到这点。

19世纪自然科学的理论综合，与17世纪时的情况不尽相同，它不仅是个别学科中有了理论上的创造，对整个自然科学的发展有重大的影响，而且是在各个自然科学研究领域内都有划时代的理论突破，还形成了贯通若干自然科学领域的全局性原理。由于19世纪自然科学的理论综合有全局性、普遍性，它就为人类思维方式的根本变革，为辩证唯物主义的世界观和方法论的产生提供了前提条件。恩格斯说，到了19世纪，“在自然科学中，由于它本身的发展，形而上学的观点已经成为不可能的了。”③

如果大致按时间的顺序，就主要的理论创见列举19世纪的成就，可以概括为以下的8个方面：

（1）从1803～1808年，道尔顿建立了原子论，阿伏伽德罗在1811年又提出了分子学说。人们通常把原子-分子学说看成是化学上的贡献，其实，这一学说的意义远远超出了化学的范围。对原子、分子的认识是人类揭示物质结构的重要阶段，声光电热等物理过程乃至生命现象都与原子和分子有关，原子-分子学说的确立证明了客观世界在物质结构上的统一（物体由分子组成，分子是原子的结合体），这一学说对唯物主义世界观有重要的意义——尽管辩证唯物主义并不把世界的统一性归结为原子或分子，辩证唯物主义仍然肯定客观世界在物质结构上的统一。

---

① 《马克思恩格斯选集》第3卷，北京：人民出版社，1972年，第465页。
② 《马克思恩格斯选集》第4卷，北京：人民出版社，1972年，第241页。
③ 恩格斯：《自然辩证法》，北京：人民出版社，1971年，第3页。

(2) 1817～1821年，英国的托马斯·杨和法国的菲涅耳分析论证了光波的横向振动，发展了光的波动说。到19世纪中叶，波动说取得了稳固的地位，“战胜”了微粒说（虽然20世纪的量子论在新的基础上又肯定了光的粒子性）。波动说的胜利主要是光学上的事情，但它对电磁理论的研究有重要的影响，而且第一次打开了牛顿体系的缺口，又影响到当时的科学思想。在整个18世纪里，人们大都接受牛顿提出的光的微粒说，认为光是由直线运动的粒子组成的；由于牛顿的权威，这种看法的正确性似乎是无法否定的。可是，光的波动说的提出和证明（由斐索和傅科所做的“判决性实验”）却动摇了微粒说的观点，表明牛顿也会弄错而并非万无一失，因而又有“超光学”的意义。

(3) 1824年，法国人卡诺提出了关于热机效率和热循环的理论，即卡诺定理①。这一定理是发现能量守恒和转换原理的先声（卡诺相信热素说妨碍了他从能量的观点考察热机效率）。1842～1849年，迈尔、焦耳、格罗夫等人分别发现了热力学第一定律，即外界传递给一个物质系统的热量等于系统内能的增量和系统对外所做的功的总和，也就是说，要制造一种不消耗任何能量就能永远做功的机器（第一类永动机）是不可能的。赫尔姆霍茨揭示了热力学第一定律的普遍意义。大约到1860年，这一定律得到广泛公认，并明确地表述为能量转化和守恒定律——自然界一切物质都具有能量，能量有各种不同的形式（除了热能、机械能还有引力、静电场、磁场的能量、电流产生的能量、化学能等），它能够从一种形式转化为另一种形式，从一个物体传递给另一个物体，在转化和传递中能量的数量不变。接着，在1850～1867年，克劳胥斯、凯尔文等人又提出了热力学第二定律，即热量总是从高温物体传到低温物体，而不能从较冷的物体自行传递到一个较热的物体去。也就是说，要制造一种能在没有温度差的条件下不断吸取热量并转化为机械能的机器（第二类永动机）也是不可能的。热力学的这些定律首先是分子物理学中的理论综合，同时，它们又是整个自然界的基本规律和全部自然科学的基础，各门自然科学都离不开它。

(4) 1830～1832年，英国学者赖尔把许多分散的地质学知识集中和联系起来，第一次把理性带进地质学中，提出了地质进化的均变说。地质学上这一成就表明了地层是相继形成的，地球有它的历史；既然这样，地球上的一切包括地面上的动植物在内也不是一成不变的。“赖尔的理论，比它以前的一切理论都更加和有机物种不变这个假设不能相容。地球表面和一切生活条件的渐次改变，直接

---

① 卡诺定理的主要内容是：热机循环必须有高温（T_1）和低温（T_2）两个热源，理想的可逆热机的效率 $\eta=\frac{T_1-T_2}{T_2}$，即热机效率总是小于1，工作于同样温度差的不可逆热机的效率又低于可逆热机。

导致有机体的渐次改变和它们对变化着的环境的适应，导致物种的变异性。”①

(5) 1838 年，德国生物学家施莱登宣布，细胞是一切植物结构的基本的活的单位和一切植物发展的根本实体。1839 年，另一个德国生物学家施旺把细胞学说扩大到动物界。在他们之前，生物学家们就曾在显微镜下看到了细胞及其组成结构，但他们还没有从理论上说明细胞在生物有机体中的地位和作用。施莱登和施旺的成就在于他们说明了细胞是一切生物体的结构单位（尽管现在看来这是不全面的，世界上还有非细胞的生命体），从而把各种各样的动植物联系起来，并有助于揭示由低等生物（如单细胞生物）到高等生物的演化。

(6) 1858～1859 年，英国生物学家达尔文、华莱士分别提出了生物物种在自然选择的基础上实现进化的学说。进化论的产生是人类对动植物认识的理论综合，它打破了把生物物种看成是上帝安排和物种不变的传统观念，在一个很大的自然领域内确立了变化发展的思想。我们在这里要强调的是，达尔文认为人类（认识的主体）也是生物进化的产物，人类起源于高等动物猿类，人的意识是由动物的心理活动发展而来的，这就为物质第一性、意识第二性的认识论原理奠定了自然科学的基础。

(7) 1869～1871 年，俄国的门捷列夫根据前人在分析元素性质和测定原子量方面所积累的大量资料，以及一批化学家对元素分类的研究，制定和发表了化学元素周期表。门捷列夫指出：元素的性质随着元素原子量的增加而呈周期性的变化。元素周期律的发现是化学领域内的理论综合，同时，它揭露了自然界的物质的内在联系，反映了物质世界的统一性和规律性，并且证实了量变到质变的辩证法。元素周期律的提出说明了分类研究的方法具有发现自然定律的作用，还表现了科学预见的巨大威力。门捷列夫根据周期律预言了当时尚未发现的元素（如锗、镓等）的存在和性质，并以很大的精确性得到了实验证实，这对科学思想和认识论的发展尤有直接的意义。

(8) 1873 年，麦克斯韦总结了前人（主要是法拉第）和他自己的研究成果，系统地论述了电磁感应理论，奠定了经典电磁学的基础，预言了光是电磁波。正像牛顿是经典力学的集大成者和理论代表，麦克斯韦在经典电磁学方面也起了这种作用。爱因斯坦说：“在法拉第—麦克斯韦这一对同伽利略-牛顿这一对之间有非常值得注意的内在相似性——每一对中的第一位都直觉地抓住了事物的联系，而第二位则严格地用公式把这些联系表述了出来，并且定量地应用了它们。”②麦克斯韦的理论把电学、磁学、光学联系起来，是近代自然发展中的又一次重大

① 《马克思恩格斯选集》第 3 卷，北京：人民出版社，1972 年，第 451 页。

② 许良英、范岱年编译：《爱因斯坦文集》第 1 卷，北京：商务印书馆，1976 年，第 15 页。

的综合，并且是对牛顿力学的一次突破。按照牛顿的观点，各种物理事件都被看做是质点在空间中受一些不变的定律支配着的运动，事物之间的相互作用除了通过接触（例如由碰、压和拉来传递运动，用火焰加热物体），还有超距作用①的引力能够产生运动，质点的变化服从全微分方程。光的波动说和法拉第与麦克斯韦的电磁理论使科学思想发生新的转变，人们认识到，除了质点，在自由空间里还存在着以波动形式传播的运动状态；物体之间的电的和磁的相互作用，并不是即时传递的超距作用，而是通过一种新的物理实在——连续的场（尽管麦克斯韦把它看做是“以太”）为媒介、并以有限速度传播的；而以场论为基础的运动定律则服从偏微分方程。麦克斯韦的电磁场方程不能纳入和归纳为牛顿力学的公式。麦克斯韦电磁理论的建立，是物理学自牛顿以来的一次深刻的变革。“被认为是整个理论物理学纲领的牛顿运动学说，从麦克斯韦的电学理论那里受到了第一次打击。……力学的基本概念已经不再被认为是物理世界体系的基本组成了。”② 可是，在19世纪里，许多自然科学家并没有真正认识到麦克斯韦理论的革命意义，他们仍然奉行牛顿的纲领，或者力图把电磁理论与牛顿力学折中和调和起来。

19世纪的重要理论成就并不限于以上的方面。例如，奥地利生物学家孟德尔在1866年发表了关于遗传定律的论述；1878～1896年，俄国生理学家巴甫洛夫对血液循环和消化生理进行了出色的研究，之后又创立了高级神经活动的学说。但是，仅就上述的8个方面已可以看出19世纪是自然科学的全面理论综合（在宏观领域）的阶段，这个世纪是经典自然科学的鼎盛时期。

恩格斯对19世纪自然科学的重大发现（除麦克斯韦的电磁理论而外）都做了评述，并作了哲学的分析和概括。在所有这些成就中，恩格斯特别重视细胞学说、能量守恒和转化定律和生物进化论，他指出：“由于这三大发现和自然科学的其他巨大进步，我们现在不仅能够指出自然界中各个领域内的过程之间的联系，而且总的说来也能指出各个领域之间的联系了。”③ 恩格斯的这段话也说明了19世纪自然科学理论综合的特点：①各门自然科学（如光学、热学、电磁学、化学、生物学、地质学）本身形成了比较系统的理论，即指出了自然界中各个领域内的过程之间的联系；②出现了对整个自然科学（各门科学之间）有普遍意义的原理和学说，即指出了自然界各个领域之间的联系。

---

① 按牛顿的观点，两个在空间上分开的物体之间的引力相互作用是不需要媒质（媒介、介质）的直接作用，因此称为超距作用。

② 许良英、范岱年编译：《爱因斯坦文集》第1卷，北京：商务印书馆，1976年，第227页

③ 《马克思恩格斯选集》第4卷，北京：人民出版社，1972年，第241～242页

第三节　科学认识中的经验与理论

我们在前一章里指出，人们在进行科学观察和科学实验时（即在获取经验材料的过程中）是有理性（假说、理论）为指引的；在这一章里，我们又说科学认识活动有一个由经验上升到理论（理性）的过程。这两者确实是矛盾，但这是认识运动中活生生的矛盾——经验与理论的矛盾。

把科学认识的发展划分为以搜集材料为主的经验阶段和以整理材料为主的理论阶段，无论就个别学科或就自然科学的全局来看都是合乎实际的。在积累经验为主的阶段，尽管实验也有思想领先（这种思想往往是推断性的、不甚确凿的、模糊的)，但中心任务是要揭示事实，发现自然，取得实际材料；而且，只凭个别观察、个别实验所得到的经验还难以做出恰当的理论的分析和概括，需要进行反复的实验和多次的观测。“只有感觉的材料十分丰富（不是零碎不全）和合于实际（不是错觉)，才能根据这样的材料造出正确的概念和论理来。”① 而一旦在某个问题、某个领域内的材料增多到某一程度时，也就要求由认识的经验阶段过渡到理论阶段了。牛顿力学和19世纪的许多原理和学说就是这种过渡的产物。

近代的一些自然科学家曾对经验和理论的关系提出了哲理性的见解，其中有的强调经验，有的强调理论，也有人注意到经验和理论的一致，认为科学工作者应当致力于从大量的个别现象引出普遍的定律，从实验事实引出科学原理来。

法国数学家、天文学家拉普拉斯在论述寻找真理的最可靠的方法，特别是牛顿的研究方法时提到：“实验需要的是选择或造成最适宜于研究的现象，而且使它们发生于变化的环境之中，而观测其间的共同点。因此人们不断地提高到愈来愈广泛的关系，最后才达到普遍的定律，如果可能的话，再由推理或直接的实验去加以核验，或者去考察这些定律是否适合于已知的一切现象。”②

达尔文在其自传中回顾了他如何从生物学上的经验事实上升到物种进化理论的过程。他在其科学活动的第一阶段，大约在1838年年底之前，其主要内容是搜集事实。他参加了贝格尔舰的航行考察，同动物饲养家和植物育种家谈话，记下了大量的笔记，按达尔文自己的说法，是根据真正的培根的原则进行工作。从19世纪40年代起，则是达尔文科学活动的第二阶段，其主要内容是整理材料。从大量事实出发，达尔文在这时不仅认识到物种是逐渐变异的，而且力图解释物

① 《毛泽东选集》第1卷，北京：人民出版社，1968年，第267页

② 拉普拉斯：《宇宙体系论》，上海：上海译文出版社，1978年，第443页。

种进化的原因。他在 1842 年第一次写出了自然选择理论的概要，之后又几乎把全部时间用于整理笔记，直至《物种起源》一书在 1859 年出版。达尔文的一些批评者说他只是一个观察家，但没有推理的能力。达尔文认为这种说法是不正确的，“因为《物种起源》从头到尾就是一个绵长的议论，而它曾经使不少的高明之士都信服了。如果没有推理的能力，谁也写不出这样的东西来。”① 达尔文还深刻地指出，只有事实材料而缺乏理论观点，就难以恰当地处理各种材料应处的地位，他说：“我相信严格正确的是，无数详细观察过的事实已经储蓄在博物学者们的思想中，一旦可以容纳这些事实的任何理论得到充分的解释，它们便会立刻取得应有的地位。”②

门捷列夫指出：“科学的威力和力量在于无数的事实中；而科学的目的在于概括这些事实，并把它们提高到原理的高度。这些原理发源于我们智力活动的简单基础；但他们在同等程度上，也起源于实验的世界和观察的领域。……搜集事实和假设还不是科学，它仅只是科学的初阶，但不通过这个初阶，就无法直接进入科学的殿堂。在这些初阶上写着：观察、假设和实验。”③

巴甫洛夫非常强调科学家要积聚事实。他认为，没有事实的“理论”是枉费心机的，没有事实就会像鸟没有空气的支持而飞不起来。他又指出：“但是，在研究、实验和观察的时候，要力求不停留在事实的表面上。你们不要变成事实的保管人。要设法洞悉事实发生的底蕴。要坚持不懈地寻求支配事实的规律。”④

经验与理论的关系，是近代哲学探讨的一个重要问题。我们知道，哲学史上的经验论者认为人的认识完全在感性经验之内，在理论知识中不可能有、也不允许有经验中没有的东西，理论只是经验知识的排列组合，只有经验能带来新的意识内容；而哲学史上的唯理论者则贬低经验，认为经验知识是表面的、肤浅的。人们可以而且必须离开经验凭理性去创造知识，建立原理。康德的哲学自认为是克服了经验论和唯理论的片面性，把认识的内容（经验）和认识的形式（逻辑范畴）统一起来。他认为认识必须要有经验提供材料，超越于经验的纯粹思辨不能产生真理，与经验不符的自然科学原理（即使是普遍性的定律、学说）也会被否证；但是，感性经验本身则只是被动接受的、杂乱的、特殊的东西，只从经验中不能得出统一的、普遍性的命题，不能形成科学原理，必须把“知性”主

① 法兰士·达尔文：《达尔文生平及其书信选集》第 1 卷，北京：生活·读书·新知三联书店，1957 年，第 83 页。

② 巴甫洛夫：《巴甫洛夫全集》第 1 卷，张纫华等译，北京：人民卫生出版社，1959 年，第 16 页。

③ 札布罗茨基：《门德列也夫的世界观》，北京：生活·读书·新知三联书店，1959 年，第 87 页。

④ 巴甫洛夫：《巴甫洛夫全集》第 1 卷，张纫华等译. 北京：人民卫生出版社，1959 年，第 16 页。

动作用于经验，把经验材料组织到（纳入到）逻辑形式的概念系统中去，才使一切知识成为可能，而这些逻辑形式（知性范畴）则是先于经验的。康德的一个重要贡献是他在哲学史上强调了感性经验同理性思维（按康德的说法是“知性”的联合），强调了在实现这一联合的进程中主体的创造作用。康德的这种观点实际上反映了（在相当程度上反映了）当时自然科学的理论综合，并至今仍是认识论上值得研究的课题。康德在这个问题上的重要缺陷是：第一、他不承认在科学活动中有一个由经验产生理论的过程。他虽然讲了知性不能直观，感性不能思维，却根本否定直观可以过渡到思维，思维来源于直观。康德是在把直观同思维截然分割开的前提下，才说只有通过这两者的联合才能发生认识。第二，他把逻辑思维的形式看成是先验的构架，把知性的范畴看成是先天理性的产物，使之成为无源之水、无本之木。

黑格尔对经验与理论关系的看法是颇复杂的。他把事物和思想都归结为“绝对观念”的异化或表现，从这个前提出发，他认为只有普遍性的思维才有哲学意义。但是，黑格尔并没有把理性和经验断然分割开来，而是主张思想不能脱离经验又是对经验的否定，人们必须改变、消化经验达到思想。在他看来，“要想发现事物中的真理，单凭注意力或观察力并不济事，而必须发挥主观的（思维）活动，以便将直接呈现在当前的东西加以形态的改变。”① 他认为，思维本质上就是对当前直接经验的否定，正如人的饮食是要消灭或消化掉食物，“思维所以成为思维，全靠有感官材料，而且全靠消化，否定感官材料。”② 黑格尔把由感觉、直观、表象到思维的过程叫做反思，只有经过反思作用才能揭示事物的真实本性和达到真理。

我们在前两节中列举了近代自然科学两次理论综合的内容，在本节里又引述了科学家和哲学家的一些言论，其用意之一是要说明：从认识论的观点考察自然科学的发展过程，用经验阶段与理论阶段作划分是合适的。

在马克思主义的文献中，对认识阶段的划分的基本观点是一致的，提法则不尽相同。恩格斯较多地讲到经验与理论，列宁讲到生动的直观与抽象的思维，毛泽东讲到感性认识与理性认识。我们主张把科学认识的发展划分为经验阶段与理论阶段，这种划分同把认识过程区别为感性阶段与理性阶段有什么区别呢？

感性认识与理性认识，如果从其广义上理解，是同经验知识与理论知识一致

---

① 黑格尔：《小逻辑》，贺麟译，北京：商务印书馆，1980 年，第 77 页。

② 黑格尔：《小逻辑》，贺麟译，北京：商务印书馆，1980 年，第 53 页。

的。也就是说，这里讲的感性认识的内容是广泛的，它包括外部世界直接作用于感官产生的感觉，感觉的综合即知觉，以及知觉在人们大脑中留存下来的印象；也包括以语言和文学方式表现出来的经验。总之，凡是尚未揭示事物本质的反映、对现象界的反映，都属于感性经验的范畴。毛泽东同志在《实践论》中讲到感性认识时实质上是从广泛的意义上说的。《实践论》把无产阶级的长期斗争经验、中国人民在太平天国时期对帝国主义的认识、战争领导者的作战经验、来自物理化学实验的直接经验等都作为感性认识的实例，这些经验的认识显然不仅是个体心理学上的感觉、知觉和印象。但是，感性认识与理性认识也可以只从其狭义上去理解，即仅仅看做是个人的心理活动，在我们的一些哲学著述中就是这样做的。如果把科学认识的初级阶段的内容只说成是感觉、知觉、印象，就难以把这一阶段的知识包罗无遗乃至会遗漏主要之点。当然，感官是客观世界进入人们头脑的唯一门户，自然界迫使人产生某种感受也好，人对自然现象的直观也好，科学观察或实验观测也好，都离不开感官、神经系统和大脑。科学家在认识自然界时必须对所考察的东西形成感觉、知觉、印象，进而才能分析思考，形成概念判断，进行推理，达到理性认识。然而，在科学认识的初级阶段上，科学家们得到的不仅有个人的感觉印象，还有世代积累着的观测资料、实验事实、实验数据、经验曲线等。第谷看到星体时的感觉和他头脑中留存下来的关于星体运行的印象是感性的东西，第谷写下的翔实的天文观测记录（在第谷的大脑停止活动后这些记录仍存在）也是感性的东西（经验材料）。同样，在拉瓦锡以前人们对燃烧实验的描述，在门捷列夫以前人们对元素性质的记录和对原子量的测定，都属于初级阶段的自然知识。

在分析科学认识的发展过程，只是谈论个别人在某个场合看到了物体的大小、形状或颜色，个别人头脑中对事物的印象，这还不够，应当把人类作为认识的主体，从世代相续中考察知识的进展。为此，把这种认识活动区分为以搜集材料为主的经验阶段和以整理材料为主的理论阶段是能够反映事情的本质的、是合适的。

科学发展由经验阶段过渡到理论阶段，相应于人们的认识由反映事物的现象过渡到揭示事物的本质。在经验材料中，也要利用某种概念和判断；只要这些材料所包含的本质的、必然的联系没有被揭示出来，就仍是或基本上是初级阶段的认识。当海员告诉迈尔“暴风雨时海水温度较高”，或托马斯·扬看到“光束通过冰洲石晶体会部分地透入，部分地反射”的记载时，尽管他们听到和看到的已是判断陈述，而且其中应用了温度、反射之类的概念，我们终究不能说这类见闻性的判断陈述就已达到理论阶段的认识。在迈尔、托马斯·扬由这种判断中揭示出机械能同热能的转化，揭示出光的波动性，才实现了由经验知识到理论知识的转化。

现象与本质，认识的经验阶段与理论阶段，可以作较明确的规定和区分，这里的区别又是相对的。事物的本质不断深化，又可以分为一级本质、二级本质、更深层次的本质，科学认识的理论阶段也要不断深化。在前一阶段上已具有理论性质的知识，相对于更深刻的本质来说又具有经验的性质。然而，这种相对性并不妨碍我们大致上把科学认识划分为经验阶段与理论阶段，正像事物的质有其相对性并不否定质有其稳定性那样。

第四节　科学概念及其演化

经验事实、观测资料、实验数据是科学知识的重要组成部分，科学又不限于陈述经验。任何一门科学，尤其是比较成熟的基础自然科学，都是由反映事物的本质和普遍必然性的概念、定律、原理、定理、公式、学说等构成的理论体系。这些思维形式乃是科学理论的知识单元。

自然科学的成果是概念，概念是经验的结晶，又是思维的细胞；或如列宁所说，概念、范畴乃“是帮助我们认识和掌握自然现象之网的网上扭结”。[①] 一个特殊的理论，总有其特有的概念。新的理论的确立，或是要提出前所未有的新概念，或是要加深、扩展、限制已有的概念，或是论证了概念之间的新联系。如果没有惯性、质量、参照系、加速度、万有引力、绝对空间、绝对时间等概念，就没有牛顿力学。没有燃烧、氧化、还原、原子、分子、电离度、化学键等概念，就没有近代化学。没有干涉、衍射、偏振、温度、比热、熵、电磁感应、电容、电磁场、位移电流等概念，就没有19世纪的物理学。没有细胞、物种、变异、遗传、自然选择、基因、条件反射等概念，就没有近代生物学。从另一方面说，近代自然科学又是在否定绝对时空、燃素、热质、电流质、以太、生命力等不正确概念的进程中成长起来的。某种理论的核心概念被否定了，这一理论就难以成立或要做出重大的修正。概念内容的新陈代谢和充实修正，乃是科学进步的表现。

几乎所有的逻辑学论著都讲述了有关概念的问题，在基本观点上似乎没有什么可说的了，但是，如果仔细推敲并且与科学史联系起来考察，仍可发现一些值得讨论之处。例如，概念是否都反映事物的本质，概念如何分类，在科学理论系统中概念之间有何种关系等。

我们通常认为，概念是事物的本质或本质属性的反映。也有人主张，“概念

① 《列宁全集》第38卷，北京：人民出版社，1963年，第90页。

是反映事物的特有属性（固有属性或本质属性）的思维形态”。① 后一种观点把事物的固有属性同它的本质属性加以区分，认为前者是某一类事物都具有而别的事物所没有的那些普遍性属性，后者不仅是某类事物所共有，而且是它们的有决定意义的、根本性的属性。这种观点是更为严格和确切的。

如果暂且撇开那些虚假的、错误的概念，撇开那些曾有历史的理由后来被否定的概念，是不是所有真实的、正确的概念都反映着事物的本质呢？或者说，能不能说只有反映了事物本质或本质属性的思维形式才算得上是概念呢？让我们先来分析个别实例。假定有人把“水”理解为它是自然界大量存在的无色透明的液体，它能灭火，能结为冰，为生物所必需（并未认识到水是氢和氧结合的最普遍的化合物）。或有人把“人”理解为人是两足直立并会说话的动物，是最高级的动物（并未懂得人是能够制造和使用生产工具的劳动者，更不了解人的本质是社会关系的总和）。应当怎样来看待这两者呢？第一，或者我们认为这里完全没有讲到“水”的概念和“人”的概念，只是用了“水”、“人”这两个词；第二，或者我们认为这里已涉及“水”和“人”的概念，但却是错误的概念；第三，或者我们认为这样来理解“水”和“人”已经反映了水和人的本质属性；第四，或者我们认为上述的了解已经讲到了“水”和“人”的概念，但基本上没有反映事物的本质属性，而是反映着水和人的固有属性。我们是同意最后一种观点的，如果坚持任何概念无一例外地都必须反映本质，否则就不成其为概念，那就会导致一种结论——在18世纪（卡文迪许发现水由氢和氧组成）以前的人类没有“水”的概念；在19世纪（马克思创立唯物史观）以前的人类不懂“人”的概念。这显然是难以讲得通的。再者，认识到水是无色透明的液体、能灭火，固然是不深刻的概括，但它毕竟还不等于是错误的概念。

如果既存在着反映事物本质属性的概念，又存在着（或在任何认识运动的一定阶段上存在着）未反映（或基本上未反映）事物本质属性、而只反映事物的固有属性的概念，或许可以把前者叫做科学概念，而把后者名为类概念。因为，固有属性虽然未必都是本质的、有决定意义的，但终究是一类事物所特有（共有），其他事物所没有的。类概念的形成也需要一定的抽象和概括。人们总把江河湖海中的水，以及雨水、井水等归为一类，才会有水是无色透明的液体的概念；总要把各种年龄、性别、肤色的人归为一类，才会有人是两足直立的高级动物的概念。这种概括在科学发展的经验阶段，甚至在人们的日常意识中就会形成。在科学理论中当然也要包括和运用某些类概念，任何高级的理论学说也不可能做到使其每一个概念都反映本质。但理论知识的基本内容则是科学概念的形

① 金岳霖：《形式逻辑》，北京：人民出版社，1981年，第18页。

成，其中包括使某些类概念转化为科学概念。把类概念都看成是科学概念，或把科学概念仅仅看做是类概念，都是不恰当的。

“原子”的概念就经历了一个长期的演化过程。前已提到，在古代的自然哲学中就有原子论的思想，认为世界上的一切事物都由极小的和不能再分的微粒组成。至于原子的本质属性是什么，不仅古代人没有说清楚，直到 17、18 世纪信奉原子论的人（包括牛顿、笛卡儿等）仍没有搞明白。当时的原子概念基本上是类概念。到了 19 世纪初，道尔顿才提出了“原子”的科学概念，这是因为：道尔顿不仅认为各种物体和化合物都由微粒原子构成，原子是最小的不可分割的实体——如果仅限于此，他还不足以成为科学原子论的创始人；而且他还在对化学元素、化合当量、定比定律做实验研究的基础上，指出了原子是元素的最终组成，它在一切化学变化中保持不变；每一种元素都有化学性质、原子量、形状相同的原子，并以其原子的质量为其最基本的特征，元素的原子以简单数目的比例相结合，不同的原子易于互相结合为化合物，相同的原子间互相排斥，结合困难。道尔顿的原子概念已具有本质性的内涵，它以浓缩的形式集中反映着他的整个原子学说和他对原子量测定的成就，开始具有科学的水平。当然，原子的科学概念从道尔顿确立以后仍在经历其演化发展的过程，电子的发现、原子有核模型的建立、基本粒子及其结构的研究，又加深着人们对原子的认识。

17 世纪上半叶的法国学者伽桑狄在阐述原子论思想时就提出了分子的概念，认为分子是由原子结合而成的，是物的种子；物体则是原子和分子的结合。但是，人们仍认为 19 世纪的阿伏伽德罗才是科学的分子概念的创始人。这不单是因为他提出的概念具有实验研究的基础，很重要的是基于他的分子概念具有充实的科学内容。阿伏伽德罗指出：原子是参加化学反应的最小质点，分子则是在游离状态下单质或化合物能独立存在的最小质点。“分子”的科学概念，根据阿伏伽德罗的观点，其内涵包括：第一，无论是化合物还是单质，在分割过程都有一个分子的阶段；第二，单质的分子由相同元素的原子组成，化合物的分子由不同元素的原子组成；第三，在同温同压下同体积的气体的分子数相同。如果没有这几点（分子概念所反映的本质属性），只说分子是任何物质分割的一个阶段或一种组成部分，则还不能算之为科学的分子概念。

概念的这种演化不是个别学科才有的现象。在伽利略、牛顿之前，人们就有了力的概念；在波义耳、门捷列夫之前，也有了元素的概念；在施莱登、施旺之前，有了细胞的概念，但它们都还没有达到科学概念的程度。力、元素、细胞成为科学概念，也经历了一个由类概念发展而来的过程。我们通常所说的概念反映本质，或认为概念的逻辑和历史统一，都是指科学概念来说的，只是不应忽视类概念的存在和某些科学概念有它从类概念深化而来的事实。

科学知识中的概念是多种多样的，可以从多种标准去划分。形式逻辑的任务主要是按概念的外延进行分类，例如，分为单独概念（地球）与普遍概念（天体）、集合概念（森林）与非集合概念（树木）、正概念（金属）与负概念（非金属）等。这种分类是必要的，没有这样的划分，就不能了解概念之间的同异关系。

如何根据概念的内涵进行分类是一个值得研究的问题。从概念反映着事物的固有属性还是进一步反映了它的本质属性，可以划分为类概念或科学概念。从概念内容所反映的客观对象的性质和层次考虑，或许还可以把概念分为实体概念、属性概念和关系概念三类。原子、分子、细胞、基因、叶绿素，以及电场、磁场、核力场等是反映某种物质客体的概念，就叫实体概念。惯性、持续性、温度、波动性、酸度、抗腐蚀性、变异、遗传等是反映对象所具有的特质的概念，叫属性概念。参照系、超距作用、电磁感应、熵、化学键、中和、自然选择、光合作用等在可算作实体概念，它本质上是电场与磁场的相互作用，又称为关系概念。但这并不妨碍我们从实体、属性、关系这三个方面对概念作大致的划分。我们总可以把，“旧制度”看做实体，而把它的“衰亡”看做属性，同时又把新制度对旧制度的“扬弃”（既克服又保留）看做关系。自然科学中的种种概念也有类似的情况。

实体概念、属性概念、关系概念的划分或许会有助于考察人们对自然界的认识过程。一方面，人们在认识活动中首先总要承认有某种实体，继而了解它的属性，以及这一对象与其他事物的关系。就好比先知道有电流的存在（实体），然后后发现了电流的磁场（属性），林耐懂得“磁能生电”，即电磁感应（关系）；也好比生物学家先要了解各式各样的物种（实体），看到物种的变异（属性），进而揭示出生存斗争和自然选择（关系）。另一方面，就对某种事物及其属性的最初发现看，人们又常常是从关系查明属性，从属性揭示对象。电流的磁效应（属性）是通过它对磁针的感应（关系）发现的，而电流本身（实体）又发现于它使蛙腿抽搐的效应（属性）。

第五节　原理、定律与学说

概念是科学理论中最基本的知识单元。理论体系中作为知识单元的还有原理、定律、定理、定则、公式、学说（包括假说）等。实际上，相对独立的概念并不是孤立存在的，它同原理、定律、学说等密切联系，是原理等的组织部分；而概念的内涵又要通过原理、定律、学说等来揭示。

原理、定律等都是一些判断，然而，从逻辑学与自然科学的关系来看，对这些判断的研究同对概念的研究却略有区别。在自然科学著作中讲了许多概念，逻辑学中也相应地讲概念。在逻辑学大量提到判断，在自然科学中却很少直接提到某判断，而是讲某原理、某定律、某学说；或者说，逻辑学的判断研究较少地与相对应的原理、定律、学说等联系起来，这不能不说是一种缺陷。

当然，并非所有的判断都是原理或定律。对个别的、分散事实材料的陈述也是判断，而且是大量存在的判断，这些判断就不是原理或定律。在科学研究的经验阶段和科学体系的经验知识中，也有判断存在，判断不是唯有理论阶段和理论阶段中才有的东西。“地球直径大约是月球直径的四倍”、“白光是由七种色光合成的”、“青铜不是纯铜”、“原鸡是家鸡的远祖”，都是一些判断，但它们还不是原理、定律，没有达到理论的高度。我们在这一节里着重讨论的是作为理论知识单元的判断或者叫理论性判断。

逻辑学论著已对判断的特征和形式做过许多研究，例如，把判断分为单称的、特称的、全称的，还分为肯定判断、否定判断、模态判断，确立了各种判断中主项与谓项关系，以及判断之间的矛盾关系、从属关系、反对关系。这些研究对于分析原理、定律、学说中的命题都是有用的。根据前一节谈到的内容，也可以把判断按其内容分为实体判断、属性判断和关系判断。由于原理、定律等涉及的都是事物及其各因素之间的普遍性关系，因此，关系判断就更值得注意。

在认识论的研究中，说明什么是原理（principle）、定律（law）、定理（theorem）、定则（rule）、公式（formula）、学说（doctrine 或 theory）等，确定这些知识单元属于什么样的判断，从科学史的角度考察它们之间联系，是一件必要而又困难的事情。这一方面是由于这些知识单元的划分是相对的，可以被不确切运用的；另一方面是由于从哲学范畴的观点来考察原理、定律等思维形式的论述还不多见。在本节里，我们只能试图作一点逻辑上的分析。

原理、定律等都是反映着普遍必然性关系的，在这个意义上，原理、定理、定则等都是规律或定律（广义的），或者说都是规律性的知识。但是，在自然科学研究中，科学家们对什么是原理、什么是定律、什么是学说仍然大致有所区分，并大致有相同的看法，这表明原理、定律、学说等等实际上又是有某种差别的。忽视这种差别（有时是较细微的），就难以确切地把握科学理论的体系结构。

第一，在科学知识中有条件关系的判断，大体上相应于原理。科学理论中以原理命名的知识通常着重于表述自然过程的条件。例如，力学中的“动能原理”是指：无论作用在物体上合力的大小和方向是否变化，物体运动的路径是直线还是曲线，合外力对物体所做的功，都等于该物体动能的增加。这里讲的“无论……”就是条件。

热学中的“能量按自由度均分原理”是指：在热平衡状态下，物质分子的每一个自由度上都具有相同的平均动能。这里的“在……状态下”也是条件。

化学中的“勒夏特列原理”是指：物系在平衡时，如所处的压力、温度或体积条件发生变化，则平衡要向削弱这种变更的方式移动。“如……则……”更是讲条件。

现代物理学中的“对应原理”认为，当物体的运动速度远小于光速，或量子数趋于无限大时，相对论或量子物理学得出的结果与经典力学一致。这仍是讲条件。

所有这些原理所反映的都是特定条件下的自然事实，只是在有的时候这种条件性表达得似乎不很鲜明。例如，静电学中的“电势叠加原理”常被规定为：电场电势等于各点电荷单独存在时电势的代数和。这个原理好像不是条件关系判断，其实它所讲的正是条件。我们知道，实物是不能迭加的，一张桌子放在一个地方，同一个地方就不能再搬进一张桌子，而场（包括电场）是可以叠加的，一个点电荷在一个地方造成电势，这个地方还能再加上另一些点电荷的电势。但电场叠加必须以有两个或多个电荷为前提，没有这个条件，也就谈不到电势迭加原理。

正因为这样，我们对“原理”的了解必须注意到它是在什么条件下发生的事情，否则就可能发生错误。例如，我们后面要提到的爱因斯坦的光速不变原理，就不能只从光速不变去把握，因为它所讲的是在一切惯性系真空中光速都相等；如果讲的不是惯性系中的真空这样的条件，光速还是可变的。

与原理近似的是定理。定理的提法在数学中用得较多，例如，初等代数中的韦达定理、剩余定理、二项式定理等。在自然科学中，也有用定理来表述某些原理的，着重于反映一定条件下的数学必然性。例如，有的力学著作中把动能原理也叫“动能定理”，在这样表述的时候，除了要讲条件，还要加上数学表达式，如合外力所做的功$A = \int_{\mathrm{va}}^{\mathrm{vd}} \mathrm{d}\left(\frac{1}{2}mv^2\right)$。电学中的“高斯定理”所指的是：当闭合曲面中包含不止一个点电荷时，在真空中，通过任一闭合曲面的电通量等于该面所包围的所有电荷的代数和除以ε，这个定理的数学色彩一目了然（数学式略）。

第二，科学知识中的必然关系判断，大致相应于定律。定律当然也有它起作用的条件，乃至在表述时要指明其特定条件是什么，然而，以定律命名的知识所着重强调的是自然过程的必然性。例如，“动量守恒定律”、“能量守恒定律”、“角动量守恒定律”表明：无论在宏观领域还是微观领域，无论是低速运动还是高速运动，无论是实物粒子还是场，不管某个系统中发生了什么反应，该系统中的动量、能量、角动量都既不会产生（增多），也不会消灭。

光的“折射定律”表明：光在经过两种媒质的平滑界面上发生折射时，其入射角的正弦同折射角的正弦比例必定为常数。

热力学上的“第二定律”表明：不可能制造出一种循环动作的热机，它只使一个热源冷却来做功，而其他物体不发生任何变化；或者说，热量不可能自动地从低温物体传向高温物体。

电磁学上的“楞次定律”表明：闭合导线回路中所产生的感应电流，总是使它自己所产生的磁场反抗任何引起电磁感应的变化。

这里讲的“都不会……”、“不可能……”、“必定……”、“总是……”讲的全是必然关系，而且这些定律所强调的是普遍必然性（用“都”、“任何”、“总”之类的词）。一些定律直接就用“任何……都……”的方式来陈述。“牛顿第一定律”是指：任何物体都要保持静止或匀速直线运动状态。近代物理中的“基尔霍夫定律”是指：任何物体在某一温度下对于某一波长的发射本领和吸收系数的比值都相同。“任何……都……”是定律形式的典型表述。

与定律近似的是定则。定则较少被应用，它也反映一种必然关系，通常是指用假定的方式来表述这种关系。如假定磁力线垂直从左手心进入，其余四指指向磁场对电流作用力的方向，这就是“电动机定则”或“左手定则”。“发电机定则”、“右手螺旋定则”也有这种特点。定则具有用人为规定的规则来表现必然关系的性质。

第三，科学知识中还有说明因果关系的判断，而且通常是比较复杂的判断，大体相应于学说，包括假说。自然科学上的许多学说就是对自然过程的原因的解释，是为解释自然事物、自然属性、自然定律的原因而提出的见解。原子-分子学说在直接意义上是实体性判断，从本质上说，原子说是为了要解释当量定律和定比定律的原因，分子说是为了要解释气体反应体积比定律的原因。光的微粒说、波动说在直接意义上是讲光是什么，从认识活动看，则是对于光的直线传播、折射、干涉、衍射、偏振等现象作因果性说明。至于太阳系起源的星云学说、岩石起源的水成说和火成说、地质运动的大陆漂移说、生物进化的用进废退说和自然选择学说，都是从判定因果关系提出的。由于对因果关系的认识是复杂的，往往是一时难以确凿证实的，学说常常表现为假说的形式。定律和学说的提法有时会彼此替代，例如，人们有时把牛顿的万有引力定律叫万有引力学说。我们认为，在这种替代时，所讲的侧重点可以是略有不同的。万有引力定律是指“任何两个物体之间的引力必等于……”，而用万有引力定律去解释某种现象时，则可以用万有引力学说的提法，如可以说“牛顿用万有引力学说解释了行星为什么遵循开普勒定律运行”。

学说和理论的提法也常彼此替代。例如，人们往往把达尔文的自然选择学说也称为自然选择理论。这是因为“理论”一词可以有多种用法。广义地说，凡是理性知识都可以叫理论，它包括概念、原理、定律、学说等在内；如果狭义地讲理论，它与学说可以作为同义词。

至于公式，它是以符号代表概念，定量地表述它们的关系。公式也是关系判断，原理、定律、学说都可以写成公式或包括公式。自然科学中不仅有表现为符号的判断公式，还有表现为抽象图式的判断，例如，波动力学中的克拉尼图形、李沙育图形，结晶学中的空间格架，有机化学中大量的结构式，以及电子线路等。这些图式都是理论体系中的知识单元，它们是不能只用自然语言去表述或用自然语言无法表述清楚的。

对科学知识中的判断作上述的划分，特别是把条件关系判断、必然关系判断、因果关系判断同原理、定律、学说等联系起来，除了自身值得商榷，也提出了值得进一步研究的问题：在这些关系判断中何者是较低级的认识形式，何者是较高级的认识形式；它们之间怎样互相隶属，如何由此及彼地互相推导，等等。我们认为，在科学认识的进程中，至少存在着从发现必然关系进而揭示因果关系的认识运动。科学家们对自然过程“知其然”是认识的进步，其中包括由现象的偶然找到必然。但知其必然却不一定知其“所以然”，且常常是不知其“所以然”。科学家又要由过程的结果去查明其原因。到了“知其然又知其所以然”的时候，是认识的又一进步。目前，人们已经基本上知道了什么是癌症，癌症有什么特点，并在相当程度上知道在什么情况下必然会有癌变发生，但却很不了解癌变的内在原因和机制。时至今日，自然科学中已积累了许多必然性的知识和定律，但其中有不少仍然是原因未明的必然判断，有待于继续探索。当然，认识到必然关系而不了解因果关系，并不妨碍我们在一定范围内运用必然性的知识。定律只要被发现了，它就是在实践上有用的；可是，这并不排除要从必然关系的认识进一步去揭示因果关系。查明因果关系不仅在科学进展上必要，而且会在更大范围内，使科学认识发挥其指导实践的作用。

第六节　科学理论与认识的能动性

自然界作用于人类的方式和人类认识自然界的途径是多种多样的，其最本质的方面则是人们在能动的活动中反映和揭示自然现象和自然规律。辩证唯物主义的能动的反映论包含极其丰富的内容。按照我们的理解，认识过程中的能动性的表现是：第一，在认识发展的经验阶段，只靠自然界迫使人们获得某种感受或对自然现象的直观是远远不够的，经验材料要靠搜寻、发掘、采集才能得到。搜集的主要方法是进行观察，特别是进行变革现实的实验；第二，变革现实的实践（实验）不是自发的、无意识的活动，而是在目的观念和科学假说指引下实现的有目的，有计划的活动，是按一定目标主动进行的自觉活动；第三，科学认识不单是保管或复述经验材料，必须变革经验，即对感性经验进行加工、提炼、总结，才能得到观点、原理、学说来；第四，整理经验材料的活动也不是自发进行的，它也要在特定的理性思维指引下开展；第五，人们在获得一定理论知识之后还要继续前进；第六，科学理论还要回到实践中去经受考验，并应用于指导实践、改造自然。我们在这一节里仅限于对第三点作概要的讨论。

由经验的知识提高到理论，形成科学概念、定律、学说等，是一个艰巨的过程，其中包括如何运用比较与分类、抽象与概括、归纳与演绎、分析与综合等方法。已有不少的认识论著作探讨了这些问题，我们在后面的章节中也将对理论思维的逻辑与方法略加考察。在这一节里，首先要讨论的是从经验上升到理论时的总的特点。形成科学理论的过程和方法不论怎样纷繁复杂，其根本点和共同点就是要能动地改造、制作经验材料，造成概念和理论的系统，从感性认识跃进到理性认识。

行星运行的规律没有写在天上和第谷的书里，开普勒发现这些规律是他下工夫整理第谷的天文观测资料得来的。开普勒在整理材料过程中不仅要把观测数据变为行星运动的轨道，而且要经过大量的分析计算，搞清这种轨道所遵循的数学定律，他为此奋斗了几十年才从原料（观测资料）制造出成品（行星定律）。至于牛顿的万有引力定律，尽管其意义更伟大，仍是对观测资料的二次加工。

在门捷列夫之前，就有不少化学家致力于对元素进行分类，但他们主要是比较性质相似的元素并将其归为一族，这种描述式的研究法不可能导致科学的元素周期律。门捷列夫的超于前人之处，是他在更大范围内搜集了化学上的资料，特别是他在加工整理化学资料上有独到的工夫，例如，他紧紧抓住了元素性质与原子量的关系；在考察元素性质时注意到元素特点的总和及它与其他元素的联系；根据原子量的测定结果，又敢于修正某些公认的数据（在当时已知的63个元素中有11个元素的原子量测定得不对）；他比较相似元素的各族，也重视不相似元素之间的联系；不仅考察已知的元素，还注意到未知元素的存在，敢于在逻辑进程中断的地方留下空白。正是这样一些独到工夫，使门捷列夫能从大量的资料中制作出了周期律，确定了科学的元素体系。

对经验材料的整理或改造制作，是人们在认识过程中进行的能动的、变革性的活动；在这个意义上辩证唯物主义的能动的反映论就是变革的反映论——在实验中所变革的是自然事物，改变事物的原初状态，暴露事物的现象；在思考中变革的经验材料，改变经验的原初状态，揭示事物的本质。

应当看到，在由经验上升到理论的进程中，人们的主观能动性表现得更为灵活、更为自由。在搜集材料为主的时候，科学家主要是同“第一性的东西”（自然事物）打交道，积累经验的活动在很大程度上受到物质条件的制约；在理论研究阶段科学家们要变革的经验材料已经是第二性的东西，是再认识已获得的认识成果（按黑格尔的说法是对认识的“反思”），主观的思维活动（联想、幻想等）在这里有广阔的用武之地，它虽受到逻辑学、数学发展水平的影响，但几乎可以不受物质条件的限制（如果暂且不考虑电子计算机辅助思维的现代特点）。

经验材料经过加工整理使人们的认识更加离开客观现实的现象，使认识成果具有更明显的间接性。在科学认识的初级阶段，人们的感性印象、观测资料、实验数据等已经有离开现实的成分。但是，那时所发现和积累的材料总是可以（包括经过仪器）看到、听到的东西，经验知识基本上是直接性的东西。到了理论阶段，人们所探讨的则是眼睛看不到、耳朵听不见的本质和规律。一般来说，理论的层次越高，直观性越少。

正因为科学的概念、定律等是经过加工整理的对现实的间接性反映，它们又更接近于事物的本质。现代的电子显微镜虽然可以看到个别的分子乃至原子，但原子、分子的概念只能用思维来把握。“表象不能把握整个运动，例如，它不能把握秒速为 30 万公里的运动，而思维则能够把握而且应当把握。”①

基于上述的分析，我们主张把两个常见的提法作适当的区分，这两个提法就是“从实际出发”和“实事求是”。从实际出发，当然可以包含理论要反映客观过程的本质的含义，但它的直接的意思是要在观察时忠实地反映客观情况，只要是现实中存在的东西，都应当或允许如实地反映，尤其是不允许掩盖或歪曲实际情况。至于实事求是，它自然要以从实际出发为前提，但却不能仅限于忠实于事实，不能只是有一说一、有二说二。实事求是中的“是”不等于原来的“事”，而是被变革（加工整理）了的“事”；“求”并不是列举、记载，而是进行变革（改造制作）的活动。“实事”本身不会把其中的“是”告诉人，“是”要由人从“实事”中去“求”才会得到。正因为这两个命题有所区别，把这两者都提出来是必要的。

在科学发展的理论阶段鲜明地表现出认识的能动性，但我们却不可以只把它看做是好事而忽略它也会在科学活动中带来困难乃至造成失误。由于经验事实有直接现实性、特殊性因较易被人们接受，而那些经过改造制作出来的间接性、普遍性的概念、原理接受起来就比较困难了。在科学史上，长期不承认某一项事实的情况是绝无仅有的，某一种理论在相当长时期里不被人们承认的情况则比比皆是。哥白尼的太阳中心说产生后不为人们理解并不单是教会的反对，也还由于它

① 《列宁全集》第 38 卷，北京：人民出版社，1963 年，第 246 页。

同人们的经验不相符（我们至今仍说太阳出来了，而不是说我随地球自转到能看见太阳）。万有引力定律、分子概念、生物进化论都有遭到怀疑和冷遇的经历。德国的权威刊物拒绝刊登迈尔、赫尔姆霍茨写的关于能量守恒的论文；英国皇家学会拒绝发表焦耳关于热功当量研究的文章；孟德尔研究遗传定律的成果虽在学术会议和学术刊物上都发表过，却没有在那时引起反响（以至被人们遗忘了30年），这不仅有社会性的原因（例如看不起“小人物”），还有其认识论上的根由。

经验事实不仅易于被接受，同时也易于形成一致的看法，但经过加工整理得到的理论见解却往往会众说纷纭。事实材料中的粗与精、真与伪、此与彼、表与里的鉴别和选择要靠主观的分析，而且还要在思考中进行想象和构思，这就很难保证在概念、理论上的统一性。不同学术观点、学术派别的争论，是科学发展到理论阶段的一个重要特点。在19世纪，人们在许多重大问题上意见分歧：在物理学中，有热素说与运动说之争，光的微粒说与波动说之争；在化学中，有二元说与分子说之争，类型论与有机根论之争；在生物学中，有特创论与进化论之争，自生说与生源说之争；在地质学中，有火成论与水成论之争，灾变说与渐变说之争，等等。这些争论是学术活跃的表现。人们经过争论达到意见的统一也可以说是认识的能动性的一种表现；可是，人们在理论观点上常会产生分歧，毕竟又表明了认识客观真理的困难，而这种分歧也是有认识论上的原因的。

人们能动地改造经验材料，还可能导致错误的理论。客观世界本身没有错误的事实，就认识论的观点看也很少有错误的经验（人们有时把片面的经验叫错误的经验，或超出认识论的范围把违反历史潮流的经验叫错误的经验），然而，在加工、改造和整理材料的时候，人们脱离实际的可能性增加了，就较容易产生错误的观点、错误的原理、错误的学说。例如，燃素说、热素说、牛顿关于绝对空间和绝对时间的观点、拉马克的用进废退原理等不正确的见解都是能动思考的产物。

在能动的认识过程中的这些困难和矛盾是难免的，而且又只有通过能动的科学认识去不断解决。我们在这一节中暂且撇开了由经验上升到理论的具体方法而只涉及这个上升过程的总的特点，无非是要强调能动的反映论有其丰富的内容。把握这个特点（能动地变革经验材料）或许会有助于理解列宁的话：“认识是思维对客体的永远的、没有止境的接近。自然界在人的思想中的反映，应当了解为不是‘僵死的’，不是‘抽象的’，不是没有运动的，不是没有矛盾的，而是处在运动的永恒过程中，处在矛盾的产生和解决的永恒过程中的。”①

① 《列宁全集》第38卷，北京：人民出版社，1963年，第208页。

第六章　现代科学革命的性质和意义

第一节　19 世纪末至 20 世纪初的发现

从 15 世纪下半叶开始，自然科学冲破宗教神学的羁绊宣告独立，由此得到日益迅速的进步，这是人类认识史上的根本性变化。到了 19 世纪，近代自然科学基本上实现了对宏观领域的理论综合，达到了接近成熟的程度。可是，从 19 世纪末开始，自然科学发展史上又出现了一次伟大的变革，人类开始了对微观领域的认识，使全部自然科学的面貌一新。科学发展中的两次革命都是针对着传统观念，都以新的自然观取代旧的自然观，但 16、17 世纪的科学革命主要是反叛科学以外的神学枷锁，现代的科学革命则主要是针对着科学自身的经典规范。

现代自然科学的产生是以近代的（特别是 19 世纪的）科学进展为基础的。近代自然科学的进步为突破它自身的界限提供了理论前提、实验条件和研究方法。标志现代科学兴起的，或者说揭开现代科学革命的序幕的，首先是物理学上的三大发现，即电子、X 射线和天然放射性物质的发现，这三大发现都是科学实验的产物。

电子的发现是在理性指引下有计划进行实验研究的一个范例，许多物理学著作都介绍了这一发现的经过。从认识论的观点分析，或许可以把发现电子的过程分为三个阶段：

第一，假说阶段。电子的存在开始是从推论得到的思想。在 19 世纪 30 年代，道尔顿的原子学说已深入人心；法拉第则提出了著名的电解定律。法拉第证明了电解产物的数量与通过的电量成正比，由相同电量产生的不同电解产物，有固定的当量关系。如果把这两者联系起来思考，就会自然想到：既然物质由原子组成，那么，与物质量有当量关系的电很可能也是由最小的电颗粒组成的，每个颗粒带有最小的电荷单位——元电荷。1874 年，英国人斯通尼就提出了这种“电原子说”，并把元电荷叫做电子。这时，人们还没有从实验研究中发现电子，比汤姆孙对电子的测定早 20 多年。德国的赫尔姆霍茨在论述电解定律时也说过：“法拉第定律的最可惊异的结果也许是这样：如果我们接受元素物质由原子组成的假说，我们就不可避免地要做出结论说，电，不论是阳电或阴电，也分为元素部分，其行为就像电原子一样。”① 可惜，人们有时会“忘掉”电子论的前史。

第二，现象阶段或叫定性阶段。在17、18世纪，就有人观察到低压气体中的放电现象，但不了解其科学意义。在19世纪，为了寻找新的电光源和解决空气漏电问题，开始自觉地对气体中的电现象做实验研究。1853年，法国人马松用玻璃管做了低气压放电实验。1858年，德国玻璃工盖斯勒制出了低压气体放电管，这种简单的放电管为现代物理实验及整个的现代自然科学做出了巨大的贡献。就在这一年，德国人普吕克在低压气体放电管中发现了阴极射线。② 1879年，英国科学家克鲁克斯改进了实验手段，他使放电管中气体压力进一步降低，制成了高真空的阴极射线管，并发现阴极射线是带负电的粒子流。他把这种粒子流称为“物质的第四态”或“超气态物质”，以区别于物质的固态、液态或气态。阴极射线的发现，特别是确认它是带负电的粒子流，实际上已揭示了电子的存在，但由于只有定性的研究，还不能算作是严格精确的科学成果。

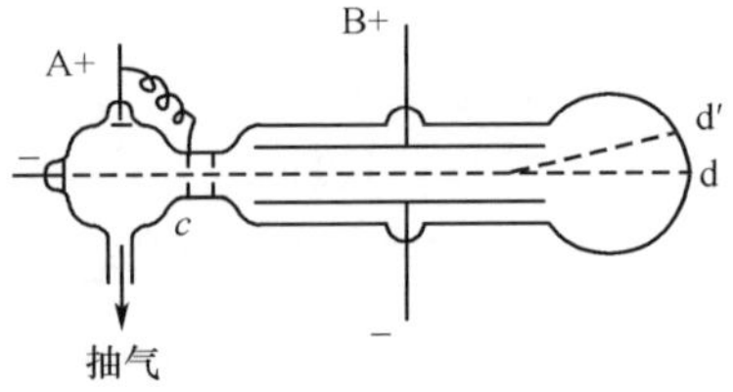

图6-1

第三，测定阶段。阴极射线这一新现象促使了许多科学家去考察它。英国的汤姆孙从1881年起着重从阴极射线能被电场、磁场偏转去研究这种带电粒子流的本质，并在1897年测定了带电粒子的速度、质量、电荷值和荷质比。汤姆孙的工作是19世纪末最有代表性的科学实验（至少是这时最有代表性的实验之一）。他重新设计了实验仪器——多电极阴极射线管（如图6-1），并进行了极为出色的实验研究：①在d电极组A上加上足够高（如几千伏）的电压，在阴极（A^-）上就会产生阴极射线，如果这时另一电极组B未加电压，射线粒子就会经由小孔c达到d点；如果在电极组B上加上电压，射线粒子在经由B电极板间的静电场时就会发生偏转达到d′点。②用适当强度的磁场去抵消电场产生的影响，使射线粒子仍达到d点，于是就可以根据电场强度（或电极组B上的电压）、磁场强度计算出射线粒子的质量m（约为9.1×10^{-28}克）、电荷e（约为1.6×10^{-19}库仑）及荷质比e/m（约为1.7×10^{8}库仑/克）。③在实验研究中变换管内所充的气体（如用空气或氢或二氧化碳），变换阴极A^-的材质（如用铝或铁或铂），重复上述实验和计算，结果发现不论管中是什么气体或电极是什么材料，生成的带

① 梅森：《自然科学史》，上海：上海人民出版社，1977年，第517页。

② 当时的低压气体放电管是有两个电极的密封玻璃管，当电极通上高压电后，管内会产生一种射线碰击管壁发出荧光，由于该射线由阴极射出故称阴极射线。

阴电的微粒子的 m、e 和 e/m 值都是一样的，从而表明这种粒子是各种原子的共同组成部分。汤姆孙接受斯通尼的观点，把这种粒子称为电子。

对阴极射线的考察还引来了现代物理学上另外两项重大发现。在克鲁克斯、汤姆生对阴极射线本身进行研究的时候，德国人伦琴则注意到了问题的另一个方面——分析阴极射线所引起的荧光现象。1895 年，他在研究高真空放电管时，发现放在距离放电管两米远的涂有铂氰化钡的纸屏上也发出了荧光。他经过实验证明，激发这种荧光的新射线不是阴极射线，因为后者能被磁场偏转却不会透过玻璃管壁，而前者却不能被磁场偏转且穿透力极强，它不仅能透过玻璃管壁、黑纸，还能在照片上显示出衣服里的钱币和手掌的骨骼。伦琴把这种新发现的射线叫做 X 射线。他还在实验中发现，不仅玻璃受阴极射线轰击时会产生 X 射线，用阴极射线轰击其他物质（如铝、铂、锡等）时也会有 X 射线产生，这就表明 X 射线是普遍性的自然现象。

由于 X 射线有巨大的穿透力，它一发现就立即在医学上得到应用，并预示了它在科学研究上的价值。深入探讨 X 射线的来源和性质成为 19 世纪最后几年的最吸引人的课题。法国的贝克勒尔在这个课题的实验研究中又发现了某些物质（如含铀矿石）虽不经受阴极射线的轰击，它自己就能发出射线，即有天然的放射性。1898 年，居里夫妇发现了钍的放射性，并相继发现了放射性元素钋和镭。1899 年，卢瑟福用强磁场作用于镭发出的射线，结果把它分为三部分：带正电的 α 射线（氦的正离子流）、带负电的 β 射线（电子流）、不带电的 Y 射线（以后证明它是电磁波），这三种射线都来自原子内部。

电子、X 射线、天然放射性物质的发现是属于现代物理学的，然而这些发现却引起了人们自然观的重大改变，对整个自然科学发生了深刻的影响。过去，人们认为物质世界由最小的、不可入的、不变的原子组成；现在，则发现了原子里有带负电的电子和带正电的东西（开始并未认识到原子核）、原子会放出各种射线。电子等的发现打破把原子看做是形而上学的实体的观念，证实了恩格斯的预言："原子决不能被看做简单的东西或已知的最小的实物粒子。"① 原子的复杂性对辩证唯物主义的自然观提供了新的论据。"原子的可破坏性和不可穷尽性、物质及其运动的一切形式的可变性，一向是辩证唯物主义的支柱。"② 物理学的三大发现的重要意义还在于：它们为人类认识打开了一个新领域，使人们看到了前所未知的微观世界。在这些发现以后，科学家们提出了原子结构的模型，证实了

① 《马克思恩格斯选集》第 3 卷，北京：人民出版社，1972 年，第 568 页。
② 《列宁选集》第 2 卷，北京：人民出版社，1960 年，第 288 页。

原子核的存在，确立了元素蜕变理论，并且实现了元素的人工嬗变，进而发现了微观过程的规律性。

从认识论的观点考察电子、X 射线和天然放射性物质的发现，我们认为，应当既把它们看成是对 19 世纪自然科学的突破，把它们看成是现代科学革命的序幕，又要把它们看成是 19 世纪自然科学的继续。也就是说不能把科学革命仅仅理解为是脱离常规的“爆发”。从知识内容上，这些新发现渊源于原子论、电解定律等 19 世纪早期的自然知识和电学、光学、化学等方面长期积累起来的成果。在研究方法上，新发现不仅经历了“假说——实验”的过程，而且运用了传统逻辑的契合法（如汤姆孙变换放电管中的气体和电极材料发现电子有相同的荷质比；伦琴变换被阴极射线轰击的对象，发现 X 射线是普遍性的现象）、差异法（如贝克勒尔发现含铀矿石不被阴极射线轰击仍能放出射线）、剩余法（如居里夫妇基于铀矿石中有比已知量多的放射性物质而发现了钋和镭）。如果把现代物理的新发现完全看成是对 19 世纪科学的越轨行为，就无法解释现代的科学革命。

电子、X 射线、天然放射性物质的发现还充分说明了“加法实验”的特点和重要性。导致这些发现的科学实验主要不是采取物质手段去排除对被考察对象的干扰，并在纯化条件下认识对象，相反地，这里主要是要对被考察的对象施加干扰。汤姆孙的电子测定实验，既要施加电压使电子流从阴极发射出来，还要施加静电场的作用使电子束发生偏转，再要施加磁场影响去抵消这种偏转（产生反偏转）；如果只是抽去气体保持高真空，只是保持恒温、恒电场、恒磁场，就无法测定电子。伦琴认识到铂、铝等能产生 X 射线，不是靠把铂、铝等与外部条件隔离，而是靠用阴极射线去轰击它们。镭在通常情况下发出的一束射线，只有用强磁场去作用于镭发出的射线，才能把它分解为三种。19 世纪末物质生产的提高，实验条件的完善，以及一批科学家重视研制特有的实验手段，是“加法实验”在物理研究中得以较充分实现的原因；这种实验方法的兴盛，也表明人们在认识活动中的主观能动性有了更大的发挥。

第二节　现代自然科学的理论基础

19 世纪末在物理学上的三大发现，以新的实验事实动摇了自然科学中的传统观念，这还是现代科学革命的第一步。20 世纪初形成的相对论和量子论则是标志现代自然科学革命的两大理论创见。如前所述，以牛顿力学为中心的近代自然科学是对宏观领域认识的概括，而且主要是涉及宏观的低速过程。现代自然科学则一方面超出了低速过程，揭示了高速运动的规律性（相对论），另一方面又超出了宏观现象，揭示了微观世界的奥秘（量子论）。

已经有许多著作介绍了相对论和量子论（以及量子力学）的产生和内容。如果从认识论的角度来了解爱因斯坦的狭义相对论，似应注意到以下的环节：

第一，经典物理学在逻辑推论中的矛盾和科学家们为解决这种矛盾所作的努力。

我们知道，麦克斯韦的电磁理论和牛顿力学都在十九世纪得到公认，但是，把这两者联系起来并思索到底却发生了难以解决的问题。①按照麦克斯韦的学说，光是能在真空中以有限速度传播的电磁波，波的传播必须有介质；传播光的介质是充满真空的、没有重量的、绝对可以渗透的东西，麦克斯韦认为"以太"就是这样的介质。②按照牛顿力学，一切运动都相对于静止的参考系，如果"以太"是绝对静止的参考系，地球在"以太海"中运动，人在地球上就会感到"以太风"以30千米/秒的速度迎面扑来（地球大约以30千米/秒的速度绕太阳运行）；或许还可能，"以太"并不是衡量地球运动的绝对参考系，它会黏附于有质量的物体并被该物体曳引，那么，地球运行时将会带着它周围的"以太"一起跑。

或者是"绝对以太"，即有"以太风"，或者是"以太曳引"，没有"以太风"，从电磁理论和牛顿力学可以得到这两种相反的结论，但都缺乏观测和实验的事实的证实或否证。由十九世纪下半叶起，人们对这个问题进行了一系列的研究，其中主要是对双星现象的观测、对光行差的观测、斐索对水流中光速的测定实验和1876～1887年间的迈克尔逊—莫雷实验。这些观测实验表明：①以太曳引假说与事实不符；②从静止以太假说出发搜寻以太风没有得到肯定的结论；③没有足够的根据断定以太根本不存在（否定以太风或以太能被带动并不等于否定了以太，而是暴露了以太说同经验事实有矛盾）。在这种情况下，一些科学家在保留以太说的前提下又提出了新的假说（如洛伦兹和费兹杰惹的收缩假说），但新假说也不能解释全部实验观测的事实。

第二，爱因斯坦在科学思想上实现了创造性的突破和革新。

实验和观测的事实不能证实又不能否证以太说，由经典理论所导致的矛盾无法解决，科学陷入困境。在这种情况下，爱因斯坦进行了大胆的尝试，他索性抛弃了以太说，从新的出发点研究问题。1905年，他在《运动物体中的电动力学》一文中提出了两条假说：①相对性原理，即物理定律在不同惯性参考系中都相同，或者说，一切反映物理过程的规律性的方程在从一个惯性参考系变换到另一个惯性参考系时保持相同的形式；②光速不变原理，即在任何惯性系中真空光速c都相同，不管这条光线是由静止的还是运动着的物质发射出来的。爱因斯坦的这两条原理有实验和观测的背景，但却不是由实验观测直接导出的结论，然而，从这两条原理出发则可以合理地解释已有的实验观测结果。

第三，爱因斯坦依据相对性原理和光速不变原理，进行严格的数学的（逻辑的）推导，得出了一系列惊人的结论。

许多开始接触狭义相对论的人（包括我们自己）都曾感到它的结论是难以想象的。可是，狭义相对论的基本前提（两条原理）并不难理解，由前提出发的推导过程也使人无可怀疑（这种推导只需要普通代数，只不过本书无须详细列出这一推导的步骤）。狭义相对论的下述结论首先是逻辑的必然性，它们是：①同时性的相对性。发生在两个不同地点的事件，在一个惯性系看来是同时的，在另一个惯性系看来就不是同时了（但一个过程的时间次序不会颠倒）；②长度收缩。量度物体长度时，将测到运动物体在其运动方向上的长度要比静止时短；③时钟延缓。量度时间进程时，将看到运动的时钟要比静止的时钟进行得慢；④物体质量 m 随速度 v 的增加而增大，即 $m=m_0/\sqrt{1-v^2/c^2}$（式中 m_0 为静止质量，c 为光速）；⑤物体的质量 m 与能量 E 之间有 $E=mc^2$ 的关系。

第四，狭义相对论的结论已经得到科学实验的证实。

20 世纪初自然科学的另一个重大突破，是量子论的提出。具体介绍早期量子论的产生也不是本书的任务，我们认为，从认识论的角度来了解量子论，可以考虑以下几点：

(1) 经典物理学在 20 世纪初所遇到的困难，认识这一点是把握量子论的关键：这个困难主要表现在三个方面：①黑体辐射问题。19 世纪末，对热辐射的研究是一个突出问题，但在认识黑体辐射时实验结果与理论分析之间矛盾很大。从经典热力学方法导出的维恩公式在高频范围与实验事实有些符合，在低频范围却有较大出入。从经典电磁理论推出的瑞利-金斯公式在低频领域与实验符合，而当频率增加到很大数值（光谱的紫外部分）时，理论计算同实验结果之间却有很大的偏离（例如，实验显示在高频端能量密度趋向于零，但经典公式得到的结论却是无限大的能量密度。这种情况在当时被称为“紫外光灾难”）。②光电效应问题。19 世纪末的科学实验表明，当光照射到金属表面时会有电子逸出。按照经典的波动说，照射光的强度越大（即一定频率的光的波动的振幅越大），则它使金属表面电子产生的强迫振动的振幅越大，逸出电子的能量（速度）也越大。可是，经典物理学却不能解释光电效应的基本事实：当入射光的频率低于某一限度时，无论怎样增加光的强度都无法打出电子来；光的频率越高，打出来的电子的速度越大；在这时再增加光的强度，虽能增多被打出电子的数量，却不能改变电子速度。③原子结构问题。根据经典电磁理论，任何作加速运动的带电粒子必然向外辐射能量，这样，作圆周运动（有加速度）的电子就会不断丧失能量而趋近于原子核，以至在不到十分之一秒的时间里就会落到原子核上，原子就会崩溃。但事实上原子是相当稳定的，经典物理无法解释原子的稳定性。

（2）普朗克为摆脱经典物理学的困境，创造性地提出了量子假说：经典物理学无法说明黑体辐射等实验结果，为此，德国物理学家普朗克在1900年底提出了前所未有的假说。他认为能量不是连续变化的，而是以某一最小能量的整数倍的分立状态存在或改变；这个最小单位就是能量子（ε），其大小与辐射频率（γ）成正比，即 $\varepsilon = h\gamma$，比例常数 h 为一很小的数值（6.626176×10^{-27} 尔格·秒），我们把 h 称为普朗克常数。以后证明，其他物理量（如动量矩）也是量子化的，因此，把凡是不能连续变化而只能以某一最小单位的整数倍发生改变的物理量都用量子论概念来表述，把这个最小单位称为各该物理量的量子。

普朗克以量子假说为依据，导出了表述黑体辐射的新公式，由于这一公式能与实验结果相符，这一假说的正确性得到初步证实。普朗克被认为是量子论的创始人。

（3）爱因斯坦在1905年又用量子概念解释了光电效应：爱因斯坦认为照射到金属上的光是能量为 $h\gamma$ 的光子组成的光子流，这一能量应等于使电子脱出金属表面所做的功（逸出功）和电子离开金属表面时的动能。因此，如果光的频率 γ 过低，则 $h\gamma$ 的值过小，电子不会脱出金属表面；光子能量超过逸出功时就有光电效应产生；光的频率越高，释放出的电子的动能越大，即电子速度越快；增加光的强度只是增加光子数量，不影响光的频率，即强光与光电效应的有无无关，只与放出的电子的多少有关（如果强光的频率足够高的话）。光子假说是对量子论的充实和发展。

（4）1913年丹麦物理学家玻尔用量子论的观点说明了电子绕原子核运行的轨道：玻尔认为，电子只能在特定的分立轨道上运动，不能按任意的连续的轨道运动，只有在电子从一层轨道跃迁到另一层轨道时才发射或吸收一个光子。根据玻尔的量子化轨道的假说计算的氢原子光谱的频率与实验值相符合，玻尔的原子模型也是量子论的继续。

（5）量子力学的产生：20世纪初的量子论突破了牛顿力学的束缚，指明原子系统要遵循某种量子化规律，可是它又应用牛顿力学描述宏观现象的概念（如轨道）来计算电子的运动。早期量子论揭示了原来认为是电磁波的光也有粒子性，却没有说明原子、电子等实物粒子的波动性。这时的量子论在处理简单原了（如氢）的问题上取得成功，但它还不能解释稍微复杂一点的原子（如氦）的光谱结构。正因为20世纪初的量子论有这些局限性，不能全面地正确地解释微观世界，因而导致了量子力学的产生。1924年，法国学者德布罗意提出了波粒二象性的假说；薛定谔建立了描述微观粒子运动的波动方程；海森伯、玻恩、泡利、狄拉克分别在提出测不准关系、解释波函数等方面做出了贡献。由于他们的努力，在大约25年时间内，使量子力学建立起来了。

相对论、量子论、量子力学的形成，是20世纪下半叶最重要的理论成就，标志着现代物理学的诞生。这些成就的意义远远超出一门自然科学的范围，它们使人类自然观发生重大转折，整个自然科学从此面貌焕然一新。

按照牛顿力学的观点，时间和空间是独立存在的绝对物，它们又与物质的存在及其运动状态无关。时间不论在什么条件下都均匀地流逝，空间可以脱离物质而存在，也可以容纳物质于其中，而空间本身永远不变。狭义相对论则揭示了不同空间条件下时间同时性的相对性、不同运动状态下的时间延缓和空间缩短；广义相对论进一步论证了时空随物质分布产生弯曲的效应，说明了时间与空间的联系、时空与物质运动的联系。

过去，人们认为物质的质量是一个不变的量。相对论则揭示了物体质量随物体运动的速度的增加而加大。在经典自然科学中，质量守恒与能量守恒是被分别考察的，相对论表明质量 m 与能量 E 之间有 $E=mc^2$ 的关系，即当物质的静质量发生 Δm 的改变时，就有 ΔE（$=\Delta rc^2$）的能量发生，这就把质量和能量联系起来。

经典物理学所提供的是连续性与间断性分家的自然观：能量、动量矩、电磁场强度等物理量是可以连续变化的，分子、原子、电子等实物粒子则只是分立的（间断性的）粒子。量子论特别是量子力学则论证了自然界中连续性与间断性的统一：连续性的波动有分立的粒子性；分立性的粒子有连续的波动性。我们在理解量子力学的波粒二象性的观点时可以着重从其中一方面来把握，例如在光电效应中光主要显示粒子性，这时波动性不显著，在干涉、衍射时光主要显示波动性，这时粒子性不显著，但不能把粒子性和波动性割裂开来，也不能把波粒二象性看成是经典粒子和波的凑合。

按照经典物理学的观点，自然事物和自然过程的一切量值在原则上都可以准确地测定，只要知道一个物体或系统的初始状态和条件，在原则上就可以预见该物体或系统的后续状态。19世纪发展起来的分子运动论开始打破了这种观念，认为重要的是确定大量分子的状态（如速度分布），至于个别分子的运动则难以精确测量。在微观物理学发展以后，人们更进一步认识到，微观过程所遵循的是统计的确定性，对于个别微观客体只能描述它的几率（可能状态）。也就是说，我们不能局限于用“经典头脑”（经典物理学的概念）去思考一切自然现象，微观粒子的性质在根本上不同于宏观质点，前者只能用量子力学的方法（波函数）来描述。在用机关枪发射一连串子弹时，人们可以根据初始条件原则上预先确定每一粒子弹会击中靶的什么地方，它与靶心的偏离是可以不断校正和缩小的；而用电子枪发出一束电子时，却不能预计每一个电子会达到照相底版的何种位置，并原则上不存在由初始条件决定的“靶心”，只能讨论的是电子到达各个不同地方的机会是多少。这里的区别并不来自机关枪和电子枪是不同的枪，而取决于子弹（宏观质点）与电子（微观粒子）有本质的不同。这里的区别，即微观粒子的波粒二象性，已由科学实验（如电子衍射）所证实。

基于微观客体的波粒二象性，德国物理学家海森伯在1927年提出了测不准关系式，即微观世界中某些成对的量值在原则上不可能同时准确地测定，其中一个量越确定，另一个量的不确定性越大。例如，测定某个微观客体的动量的不确定度 Δp 与同时测定它的位置的不确定度 Δx 之积，只能大于或等于含有普朗克常数在内的固定值，即 $\Delta p \cdot \Delta x \geqslant h/4\pi$，动量和位置不能同时以无限制的准确度测定。

相对论、量子论和量子力学在基本的自然观方面所带来的这些改变，在哲学上又引出了许多值得研究的问题。我们只能从认识论和方法论的角度，对现代科学的这些成就作一些概括性的讨论。

第三节　科学发展的经典水平与现代水平

人们通常认为，电子、X射线、天然放射性，以及相对论、量子论等实验发现和理论创造是现代科学革命的主要内容，或认为现代科学革命就是以经典物理为中心的自然科学发展到以现代物理为中心的自然科学。这种看法是有道理的，又是不够深入的。

就学科内容来划分“经典”与“现代”是常见的，例如，有经典力学与现代力学、经典电磁学说与现代电磁学说、经典化学键理论与现代化学键理论，以及经典遗传学与现代遗传学之分。在现代物理学中还经常把经典体系、经典粒子、经典变量、经典概念、经典定义、经典公式等，同相应的现代规范相区别。那么，“经典”与“现代”的分野究竟表现在哪里呢？这无论对了解科学发展，抑或对研究认识论，都有必要明确回答。

在这个问题上，有两种看法都是不妥当的。一种是把现代自然科学的产生归结为“超经典的爆发”或“非常态的革命”，否认“现代”来源并包括“经典”；另一种是把经典自然科学仅仅说成是19世纪末以前的东西，只从年代远近或知识量的不同看问题，否认“现代”与“经典”之间有实质上的差异。

“经典”一词是有双重意义的，它一则表明时间上在前面的东西，在这个意义上它与通常所理解的古典更一致；二则表明它有本质上的重要性，在这个意义上，经典或古典还有杰出不朽、确实可靠的含义。正因为这样，自然科学中的“经典”是会被“现代”取代又不会轻易过时、是会被“现代”否定又不会全盘推翻的知识。

前文已指出，不管是发现电子还是创立相对论和量子论，都有其“经典来源”和“经典依据”。爱因斯坦认为，相对论的基本思想是由法拉第、麦克斯韦、赫兹开路的，并在以后的实验事实中得到发展。他指出：“狭义相对论的起源要归功于麦克斯韦的电磁场方程。”① 他还对哥白尼、伽利略、开普勒、牛顿的成就表现出深切的理解和由衷的敬重。爱因斯坦非常重视科学史上的成就，例如他曾系统地考查了牛顿的全部著作。在他看来“根据原来的著作来彻底研究理论的形成过程本身却是吸引人的，而时常研究这种史料，……有可能更加深刻地理解事物的本质。”② 爱因斯坦对物理学上的经典作家持认真学习的态度，是他能做出重大创造的原因之一。

量子论的起源和内容有着明显的经典色彩，人们有时又把早期量子论或旧量子论叫做“半经典理论”，意思是它一方面采纳了量子化条件，另一方面又运用了经典物理的许多概念。在这点上，对普朗克评价的困难能说明一定的问题。众所周知，普朗克是一位杰出的物理学家，可是，他究竟应列入现代物理学家，还是应算作经典物理学家呢？量子论的诞生开创了现代物理学的新纪元，当然不能把这一理论的创始人仅仅归属于经典物理学家。同时，普朗克又是力图保持经典规范的代表，这不单是指他熟悉并利用了经典物理学的成就，而且是指他在1900年提出量子论，到1914年一直企图用连续性的经典观念去修改他自己的结论，并最终承认：“我企图无论如何都得将作用量子纳入经典理论范畴里，结果是枉费心血。”③ 普朗克所遇到的矛盾，从一个侧面反映了科学由经典水平发展到现代水平要经历一个过渡阶段。

经典自然科学孕育了现代科学，现代科学终究是从经典理论脱胎而出的，二者之间又有重大的差异。那么，究竟怎样区分“经典”与“现代”，究竟有哪些理由把牛顿力学和麦克斯韦电磁理论称为经典物理，把相对论和量子力学看作现代物理呢？或者说，为什么我们要以19世纪末20世纪初作为划分“经典”与“现代”的界限，而不以18世纪末19世纪初为界限做这样的划分呢？我们认为，自然科学中的经典水平和现代水平的区别，不能只从知识量的增长或自然观的个别结论（如时空观）的改变去把握，还要注意到人类自然知识在性质上的重大改变，注意到人们认识自然的原则和方法有了崭新的特点。

第一，立足于牛顿力学的经典物理学和经典自然科学在很大程度上是关于自

① 许良英、范岱年编译：《爱因斯坦文集》第1卷，北京：商务印书馆，1976年，第28页。

② 许良英、范岱年编译：《爱因斯坦文集》第1卷，北京：商务印书馆，1976年，第177页。

③ 普朗克：《科学自传》，林书闵译，北京：龙门联合书局，1955年，第22页。

然事物、自然属性、自然过程和自然界规律性的知识，但它往往没有对这些事物、属性、过程和规律性的机制（道理）从因果性上做出解释；或者说，经典自然科学主要是表述了“是什么”、“怎么样”、“必定有”，而较少或较不充分揭示“为什么”。例如，经典力学告诉我们计算材料的弹性、密度等的公式，但没有回答为什么物体的弹性常数有那样的数值，为什么它会有那样的密度。经典物理学指出铁在1528℃时会熔化，铜是良导体，硫是绝缘体，电路的电阻与电流成反比，但没有说明为什么铁的熔点是1528℃而不是更多或更少，没有说明为什么铜的导电性比别的金属都好，为什么硫不导电，为什么电路的电阻不是与电流值的平方或平方根成反比。近代化学告诉我们钠蒸汽会发射黄光，氢和氧化合成水，元素性质随原子量发生周期性变化，但没有解释钠蒸汽为什么不发射蓝光，氢为什么能与氧化合并在化合时发生放热反应，元素性质为什么会有周期性的改变。诸如此类的“为什么”可以列举出许多，经典自然科学只能作很少的回答或几乎无可奉告。现代自然科学所能做到的或应当做到的，则是依据于对微观过程的了解，解决这些“为什么”的问题。例如，以自由电子说明金属的导电和导热，从电子跃迁的能量差解释物体的颜色，以核外电子的分布和活动情况的改变，以量子数阐明元素周期律的根源，等等。

人们常说，经典自然科学是关于宏观现象的科学，现代自然科学则深入到微观现象的领域，这种说法大致是正确的，但不够全面和严格。更确切些说，现代自然科学不仅是深入到微观领域，并且以微观过程的机制（道理）说明了宏观过程的因果性。列宁在评述黑格尔关于实体与原因的关系时曾讲过一段话：“一方面，应该从认识物质深入到认识（理解）实体，以便探求现象的原因。另一方面，真正地认识原因，就是使我们的认识从现象的外在性深入到实体。”[①] 在分析经典自然科学向现代自然科学过渡时，理解列宁的这一段话的含义是会有帮助的。

第二，经典自然科学有它的普遍性和整体性，但就对整个自然事物的反映看，经典理论基本上是关于特殊的、局部的自然领域的知识；现代自然科学则具有更高程度的普遍性和更大范围的全局性。人们有时说，牛顿力学适用于低速运动过程，相对论力学适用于高速运动过程；经典物理学适用“大尺度”对象，量子物理学适用于“小尺度”对象，如不严格考究，这样说也可。更确切一些则应当说，牛顿力学只适用于且是近似地适用于低速运动过程，相对论力学却既能精确地适用于高速运动过程，又能精确地适用于低速运动过程；同样，经典物

① 《列宁全集》第38卷，北京：人民出版社，1963年，第167～168页。

理学只适用于且近似地适用于宏观对象，量子物理学既能精确地适用于微观对象，又能精确地适用于宏观对象。

仅仅把相对论、量子力学理解为对高速过程或微观对象的认识是不正确的。前已提到，按照相对论的公式，物体质量 $m=m_0/\sqrt{1-v^2/c^2}$，物体的运动速度 v 无论大小如何或等于零，这一公式都是适用的。问题只是，当 v 值很大（接近于光速 c 时），m 与 m_0 大差值也大；在 v 值远小于 c 的低速过程里，m 近似地等于物体的静止质量 m_0，二者的差值微不足道。可是，m 与 m_0 差值可以忽略不计，并不等于说上述公式只适用于高速过程。又如，通常认为在计算微观粒子的运动时必须考虑到量子力学的测不准关系式 $p\cdot\Delta x\geqslant h/4\pi$，但是，如果把这个关系式说成只适用于微观领域则是不全面的。实际上，无论是计算微观粒子会是宏观质点（如飞行中的子弹、空气中的尘埃），这个关系式都是适用的。只是在某些场合（如计算氢原子中的电子运动），由于要求的速度偏差甚小，Δp 甚小又不可忽视这时 Δx 甚大，或要求的位置偏差 Δx 甚小又不可忽视这时 Δp 甚大，测不准关系所加的限制是必须考虑的。在另一些场合（如计算电视显像管中的电子运动或宏观质点的运动），由于实际允许的 Δp 和 Δx 均较大，即 $\Delta p\cdot\Delta x$ 远大于 $h/4\pi$，则普朗克常数 h 不起显著作用（或可认为它相对地趋近于零），测不准关系所加的限制在这时虽然存在，但却可以略去不计。在后一场合，用经典物理学的方法，就能够近似地、在实际应用上足够准确地同时算出对象的动量和位置。

因此，从本质上说（而不是从实际应用上说），整个力学都是相对论力学，整个物理学都是量子物理学。我们有时说，牛顿力学是相对论力学的极限场合（在 v 远小于 c 时），经典物理学是量子物理学的极限场合（在 h 不起显著作用时），也就肯定了相对论和量子物理学反映着自然界的普遍规律，这些规律无论对低速过程还是高速过程、宏观现象还是微观现象都适用而无例外。而牛顿力学、经典物理学所反映的则是有限的、局部的、特殊的自然过程和自然领域中的规律，这些规律不是普遍有效的。

现代自然科学更深入到解释自然事物的因果性并具有更高程度的普遍性，人类自然知识在性质和广度上有了重大改变，这是科学发展中经典水平与现代水平的一个重要不同。“现代”与“经典”的另一个重要区别是人类认识自然的方式方法上有了新的特点。例如，在现代自然科学研究中更多地采用“加法实验”，更多地从结构方面考察对象，更少直观性。

第四节　微观探索与宏观考察的关系

现代自然科学是从打开微观世界的大门开始形成的，人们从这个门户登堂入室，发现了这个新领域中的许多奇异事物，同时，也改变了对整个自然界的看法。但是，如果我们要讨论20世纪上半叶整个自然科学的发展，眼光就不能只限于物理学，也不能只限于对原子微观结构的认识。这个时期的自然科学知识是沿着两个互相结合的方向发展的：第一是不断深入地揭示各个自然领域中的微观过程，现代自然科学的各门基础学科在自己的对象范围内日益“微观化”；第二是继续致力于诸多宏观现象的研究，各门基础学科之间广泛渗透和互相交叉。我们在这一节里不准备详细列举这两个方面的种种成就，只能从科学发展的一些基本事实出发来讨论微观探索与宏观考察的关系。

20世纪上半叶是物理学尤其是微观物理学的黄金时代。量子力学在1924～1927年达到了成熟的阶段。在30年代，科学家们发现了中子、中微子、正电子、介子等基本粒子，提出了强相互作用（核力）和弱相互作用（衰变）的理论和关于原子核结构的假说。到50年代末，共发现了约30种基本粒子，人们在这时所认识的世界比肉眼所见的秋毫之末还细小亿万倍（原子直径大约是一毫米的一千万分之一，原子核的直径大约是原子直径的万分之一，原子核里又有中子、质子，每个中子或质子与紧邻的中子或质子的平均距离大约是百万亿分之一毫米）。现代物理学日益深入到新的层次，有了分子物理、原子核物理、基本粒子物理等分科。在20世纪20年代后，研究电磁运动一般规律的电动力学同量子理论结合，产生了量子电动力学；狭义相对论与量子力学相结合，形成了相对论量子力学；在场论研究中运用量子化的方法，建立了考虑到场的量子效应的量子场论。也就是说，那些原来研究大尺度或连续性现象（电磁运动、高速过程和各种场）的物理学科也量子化了。

物理学的“微观化”对化学发生了重大的影响。1913年，莫斯莱测定了许多元素的原子核正电荷数（即原子序数），论证了原子序数是决定元素性质的主要因素，是周期表中元素排列的根本依据。1916年，柯塞尔、路易斯等人从原子获得电子、失去电子或共有电子解释化学键。1927年，德国化学家海特勒、伦顿又把原子价电子理论发展为现代化学键理论，之后，鲍林、莫立根、洪特等人又提出了共价键的价键理论和分子轨道理论。19世纪末以前的近代化学的主要内容是原子分子学说、分子结构学说、元素周期律、化学热力学、化学动力学等，属于现代化学的则还有结构化学、量子化学、原子能化学等。量子化学用量子力学的原理和方法研究分子的微观结构，也可以说它是一门“微观化学”。

现代生物学也在本世纪开始向它的微观领域进军。19世纪末以前的生物学已经对生物个体、生物体系统、器官组织、细胞进行了许多研究。1909年，约翰逊提出了基因是生物遗传单位的概念。1926年，美国生物学家摩尔根使基因理论系统化。1944年，爱威瑞用实验证明生物遗传的物质基础是脱氧核糖核酸

(DNA)。由于分子生物学的进展和把X射线衍射技术用于生物学研究，到20世纪50年代初，已测定了20多种主要氨基酸和近10种肽的结构。1953年，沃特森、克里克提出了DNA双螺旋结构模型，标志着现代生物学已深入到分子水平。

天文学的“微观化”是很值得注意的。本来，天文学是研究宏观对象（行星、恒星、行星系）的，通常以光年为尺度。现代天文学的视野更大，它要考察星团、星族、星系乃至总星系。由于它所研究的对象比通常的宏观物体大得多，人们把这种大尺度领域（如10^9厘米以上）称为宇观乃至超宇观。然而，如果在评述现代天文学的成就时只注重于人们看得越来越远，看到的天体越来越多，那是不全面的；现代天文学的发展还有它的另一个方面，对天体的成分、结构和演化进行深入细致的分析，并在这种研究中大量运用了微观物理学的理论和方法。在19世纪末和20世纪上半叶，天文学家们通过光谱分析推断出星体的密度、化学元素组成、星体与地球的距离及运动方向、恒星的温度。从20世纪30年代开始又有了射电天文学的研究，并把热核反应理论用于解释太阳和恒星的能源，提出了恒星演化的新学说。在17、18世纪，天文学家必须懂得力学、光学；在现代，一个没有原子物理、核物理、基本粒子物理知识的人就不能成为称职的天文学家了。

充分认识现代自然科学“微观化”的趋势和特点是重要的，但是，从认识论的观点看，最重要的是要弄清微观探索同宏观考察之间的关系，并正确处理这种关系。

首先，我们应当看到微观探索是现代宏观考察的基础，所以，要充分重视微观探索的意义。人类生活的自然环境（日月星辰、山河大地、鸟兽鱼虫），人类创造的生存资料（食品、衣服、房屋、舟车），以及人类自身，都是宏观客体。如果微观探索在任何情况下对宏观考察都不起作用，这种探索的价值就很少了。实际情况恰恰不是这样，任何宏观对象都是由种种微观客体组成的体系，宏观体系是整体，微观客体是它的部分，不弄清微观组成的状况就无法透彻了解作为整体的宏观系统。这是因为，“如果知道了支配基本粒子的基本定律，原则上也就可以预言由大量基本粒子构成的宏观物理体系的行为”。①

现代自然科学的“微观化”正在创造透彻了解宏观过程的条件。从本质上搞清金属材料、磁性材料、半导体材料、各种有机化合物（这些都是宏观对象）的性质，在20世纪初几乎是无能为力的，自从量子化学兴起以后，才有了现实的可能性。例如，我们过去只知道金属导电，在探索新的导电材料时，却发现某

① 威切曼：《量子物理学》，复旦大学物理系译，北京：科学出版社，1978年，第2页。

些有机盐类的晶体具有很高的导电性，至于这种非金属的高导电性能从何而来则并不清楚。人们对这种晶体的有机分子（如 TCNQ 分子）进行光谱测试和量子化学计算，分析了它的电子云分布和分子中电子的能量，就查明了这种分子盐类具有很高导电性的来源。① 量子化学还开创了进行分子设计的可能性，人们需要什么样的宏观对象（如某种特殊用途的新材料、某种特殊疗效的新药物），就可以按指定要求去设计它应有何种微观组成。前面提到量子化学是微观化学，更进一步看，它是沟通微观与宏观的化学。分子生物学也具有类似的特点。它从分子水平上对生命过程进行微观研究，日益深入地分析 DNA、RNA、蛋白质等的微观组成，同时，它又从分子水平上去解释生物体的种种宏观现象，说明生物的进化、遗传、疾病的原因、细胞的功能等。分子生物学的发展还为遗传工程（生物设计）提供了理论基础，对未来的农业技术、医学、仿生技术会产生重大的影响。

在微观探索的基础上进行宏观考察，是现代自然科学发展的最重要特点之一。在 19 世纪以前的科学体系中就有天文学、力学、光学、声学、热学、磁学、电学、化学、生物学等学科，在现代科学体系中还有这些学科，两者的一个重要区别是前者只就宏观议论宏观，后者日益增添了就微观论宏观的因素。传统科学部门能够从微观机制上说明宏观过程，反映了这门学科已达到了现代水平。

其次，我们还应当看到，微观探索又不能完全代替宏观考察，对宏观体系的专门研究在任何时候仍有其相对独立的、重要的意义。如果夸大自然科学“微观化”和由微观论宏观的意义，也是不正确的。

在不少场合下，从微观组成去讨论宏观过程是不必要的。如果我们所研究的问题仅仅是炮弹以怎样的角度发射才打得最远，人造卫星要具有何种速度才能脱离地球或太阳系，是无需用量子力学知识的。对于这类问题，只用反映宏观规律的牛顿力学已有足够的准确性。

在许多情况下，就微观论宏观还会碰到实际上的困难无法实现，从而只能以宏观研究为主要任务。宏观对象所包含的微观组成是极其复杂的、大量的，我们在日常生活中所遇到的典型宏观体系大约包含 10^{25} 个相互作用的原子。目前，我们用量子化学所分析计算的还只是含有几十个原子的分子，尽管量子化学和电子计算机技术还有广阔的发展前景，要计算 10^{25} 个相互作用的粒子为时还远得很，甚至是无法想象的事。为此，除了必须有统计的研究，宏观考察仍是不可取代的。

微观探索与宏观考察之间尽管有密切的联系，二者之间还有质的区别。事物

---

① 《现代科学技术简介》，北京：科学出版社，1978 年，第 370 ~ 371 页。

的宏观性质并不完全等于它的微观成分的性质的代数和，自然界的宏观规律不等于诸微观规律的简单相加。宏观对象是自然界的一个层次，但它却是特殊的层次或特殊的局部。作为整体的宏观体系是由许多部分的微观客体组成的，它又具有各个部分本身所不具有的整体性；或者说，在大量的个别部分组成一个整体时，要出现质的改变，产生只有作为整体才具有的新的性质。

前文讲到，如果我们知道一个宏观体系的微观组成，并对这种微观组成有足够的认识，在原则上就可以推导出这个体系的性质。这种说法是有片面性的，它只估计到宏观由微观组成，而没有充分考虑到宏观并不是微观的简单总和。由大量微观粒子组成的宏观体系极其复杂，这里“所说的复杂性远不只是定量上的细节问题，在许多情况下，这种复杂性可能导致意想不到的质的特征。例如，考虑由全同简单原子（譬如氦原子）组成的气体，这些原子间以已知的简单力相互作用。从这一微观信息绝不能明显看出这种气体会非常骤然地凝结以至形成液体，但这确实是可以发生的。任何一个生物机体甚至都能提供更为动人的例证。仅仅从原子结构的知识出发，谁会猜想到几种简单的原子形成某种类型的分子后，就能产生具有生物生长和自我生殖能力的体系呢?”①

宏观对象有作为整体的特殊性质，认识这一点对科学研究有重要的意义。许多宏观属性可以从微观机制上得到说明，但不可忽略宏观属性终究是作为整个系统具有的特点。籍于统计物理，我们能够从组成液体的大量微观粒子的状况去解释液体的温度、热平衡，但温度、热平衡并不是个别微观客体所具有的性质，谈论一个原子或一个电子有多高的温度或是否处于热平衡状态是没有意义的。至于液体的位能、流速，在通常情况下主要不取决于微观粒子的行为，而是在这一宏观体系（液体）与另外的宏观体系（如地球、容器）发生相互关系所表现出来的特点。由微观推论宏观并不是万能的，只靠量子物理学并不能详尽无遗地解释声波的速度、热机的效率、电机的转动方向，更不能直接导出动植物怎样生老病死、人怎样进行思维。

微观探索与宏观考察应当是相辅相成望。人们常常是为了弄清宏观属性而进行深入的微观探索，微观探索又有助于揭示新的宏观属性。对宏观属性的分析，要有微观机制的论证；微观探索的正确与否，又往往需要宏观的实验结果来验证。宏观考察有其独立的意义，只满足这种考察，忽视必须深入到微观过程的研究，这是一种片面性。微观探索也有它的相对独立性，只停留于这种探索，忽视它与宏观考察的联系，也是片面的。

---

① 瑞夫：《统计物理学》，周世勋等译，北京：科学出版社，1979 年，第 2～3 页。

第五节 现代科学中的绝对主义与相对主义

19世纪末和20世纪初是自然科学发展中的转折时期，新发现层出不穷，取得了伟大的学术成果。可是，面对这种转折，一些自然科学家却在认识论的观点上出现混乱，由绝对主义导致相对主义，把现代科学革命看成是自然科学的“危机”。20世纪上半叶科学进展，也使一些人陷入了类似的迷误。

19世纪的生产力取得了空前的提高，在这100年里的进步比过去一切世代创造的全部生产力还要多，还要大。在这个世纪里，自然科学在实验研究和理论综合两方面都获得丰收，而且日益被自觉地应用和见诸实效。在20世纪行将结束的时候，人们对自然科学的继续完善和美好前景满怀信心和希望，乐观主义思想在自然科学家中间占绝对优势。

这个时候的科学乐观主义在很大程度上是与人们对经典自然知识的态度有关的。当时，几乎所有的自然科学家都相信牛顿力学是整个物理学以及各门自然科学的基础，并认为牛顿力学定律已经充分成熟和充分可靠，获得了最终成功。有的物理学家认为将来的物理学只剩下了次要的事情，只是利用已知的公式把问题算得更精密，在小数点后面增加一位数。当普朗克向他的老师约利求教是否选择理论物理为终身职业时，得到的答复是：理论物理学已经终结，微分方程式已经建立，其解法已经制定，可以计算的只是个别的特殊的情况，为物理学献身会断送自己的未来。在约利看来，“物理学基本上是一门已完成了的科学，因此，对于物理学的研究实际上是不会有多大成果的”①。著名科学家凯尔文可算是当时很有远见的学者了，他在1900年发表的瞻望20世纪物理学的文章中还认为：“在物理学晴朗天空的远处，还有两朵小小的令人不安的乌云。”承认“乌云”(指由黑体辐射实验和迈克尔逊以太实验提出的问题)，也就是认为物理学还没有最终完成。但是，凯尔文也只认为它们是小小的乌云，而且还只在物理学晴朗天空的远处，他的主导思想，正如他在文章中说到的：“在已经基本建成的科学大厦中，后辈物理学家只要做一些零碎的修补工作就行了。”②

自然科学大厦已基本建成，再也不能有大的作为，这就是盛行于当时自然科学界的看法。爱因斯坦在自述中回忆他年轻时候物理学的一般情形时说：“当时物理学在各个细节上虽然取得了丰硕的成果，但在原则问题上居统治地位的是教

① 劳厄：《物理学史》，范岱年等译，北京：商务印书馆，1978年，第123页。

② 倪光炯、李洪芳：《近代物理》，上海：上海科学技术出版社，1979年，第2页。

条式的顽固：开始时（假如有这样的开始）上帝创造了牛顿运动定律以及必需的旗量和力。这就是一切；此外一切都可以用演绎法从适当的数学方法发展出来。”① 爱因斯坦在这里讲到上帝创造，使我们想到宗教神学的教条主义。在过去人们曾把《圣经》看做是最终完成的绝对真理，除了对之顶礼膜拜再也无事可做；现在的情况不同了，人们并不信仰宗教神秘主义，而是相信科学。然而，却也走上了绝对相信某一个时期在某个领域中的成就的道路，认为除了修修补补无需再做什么了。

绝对主义总要得到相应的回答，在人们还缺乏自觉性（不懂辩证法）的时候，走向一个极端常常会以走向另一个极端作为“惩罚”。20 世纪初的情况正是这样。当人们准备为科学大厦落成唱颂歌和赞美诗的时候，迎来的却是现代科学革命的暴风雨。大多数科学家经受住了这场考验，少数科学家却像虔诚的教徒突然失去《圣经》那样感到无所适从，在最基本的自然观和认识论问题上陷入困境。他们把电子的发现和原子的可分看成是“物质消失了，电代替了物质”；从时空概念的可变性得出了时间、空间只是主观感觉系列；把放射性物质的发现看成是能量会凭空产生，设想出没有物质的运动；把经典物理学的不再普遍有效说成是“原理的普遍毁灭”，这样，也就不再有即将落成的科学大厦，而只有科学的“废墟”了。有的科学家就这样从要致贺词转变为唱哀歌了。著名物理学家洛伦兹就是其中之一。他曾提出 11 个假说去调和经典理论与迈克尔逊-莫雷实验的矛盾，都不能自圆其说，在悲观失望中说：“在今天，人们提出与昨天所说的话完全相反的主张；在这样的时期，已经没有真理的标准，也不知道科学是什么了。我很悔恨我没有在这些矛盾没出现的五年前就死去。”②

列在《唯物主义和经验批判主义》一书中对这时的自然科学“危机”和“物理学唯心主义”进行了深刻的分析和批评。我们在这里不想重述列宁在该书（特别是其第五章“最近的自然科学革命和哲学唯心主义”）中所讲到的各个方面，而只想强调一点：在认识过程中，形而上学的绝对主义是会转化为相对主义的，相对主义则是通向唯心主义的根源。要么全都正确、可靠、可信（绝对主义），要么全都无所谓对错、无所谓可靠、无所谓可信（相对主义），这两极也可以相通。按照相对主义的观点，科学、原理、是非都不过是（仅仅是）暂时的、主观的，正如列宁所说：“新物理学陷入唯心主义，主要就是因为物理学家不懂得辩证法。他们反对形而上学的唯物主义，反对它的片面的‘机械性’，可

① 许良英、范岱年编译：《爱因斯坦文集》第 1 卷，北京：商务印书馆，1976 年，第 8 页。

② 沈小峰等：《物理学辩证内容概述》，北京：人民教育出版社，1980 年，第 16 页。

是同时把小孩子和水一起从浴盆里泼出去了。他们在否定迄今已知的元素和物质特性的不变性时，竟否定了物质，即否定了物理世界的客观实在性。他们在否定一些最重要的和基本的规律的绝对性质时，竟否定了自然界中的一切客观规律性，竟宣称自然规律是单纯的约定、‘对期待的限制’、‘逻辑的必然性’等。他们在坚持我们知识的近似的、相对的性质时，竟否定了不依赖于认识并为这个认识所近似真实地、相对正确地反映的客体。诸如此类，不一而足。”①

由绝对主义滑到相对主义并导致主观主义，这就是20世纪初所谓“自然科学危机”的主要教训。在这里，关键的问题是要懂得辩证法，“辩证法，正如黑格尔早已说明的那样，包含着相对主义、否定、怀疑论的因素，可是它并不归结为相对主义。”②

应当看到，自然科学“危机”并不是多数科学家对现代科学革命的看法，“物理学唯心主义”只是有生命力的科学革命中的支流。许多自然科学家在他的实践中坚持了唯物主义的立场，并且对知识的绝对性与相对性的关系有合理的看法。在这方面，量子论和相对论的创始人的认识论观点是有代表性的。普朗克是现代科学革命中首立异说的理论物理学家，而且是一位颇有见地的哲学家。他看到了当时人们在科学思想上的种种混乱。他说，很久以前宗教曾被怀疑和不信任，现在，由于自然科学的一系列新发现，在科学园地内也难得找到一个不会被人怀疑的基本原理，同时也难得找到一种无稽之谈是人所不相信的。普朗克把这种情况称为精神文明领域内的严重危机。然而，尽管普朗克碰到了种种纷扰并在个别观点上有摇摆，他在最基本的认识论问题上的唯物主义倾向是始终不渝的。在他看来，尽管物理学家们的科学见解日新月异、各有千秋，但绝不能说有多少位物理学家便有多少种物理学。物理学的唯一任务是要研究真实的外部世界。“自然的规律绝不会受人类脑筋的影响。相反的，在地球上有任何生命以前这些规律早就存在，并且在最后一个物理学家死了很久以后也仍然继续存在。”③

爱因斯坦是现代科学革命的巨匠和勇士，他大胆地提出了许多新思想，是当之无愧的伟大革新家。但是，他从来没有把牛顿力学或麦克斯韦理论的被突破看成是科学的废墟。在他看来，如果认为新理论毁灭了旧理论的成就，那是不公正的。他认为，新理论既指出旧理论的优点，也指出它的局限性，而且使我们能在更高理论水平上重新得到自己的旧概念。爱因斯坦和英费尔德曾把科学的发展比作为登山，“若用一个比喻，我们可以说建立一种新理论不是像毁掉一个旧的仓

① 《列宁选集》第2卷，北京：人民出版社，1960年，第267~268页。

② 《列宁选集》第2卷，北京：人民出版社，1960年，第136页。

③ 普朗克：《从近代物理学看宇宙》，林书闵译，北京：商务印书馆，1959年，第1页。

库，在那里建起一个摩天大楼。它倒是像在爬山一样，愈是往上爬愈能得到新的更宽广的视野，并且愈能显示出我们的出发点与其周围广大地域之间的出乎意外的联系。但是我们出发的地点还是在那里，还是可以看得见，不过显现得更小了，只成为我们克服种种阻碍后爬上山巅所得到的广大视野中的一个极小的部分而已。"[①] 这里所说的"登山"很自然可以联系到毛泽东同志在《实践论》中所讲到的"长河"。人们在科学登山和游泳中的每一个里程碑都是认识真理的一个阶段，经过无数的里程碑越来越多地阅历大自然的奥秘，由相对真理的认识日益接近绝对真理的认识；但是，人们在这时是在攀登无限高的山峰，是在没有尽头的长河中奋进，认识真理的进程永远不会结束，人类的科学大厦只能不断兴建，永无最终落成之日。

新的科学理论能在更高的水平上重新得到旧概念，这个思想是深刻的。爱因斯坦的相对论指明了牛顿力学没有普遍的有效性（不适用于高速过程），这是对牛顿力学的否定；同时，爱因斯坦的相对论又认为牛顿力学适用于宏观低速过程，这又是对牛顿力学的肯定。但这种肯定同17、18世纪的肯定牛顿力学不同，它是在现代科学水平上的再肯定，具有更高权威的肯定。相对真理中包含着的绝对真理的成分或颗粒，会在科学发展的更高水平上被发掘出来并且被确认，这也就表明，在科学发展的经典水平上的自然知识中包含着绝对真理无数相对真理的总和构成着绝对真理。把科学发展某一阶段上的认识僵死化（绝对主义），或认为任何阶段上的认识都是要被推翻的（相对主义），都不符合实际。

传统是一种强大的力量，习惯于从经典物理学的观点看问题，一旦发现有超越经典规范的事情就断言客观真理不再存在，这种动摇在相对论和量子力学形成以后仍有表现。围绕测不准关系式所进行的认识论上的争论，也是由绝对主义导致相对主义的一个实例。在20世纪初以前，科学家们已经发现，要绝对精确无误地测定某个物理量是不可能的，但是，人们终究相信，任何物理量在原则上可以更准确地测定；而测不准关系则否定了同时准确地测定成对的物理量的可能，似乎给人的认识规定了原则上不可超越的界限。这样一来就在哲学上引出了许多议论，例如，认为微观物理量的测不准来自观测仪器（认识主体）对微观粒子（被认识客体）的不可控制的干扰，因此物理学所反映的只是"主体-客体"的相互作用，而不可能反映客体本身；认为测不准关系意味着人类在原则上不可能充分认识客观世界，甚至根本不允许谈论客体的存在。

详细评述现代物理学中的测量问题需要相当的专业知识，我们在这里仅限于

---

① 爱因斯坦、英费尔德：《物理学的进化》，上海：上海科学技术出版社，1979年，第109页。

说明以下两点：

第一，测不准关系确实表现着认识领域中的一种限度，即经典物理学近似适用范围的限度。也就是说，测不准关系的基本点并不是测量仪器要扰动被观察的对象（尽管这种扰动是不可避免的），而是表明了不能无限制地应用经典物理的方法。比如说，有一颗重 50 克的子弹和一个电子（电子静质量为 9.1×10^{-23} 克），它们的速度均为 3×10^{4} 厘米/秒，动量的不确定度均为 0.01%，用测不准关系式可以做出什么结论呢？很易判明：①子弹位置的不确定量 Δx 可达 3×10^{-34} 厘米，相当于原子核直径的 10^{-17} 倍，这个数字在宏观物理中是微不足道的，完全可以用经典力学的概念和方法去计算；②电子的 $\Delta x\geqslant0.2$ 厘米，约为一个原子直径的 10^{7} 倍，这就不能用经典力学而要用量子力学的方法去处理了。如果忽视测不准关系所加的限制，硬要用经典力学的方法去计算原子的内部过程，就会算出电子速度的不确定度同电子速度一样大（类似于跑百米的速度误差同跑百米的速度一样大），甚至算出氢原子中的电子要在氢原子外很远的地方运动，这显然是不合理的。测不准关系的基本点就是要限制这种不合理性，或者说："测不准关系说明了一些限度，超过这些限度经典概念就不能应用。"①

第二，测不准关系并不是说微观体系的物理量测不准，问题在于微观粒子的描述必须符合客体的特殊本质。微观粒子是具有波粒二象性的客体，不能只用"经典粒子"的概念（同时有确定的位置和速度）去把握，而只能用量子力学的波函数来反映。波函数 ψ 是统计的概念，这一函数绝对值的平方，表示在时刻 t 粒子出现于某一坐标点附近的几率；波函数又是决定论的概念，"在 $t=t_1$ 时刻的波函数 ψ（x，t_1）唯一地决定了所有其他时刻的波函数，从而唯一地决定了粒子的运动状态。在这个意义上，量子力学是决定论的理论。"②

无论是与电子的发现有关的"物理学唯心主义"，还是与测不准关系有关的"现代不可知论"（如果可以这样说的话），尽管在内容上各有不同，并且需要依据科学事实进行充分说理的分析，然而，它们都有类似的认识论上的根源：①把经典物理学看做或说成是真理的顶峰，是唯一地与唯物主义相适应的知识基础；②一旦发现或抓住了"超经典的物理学"，真理就陷于幻灭，唯物主义也无立足之地。科学家们会不自觉地产生这种失误，哲学唯心主义则会把这种失误扩大化来论证自己的观点，我们应该引以为戒。

① 威切曼：复旦大学物理系译，北京：科学出版社，1978 年，《量子物理学》，第 20 页。

② 威切曼：复旦大学物理系译，北京：科学出版社，1978 年，《量子物理学》，第 273 页。

第七章　理论思维和科学理论的形成

第一节　实验与思维

19 世纪末和 20 世纪上半叶发展起来的现代自然科学，不仅使人类知识的内容、性质和广度有了重大的改变，而且在认识自然的方式方法上具有新的特点——其中重要的一点是现代科学研究更加注重理论的思维，创造性思维在科学发展中的作用十分突出。

我们在第五章中已经提到，科学的概念和理论系统，是人们加工改造经验材料得来的是经过大脑的思考作用制作和造成的。可以举出许多实例，表明现代科学的理论突破是创造性思维的产物。然而，我们在这一节里提出的论题是理论思维对于现代自然科学的发展更加重要，这就不能只靠举例来证实，还必须要讲点道理说明理论思维为什么会有特殊的重要性，现代理论思维有什么特点，这对认识论的讨论或许更有意义。

独创性的思考的独立性和创造性终究是受限制的。人们的思维内容再高深，归根到底是客观世界的反映；人们的思维能力再强大，也有它的现实基础。我们在讨论理论思维的相对独立性和它的巨大威力时，绝不能把现代自然科学研究中的创造性思维说成是主观自生、神秘莫测的东西。在讨论科学实验的问题时，我们提出实验不能离开理性；在分析理论思维时则要注意到思维的能力、方式和内容又离不开实验。科学实验的不同对象和类型在很大程度上决定着处理经验材料的思考方法。

如前所述，实验研究的方法可以分为两类。一类是在纯化或简化的条件下考察自然对象，即用物质手段去排除干扰，去掉某些非本质的因素或使这些因素不起明显作用，这种实验（“减法实验”）也就是实践中的去粗取精、去伪存真。但是，实验中的“减法”不可能做到充分的纯化和简化，再高明的实验设计和再精细的实验措施，总难以完全避免非本质的东西，总还有想减却减不掉的成分。伽利略即使把斜面和小球做得再光滑，也不能完全减掉摩擦；波义耳在做气体压力实验时即使把温度条件尽力保持不变，也难以去掉实际温度的变动及其影响；在天空实验室里研究合金的形成，虽则可以大大减小地球引力的作用，也无法把引力作用减少到零。与这类实验相对应，就要求一种思想上的纯化和简化来继续科学研究的进程，把实验过程中减不掉的东西用头脑的思考去减掉。科学家在进行理论思考时可以完全略去摩擦，舍弃掉温度的细微变化，想象没有引力作用的理想状况。思考中的这种“减法”（简略、舍弃）与实验中的“减法”是相辅相成的，后者为前者创造了条件，前者又是后者的补充或延续。

在加工整理经验材料时去粗取精、去伪存真中的“去”，也就是“减法思考”，用逻辑的术语叫做舍象。我们是在特定的意义上使用“舍象”这一概念的：

第一，舍象可以理解为就是抽象，但它与广泛应用的“抽象”这个概念又有区别。人们有时把抽象看做是由经验材料上升到理论的过程和在这个过程中的思维方法，有时又把抽象看做是理论思维的规定和成果——如把速度、加速度、原子、量子、同时性等视为抽象。舍象一词则专指由经验的具体过渡到理论概念进程中的思维活动或“大脑动作”，舍象是动词而不是名词。再者，人们有时把由感性经验到理性认识的全部过程都叫科学抽象，把处理经验材料的全部方法都叫科学抽象的方法。我们只能把简化或纯化经验材料即把“减法思考”叫做舍象，舍象是理论思维的一种方法。

第二，也不能把舍象的过程和方法看得像 ABCD-ABC=D 那样容易和单一。舍象这种方法又是理想化、比较、分类、统计等方法的总称。在自然科学方法论的论著中，对这些方法已分别做了说明和例证，我们在这里只限于指出这些方法都可以归属于舍象之列。在理想化的思考中，人们可以设想出没有任何形变的“绝对刚体”；分子大小和分子间作用力可以略去不计的“理想气体”；能全部吸收外来电磁辐射而毫无反射和透射的“绝对黑体”；没有一点缺陷的“理想晶体”等。很明显，理想化的方法是一种舍象。对经验材料的比较思考，是找寻不同对象的共同点或找寻相似对象的区别点，是求异中之同或同中之异。比较作为去异取同或去同取异的方法，也是一种舍象。比较是分类的前提，分类以比较为基础。对任何事物的分类，总是抽取某一方面为标准（如门捷列夫以原子量作为元素分类的依据），而把其他方面放在从属地位乃至略而不顾。在这个意义上，分类是简化或纯化经验材料的较复杂的方式。在大量现象中舍掉偶然性的外貌，抓住其中的必然性，统计的方法有很大的作用。统计的方法有广泛的用武之地，在对经验材料作统计处理时，还可以有效地消除种种观测误差。统计也是较复杂的舍象。

还有一种实验是在激化或强化的条件下考察自然对象，即用物质手段去施加干扰，迫使被研究的事物由某一种状态转化为另一种状态，或与他事物相结合，或使该事物的内在部分暴露出来，这种实验（“加法实验”）也就是实践中的由此及彼、由表及里。然而，实验中的“加法”却给人们认识自然带来了极为尖锐的矛盾：这种实验的任务是要认识A事物或状态本身是什么，而实验所施加的干扰（这种干扰是必要的，否则A就不会被揭示）却把A变成了B乃至变成为BCD。也就是说为了认识A却破坏了A，这乃是认识自然（“加法实验”）中无可避免的事。在这种情况下，如果在处理经验材料时只用舍象的方法，就不足以反映客观现实。很明显，对BCD这类现象再去掉什么也不能取得A，这时，重要的问题不是再把BCD加以简化或纯化（有时这也有必要），而是把BCD加以再组合使之成为A。这种再组合还要靠实验，同时又要借助于理论的思维。

与“加法实验”相对应的思维方式是构思。这就是说，这种实验的矛盾（目的是反映对象的本来面目，实验的手段和过程却改变了对象的本来面目）不能只靠实验本身去解决，需要的是把被改变或破坏的对象复原，靠思考的作用把被实验干扰了的事物或状态复原，由B或BCD去想象A，这种“复原性思考”就叫做构思。构思不同于对经验材料的单纯取舍，它更多地表现了思考过程中由此及彼、由表及里中的“及”，在构思中可以设想出直接经验中没有的东西（如事物的结构、整体性），构造出某种概念、模型。

现代自然科学更多地在激化和强化的条件下考察对象，在加法实验的基础上更加注重于研究自然事物的组成结构，因而也更显示出用构思的方法加工制作经验材料的必要和重要。19世纪末的真空放电（阴极射线）实验确认了电子的存在，原子并不是物质的最小单位，任何元素的原子中都含有带负电的电子，同时，实验也表明原子是呈电中性的。这时，再用舍象的方法就无助于推进对电子和原子的研究——如果舍弃掉电子的电性，把电子简化为无电性的实体粒子，单纯从万有引力去解释这些粒子的结合，这不是科学的态度。需要思考的问题是：那些带负电的电子怎样会组成为不带电的原子？处理发现电子的实验事实并回答这个问题的方法只能是构思。

英国物理学家汤姆逊在1904年提出的原子结构模型就是构思的产物。他认为，由于电子带负电，原子内部就必定存在着带有等量正电荷的东西，否则原子就不会呈电中性。那么，正、负电荷在原子里又怎样分布呢？他设想，原子内的正电荷以均匀的密度分布在整个原子中，整个原子是一个半径约为10^{-8}厘米的球体，带负电的电子一粒粒地分布在这个球体里，球内电子可以分别在各自的平衡位置附近振动（伴随着电磁波辐射）。这种模型（电子浸于均匀正电球中的原子模型）或假说乃是构造性的自然知识，它的内容与物质结构有关，它的产生是头脑的构思。

汤姆孙的原子模型曾引起人们的重视，但新的实验事实很快又否定了这一模型。1910 年，卢瑟福、盖革、马斯登用 α 粒子轰击金属箔原子时发现，每发射 8000～10000 个 α 粒子，大约有一个被反弹回来。这表明：绝大部分 α 粒子可以轻易地穿过原子，它在穿行时或者没有碰到什么，即或碰到电子也无碍于 α 粒子的穿行（α 粒子的质量比电子质量大七千多倍，α 粒子碰到电子也好比汽车碰到小石子那样一冲而过），这些事实似乎证实了汤姆孙模型的正确。然而，实验中还发现了个别 α 粒子穿不过去却反弹回来的事实，对此该如何处理呢？科学家们没有把约万分之一的反弹粒子当作“非主流的东西”舍象掉，而是基于这个实验事实做出了新的构思。如图 7-1 所示。

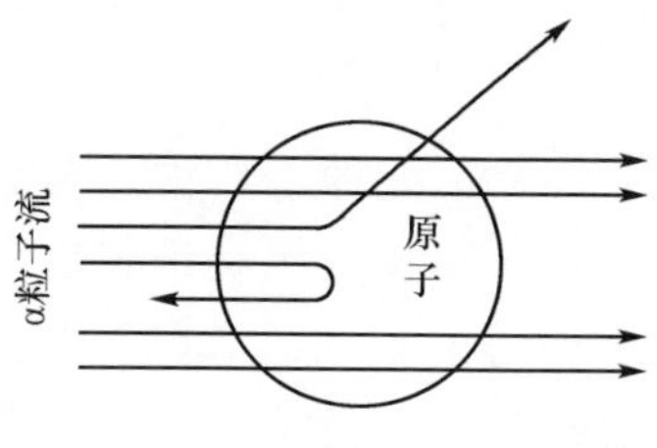

图 7-1

1911 年，卢瑟福以 α 粒子散射实验为基础提出了原子有核的模型。他设想：在近万个 α 粒子中有一个被弹回，并不是由于极个别 α 粒子本身的特异畸变，而是它遇到了质量更大的正电荷的排斥，并估算出这个带正电的实体的半径约在 10^{-12}～10^{-13} 厘米左右。卢瑟福认为，原子中这个带正电的大质量的东西就是原子核，原子核的体积仅占原子体积的一百万亿分之一，而它却集中了原子质量的99.99%。根据这些想法，他把原子与太阳系相比，原子核就像太阳，电子就像绕它旋转的行星；最简单的氢原子就是由一个电子（电量为−e）和它所围绕的电量为+e 的原子核（质量约为电子总质量的1836 倍）组成的。卢瑟福的原子结构行星模型比汤姆孙模型更合理，很快得到公认，并被看做是揭开原子世界的最重要的一幕。卢瑟福模型也是构造性知识。

科学家依据新的实验事实和构思，又提出原子的玻尔模型。继而又在原子核的结构研究上提出了气体模型、液滴模型、壳层模型、综合模型。在分子结构上有轨道模型、价键模型。在凝聚态结构上有能带模型、二流体模型。在基本粒子结构上有坂田模型、夸克（层子）模型等。正因为这样，我们可以认为现代物理学是与结构研究紧密相关的科学，而“经典物理学涉承的只是自然界中和物质的根本结构没有直接关系的那些方面。”① 现代自然科学对结构问题的实验研究和理论思考（构思），还表现在对有机化合物特别是高分子化合物的研究上。现代化学的重要分支是结构化学。现代生物学高于传统生物学的表现之一，就是前者依据着蛋白质结构、DNA 分子结构去说明种种生命现象，并且在更大范围内注意到生态结构之类的问题。

两种不同类型的实验，决定、要求并提供了两种不同类型的思维方式——舍

① 威切曼：《量子物理学》，复旦大学物理系译，北京：科学出版社，1978 年，第 1 页。

象与构思。这两种思维方法都在由经验知识上升到理论知识的过程中起作用，都是形成科学理论不可少的因素。至于它们的特点和关系，我们将在下一节中再作讨论。

第二节　科学研究中的形象思维

概念、定律、假说是舍象和构思的产物，而舍象和构思是两种不同类型的思维方法。舍象主要是逻辑思维（同时有形象思维），构思主要是形象思维（同时有逻辑思维）。我们这里用的是“科学研究中的形象思维”的提法，而不像有的同志把想象、猜测、灵感或顿悟等叫做创造性思维。在科学认识论中运用形象思维的概念未必贴切和妥当，当然，不是说创造性思维的概念有什么原则错误，相比而言，只是觉得创造性思维一词主要是反映了这种思维的结果，较少反映它本身的特征，而且还可能引起误会（似乎逻辑思维就没有创造性），因而权且用了形象思维的提法。重要的还不是名称，而是问题的实质。

我们在认识论的宣传中讲得更多的是逻辑思维，如概念、判断等思维形式，比较、分类、概括、归纳、演绎等思维方法。这些大体上就是传统形式逻辑的内容。逻辑思维也可以提供新的知识，导出具有必然性的或者带或然性的结论，但这种思维是按相对固定的规则和格式进行的，有严格的推理步骤，逻辑跳跃是不允许的。

至于科学认识过程中的形象思维，它主要是实现发现和发明的方法，而没有属于形象思维范畴的特殊思维成果。例如，通过形象思维得到了原子概念或光速不变原理（判断），但不可以说有一种属于形象思维的原子概念、光速不变原理，而只有一种属于逻辑思维的原子概念、光速不变原理。特定的概念、判断只有一种。概念、判断都表现为逻辑的形式——例如，一切概念都可以从它的内涵和外延来分析，就实质内容看，不存在“非逻辑思维”的东西。然而，具有逻辑形式的概念、原理、假说等却可以通过“非逻辑的”（形象思维的）方法得到，即通过想象、猜测、顿悟形成。

形象思维是一种颇为灵活的、构造性的思维活动，它没有固定的程序和公式（至少到目前为止，我们还不能明确地阐述形象思维的格式）。我们不能对形象思维规定出严格的定义，只好把它看做是想象、猜测、灵感或顿悟之类的统称。当然，形象思维也有其经验基础（或者叫经验事实的背景），但它不是由经验材料中循序渐进地导出概念，而是既依据于经验又超出了经验，跳跃式地直接抓住事情的本质。因此，科学研究中的形象思维又可以称为直觉性思维。

现代的一些科学家和哲学家都认为形象思维对概念的形成是更加重要的，在这点上爱因斯坦的观点颇有典型性。他认为，概念和命题只有通过它们同感觉经验的联系才获得其意义和内容，但这种联系并不具有逻辑的本性；概念是人们的自由选择和创造，只不过在做这种选择和创造时要估计到概念同感觉经验的总和之间要有直觉的、完备的对应关系，基本概念要尽可能少，概念的适用性还要再用经验方法来检验。也就是说，在爱因斯坦看来，理论概念既不能离开经验而独立（不是先验的），又不能通过纯粹逻辑的过程由经验中推导出来。“知识不能单从经验中得出，而只能从理智的发明同观察到的事实两者的比较中得出。”①爱因斯坦不把科学概念的形成表述为理智的发现，而采取“理智的发明”这个提法，这是由于他十分强调思维的能动性，其中包括直觉（形象思维）的作用。他一再指出：“要走向理论的建立，当然不存在什么逻辑的道路，只能通过构造性的尝试去摸索，而这种尝试是要受支配于对事实知识的缜密考查的。”②“物理学家的最高使命是要得到那些普遍的基本定律，……要通向这些定律，并没有逻辑的道路；只有通过那种以对经验的共鸣的理解为依据的直觉，才能得到这些定律。”③“广泛的事实材料对于建立可望成功的理论是必不可少的。……但是，从经验材料到逻辑性演绎以之为基础的普遍原理，在这两者之间并没有一条逻辑的道路。”④爱因斯坦的这些观点对科学界（主要是一些理论物理学家）和哲学界（如从事“科学哲学”研究的波普）有较大的影响。

还有一些著名科学家发表同爱因斯坦的观点相类似的见解。量子论的创始人普朗克认为，在科学研究中，“单有逻辑思维是不够的，甚至有特别大量和多方面的经验事实来帮助逻辑思维也还是不够的。唯一可能的办法是直接掌握问题或抓住某种适当的概念。这种智力上的跃进……可以构成一座桥，让我们通向新知识。……每一种假说都是想象力发挥作用的产物，而想象力又是通过直觉发挥作用的。”⑤苏联物理学家福克则说：“伟大的，以及不仅是伟大的发现，都不是按逻辑的法则发现的，而都是由猜测得来；换句话说，大都是凭创造性的直觉得来的。”⑥卡皮查认为，在科学发展到必须对科学的基本概念加以修改或必须找出新的基本概念的时期——科学发展中最有意义的时期，科学家的知识渊博和传统的训练不是最重要的，需要的是深刻的思想、直觉、大胆的想象力。他高度评价了富兰克林、法拉第、卢瑟福的业绩，认为他们是完全掌握了直觉的科学家。卡皮查提出了一个值得深思的见解：“在必须寻求新的基本概念时，在数学中极需要

---

①②③ 许良英、范岱年编译：《爱因斯坦文集》第1卷，第102、278、566～567页。

④ 许良英、赵中立、张宣三编译：《爱因斯坦文集》第3卷，第490页。

⑤⑥ 王梓坤：《科学发现纵横谈》，上海：上海人民出版社，1978年，第62～63、109页。

的严格的合乎逻辑思维反倒会对科学家的想象力起妨碍作用。”[6]值得注意的还有，卡皮查把直觉看做是“一种强有力的有创造性的思维过程”，“潜意识中会出现（的）一种思维方式”，“未显示出思维的逻辑过程而解决这类科学问题（指科学中基本概念问题——引者）的能力”[2]，也就是把直觉理解为思维的过程、方式和能力，尽管直觉这种思维方式的规律迄今尚不明了。

我们不能在这里详细评述爱因斯坦等人的这些认识论观点，也不准备分析研究波普对想象、直觉的看法（甚至没有引用他的话），我们主要关心的是形象思维在概念、假说形成中的现实作用。简言之，第一，我们不可以从爱因斯坦等讲到概念的自由选择或自由创造，讲到直觉或大胆想象，就断言他们的看法是唯心主义或神秘主义的。爱因斯坦和普朗克强调从经验到理论没有逻辑道路或不能单凭逻辑思维，其中包含着重要的、深刻的思想。在文艺创作中人们不仅承认想象、灵感等形象思维的方法存在，而且认为文艺内容要以形象的形态表现出来，为什么在科学发现的过程中连猜测、领悟等构造性思维方法或直觉方法也难以理解呢？第二，由于我们以往对直觉的过程和方式研究不够，在这个问题的理解上确实还有不明了乃至使人感到神秘莫测的地方。但我们不应采取回避的态度，而应当努力从科学发展的历史事实出发，努力去分析形象思维的特点、地位和作用，它同逻辑思维的关系，以及人们如何培养和提高想象力，学会掌握和运用直觉的能力。

单纯用逻辑的规范确实是无法形成基本的概念和原理的。在用舍象的方法处理经验材料的时候，尽管主要地遵循着比较、分类、统计等的逻辑规则，仍必须有理想化、幻想的思维活动。否则，人们就不能从事实材料中得到绝对刚体、理想气体之类的概念。不仅绝对刚体、理想气体等概念不单纯是逻辑的产物，离开想象的因素，从个别事实中连刚体、气体的概念也得不出来。“即使在最简单的概括中，在最基本的一般观念一般‘桌子’中，都有一定成分的幻想。……否认幻想也在最精确的科学中起作用，那是荒谬的”。[3]

更值得注意的是用构思的方法处理经验材料过程中形象思维的必要性和重要性。在现代科学研究中，特别是在说明自然事物的结构和自然过程的机制的问题上，只用（或主要地用）定型的逻辑规则是远远不够的，在这里必须要靠构思，靠想象、猜测、领悟。化合物的结构式在很大程度上就是想象的产物。根据许多实验事实，化学家们较早查明，有一种叫苯的芳香族化合物的分子是由6个碳原子和六个氢原子组成的（分子式是C_6H_6）；在普通情况下，如无催化剂存在，苯

①② 《科学史译丛》，1981年第1期，第55页。

③ 《列宁全集》第38卷，北京：人民出版社，1963年，第421页。

与卤素、硫酸等不发生加成反应，苯也不容易发生氧化作用；在有催化剂作用时，苯比较容易起取代反应。例如，苯分子中的氢原子易于被硝基、磺基、氯、溴等取代，转变为硝基苯、苯磺酸、氯苯或溴苯。依据苯分子的这些性质，只凭逻辑公式去推理，并不能得出苯分子中六个碳原子同六个氢原子之间以什么方式结合的结论，即不能从单纯的逻辑道路达到苯分子结构式的目标。苯的结构式是凯库勒在 1865 年“悟”出来的。

不少讨论科学认识论的论著都讲到凯库勒如何凭直觉的灵感发现苯的结构的事情，认为这是创造性思维（或形象思维）促进科学研究的生动一例。若干自然辩证法教材讲到过这点，王梓坤同志在谈到科学发现中的启示与灵感时，也引述了凯库勒如何领悟到碳原子间的结合和苯分子中碳氢原子间的结合。他写道：“一百多年前，人们已认识到碳原子是四价的，但碳原子相互间如何结合，还不清楚。德国化学家凯库勒正在苦苦思考这个问题：‘一夜腊寒随漏尽，十分春色破朝来。’一天晚上他乘车回家，忽然思如潮涌，顿时猜出了碳链结合的秘密。1865 年，他又在马车上领悟到众人百思莫解的有机化合物苯分子 C_6H_6 的环状结构，如图 7-2 所示。”① 王梓坤同志还对领悟、灵感等直觉性思维做了唯物主义的分析。我们认为，除了对于逻辑思维同想象、领悟的关系需作些补充讨论，在科学认识发展中明确承认顿悟（灵感）、承认直觉，这是大胆的，也是实事求是的。

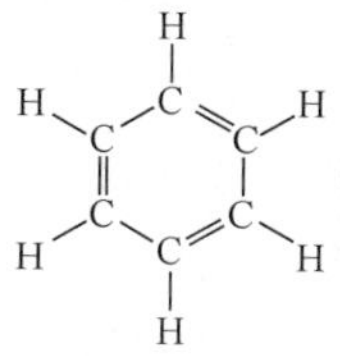

图 7-2

爱因斯坦提出相对论的两条原理和他创立相对论，是现代科学中想象力发挥作用的突出表现。他自己认为：“狭义相对论这一发现绝不是逻辑思维的成就，尽管最终的结果同逻辑形式有关。”② 如前所述，爱因斯坦并不是从对光行差的观测、斐索实验和迈克尔逊-莫雷实验的结果中逻辑地导出相对性原理和光速不变原理的，而是基于这些观测和实验不能解决当时物理学发展中的矛盾，他把这两条原理作为一种设想（假说）提了出来。这就是说，爱因斯坦相对论基本原理的内容并不起源于思辨，他提出相对性原理和光速不变原理完全是想要使物理理论尽可能适应于实验观测的事实；另一方面，爱因斯坦提出相对论原理的方法却是大胆的思辨，而不是从已知的实验观测事实中作逻辑推论的结果。简单地说，爱因斯坦并不是从观测和实验事实 A、B、C 中用逻辑的规则和格式导出原理 T，并用 T 反过来解释 A、B、C；而是在有了 A、B、C 的情况下，从思辨想

① 王梓坤：《科学发现纵横谈》，上海：上海人民出版社，1978 年，第 106 页。
② 许良英、范岱年编译：《爱因斯坦文集》第 1 卷，北京：商务印书馆，1976 年，第 44 页。

象（例如，一个人以光速跟着光波跑或在接近光速的高速火车上看另一惯性系的运动）提出原理P，再从P去说明A、B、C。这就是爱因斯坦所说的知识要从理智的发明同观察到的事实的比较中得出，也是他认为从经验到理论之间没有逻辑的道路的理由。

无论是舍象还是构思（尤其是构思）中都有想象、猜测之类的形象思维的作用。作为一个科学家不仅需要有严格的逻辑思考的本领，而且要有大胆思辨的想象能力。爱因斯坦有一段名言："想象力比知识更重要，因为知识是有限的，而想象力概括着世界上的一切，推动着进步，并且是知识进化的源泉。严格地说，想象力是科学研究中的实在因素。"① 对这段话应当作全面的理解：第一，进行合理想象的能力必须要以相当程度的知识为前提，正如杨振宁在谈到库仑定律的提出包括猜测的成分时所说："在所有物理和数学的最前沿的研究工作，很大一部分力量要花在猜想上。……当然这并不是说可以乱猜，猜必须建筑在过去的一些知识上面，你过去的知识越正确越广泛，那么猜到正确答案的可能性就越大。"② 第二，想象力又不与知识量成简单的正比——学识渊博和掌握甚多材料的人未必都敢于和善于想象。在这点上，我们既不能笼统地提倡根据个别事实就去猜想普遍原理，又不能机械地要求只有到事实材料掌握极为丰富之后才去形成概念。

马克思主义的创始人在认识论的阐述中曾经肯定了古代的自然哲学中有天才的直觉，但较少讲到近代自然科学中的猜测与想象。我们并不能由此得出否定科学研究中需要这种直觉方法的结论。恩格斯在论及自然科学的认识论问题时深刻地指出："只要自然科学在思维着，它的发展形式就是假说。一个新的事实被观察到了，它使得过去用来说明和它同类的事实的方式不中用了。从这一瞬间起，就需要新的说明方式了——它最初仅仅以有限数量的事实和观察为基础。"③ 可见，马克思主义并不否定以有限数量的事实和观察为基础去提出假说，而且讲到了需要假说作为新的说明方式。以有限数量的事实和观察为基础进行思维，离开想象和猜测的直觉方法是办不到的。

第三节　形象思维与逻辑思维

爱因斯坦等著名科学家在认识论上的主要贡献之一是他们指出了逻辑思维方

① 许良英、范岱年编译：《爱因斯坦文集》第1卷，北京：商务印书馆，1976年，第284页。

② 从历史角度看四种相互作用的统一.《世界科学译刊》，1979年第1期，第3页。

③ 《马克思恩格斯选集》第3卷，北京：人民出版社，1972年，第561页。

法的局限性，把我们往往忽视的形象思维以极为鲜明的语言提了出来。但他们毕竟不是职业的哲学家或逻辑学家，对形象思维同逻辑思维的相互关系则讲得不多或不够全面；可能还由于他们大都是理论物理学家，对构思和创造性的形象思维还有点偏爱。例如，爱因斯坦认为："一般地可以这样说：从特殊到一般的道路是直觉性的，而从一般到特殊的道路则是逻辑性的。"① 爱因斯坦的这个提法一般地说是正确的，但这并不排除要具体分析直觉性同逻辑性之间是否可以相容的问题。在这个问题上我们倾向于接受普朗克的观点：单有逻辑思维是不够的；也就是说，要有逻辑思维，还要有形象思维。

基本的概念和原理的形成离不开形象思维，同时，人们在构思的过程中并非只有直觉的想象和猜测而没有逻辑的推理，从经验到理论之间依然有逻辑的思维在起作用；以经验为背景的想象不能同已有的理论完全脱节，由特殊（经验）到一般（理论）不能同由一般到特殊截然分割；逻辑思维的加工在某种程度上是形象思维的前提，形象思维需要有逻辑思维来延续。

凯库勒发现苯的结构式，是想象力造成科学理论上的突破的范例。但凯库勒并不是全然抛弃已有的化学知识和逻辑推理去思索苯分子中碳与氢的结合方式的；把他的发现都归之为马车上的灵机一动，这不切合实际，会把形象思维神秘化。有机化学表明，苯分子的凯库勒结构式是包含着可推断的因素的。他不仅知道苯分子中各有六个碳和氢的原子及这些原子的普遍特性，而且知道苯分子中任一个氢原子被另一种原子或基取代后，只能生成一种一元取代物，苯的二元取代物则有三种异构体存在。从这些事实出发，可以推导出苯的结构是六个碳原子组成的一个环状化合物，并且每个碳原子都接着一个氢原子。这里用的"可以推导出"就是逻辑的格式。很显然，如果苯分子中六个氢原子的位置不同，则苯的一个氢原子被另一种原子或基取代后就会生成多种一元取代物；而事实既然是只有一种一元取代物，那么，苯分子中六个氢原子所处的位置是一样的。我们并不认为凯库勒的结构式完全是逻辑推导出来的，只认定苯的六个氢原子位置一样，还不能写出苯的结构式，很重要的还要善于想象。顿悟是想象的一个环节。我们只是说凯库勒结构式并不纯粹是想象的产物，在他的构思中包含着逻辑推理。

普朗克提出的"能量子"概念主要不是逻辑思维的结果，无论是从黑体辐射的维恩公式还是瑞利-金斯公式出发都不可能推导出量子论的思想。相反，这两个公式的理论计算不仅与实验结果不尽相符，而且是"非量子化"的。普朗

① 许良英、赵中立、张宣三编译：《爱因斯坦文集》第3卷，北京：商务印书馆，1976年，第490～491页。

克的贡献是他在解释黑体辐射的实验事实时，大胆地想象出能量的分立性（把黑体辐射的腔壁设想为许多带电的谐振子，它们只能处于分立状态，其能量是最小能量的整数倍）。就这种想象来说，我们可以认为普朗克的量子论是直觉的产物。由于他的直觉想象，找到了同实验结果完全符合的假说；然而，在普朗克靠神机妙算提出量子论的时候，又不可忘记这里的神机中有逻辑推理的因素，妙算更离不开逻辑。量子假说的产生也有逻辑上的前史，并且表现了形象思维与逻辑思维的相容性。① 量子概念的成立还要从数学上计算和表达辐射强度、波长、温度之间的函数关系，导出普朗克公式和普朗克常数的值，在这些推导中都既有想象又有逻辑。

爱因斯坦狭义相对论的两条基本原理是构思的产物，但这并不等于在这些原理的形成中毫无逻辑思维的成分。

第一，狭义相对论出现的背景是经典物理学在以太问题上陷入困境，而这种困难是同逻辑思维有关的。“以太风”和“以太曳引”的假说就是推理的结论，是麦克斯韦理论推导出来的结论。在爱因斯坦之前，洛伦兹依据收缩假说提出的时空变换式也利用了逻辑推理。尽管爱因斯坦对这些保留以太说的推论都不满意，但不能说前人的分析对相对论的出现没有影响。

第二，在爱因斯坦提出相对论的两条原理的进程中也有逻辑思维在起作用；尽管这种逻辑是很普通、常识范围就有的，但毕竟是逻辑。他在《自述》中回顾光速不变原理的产生时曾说：“经过10年沉思以后，我从一个悖论中得到了这样一个原理，这个悖论我在16岁时就已经无意中想到了：如果我以速度c（真空中的光速）追随一条光线运动，那么我就应当看到，这样一条光线就好像一个在空间里振荡着而停滞不前的电磁场。可是，无论是依据经验，还是按照麦克斯韦方程，看来都不会有这样的事情。”② 悖论就是逻辑思维中的矛盾，爱因斯坦在这里遇到的问题是：①根据牛顿力学，以光速随光线运动的人会看到停滞不前的电磁场；②根据麦克斯韦理论，不可能有停滞不前的电磁场存在。他从这里（凭想象）得出的结论是：以任何速度随光源运动的人都看到不变的光速。可见，逻辑思维中的悖论对形象思维还是起作用的，按照爱因斯坦的说法：“这个

---

① 与量子论产生有关的逻辑推理（与想象、猜测结合）比较复杂。大体是a. 经典结果在频率趋于零时与实验相符，所以，可以设想能量均分定理所指出的驻波的平均能量这一点，在频率趋向于零时是正确的；b. 在频率趋于无穷大时t平均能量应当趋于零；c. 因此，驻波的平均能量依赖于频率，而不是像经典定律所认为的同频率无关。关于这一猜测，可参阅瑞斯尼克：《相对论和早期量子论中的基本概念》，上海科学技术出版社1978年版，第146页。

② 许良英、范岱年编译：《爱因斯坦文集》第1卷，北京：商务印书馆，1976年，第24页。

悖论已经包含着狭义相对论的萌芽。”①

第三，爱因斯坦认为在经验同理论之间没有逻辑的道路，只是指某种理论的最基本的概念和作为公理的最普遍的原理，至于整个理论则必须有逻辑的体系和严密的推理。他要求在世界图像中尽可能地寻求逻辑的统一，也就是，“要寻找一个关于所有这些学科的统一的理论基础，它由最少数的概念和基本关系所组成，从它那里，可用逻辑方法推导出各个分科的一切概念和一切关系。”② 他自己正是从相对论的两条基本原理逻辑地推导出关于同时性的相对性、时钟延缓、长度缩短、质量随速度变化、质能相关等一系列相对论结论。如果把作为公理的原理叫 A，把所有这些结论叫 S，那么，在一个理论中就必须要“由 A 通过逻辑道路推导出各个个别的结论 S”，③ 在这种推导中不允许有逻辑上的矛盾，不允许违背逻辑规则去搞折中和调和。可见，爱因斯坦所主张的只是公理性的概念和原理同经验材料之间没有逻辑的联系；如果认为他主张理论体系的形成可以不通过逻辑的道路，那是不正确的。

形象思维在科学研究中有重要的意义，这种思维的产物（假说性的基本概念和原理）的正确与否还需要实践来证明。如果我们暂且不论实践检验这一点，那还可以说，形象思维的结果的合理与否需要由逻辑思维加以论证。形象思维不是凭空出现的，人们的想象、猜测也不能毫无限制地自由驰骋。直觉的思维有更大的灵活性和创造性，也正因为它有广阔的活动天地，就更有可能飞到不着边际的地方，得出错误的假说。我们在前一节中引用了普朗克谈直觉想象力的必要性的一段话，他在讲到这点之后接着还说，直觉常常变成一个很不可靠的同盟者，不管它在构成假说时是如何不可缺少。

在自然科学史上不乏不合理的想象导致错误假说的实例。18 世纪末德国数学家兼化学药剂师里希特在测定酸碱当量上做了不少工作，提供了有益的资料，但他设想的“数列规律”却是与客观实际根本不符的臆度。④ 里希特走到了化学当量定律的门前，但他的主观主义的构思却使他没有能迈入门内。19 世纪的克劳修斯对发现热力学第二定律有重要贡献，但他设想这一定律可以应用于无限宇宙，提出整个世界的熵趋于极大（即“热寂说”）则是不正确的。20 世纪的一些天文学家为了解释宇宙的总熵永不增加，却想象

① 许良英、范岱年编译：《爱因斯坦文集》第 1 卷，北京：商务印书馆，1976 年，第 24 页。

② 许良英、范岱年编译：《爱因斯坦文集》第 1 卷，北京：商务印书馆，1976 年，第 385、541 页。

③ 许良英、范岱年编译：《爱因斯坦文集》第 1 卷，北京：商务印书馆，1976 年，第 385，541 页。

④ 里希特想象：如果以一种酸为基准，所得到的各种盐基的“等质量数”间将成等差级数的关系；如果用不同的盐基为基准计算各种酸的“等质数量”时，酸类的“等质量数”间则成一几何级数。里希特认为这就是有重要意义的“数列规律”。

出一种物质和能量会从虚无中不断产生出来的“稳恒态模型”，这是违反质能守恒定律的。

逻辑思维可以作为验证形象思维结果的辅助手段，如果从这种结果中能逻辑地说明已知的经验事实，并逻辑引出新的预见可供实验检验，这种形象思维才有成立的可能。不具备这种条件的猜想往往是站不住脚的（如不能推出对已知事实的解释），或者是没有什么意义的（如不能推出对新事实的预见）。如果用图 7-3 来大致表述逻辑思维对形象思维的辅助验证，这就是：我们把作为形象思维背景的叫“已知经验”，把由概念、原理导出的叫对“已有经验”的说明，这并不表示“已知经验”同“已有经验”有什么质的区别，只不过是要求后者的事件（ABCD）应多于前者（ABC），例如，爱因斯坦的狭义相对论的两条基本原理的背景是对光行差的观测和斐索实验，而他通过直觉提出的这两条原理就不仅能逻辑地解释这些观测和实验，还能够解释迈克尔逊-莫雷实验及其他一些实验，而且能逻辑地导出新的有预见性的结论（EF），如时空效应和 $E=mc^2$。正因为这样，相对论的设想才被认为是合理的，至于对相对论的进一步实践检验则是稍后的事情。假定一种假说只能就 ABC 说明 ABC，又不能导致任何预见，它的可信度就大大减小。

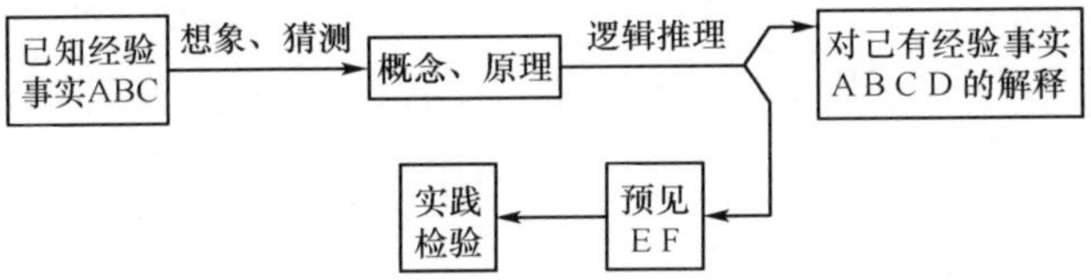

图 7-3

我们在这一节里主要是就构思的过程讨论了形象思维与逻辑思维的关系，实际上，舍象与构思、逻辑思维与形象思维，是互相渗透、互相交错的，只是在认识活动中有时侧重于一种方式方法，有时又侧重于另一种。如果我们考察由经验上升到理论的全过程，或许可以把上面的图 7-3 再加以扩充，用较复杂的（仍然是粗糙的）新图式（图 7-4）来大致描述：

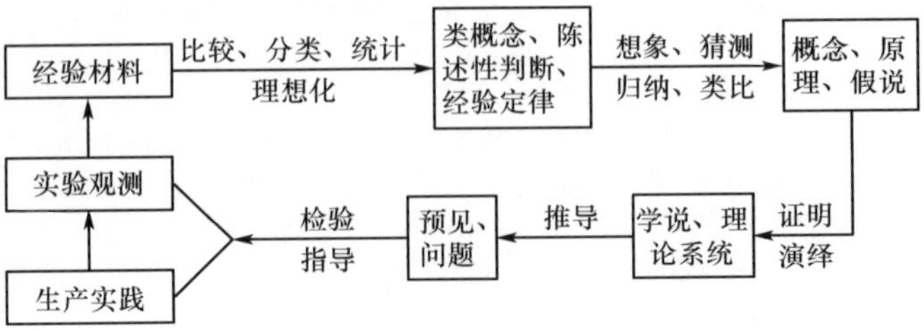

图 7-4

第四节　推理及其作用

在前面的叙述中已经提到推理。广义地说，推理作为科学认识中导出知识的过程和方法，既包括由经验事实引出概念、判断，也包括在理论思考中由一个或一些判断导致另一判断。

在说明推理在现代科学研究中的作用之前，有必要对推理的一般特点作些讨论。

人们通常认为，概念、判断、推理是理论思维的三种形式，这种看法是值得推敲的。我们在前面讲到科学理论的知识单元时只涉及概念和判断，没有把推理同概念判断并列，就因为对推理是思维形式的观点有不同意见。由于形式一词往往作为方式、形态的同义语应用，如果把推理视为认识过程中的思维方式（接近于认识方法），我们认为可以说推理是思维形式；如果把推理看做科学认识的思维形态（接近于认识成果），则把推理说成是思维形式就值得商榷了。诚然，推理一词可以有不同的含意，例如，我们可以把“因为（如果）M是P，S是M，那么S是（或可能是）P”的全过程看做推理，也就是认为推理是由“M是P”和“S是M”两个判断引出“S是（或可能是）P”的判断，并在这个意义上考察推理的各种格式和方法。在这里，推理通过“因为（如果）……那么……”为纽带把若干知识单元联结起来，推理是联结各知识单元的过程和方式。然而，人们有时又把上述三段式的结论叫推理，如说“S是（或可能是）P是一个推理”，在这里，只表示“S是（或可能是）P”这个判断是派生的，而不是直接的事实陈述。显然，在认识论和逻辑学的研究中，应当在前一种含意上使用推理一词；至于在日常用语中把上述的“S是（或可能是）P”说成是一个推理，应当理解为这是一个由推理得来的判断，是一个由推理导致的结论，只不过用省略的办法来表述就是了。为了区别，不妨把由推理得来的结论（判断或假说）叫做推论。

在科学知识中，概念和判断（定律、原理、定理、公式、学说）作为思维形态是有实质内容的，可以用实词来表达。认识活动中的推理过程尽管很复杂，但其自身并没有实质内容，与推理相适应的是“因为……所以……”、“如果……就……”之类的关联词。概念、判断、推理的这种区别是有的逻辑论著已注意到的。例如，在我国高校的文科逻辑教材中的界说是：“概念是反映事物的特有属性的思维形态”；“判断就是对事物情况有所肯定或否定的思维形态”；“推理就是根据一个或一些判断得出另一个判断的思维过程”。①

这里对概念、判断用了思维形态的提法，把推理定义为思维过程。尽管这本教材没有详述采用这种不同规定的理由，但它没有把概念、判断、推理都归之为并列的思维形式，这是有道理的。

形式逻辑在概括人们的思维过程时指明，推理可以是由个别性的判断导出普遍性判断（归纳推理），或个别性判断导出其他个别性判断（类比推理），或由普遍性的判断导出个别性判断（演绎推理），并且对这些推理过程的规则和方法分别做了论述。我们将不重复已有的见解，而只作一些补充讨论，并着重说明现代科学研究中推理方式的特点。

通常认为，逻辑学是从理性思维的形式、规律和方法为研究对象的。但它在论及推理的时候实际上已超出了理性思维的范围。归纳与类比还包含着从经验到理论的性质，或者说归纳与类比也是处理经验材料的方法。按形式逻辑的学科内容如何解决这个问题（例如，把归纳推理同归纳法相区别、类比推理同类比法相区别），我们在此不作讨论。就认识论的研究说，不妨把推理看做是从一些知识导出另一些知识的思考过程，并且对知识的推导作更广泛的、综合性的研究。

首先，应当从科学发现的认识过程考察归纳、类比、演绎，以及它们同实验、观测、舍象，构思等的相互关系，把全部间接性的科学知识都当作是推理的产物。我们在前一节里所画的较复杂一点的图式，同时也是对各种认识方法（包括推理）的关系的描述，其中的横向箭头广义地看都是推理。结合自然科学发展的实际探索各种推理方式间的推移是认识论和辩证逻辑的一个任务。笔者以前曾对归纳、类比、演绎的关系有过一点考虑②，新意不多，不赘述。

其次，我们认为，如果对知识单元间的联结作广义的理解，那么推理过程就不仅限于判断之间、个别同一般之间。道尔顿由定比定律（判断）的分析引出原子的概念，又从它导出倍比定律；麦克斯韦由电磁的以太模型引出位移电流的概念并导出电磁波的预言；普朗克由黑体辐射定律的研究提出能量量子的概念并由爱因斯坦引申为光量子的概念，这些都是推理。人们在科学研究中由现象揭示本质和由本质说明现象，由偶然把握必然和由必然解释偶然，由结果发现原因和由原因导出结果，由事物的性质和功能设想事物的结构和由结构论证性质和功能，由具体区分出抽象的规定和由抽象上升到具体，都可以说是由此及彼的推理。

---

① 金岳霖主编：《形式逻辑》，北京：人民出版社，1981 年，第 18、68、139 页。

② 参见《关于类比法的几个问题》，《新建设》1963 年第 2 期。《试论归纳和演绎的辩证统一》，《哲学研究》1962 年第 2 期。

推理不仅是个别人的思维过程，整个科学认识的发展就是一系列的推理或连续推理。自然科学的进化，至少从它的理论方面看，是靠推理相互衔接的。古代人（如亚里士多德）由位移的变化推出速度的概念，伽利略又由速度的变化推出加速度的概念，牛顿则由加速度的变化推出力的概念，焦耳等人由力又推出了功、能的概念。固然这些概念（以及定律、原理）都是经验的升华和结晶，但离开科学发展中的推理，就无从说明各个概念、定律、原理之间相互联结和顺序关系。认识的历史和推理的逻辑是统一的。一门在理论上比较成熟的科学，它的各个知识单元应当是在逻辑上逐渐展开的由简单到复杂的系统（推理系统）。例如，电磁学中“电荷—电场—库仑定律—高斯定理—电流—电动势—欧姆定律—磁场—电磁感应—法拉第定律—麦克斯韦电磁场方程”就是一个较完善的逻辑结构。在这个结构中各知识单元的连线就包含着推理；同时，这个结构中各知识单元的顺序大体上又是电磁学发展史的缩影。我们也可以说，推理的逻辑同推理的历史有一致性。对推理的研究，也就是对建立科学理论体系的方法的研究。

再次，从自然科学的发展过程来了解推理的地位和作用，十分重要的一条是要探讨推理思维的现代特点。在这个问题上首先值得注意的是现代科学与数学的关系，我们将留待下一节中再来讨论。在这里仅限于分析现代科学推理的一些其他特点。

谈到逻辑推理，很容易想到教科书讲到的不完全归纳或三段式演绎。实际上，现代科学思维中的推理则要复杂得多，例如，思想实验就是这种推理的方式之一。

在伽利略和牛顿的力学研究中就用过思想实验的方法。伽利略驳倒亚里士多德的运动观（重物比轻物先落地），并不是他亲自跑到比萨斜塔上去做了实际的自由落体实验（通俗宣传中的这种说法与史实不符），而是由于他的斜面实验和思想实验。伽利略思想实验的“做法”（应读为想法）是：假定有重量为 W_1 的 A 球和重量为 W_2 的 B 球且 W_1 大于 W_2，又假定 AB 分别同时从同一高度落下，再假定把 AB 捆在一起（重量为 W_1+W_2）仍从这一高度落下，如图 7-5 所示。伽利略指出，如果按照亚里士多德的观点，经过同一时间，A 球要落至 a 处，B 球落至 b 处，因为 A 比 B 重，A 比 B 快，oa 大于 ob。那么，AB 俩球捆在一起在这一时间里将落到哪里呢？伽利略又指出，如果仍然按照亚里士多德的观点，可以作出两种结论：①由于 A 要快落，B 比它慢，两者捆在一起，A 要拉着 B 快落，B 要拽着 A 慢落，两者互相牵扯，将要落到 C 处，这时 oc 小于 oa 又大于 ob；②由于 AB 捆在一起的总重量比 A 还重，由于重的降落得快，捆在一起的两球则要落到 d 处，od 大于 oa。伽利略由此论证；同一对象（捆在一起的球）不可能

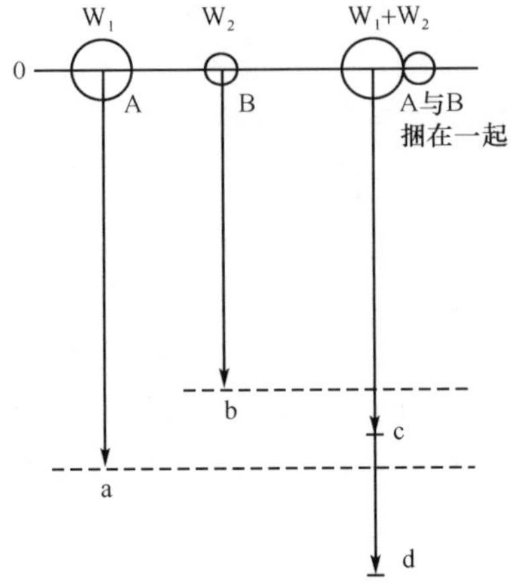

图 7-5

在同一时间既落到 c 处又落到 d 处，因此，亚里士多德的观点是错误的。牛顿论证“绝对空间”的水桶实验也是一个思想实验。①

在现代科学的理论思维中，思想实验更大量的应用，爱因斯坦在研究相对论时就进行了（在头脑中进行）跟踪光速的“实验”、火车“实验”、电梯“实验”。我们仅以“电梯实验”为例略作说明。牛顿力学的基本定律表明，作用于某物体的力 f 所产生的加速度 a 同该物体的惯性（质量）成反比，由于这里的质量概念来自惯性，可用 $m_{惯}$ 表示，即

$$f=m_{惯}a \tag{1}$$

此物体在地球上又受到万有引力 F，其值同该物体和地球的引力质量成正比（物体的引力质量用 $m_{引}$ 表示，地球的引力质量为 M），则

$$F=m_{引}GM/r^2 \text{（}G\text{ 为常数，}r\text{ 为距离）} \tag{2}$$

如果 f 与 F 相等，就有

$$m_{惯}a=m_{引}GM/r^2 \tag{3}$$

或简单地说这时 $m_{惯}a=m_{引}g$（g 为重力加速度）。我们通常认为 $m_{惯}$ 与 $m_{引}$ 的大小是严格相等的，然而，式（1）与式（2）毕竟是来源不同的，用什么办法能够证明物体的惯性质量和引力质量是等效的呢？爱因斯坦用他设计的电梯简单地、有说服力地解决了这个问题。假定在一个封闭的电梯里有一个人在梯顶用绳子挂了一个小球 M，他看到绳子是拉紧的，根据力学定律，将会有以下两种情况出现：①电梯静止，由于引力作用使绳拉紧，绳的拉力等于小球的引力质量 $m_{引}g$；②引力场不起作用（假定电梯处于没有引力的地方），电梯以加速度 a 向上运动且 a 的大小等于 g，由于惯性力的作用也使绳拉紧，绳的拉力等于小球的惯性质量 $m_{惯}a$，绳的拉紧程度与前一情况相同。电梯里的人对这两种情况属于何种是无法分辨的，也就是说，一个存在着引力场的惯性系（图 7-6）同一个不存在引力场但在作加速运动的非惯性系是等价的，引力质量同惯性质量等价。同理，电梯中的人也无法分辨电梯不受引力场作用而静止（这时小球也将悬浮于空中，人将失重），还是电梯虽受引力场作用但以自由落体的加速度下降（这是小球也将悬浮于空中，人也失重），这同样说明一个物体的引力质量和惯性质量

① 方励之、褚耀泉：《从牛顿定律到爱因斯坦相对论》，北京：科学出版社，1981 年，第 6 ~7 页。

相等。

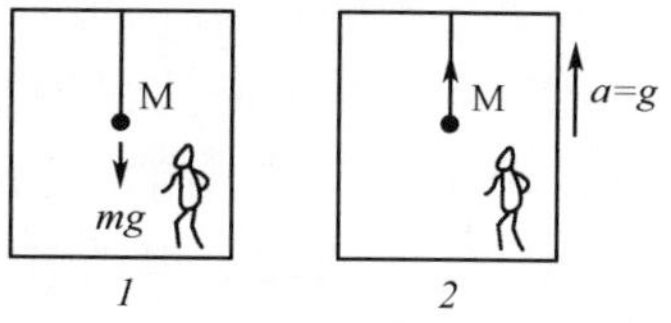

图 7-6

在麦克斯韦提出电磁方程的论证中，在量子力学阐明光的粒子图景的分析中，在地质学研究大地构造形成的机制时，都利用了思想试验的方法。在工程技术的设计上也经常采取思想实验（或试验）作为衡量可行性或可靠性的逻辑手段。

思想实验具有实际实验的某些特征。思想实验中诸因素（例如，小球、电梯、引力等）并不纯粹是主观的想象，它们具有明显的直接的现实原型。这些因素不仅是被抽象出来，而且彼此作用、相互干扰，还造成某种结果（例如，落下点的位置、失重状态）。某些（不是全部）思想实验还可以用物质因素实际地进行或转化为现实实验。然而，思想实验毕竟不是实际实验，它是在人们头脑中（思想中）的实验设想，是逻辑思维的推理方式。

思想实验的推理中包含着归纳、类比，但更多的是演绎。这种“实验”中的演绎与一般的三段论式有很大的不同，它不是简单地从一个大前提和一个小前提去揭示二者的关系，而是用一系列科学原理和定律为依据，让许多理想因素充分地起作用，从而导致类似于现实实验的新的原理和定律。思想实验的综合推理，表现了理论思维的巨大能动性，它能代替人们去做一些可以不必搞的实际实验，还能“造出”实际实验所无法实现的过程。从认识论和逻辑学的发展着眼，认真考察思想实验中逻辑推理的特点是很有价值的。

现代自然科学的推理方式，还表现为以推出佯谬和悖论为结果的思维过程，再以佯谬和悖论作为科学研究的新起点。这种推理是对科学假说进行逻辑证明的手段。不导致佯谬或悖论是假说、原理得以成立的一个条件。克服佯谬、解决悖论是科学发展的直接动因之一。

佯谬和悖论在外文中是一个词，在译成中文时则略有区别。通常认为：“从某一前提出发推出两个在逻辑上自相矛盾的命题，或从某一理论、观点中推出的命题与已知的科学原理产生的逻辑矛盾叫悖论。……在物理学上的悖论常译作佯谬。”① 这种观点是可行的，但如果略细区分，佯谬的概念与悖论的概念不仅有学科使用上的差异，也还有内涵的不同。佯谬（如玻尔兹曼佯谬、双生子佯谬、引力佯谬、光度佯谬）通常是指：人们从某种假说出发进行逻辑推理，却导出了同事实（或可设想的事实）不符的结论，但一时又难以确定问题的所在——是作为出发点的假说有错误，错在哪里；还是推理过程不够正确，有什么缺陷。例

① 自然辩证法讲义编写组：《自然辩证法讲义》，北京：人民教育出版社，1979 年，第 327 页。

如，天文学中的光度佯谬（奥勃斯佯谬）是从宇宙的无限性的观念出发的。奥勃斯假定存在有无限数目星体，星体以均匀密度分布，每个星的发光度相同，星体在过去无限长时间内一直在辐射与吸收光，从这些假定得出结论：天空必定是无限明亮的，地球上也没有黑夜。很显然，这个推论是与观测事实矛盾的。然而，在这一矛盾提出时，人们却既不能否定天空并非无限明亮的事实，又不能从自然科学方面（不单是从哲学上）否定导致无限明亮的那些假定。识破上述的矛盾就成了科学的一个疑难，在这时，科学家们就把这个矛盾叫做佯谬。天文学家们为了解决光度佯谬的问题提出过多种宇宙模型，这些模型至今仍然是一些假说。

至于悖论，它通常是从一种或一些观点、原理出发，合乎逻辑地导出两个互相矛盾的判断。悖论有时也是科学研究中碰到的疑难，在这种情况下又可称为佯谬。例如，数学上集合论的罗素悖论亦可叫做罗素佯谬。但是，在许多情况下，悖论却不是佯谬，不是科学面临的困惑，而是作为一种反驳和证明的形式。例如，上面提到，伽利略从重物先落地的观点导出两种相互矛盾的结论，就是用悖论反驳亚里士多德。爱因斯坦从经典物理学引出的悖论（以光速随光线运动的人将看到停滞的电磁场，电磁场又不能处于停滞状态），就是为了论证光速的不变性。从逻辑上讲，佯谬与悖论亦不一样，前者是逻辑推理的结论与事实有矛盾，后者是逻辑推理导致两个互相矛盾的结论。

现代自然科学中的佯谬和悖论是一些有特殊性质的判断，引出佯谬的推理程序和方法也有特殊性质的要求，这些都是认识论应当深入研究的。

第五节　数学方法与自然科学

自然科学的理论思维是同数学的应用分不开的。严格地说，数学本身不是自然科学。恩格斯在自然科学分类中列举了力学、物理学、化学和生物学，而没有把数学当作自然科学的一个门类，这是有道理的。我们在本书中也主要是就自然科学的发展来讨论认识论的问题，较少涉及数学，也不准备在这里讨论数学的定义和它本身的进展情况。重要的是，迄今为止，数学与自然科学是密切相关的，数学的应用对于了解和研究自然现象具有重要的方法论意义。

数学作为自然科学研究特别是理论思维的方法，生动地表现了思维与存在、主观与客观的同一性。自然界的一切现象和过程都有其量的方面和定量关系，数学有普遍的适用性。量和量的关系只是自然事物的一个方面，是事物的一个形式方面。数学有其抽象性，而且它的抽象性正是它普遍适用的一个根据。数学“只表现世界的联系形式的一部分——正是仅仅因为这样，它才是可以应用的。”①自然过程有确定的因果性、规律性，教学有严格的逻辑性。不同的自然现象有相似的特点，一类数学公式又有它的广泛性。“自然界的统一性显示在关于各种现象领域的微分方程式的‘惊人的类似’中。”② 数学的这些特点以及它的精确性等，数学与自然界的一致，这是毫不奇怪的，因为它归根到底是从现实世界中来的。这当然不是否定数学的相对独立的发展，否定由此产生的并非直接反映现实的概念及其相应的分支学科，更不是否定这些概念和学科能动地促进了自然科学的进步。

数学对自然科学研究发挥其方法论作用经历了一个历史的过程。古代的数学曾经主要是计量（计算牲畜头数、丈量土地、记载财物收支等）的手段，它的某些分支（如几何学）则有逻辑论证的意义。然而，在古代和近代自然科学刚刚兴起的时候人们又曾把数学当作决定现实世界的固定模式。例如，天文学的研究必须服从数学上的和谐——天体必然是球形的，它们的运动只能遵循正圆形轨道。随着近代自然科学的进一步发展，数学才日益成为探索和发现自然规律的方法，成为反映和论证科学原理的工具。

近代的许多自然科学都认识到数学的重要价值。达·芬奇说过：“科学上没有什么肯定的事情用不上一门数学科学的。”③伽利略对工匠的技能和经验是相当尊重的，但他认为：“尽管这些工匠懂得很多，他们的知识并不真正是科学的，因为他们不熟悉数学，所以，他们不能从理论上发展成果。”④牛顿把他写的论述万有引力的科学著作命名为《自然哲学的数学原理》，这绝不是偶然的。十八世纪的许多力学家同时又是数学家。十八世纪与十九世纪之交的法国天文学家拉普拉斯在其《宇宙体系论》一书中对数学的作用提出了许多很有价值的看法。他认为，在自然科学中，“只有实际观测与理论计算联成一体的结构，才能长久存在”。“许多特殊事实和普遍事实在分析数学上的联系才构成为一种理论。”⑤他提出了靠物理学家同数学家互相协作来解决科学问题的主张，表现了高度的远见卓识。拉普拉斯说：“物理学家须依赖数学家将其所做的实验结果提高到普遍的定律，反过来，数学家需请物理学家将其所计算的结果，加以实际的校验，以期有

① 《马克思恩格斯选集》第 3 卷，北京：人民出版社，1971 年，第 78 页。
② 《列宁选集》第 2 卷，北京：人民出版社，1960 年，第 295 页。
③④　梅森：《自然科学史》，上海：上海人民出版社，1977 年，第 138、142 页。
⑤　拉普拉斯：《宇宙体系论》，上海：上海译文出版社，1978 年，第 422、444、429 页。

用于实际，而且由于实际用途，更在数学研究里开辟新的研究途径。”① 十九世纪物理学发展中尽管有实验学派与数理学派之分，他们实际上是在互相协作中推动自然科学进步的。没有法拉第的电磁感应实验，就没有麦克斯韦的电磁理论；而如果不是麦克斯韦有高深的数学造诣并充分注意到数学的应用（他认为科学的目的就是把自然界的问题抽象为数学的运算），就不能使法拉第的研究成果实现向理论体系的飞跃。正因为麦克斯韦提出了一整套电磁场的数学方程，经典电磁理论才达到了成熟和完善的地步。

数学方法有普遍的适用性，可是，直到十九世纪上半叶为止，它的实际应用范围还是很有限的。恩格斯在描述当时的这种情况时说过：“数学的应用：在固体力学中是绝对的，在气体力学中是近似的，在液体力学中已经比较困难了；在物理学中多半是尝试性的和相对的；在化学中是最简单的一次方程式；在生物学中=0。”② 由于现代自然科学的变革，人们需要探索肉眼看不见的微观领域和高速过程，更加要用理论思维去剖析而不能仅限于单纯的经验方法，数学的用武之地大为扩张。力学、物理学的成熟及化学、生物学本身的发展，又使数学方法在化学计算和化学分析中普遍应用，并使生物学的研究更多地利用数学。数学是老资格的学问，它的原理和方法相当成熟，现代数学的许多新的分支也比较完善并日趋发展，这就为数学工具的广泛而有效的应用创造了良好的条件。

对现代自然科学（特别是在它的基础理论方面）做出重大创造的人都有相当高的数学水平。相对论、量子论和量子力学的形成和发展都是同它们的创始人和继承者娴熟地运用数学分不开的。爱因斯坦在青年时代就认真学习数学，而且成绩优异，但他在相对论的研究中仍感到数学知识不足而去进行“补课”。爱因斯坦更加重视创造性的想象和基本概念的革新，但他又对数学的作用评价甚高，并取得了数学上的惊人成功（如把非欧几何引用到研究引力场）。他说，数学受到特殊的尊重，一个理由是它的命题是绝对可靠的和无可争辩的；“但是数学之所以有高声誉，还有另一个理由，那就是数学给予精密自然科学以某种程度的可靠性，没有数学，这些科学是达不到这种可靠性的。”③

我们都知道，对事物的质有所认识还只是初步的，要过渡到揭示事物的量才能深刻地了解事物。现代自然科学的研究不仅要定性，而且要定量，由定性进步到定量，这已成为普遍承认的方法。化学除了有多种多样的定性分析，还有非常精密的定量分析。物理学也要定量，还有复杂的量的推导。正如汤姆孙所说：

---

① 拉普拉斯：《宇宙体系论》，北京：人民出版社，1971 年，第 422、444、429 页。

② 恩格斯：《自然辩证法》，北京：人民出版社，1971 年，第 249 页。

③ 许良英、范岱年编译：《爱因斯坦文集》第 1 卷，北京：商务印书馆，1976 年，第 136 页。

“如果不能用数学来表示，那么你的认识是不够的，不能令人满意的，可能只是初步的认识，在你的思想上，还没有上升到科学的阶段，不论你讲的是什么。”①

值得注意的是，自然科学家们在研究工作中不单是运用现成的、由别人准备好的数学工具，他们当中的许多人还为解决特定的研究课题锤炼和制造出新的数学手段——自己造数学工具自己用，乃至成为数学家。牛顿在力学研究中提出并运用了流数法，对发明微积分有重大贡献。十八世纪的法国科学家达朗贝尔等人为研究弦振动创立了偏微分方程论。拉格朗日在质点和刚体力学的研究中发展了解析数学。瑞士的欧勒是理论流体力学的创始人，又是变分法的奠基人和复变函数论的先驱者。十九世纪的法国科学家傅里叶在研究传导问题时发明了用级数求解的数学方法，英国工程师亥维赛为便于电工计算制定了求解微分方程的变换法（拉普拉斯变换）。现代量子力学的一些研究者对数学的发展也做出了成就，他们推进了群论、泛函分析的方法。结构力学家们打开了有限元数学方法的新局面。

科学家和工程师自己制造的数学工具一开始可能比较粗糙，论证不够充分，但只要这种工具行之有效，就会得到数学家的公认并促使其完善化。亥维赛在解微分方程式时把某个参数的微分运算看做一个符号，从而把微分方程简化为代数方程。② 他用这个方法处理电工问题，算出的结果大部同实际相符，但有时则不正确（由于其变换规则开始还不甚严格）。亥维赛的方法（后来叫拉普拉斯变换）曾在当时受到非难，认为他违背了起码的数学规则，甚至说他是个魔鬼（用魔法算出结果）。然而，这种方法的作用终究引起数学家的重视并使其运算规则更严密，成为现代自然科学研究广泛运用的数学工具之一。

在自然科学方法论的著述中已经对应用数学工具的具体问题（如数学模型的类型及其选择、公理化方法等）做了分析。下面仅就自然科学的符号化问题作一些补充讨论。

符号化是自然科学中运用数学方法的一个前提，现代科学中的符号名目繁多，对符号和符号化的理解，又涉及认识论的根本问题。我们都知道，人们的感觉、表象、概念是客观事物的反映、模写、复写，而不只是一些记号、符号、象形文字；把认识看做是现实的反映是以承认意识内容同外部世界有相似性为前提

① 王梓坤，《科学发现纵横谈》，上海：上海人民出版社，1978 年，第 102 页。

② 一般来说，对某个两的运算符号不能脱离这个量，例如 $\log x$ 中的 log 同 x 在运算中不能分开，但亥维赛却把 $d/dt \cdot y$ 中的微分标记同 y 分开，把这个标记当作算子 p 运算，如把 $dy/dt-y=1$ 写作 $d/dt \cdot y-y=1$，再写成 $py-y=1$，还可以把 y 提出，写成 $y\ (p-1)\ =1$，得 $y=1/p-1$，再按变换表求 y，这样就使整个运算大为简化和易行。

的。如果把感觉、概念只看做是外部影响的代表，而且作为代表的标记不需要同它所代表的东西有任何相似之处，在哲学上就叫做“符号论”。列宁在《唯物主义和经验批判主义》一书中专用一节来批评赫尔姆霍茨的“符号论”及普列汉诺夫、巴札罗夫在这个问题上的错误。列宁指出，“符号论”割裂了概念同客体的关系，对感官能力和感性表象不信任，是不彻底的唯物主义或康德主义的观点。列宁说：“不容争辩，模写决不会和原型完全相同，但模写是一回事，符号、记号是另一回事。模写定要而且必然是以‘被模写’的东西的客观实在为前提的。”①

然而，我们认为，“符号论”的要害并不在于它用了“符号”这个词，而是它把表象、概念归结为符号或仅仅承认符号；对“符号论”的批评决不意味着科学认识论可以绕开、抛弃或禁用“符号”一词。反之，我们还应当研究符号的特点，以及它在科学理论中的地位和作用。诚然，符号或记号完全可能代表某种虚构的对象（例如，用 N 代表牛顿所说的“第一推动”的强度，用 R 代表“热素”的含量，用 D 代表“电液体”的浓度，N、R、D 这些符号所代表的是没有实际意义的东西）；符号也可能代表虽有用处却又缺乏直接现实原型的东西（如 a°、$0!$②、虚数 i 即 $\sqrt{-1}$ 等）；同一个符号还可能代表不同的事物（如可以用 V 代表体积、速度、电压、卷数或其他的对象）。可是，这些情况都不能构成取消符号的理由。在自然科学的研究中假定取消掉符号，也就取消了数学，自然科学就只会停留在经验的、粗浅的水平上。

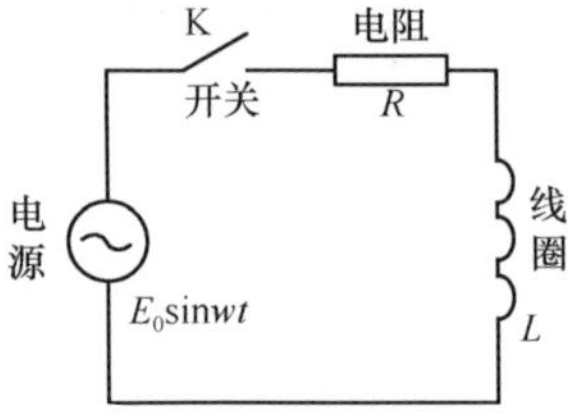

图 7-7

在科学理论反映现实的情况下，有必要把各个概念符号化（概念体系看起来像符号体系）。以简约的方式表述自然规律，这是容易理解的。例如，在只用一个电阻、一个线圈、一个交流电源组成的很简单的线路里，线路中的电流（I）：交流电动势的最大值（E_0）、相位角（ω）、线圈电感（L）、电阻阻值（R）都是明显有现实原型的概念。我们只有把这些概念符号化才能把握这个线路的规律性。例如，计算时间为 t 时的电流。

$$I=\frac{E_0\omega L}{\omega^2L^2+R^2}\cdot e^{-\frac{R}{t}t}+\frac{E_0}{\omega^2L^2+R^2}(R\sin\omega t-\omega L\cos\omega t)$$

---

① 《列宁选集》第 2 卷，北京：人民出版社，1960 年，第 241 页。

② 0！即零的阶乘，阶乘（！）在这里是运算符号，表示递减数连续相乘。如 5！=5×4×3×2×1，2！=2×1，而 0！则没有直接现实的原型，数学上认为 0！=1。

式中 e 为自然对数的底（又是一个符号）。如果拒绝这种符号化，恐怕水平很高的电学专家也难以把上述式子讲清楚。稍微复杂些的自然过程，如果不用更加符号化的数学公式就更反映不出来了。

反映现实的概念一旦符号化，可以作数学处理，就会引出派生的符号，这些派生符号中有的可以找到直接的现实原型，有的则不能找到但它们却有运算的意义。假定用 L 代表长度，它的平方（L^2）有实际对象可寻（即面积）；假定用 V 代表物体的体积，在某种运算过程中，就可能出现 V^2，而现实世界中是找不到“体积平方”的。对任一物理量（如速度、温度、电流等）符号化再实行开方、微分（包括多次微分）、求对数等数学处理（这在原则上都是允许的），其派生物并不都有新的和现实的意义。如果运算过程中绝对不容许出现“体积平方”（V^2）、“温度的立方根”（$\sqrt[3]{T}$）、“电流的 10 次微分”（$\mathrm{d}^{10}i/\mathrm{d}t$）以及虚数（$\sqrt{-1}$，亦用符号 i 表示）——这些符号都不直接代表现实原型，那么，数学还能帮助自然科学走多远呢？

辩证唯物主义认识论的基本观点是承认一切概念（包括代表概念的符号及其派生物）归根到底是现实世界的反映。大量的概念有其相应的现实原型，在这种概念形成后可以用符号简略表示（即现实并非首先反映为符号）。这些概念（及其代表符号）又可以合乎逻辑地导出新的概念、新的符号，其中包括没有相应的现实原型的东西。或者说，概念的符号化又使建立一个符号系统成为可能，这个符号系统有它自身的相对独立性，并因而成为数学的活动领域。

承认这种符号化，有助于说明数学的作用和现代发展。虚数的概念（及符号 i）是最难使我们把握的，有谁见到过 $\sqrt{-1}$ 个苹果或吃到 $\sqrt{-1}$ 只梨子呢！然而，利用 $\sqrt{-1}$ 所构成的复数（其基本形式是 $\mathrm{a+bi}$）却形成了现代数学的一个重要分支——复变函数。没有复变函数的理论和方法，现代流体力学、电磁学、热学、弹性理论中的许多问题都无法解决；也正因为虚数在实际的运算过程中有重要的现实意义，人们才不把它仅仅看做是虚幻的东西而抛在一边。

既然符号和符号系统有存在的必要，就发生如何确立恰当的符号和构成合理的符号系统的问题，这是现代自然科学和数学需要和正在研究的课题之一（例如，对单位制、因次分析等的研究）。在肯定符号和符号系统的时候当然不要忘记它终究只是标记，符号及其派生物归根到底是概念的代表者，概念是现实的反映，否则，我们就可能只关心记号和方程式而忘掉了客观物质世界。

第六节 理论研究与指导思想

我们在第四章里讲到，人们的思想、理性归根到底是从现实中来而不是主观自生的，然而，人们的实践活动（包括科学试验）又不是无目的和无意识的。在实践过程中有思想领先，在科学实验中有理性的指引，那么，在整理材料的理论研究活动中，人们是（或应该是）完全从经验材料出发去进行舍象和构思，完全不受先前的知识和哲理的影响，还是也有思想领先、理性指引呢？这又是一个与认识的能动性有关的重要问题。

或许有人会说，科学家在整理经验材料的时候，只能从经验事实的舍象或构思中引出概念、定律、学说来，谈不到还要用别的思想去领先或指引。难道真正的科学理论不应当严格地从实验观测的事实出发，立足于事实去思考、想象和作结论，而要允许某种先入之见先行于材料的整理和学说的提出吗？如果说在实验研究之前可以而且应当有试探性的意图和假说来引导，并经过实验观测校核这种意图和假说，在已经取得经验事实的材料以后，除了按照正确的观点方法去整理材料，实现由“经验—理论”的过度，还有什么必要再从这些材料以外去借助其他的思想呢？我们认为，问题首先不在于是否允许或是否必要，而是科学理论形成的实际过程究竟如何。

事情或许正出在整理材料需要一定的观点和方法上。在理论研究的过程中，前人的或本人原有的知识会对新概念的提出有所启示，要运用数学和逻辑的规则，还有科学家的世界观的指导。这些知识、规则、世界观的东西并不是（至少不都是）从科学家们要处理的经验材料中直接得来的（它们当然也有现实基础），但却对经验材料的加工整理有指导性的作用。

道尔顿的原子论是对18世纪末以前的化学材料的重大理论综合，化学中的新时代是随着道尔顿原子论的形成开始的。这一理论的提出当然有其经验事实的依据，这主要是：①18世纪的拉瓦锡等人经过实验测定，在化学变化中物质性虽有改变，但总重量不变。②这时的许多科学家都发现，在化学过程中反应物与产物之间有确定的重量比例关系，每种化合物都有确定的组成。法国的普罗斯分析了从世界各地搜集来的硝石、盐、硫酸钙和他在实验室里制备的这类化合物，证明纯净的化合物都是两种（或多种）元素按一定重量比化合而成的。他在1799年明确宣布了这一结论。③化学家们还发现元素或化合物可以按一定的数量比互相反应，而且还可按相当的比例互相置换。1802年，法国的费歇尔列出了较准确的酸碱当量表。④道尔顿本人从1787年起就业余地从事气象活动，对大气的成分、性质做了仔细的观察，研究了有关气体扩散、混合气体等问题。他发现混合气体的总压力是组成它的各种气体各自压力的总和，即混合在一起的不同气体相互间没有影响，每一种气体对任何别的气体来说都是一种“真空”。

道尔顿在1803年提出的原子学说是根据以上这些事实舍象和构思得来的，然而，这一学说的产生绝不仅仅是以上述事实为基础的想象，它至少还受到两个方面的思想影响，其一是古希腊的及牛顿、波义耳的原子论和微粒说的影响；其二是相同的元素互相排斥，相异的元素互相吸引的观点的影响。这两种思想观点在当时并不是化学实验的产物，也不是人们（包括道尔顿）的观测事实。只要考察道尔顿原子学说的内容就可以看出，某种理论的思维（或通俗地称“思路”）对科学理论的形成起了什么作用。近代原子学说的要点是：①原子是元素的最终组成，它不能创造、毁灭、分割，在化学变化中本性不变；②原子的质量是元素的基本特征，同一元素的原子质量、形状、性质皆相同，不同元素的原子质量、形状、性质皆不同；③不同元素的原子意见但数目的比例相结合，形成种种化合物。在这些要点中。自然哲学的原子论的思想是明显的，值得注意的还在于同性相斥、异性相吸的思想。

道尔顿怎样说明不同元素的原子以简单数值比发生化合呢？他指出，假定有AB两种元素的原子，并只知道它们有一种化合物，它就是一个A原子加一个B原子的二元化合物。由于这里只存在不同元素的原子相吸，二元化合物是最稳定的；如果有两种化合物存在，其中一种是二元化合物，另一种是三元化合物（A+2B或2A+B）；如观察到有四种化合物，则还有一种四元化合物中有相同元素的原子相斥，因而是不够稳定的。他还指出，正因为某种元素的原子只排斥与它相同的原子微粒，不排斥与它不同的元素的原子微粒，因此，混合在一起的不同气体各有各的分压（斥力），只是简单相加为总压力。

同性相斥、异性相吸的观点不是道尔顿由经验事实做出的结论，而是他的哲学思想。这种理论思维对原子学说的提出起了积极的作用；同时，它也造成了不良的结果。由于道尔顿把同性相斥、异性相吸绝对化了，他在片面强调只有二元化合物最稳定时，把水说成是HO、氨是NH（而事实上是H_2O、NH_3），而且认为同一种元素的原子由于只有相斥而不能结合，即不能形成H_2、O_2、Cl_2等分子。他固守这种想法，乃至拒绝接受盖吕萨的气体实验事实，并反对阿伏伽德罗的分子概念——近代原子学说的创始人反对分子学说，这是科学史上的一个重要教训。

门捷列夫建立了化学元素周期表，这固然是由于他掌握了有关元素性质和原子量测定的大量资料，也还由于他在科学研究中的观点和方法上有正确的指导思想。门捷列夫属于很有哲理的杰出科学家，他在叙述周期律发现的过程时说，当考虑物质的时候，“总不能避开两个问题：多少物质和怎样的物质。就是说两种观念：物质的质量和化学性质……因此自然而然就产生出这样的思想：在元素的质量和化学性质之间一定存在着某种的联系，物质的质量既然最后成为原子的形态，因此就应该找出元素特性和它的原子量之间的关系。……于是我就开始来搜集，将元素的名字写在纸片上，记下它们的原子量和基本特性，把相似的元素和相近的原子量排列在一起。”① 从这一段话中可以明显地看出元素周期律的发现是以质和量统一的观点作为指导思想，这在“两种观念——因此——于是”的语言结构中也表现出来了。门捷列夫还认识到，只把相似的东西归为一类，这种分类法是远远不够的，分类应当有助揭示自然界规律性的联系。因此，他不仅注意比较相似元素，而且很重视在相似元素的不同的族之间进行比较，还比较那些不相似的元素。正因门捷列夫在研究方法上的过人之处，才使他做出了化学史上有划时代意义的成就。

哲学观点上的缺陷也有妨碍门捷列夫继续前进的地方。他在早期曾经设想过元素有分解和转化的可能，然而，在他建立元素周期律的理论以后，他却认为“应当不再相信我们已知的单质的复杂性”，乃至“应当消除任何相信我们所已知的单质的复杂性的痕迹”。② 从这种观点出发，他根本不承认电子等新发现，更无从运用这些发现去进一步发展元素周期律了。

爱因斯坦、普朗克都写过许多哲学论著，他们的哲学思想对理论物理研究有重要影响。这两位大科学家在认识论和方法论上有两条很一致的观点：相信人类的智慧可以洞察自然界的奥秘；主张直觉，在逻辑上喜欢演绎法。普朗克说：“从年轻的时候起，学习科学鼓舞我去了解绝不是极为明显的事实，即我们的思维规律能符合从外部世界获得印象过程中所反映的规律性，因而人可以用纯思维来判断这些规律性。最重要的是外部世界，是独立于我们之外而与我们相对立的某种绝对客体，我感到探索这种绝对客体的规律是我的科学生活中最美好的任务。”③ 既坚持唯物主义，又主张用纯思维去作判断，这似乎是矛盾的，但普朗克正是在这种观点指引下提出了量子论学说。在爱因斯坦那里，客观性原则（坚持科学要反映外部世界）和逻辑简单性原则（科学要追求最少的基本概念）的结合，则是他研究相对论的指导思想。

科学家们在理论研究中受到某种观点的影响，有着各种不同的情况。以合理的指导思想去看待和处理经验材料，有助于促进正确认识的形成，反之则往往会导致错误的结论。可是，我们又不能把这一点绝对化，认为用错误的观点去整理材料就注定一无所获或只能得到荒谬的东西。

卡诺用热素说去解释热机的运行，认为热的动力首先依赖于热素量，其次依赖于交换热素的温度差。他用这种观点分析了理想热机效率，证明了热循环定理，实际上接近于热力学第一定律。热素说成为论证卡诺定理的方法和趋向热力

① 凌永乐：《化学元素周期律的形成和发展》，北京：科学出版社，1979 年，第 39 页。

② 札布罗茨基：《门捷列夫的世界观》，北京：生活·读书·新知三联书店，1959 年，第 158 页。

③ 斯杰潘诺夫：《光学三百年》，尚惠春译，北京：科学普及出版社，1981 年，第 58 页。

学第一定律的拐杖。

另一方面，热素说的思想又阻碍了卡诺的理论研究。他只从热素的数量不变去讨论热机效率，就片面强调了温差，看不到热量转化为机械功，使卡诺不能进一步揭示卡诺定理的更深刻的本质（热素说是违背热力学第一定律的）。正如恩格斯所说，卡诺“已经碰到热的机械当量了……，只是他不能够发现和看清它，因为他相信热素。这也是错误理论造成损害的证明。”① 从哲学上说，热素说属于机械论的自然观，因此，也可以说机械论的观点影响了卡诺在理论上的研究——他本来有可能成为热力学第一定律的创始人之一的。

在麦克斯韦建立电磁理论时，他除了依据法拉第等发现的实验事实，还利用了以太说的思想。以太说是在麦克斯韦以前很久就有的学说，并不是他从电磁经验材料中得到的。麦克斯韦为了从理论上解释电磁过程必须靠媒质传递（并非超距作用），一开始就想到了以太，提出了“电磁以太模型”，以太说曾是他研究电磁理论的指导思想；后来，麦克斯韦才抛弃了机械论的以太说。

有时候，某种非常错误的学说中的观点也能成为科学家整理材料的跳板，或者成为反驳另一种错误理论见解的出发点。达尔文和华莱士在提出生物进化论以前曾经搜集了大量的材料，但是，为了把各种各样的事实材料联系起来，把它们整理出一个头绪，他们又需要某种思想启示。在这里，赖尔的地质演化论起了借鉴作用。似乎奇怪的是，达尔文和华莱士两个人又都从马尔萨斯人口论这种错误的社会学说中找到了说明动植物进化的启示。达尔文在他的自传中讲到这一点②，华莱士在他的自传里也讲到，当他正模糊地思索动物既大量繁殖又大量被消灭的事实时，是马尔萨斯人口论使他想到适者生存。③ 我们不准备来讨论达尔文、华莱士是否应该利用马尔萨斯人口论的观点，而只是说这一观点在进化论形成过程中事实上起了桥梁的作用。生存竞争的观点用来解释社会生活中劳动人民的贫困和失业等是根本错误的，用这种观点来解释动植物物种的生灭进化则是可行的，这就是一种学说的错误观点会对形成另一种学说起启示作用的事例。同时我们也要看到，接受一种错误观点还可能使人们经过这种“桥”走入歧路。由于达尔文、华莱士接受了马尔萨斯的许多错误的观点，他们对生存竞争在在物种进化中的作用往往会强调得过分，从而，在看到自然界对生物的选择作用时，忽视了生物内在的遗传基质。华莱士后来甚至从自然选择出发谈论社会的生存斗

① 《马克思恩格斯选集》第3卷，北京：人民出版社，1972年，第549页。

② 法兰士·达尔文：《达尔文生平及其书信集》，叶笃正、孟光裕译，北京：生活·读书·新知三联书店，1957年，第1卷，第68～69页。

③ 梅森：《自然科学史》，上海：上海人民出版社，1977年，第390～391页。

争，并引申出“基督教社会主义”的教义来。

马赫在哲学上是一个实证主义者，他认为科学只能从事于描述、排列经验材料和发挥实效，而不能做其他事情（不能反映客观世界）；经验是科学的唯一对象，一切非经验的东西、在经验以外和没有经验内容的东西都是不能成立的，这显然是主观唯心主义的错误观点。然而，马赫却批评了牛顿的绝对时空观，指出“绝对空间”、“绝对时间”的概念是没有经验基础的，不能成立的。马赫的这种批评对爱因斯坦相对论的产生有重要影响，爱因斯坦对这一点评价甚高。马赫对绝对时空观的批评是以自然科学的分析为内容的，不是单纯的哲学批评，但从哲学上来说，他不能容忍非经验概念的观点不能说没有起到一定的作用。在人类认识史上，并非任何一种有错误的观点都会同意另一种错误观点，在两种观点的争论中也并非没有任何有益的东西。然而，马赫在哲学思想上的错误终究是妨碍其科学活动的重要因素。尽管他在力学的研究上有过很大的贡献，他却激烈地反对原子学和相对论，因为在他看来，原子论、相对论都是思辨性的、非经验的（人们看不见原子，在经验中也没有相对论效应的感受），因此，原子论、相对论都不能成立。爱因斯坦尖锐地批评了马赫在指导思想上的错误，说：“马赫可算是一位高明的力学家，但却是一位拙劣的哲学家。”①

不管理论研究中指导思想的情况和所起的作用如何复杂，有一点是肯定的，这就是前面所说：由经验到理论的过渡不单要靠事实材料，还要受到观点、方法的支配。这种观点、方法，可能来自以往的知识（如燃素说、以太说），也可能是更明显的哲理（如道尔顿、马赫的世界观）。一般地说，任何的思想见解都是以经验材料为基础的，处理经验材料又需要一定的思想见解，这是科学发展到理论研究阶段实际上存在的矛盾，也是人们无法避免的矛盾。片面地强调一切从经验事实出发，在反对先验论或主观偏见时否定了指导思想的作用，就会连两件自然的事实也联系不起来，或者连二者之间所存在的联系都无法了解。

理论研究中的指导思想终究不是理论研究的结论，如果不是把整理材料的思路当作建立理论的线索，把某种可以当作拐杖、桥梁、跳板的观点凝固化，把总结经验的指导思想变成死板的框架，也不能做出正确的科学结论。在某种思想指引下去总结经验同带着框框去整理材料并不是一回事，尽管这里的区别有时候难以划清，而且有可能互相转化。

理论研究中最一般的指导思想是科学家的哲学观点。不少科学家的哲学思想是自发的、缺乏理论论证的，他们或是通过长期生活实践和科学实践逐渐形成了

---

① 许良英、范岱年编译：《爱因斯坦文集》第1卷，北京：商务印书馆，1976年，第169页。

自己的世界观，或是经过某种自然学说接受了哲理性的观点。例如，从燃素说、以太说接受了唯物主义却又是机械论的观点。一批在自然科学基础理论上做出杰出贡献的第一流学者，他们不仅关心哲学，许多人还提出了含意深刻的哲学命题。其中有的人（如牛顿、伽利略、普利斯特里、门捷列夫、普朗克、爱因斯坦等）还在哲学史上有其地位。像爱因斯坦这样的科学巨匠兼大思想家，他有分析地继承了先前的哲学见解，以自己的科学活动为基础发挥和论证了一系列哲学观点，是具有自觉哲学意识的代表。科学家在理论研究中完全避开任何哲学思想是不可能的，区别只在于自觉程度不同，以及是受坏的哲学支配还是受合理的哲学影响。

第八章　当代科学和认识论面临的新课题

第一节　当代基础科学的进展

论述当代科学发展状况和特点的著作甚多，在这一章里，我们只能从认识论的角度概括地讨论当代科学的一些问题，或者说，是结合对当代科学的认识，去讨论认识科学（认识论）所面临的若干新课题。所谓当代，可以指20世纪，也可以指近几年，我们所指的30余年来的这段时期。

如何从总体上估计当代自然科学的发展，是一个有争论的问题。有一种意见认为，自然科学的最基本的原理，特别是构成当代生产活动和工程技术的理论基础的那些重要原理，在近几十年里并没有革命性的变革和创新。机械力学（刚体力学、流体力学、空气动力学）的原理、热力学的原理、电磁理论、原子结构学说、相对论和量子力学、电子学、化学结构学说等，在20世纪30年代或20世纪末以前就奠定了牢固的基础，而在近30余年里没有发生根本性的突破。当代自然科学中虽有许多新发现，个别学科还有重大发现，但整个来说主要是已有的基本原理的具体化、精确化和广泛应用。另一种看法则有很大的不同，认为近30余年里又发生了一场新的科学革命，在基础科学领域里，这个革命的具体内容就是天文学中的宇宙演化学说；物质结构理论中的夸克学说；地质学中的板块构造理论；DNA的发现和分子生物学的形成，以及信息论、控制论和系统论的确立，由于这一系列的创新，人类的自然观又发生了重大改变。

我们认为，前一种意见是有道理的，值得重视的。确实，我们现今无论是炼铁炼钢，制造机器、汽车、轮船，生产收音机、电视机，还是利用原子能，发展空间技术，设计和研制电子计算机，所利用的自然科学基本原理都是在20世纪三四十年代，或这之前已经准备好了的。激光技术是20世纪60年代的新发明，但它的理论基础——光受激辐射原理在20世纪初就提出来了。当代科学前沿的新成就（如高能物理学、分子生物学中的新理论），有的刚开始看到其实际意义，有的还看不到有什么应用价值。因此，从生产活动和工程技术方面考虑，如果过高估计当代基础科学的新成就，忽视或放松对现有生产技术所依据的科学原理的深入研究，那将是不利的。

然而，对我们研究认识论的问题来说，尽管把近几十年的科学进展叫做又一次科学革命的看法尚可商榷，充分注意当代基础科学中的一系列新发现却是很必要的和重要的。恩格斯曾经说过，“随着自然科学领域中每一个划时代的发现，唯物主义也必然要改变自己的形式”。[①] 显然，科学认识论的范畴、原理和它的理论体系也不会是绝对不变的，原有的范畴和原理会充实新的内容，还会有新的范畴和原理产生，而这又会导致理论体系的变动。然则，我们不能只是期待着辩证唯物主义的认识论出现某种形式的改变，重要的是要具体地分析自然科学领域内划时代的发现提出了哪些认识论问题，有什么认识论特点和认识论意义。如果在这种具体分析上不努力，把“必然要改变自己的形式”的话复述一千遍也无济于事。当代基础科学进展的一个重要现象，是它在反映自然界的广度和深度上大大扩充和深入了。现在，人类视野已可伸向200亿光年的广漠宇宙，考察比秋毫之末还细小亿万倍的物质结构。我们没有能力也不大必要在这里逐一介绍各门基础科学在近30多年内的成就，只能简略地描述一下同人类自然观关系较大的一些进展。

天文学历来是同自然观密切结合的，古代自然哲学的一个重要内容是“天地观”，近代科学革命首先是从哥白尼提出的天文学说开始的。但是直到20世纪50年代以前，天文学研究主要是用光学方法（光学天文学）去研究我们周围的太阳系和太阳系以外若干星体的运动轨道。50年代后，由于射电物理的应用，又诞生了射电天文学，从而看到了脉冲星、类星体、星际有机分子和微波背景辐射（这是60年代天文学的四大发现）。60年代起，出现了大气外天文台，产生了γ射线天文、X射线天文学、紫外天文学、红外天文学。由于这一切，天文学的研究对象大大复杂化了。人们现在不仅更多地了解到太阳系的各个行星的状况，考察恒星、太阳的起源，还在探索双星、聚星、星团、星协、星云、星系、总星系的结构和特点，以及整个天区的时空性质及物质运动的规律。

如果说，当代的天文学由通常所说的宏观扩充到大尺度宏观（或叫宇观），当代物理学的最前沿则更深入到小尺度的微观。人类如何认识物质世界的“基本粒子”是一个饶有趣味的问题。古代自然哲学曾把多种多样的自然事物的“基本粒了”叫原子，近代的原于论把这一观点置于科学实验基础上并做了定量测定。到19世纪末，物理学家又发现多种多样的元素的原子中还有基本粒子即电子。20世纪初，发现了原子核而且认识到不同元素的原子核是不一样的，于是，

① 《马克思恩格斯选集》第4卷，北京：人民出版社，1972年，第224页。

几十种原子核都是“基本粒子”。1932 年中子被发现以后，查明了多种多样的原子核均由质子和中子构成，“基本粒子”的数目一下子就由几十种减为四种（即质子、中子、电子、光子）。杨振宁在 20 世纪 50 年代末的演讲中提到，人们在 1947 年所认识（包括推断）的基本粒子有 14 种（即光子，包括正负电子、正负 μ 介子、正反中微子在内的六种轻子，三种 π 介子，以及包括正反质子、正反中子在内的四种重子）；到他演讲时，基本粒子又增加到近 30 种。① 到了 60 年代，基本粒子（包括其共振态）又猛增到 200 多种，目前已达 400 多种，而且还在不断地发现，连物理学家也不知道基本粒子究竟有多少。

多种多样的基本粒子的发现，以及对这些粒子的性质（如电荷、自旋）的研究（包括分类），又提出了基本粒子内部还有“亚基本粒子”，即基本粒子是复合的和有内部结构的问题。在 20 世纪 40 年代，美国物理学家费米和杨振宁就提到有的基本粒子（指 π 介子）可能是具有很大结合能的束缚态，但许多物理学家则认为基本粒子是不可分割的。日本的物理学家坂田昌一（他学习了恩格斯和列宁的辩证法思想，包括物质可分性的观点）在基本粒子研究中坚信它们是某种复合物，并在 1956 年提出了强子的复合模型——坂田模型。坂田认为，多种多样的强子（参与强相互作用的基本粒子叫强子，如各种 Σ 超子和 π 介子）都是由质子、中子和坂田称为 λ 粒子的三种“基础粒子”及其反粒子组成，这些强子是复合粒子。然而，坂田的复合模型也遇到了严重的困难，由这一模型推出的一些结果明显地同实验事实抵触。在坂田模型之后，科学家们又提出了其他一些模型（如中微子模型、八重态模型等）。1964 年，美国物理学家盖尔曼在前人设想的基础上，提出了基本粒子（强子）由三种夸克组成的观点，即夸克模型。但他在当时还认为夸克是数学的实体（现今的夸克模型则认为夸克是物理实体）。1966 年，我国的高能物理学家们在辩证唯物主义指导下，根据强子的电磁半径、质量排列（“质量谱”）和其他实验事实，进行一系列数学运算，提出了强子由三种层子构成的模型，层子模型与夸克模型很相似（但并不完全相同）。② 在夸克模型提出以后，物理学家们又对夸克的色量子、自由夸克是否存在、夸克之间如何结合（胶子）等问题进行研究。为了解释丁肇中在 1974 年发现的 J 粒子，又设想有第四种夸克（粲夸克）存在。随着 γ 粒子等的发现，还要加上第五中乃至第六种夸克，因而又有了夸克分类的研究。

---

① 杨振宁：《基本粒子发现简史》，上海：上海科学技术出版社，1979 年，第 25 ~ 31 页。

② 夸克（层子）模型认为强子由三种夸克（层子）构成，这与三种“基础粒子”复合为强子的坂田模型不同。前者认为质子、中子也是由夸克（层子）构成的，后者把质子、中子既看做是基本粒子，又看做是组成其他基本粒子（强子）的“基础粒子”。

在当代基础科学的各门学科中，出现了根本性变革的还有地质学和生物学。有些人把影响着两门学科全局的重大学说或重大发现的产生说成是“地质学中的革命”、“生物学中的革命”。

地质学是以地球为研究对象的，然而，直到20世纪50年代以前，地质学主要地还是在研究地壳的组成物质和地壳的变动问题。尽管人们在这时对于矿物和岩石的成分、矿床分类、岩体成因、地壳构造的运动规律和地层年代等进行了许多探索，然而，所涉及的问题基本上还只限于地球的表面部分，而且，许多地质学家还认为大洋和大陆的轮廓是大致不变的（或叫海陆永存说），大陆漂移说在本世纪初虽盛行一时，不久就销声匿迹了。50年代兴起的古地磁学的运用是大陆漂移说又重新复活，60年代初有海底扩张说的提出，60年代末又有板块构造学说的诞生。1868年，法国地质学家勒皮顺把全球岩石层划分为六大板块；之后，又有人进一步在大板块中划分出许多小板块，并用地球的热力对流作用去说明驱动板块的力量。近20年来的地球物理学、深海钻探、海洋地质界目前存在着各种假说和不同的学派，当代地质学日益成为名副其实的地球科学，把地球真正地看做一个动态的星体，一个由内部驱动力的发动机。当代地质学既考虑地球外壳构造的变动，又研究其物理机制；既注意大地构造的垂直运动，又重视大尺度的水平运动，这些进展对于形成科学的世界图景是有重要意义的。

在19世纪末以前，虽然有了达尔文生物进化论的重大理论成就，但生物学的研究对象还只限于宏观生命现象，研究方法主要是定性的现象描述。20世纪30年代之后，由于酶学的发展，对生物的物质分解和合成、呼吸、光合等反应过程具备了比较系统的定量知识。尤其值得重视的，20世纪50年代以来，生物科学也实现了它自身的量子化过程。早在19世纪中叶，奥地利僧侣孟德尔就从豌豆实验提出了遗传因子的概念，并总结了三条遗传法则。但他的这些成就在以后的30多年里被学术界“忘掉”了（确切地说是没有引起人们注意而被埋没了）。20世纪初，生物学界在进行类似的杂交实验时又重新发现了孟德尔。之后，美国生物学家摩尔根由果蝇实验创立了染色体遗传学说，并使基因遗传理论系统化（他在1927年发表《基因论》一书）。然而，基因在这时仍是推断性的实体，还不了解遗传物质究竟是什么。到了40年代，加拿大生物学家爱威瑞用肺炎双球菌的转化实验，第一次证明了遗传的物质基础是脱氧核糖核酸（DNA）。1953年，美国和英国的化学家华特生和克里克根据X射线衍射测得的数据，提出了DNA分子的双螺旋结构模型，才使生物学深入到分子水平，标志着分子生物学的形成。

分子生物学是当代生物学发展的主流，近几十年的研究表明：遗传基因是DNA分子上一个核苷酸顺序特定的功能片断；在遗传过程中亲代的DNA分子通过复制生成子代的DNA分子，复制的DNA分子又在酶和一些别的因子作用下把遗传信息转录到核糖核酸（RNA）分子上，再由RNA分子中录来的核苷酸顺序转译为蛋白质分子中的氨基酸排列顺序；尽管核苷酸只有四种，蛋白质的氨基酸只有20种，但数量不同的核苷酸和氨基酸却相应组成了种类繁多、丰富多彩、千变万化的生命世界。分子生物学阐明了人类长期力图查明又长期没有弄清楚的生命现象的本质。原来，生命活动（新陈代谢、光合作用、生物进化等）主要是通过蛋白质来体现的，然而，生物体的遗传信息却不在蛋白质身上，而是决定于DNA和RNA，因此，应当把蛋白质和核酸这两者看做是生命的物质基础。蛋白质中的氨基酸尤其是DNA分子的核苷酸，可以比喻为生命世界的“基本粒子”，由这些“基本粒子”的关系，可以统一地揭示千差万别的动植物，并为人工创造新的物种（遗传工程）奠定了理论基础。

极为简略地回顾近30多年来天文科学、物质结构理论、地球科学和分子生物学的进展表明，人类现今形成的自然图景（自然观）同20世纪40年代相比已有了多大的不同。而且，我们在这里还没有涉及信息论、控制论、系统论及其他多方面的成就。低估当代前沿科学新发现的哲学意义，显然是不妥当的。

第二节　层次、演化与统一性的观点

当代自然科学的纵深发展表现为知识成果的获得，而且在科学研究的基本观点上有了新的改变。对于认识论的探讨来说，分析科学思想上的进步和遇到的问题，或许比了解某些实际知识内容更为必要。

第一，当代自然科学提出了按层次进行研究的准则。

由于人类对自然过程的认识不断扩充和加深，主要按性质的差异把物质运动划分为机械运动、物理运动、化学运动、生物运动以及相应地划分学科就显得不够了。同一种物理对象，又可以主要按其数量级分为夸克—基本粒子—原子核—原子—分子—凝聚态—天体—星云这样一些层次；相应地，又有基本粒子物理、核物理、原子物理、分子物理、凝聚态物理、天体物理这样一些有层次的学科。在生物界和生命科学方面，则可以按层次（数量梯级）划分为量子水平（量子生物学）—分子水平（分子生物学）—细胞（细胞学）—个体（生理学）—群体（生物进化论）—生态圈（生物学）。自然层次和学科层次以量（尺度）的大小为划分依据。量转化为质，各个层次间也就有了质的区别。

20世纪20年代就有人提出层次分类的观点。从60年代起，研究层次问题的人就更多，对于层次的性质、物质层次与能量的关系、层次结构的可分性等提出了各自的见解。我们不准备在本书详细讨论层次论本身的细节。从认识自然的科学思想来说，首先，当代自然科学要求人民既按物质运动形式又按层次结构来研究自然事物和自然过程，承认自然界具有立体网络的那种结构，又可以说具有洋葱那样的层次结构，而不同层次之间存在质的区别。例如，不同层次间的能量形式是不一样的，在基本粒子与原子核之间主要是核能，原子核与原子（电子）间主要是电磁能；原子、分子与凝聚态物质间主要是化学能、热能；凝聚态物质、天体、星系间主要是引力能。其次，层次论的思想还有助于人们认识物质世界的结构。一般来说，低层次（小尺度层次）对象是高层次（大尺度层次）系统的要素，高层次系统由低层次对象构成，是由低层次对象组成的结构。人们对自然现象的认识应当按层次扩充或深入。科学知识的进化，常常会由中间层次开始，然后逐步扩大到高层次和深入到低层次。当科学发展到集中研究某层次时它也就有更大的自觉性。例如，各个层次上不仅能量的形式各异，结合能的大小也不一样（假定把基本粒子层次上的结合能释放出来或许会引起能源利用上的大突破），尽管某种结合能至今还没有实用价值，但它却是值得去研究的。

第二，当代自然科学更加注意从演化的观点和“动力学机制”上研究自然过程。

人类对自然界的认识，总要从事物是什么开始，首先面对着既成事物，描述其特征和性质，加以分类，然后才能进一步去考察这些事物是怎样发生发展的。可是，由于在相当长的时期里习惯于分门别类地研究既成的东西，又会形成一种把自然界看成是孤立的、静止的东西的形而上学观点。只是随着自然科学本身以及哲学的相应发展，这种形而上学观点才日益站不住脚。恩格斯指出，给形而上学观点打开第一个缺口的是康德的星云说。这一假说把地球和整个太阳系看做在时间的进程中逐渐生成的东西，因而地质的、地理的、气候的状况，动物和植物，也应当有前后相继的历史。尽管康德的学说在当时（18 世纪中叶）没有产生直接的结果，但在“康德的发现中包含着一切继续进步的起点。”①

到了 19 世纪，赖尔提出的地质进化均变说和达尔文的生物进化论使演化的观点在地质学、生物学中争得了支配地位。机械能、热、光、电、磁及所谓化学力之间的互相转化也被证明了。然而，“演化”与“转化”毕竟是有区别的，某物的演化不仅是它的可变性，可过渡为他物，而且是它本身有一部产生、发展的

① 《马克思恩格斯选集》第 3 卷，北京：人民出版社，1972 年，第 450 页

历史。19 世纪自然科学的演化观点是有局限性的，例如，人们虽则认识到化学元素的性质随原子量的不同而改变，但却没有提出小原子量的元素如何历史地发展为大原子量的元素的问题。

当代基础科学则使演化的观点得到更加广泛的应用。在这方面，天文学上的发现仍然包含着一切继续进步的起点。当代天文学的特点不单是视野大为延长，由只用光学方法过渡到更多地采取射电方法和全波段观测，很重要的还在于它对宇宙演化、恒星演化、元素演化做了探讨。20 世纪以来，天文学家们对太阳系的起源提出了几十种假设，恒星也不再被看做是永远炽热的天体，而要考察它一生的历史。恒星演化的假说也甚多。一些学者主张恒星是从超密物质解体而生成的；20 世纪 30 年代以来，多数学者则认为恒星演化的总趋势是由稀薄的弥漫物质逐渐生成为密度大的天体。恒星出现后，又经历了红外星、主序星、红巨星、白矮星、中子星乃至黑洞等发展阶段。1957 年，英国物理学家伊霍尔和美国学者福勒等人从宇宙大爆炸假说出发，又提出了化学元素演化的见解，认为恒星中的化学元素经历了一个由氢燃烧（生成氦）—氦燃烧（生成碳和氧）—碳和氢燃烧（生成硅、硫、钙等）—硅燃烧（生成镍等）—e 过程（生成铁、锰等）—s 过程（生成锶、钇、锆等）—r 过程（生成超重元素）的演化阶段。这就是 B^2FH 假说。

天体物理学上的演化研究虽然尚属推断，但它在看问题的方法上对自然科学的发展是有益的。如果氦、碳、氧、硅、铁等元素的原子都有它们产生的历史，各种各样的分子和化合物乃至天体上的生命又怎么能是永存不变的呢？至于地球上生命的起源的研究，当然是在演化的观点指导下进行，在这方面的新进展就不说了。

重视对演化过程的研究，自然就要涉及演化的原因，这就不仅要把不同的天体、不同的地层、不同的元素按时间顺序加以描述，而且要分析历史演变的动力学机制。正因为这样，当代的天文学就与物理学密切联系，当代的生物学就与物理化学休戚相关了。动力学机制的分析离不开对象诸要素的结合方式，这也是当代自然科学更加注重结构研究的原因。

第三，当代自然科学（尤其是物理学）进一步论证和运用了世界统一性的观点。

所谓世界统一性，是相对于世界的不统一而言的。自然界的万事万物本来是各有差别的，不承认差别的万物齐一论，当然不对；只承认差别，看不到不同事物之间的一致性，在本来相通的对象间设置鸿沟，这也是错误的。在哲学上，二元论者否认世界的物质统一性，然而，世界的统一性并不局限于物和意识之间（这是哲学的基本问题），凡是有差别的地方都有是否统一和如何统一的问题。

各种各样的化学元素曾被认为是互不相通的，但门捷列夫却揭示了所有元素的性质都受原子量的制约，这种统一的表现就是化学元素的周期表。实验和理论研究也证明，无机化合物与有机化合物之间不仅是对立的，也是同一的。达尔文的进化论揭示了曾被分割为两界的动物和植物有着共同的起源，那些活蹦乱跳的小兔、耸立不移的巨杉乃至万物之灵的人类都来自同一的“祖先”——原生生物。在 DNA 分子的结构和功能被查明后，使人们看到了令人惊异的事实：无论是最简单的微生物还是高等动物，其遗传过程都遵循同一的中心法则，即前面提到的：DNA 复制（→）DNA 转录（→）RNA 转译（→）蛋白质；而且，各种生物的遗传信息量虽然各异，它们的核酸分子中主要的核苷酸都只有四种，蛋白质分子中的氨基酸都只有 20 种。

物理学的发展更从多方面说明了统一性的原理。物理学的研究领域很广，研究对象非常复杂，物理学家们的工作就是要在纷繁的自然现象中发现基本的自然规律，并进而达到统一性原理①，即对各种表现不一的物理现象有一个根本而全面的了解。《科技导报》编译组在《现代物理学前沿》一文中提出：“每一个统一性原理的发现都代表物理学发展中最有意义的大飞跃。”② 该文还开列了一个物理学上的统一性原理的表。

自然界的统一性作为原理将会继续被发现，同时，统一性原理也是物理学家们研究自然现象的观点和方法。这一原理曾经是爱因斯坦进行科学研究的指导思想。他在 1901 年（这个年代值得重视，那时他刚开始进行科学研究，但还没有在相对论、量子论方面做出成就）的一封信里就认为：“从那些看来同直接可见的真理十分不同的各种复杂的现象中认识到它们的统一性，那是一种壮丽的感觉。”③ 我们不准备在这里对爱因斯坦的统一性观点进行分析评价，只是指出：这一观点乃是爱因斯坦进行统一场论研究的指导思想。我们知道，在自然界中有引力相互作用、电磁相互作用、强相互作用和弱相互作用这样四种性质不同的相互作用（这里不涉及是否还有第五种相互作用如超强相互作用的问题）。爱因斯坦认为不同的相互作用之间总有某种相通的、作为共同基础的东西，他从 1923 年起就致力于把引力作用和电磁作用统一起来，这就是他的统一场论研究；可是，直到他逝世（1954 年），也没有找到一个既能说明引力场又能说明电磁场的公式。

① 在物理学上，“统一性原理”已经成为有特定意义的论断，英文术语是 unifying principle。

② 科技导报编译组：现代物理学前沿.《科技导报》1980 年 1 月，第 67 页。

③ 许良英、赵中立、张宣三编译：《爱因斯坦文集》第 3 卷，北京：商务印书馆，1976 年，第 347 ~ 348 页。

表 8-1

统一性原量	理论和创始人
1. 天体物理和地球物理的统一	牛顿的运动三定律和引力场论
2. 热学和力学的统一	焦耳的梅亚的热能和力能相当性
3. 电学、磁学和光学的统一	法拉第和麦克斯韦的电磁学理论
4. 时间、空间、物质和引力的统一	爱因斯坦的相对论
5. 物理、化学和材料科学的统一	薛定谔和海森伯的量子力学理论
6. 原子物理、核物理和基本粒子物理的统一	狄拉克、海森伯等的量子场论

爱因斯坦研究统一场论的失败，并不等于统一性原理的观点就不能成立或没有意义。不仅我们在上面讲到的化学和生物学的研究证实着世界的统一性；近30年来物理学的发展也在表明，爱因斯坦研究统一场论的指导思想是合理的，当代的一些物理学家正是沿着统一场论的方向继续在工作着。20世纪60年代，格拉肖、萨拉姆等建立了把电磁相互作用和弱相互作用统一起来的模型，得到物理学界的赞许和实验事实（μ中微子和电子的碰撞实验）的支持。在研究色动力学的基础上，还有人力图建立把强作用、电磁作用、弱作用联系起来的理论。

上面提及的三点，只是近几十年科学思想上一些改变，在下面讲到的问题（如科学整体化，信息、控制与系统）及我们在本书中没有涉及的问题上，都有科学思想上的新观点。然而，即或只提到上面三点，而且每点又讲得极为粗略，我们大致上也可以看出，当代科学思想上的变化本质上是朝着辩证唯物主义方向的，是对辩证唯物主义观点的具体实证。把当代自然科学中合乎辩证唯物主义的科学思想自觉地应用来作为科学研究的方法，对于科学的发展已经并将继续起到促进作用。

近几十年来的自然科学为认识论的概括提供了许多新资料和有益的见解，同时也对认识论的探索提出了一些难题，为了行文的方便，放在本章最后再作讨论。

第三节　学科间的相互渗透与整体化

谈论当代自然科学的进展和成就，只从传统的学科划分的观点着眼是远远不够的，现今的天文学、物理学、化学、生物学已大大分化了，在每个领域中又要分为大大小小的、为数甚多的分支学科。拿化学来说，我们今天只能找到分别从事量子化学、高分子化学、结晶化学、热化学、光化学、电化学、结构化学、表面化学、化学动力学、辐射化学等方面的专家，而很难找到一位精通所有这些方面的化学“博士”。

自然科学的各个门类中的日益分化是容易理解的，对自然事物和自然过程的认识总要不断深化，日益具体，从特定方面去了解某一种事物的某些属性，专攻一道而精。现今的生物学，按照一般性的划分，就有植物学、动物学、微生物学、细菌学、病毒学。植物学中又有植物形态学、植物解剖学、植物分类学、植物胚胎学、植物生理学、植物系统学、植物生态学、植物地理学、植物群落学等。动物学也可以作类似的划分，还可以按动物的种属分为原生动物学、蠕虫学、贝类学、昆虫学、鱼类学、爬行类学、鸟类学、兽类学、灵长类学等。对人的生物研究中则还有人体形态学、人体测量学、人种学、老年学、人体寄生虫学等。可以说，自然界有多少类对象，每类对象有多少种属性，就有多少门自然科学。有人统计，当代自然科学的学科分支大约有 1500～2000 项。①

但是，自然科学的发展方向不单是在一个部门内越分越细，还有各门科学之间的互相交错、互相渗透；除了分化，还有综合，在分化的基础上综合，经过综合又分化出新的学科。当代名目繁多的自然科学分支，既包括学科内容的专门化，也包括学科之间的综合化。当代自然科学发展中的综合化趋势更加显著，而且这种综合是以各式各样的方式实现的，或者说，自然科学各学科间的相互渗透有着不同的途径。有时，人们把电化学、量子化学、遥感地质学、环境科学、信息论等都叫做边缘科学，这样来使用边缘科学的概念失于笼统，难以确切反映这些学科的特点。近些年来，我国学术界的同志在分析传统的边缘科学时使用了一些新的提法，尽管这些提法的含义有待具体规定，但新的划分是大致符合各个分支学科的认识论特征的，对于科学研究可能有方法论上的指导意义，我们将根据这些提法作些补充和发挥。

第一，物质的一种运动形式或一个层次，在转化过程中可以过渡到另一种形式或另一个层次，研究这个过渡的交界处或边区，就会产生边缘性的学科。我们把它称为“边界学科”。它是典型意义上的边缘学科。只是为了把它与传统的边缘学科的概念相区别，我们用了这个尚不通行的名词。

恩格斯在《电》这篇论文里就曾指出，物理的电运动和化学运动是可以相互转化的。“了解了化学作用和电的作用以及电的作用和化学作用之间的这种紧密联系，就会在这两个研究领域中获致巨大的成果。”② 研究电运动和化学运动之间的相互转换，就形成了电化学这门边界学科。电化学以研究电解、电导、金属腐蚀、电池的电动势为主要内容，在 20 世纪里尤其是 30 年代以后取得了较大的进展。

边界学科为数不少。电声学研究电能与声能的相互转换。生理光学研究光照

① 郑关林：《当代自然科学正在酝酿新的重大突破》，北京：科学技术文献出版社，1970 年，第 79 页。

② 恩格斯：《自然辩证法》，北京：人民出版社，1971 年，第 148 页。

对人体生理（特别是人眼）的作用和影响。研究光辐射或磁场向化学作用转化（如光合作用、磁场所导致的化学性质）的叫光化学或磁化学。生命起源学所考察的是物理化学运动向生物运动的转化。

第二，不同的物质运动形式之间可以互相转化，同一个物质运动形式（如果它属于比较高级的形式）以内，还包括低级的运动形式，或者说，低级运动形式的规律广泛渗透于高级运动形式之中。在科学工作中，人们为了充分搞清楚高级运动形式，必须进行“还原性”的研究，即用有关低级运动形式的理论和方法，去分析以它为基础的高级运动形式。例如，量子化学的对象主要不是量子物理的运动如何转化或变换为化学运动，而是在量子水平上（或说用量子物理的理论和方法）去研究化学问题。生物的代谢作用、光合作用、遗传变异、细胞分化、免疫机理、个体发育等都是以各种蛋白质和核酸分子的化学变化为基础的。用化学的理论和方法在分子水平上研究生物运动，就是分子生物学。在电化学、生理光学及量子化学、分子生物学的研究中，人们都既需要物理知识又需要化学知识，或既需要化学知识又需要生物学知识。但电化学、生理光学的对象是一种运动形式向另一种形式的过渡过程，量子化学、分子生物学的对象则是一种运动形式，只不过用它所包括的较低级的运动形式的规律去说明它。为了表示这种区别，我们把量子化学、分子生物学，以及语言声学（它主要不是研究声音与语言之间的相互转化，而是以对声音性质的分析为基础去研究语言）、电生理学（它主要是研究伴随神经、肌肉和感觉器官活动中的电变化）、生物能力学（探讨生物体内能量的释放和储存等）之类的学科姑且叫做“回归学科”或“中介学科”（我们一时还难以找到合适的名称）。

我们前面用了“还原性研究”的提法，这里又用了“回归学科”的提法，其意思是指：人们的目标是要搞清较高级的运动形式，却不得不“回过头”去研究其中所包括的低级运动形式，利用较低级运动形式的理论和方法（这并不是“还原论”，只有把高级运动形式完全等同于或归结为低级运动形式才是还原论）去认识较高级的运动；或者说，人们经过对低级运动形式的了解（以这种了解为中介）去认识以低级形式为基础的高级运动。例如，以电学和能量转化的知识为依据去研究生物，以声学知识为依据去研究社会性的语言。或许，用“中介学科”来命名更恰当些，但这个名称又似乎不够鲜明。

第三，还有一批学科，如化学中的极谱分析学、生物学中的超显微形态学、无线电气象学、雷达天文学、遥感地质学等，它们的特殊性并不在于研究的对象，不能说这些学科是研究两种运动形式的边缘或边界，也不能说它们是以低级运动形式的理论和方法为中介去说明高级运动形式。这类学科表现了科学与技术的相互渗透，其特点是用新的研究手段去考察某种自然领域，即用极谱仪去分析化学现象，用电子显微镜去观察生物形态，用无线电技术去考察气象变化，用雷达技术去观测天体，用遥感技术去勘查地质。为了表达这类学科的特点，把它们同前两类学科相区别，我们认为可以使用“交叉学科”的名称。

数学与各门自然科学的交叉，派生出物理数学、生物数学，以及数学生物学、数学地质学这样一些学科。其中每一学科又有其小分支，例如，生物数学可分为生化数学、生物力学数学、生物统计学、生物概率论、生物运筹学、生物函数方程等；数学生物学中则有数量遗传学、数量分类学与数量进化论等。电子计算机技术的应用，使这些“交叉学科”有了新的发展，并形成了计算物理、计算化学及它们的小分支。

第四，某些自然对象，如海洋、环境，它们不只是某一种物质运动形式，而是物理、化学、生物等各种运动形式的综合，因此，可以把研究这种对象的科学称为“综合学科”。如海洋科学、环境科学。人们曾把仿生学叫做边缘科学，严格地说，仿生学并不是研究生物运动与工程技术之间的转化或它们之间的边区，也不是把生物运动当作工程技术中包括的低级运动形式，而是把生理学、生物物理学、生物化学、物理学、数学、控制论、工程学等学科综合起来，把生物模型用来作为技术设计的借鉴，把仿生学看做“综合学科”似乎更能反映它的特点。

第五，现代科学体系中的数学以及信息论、控制论和系统论，它们不同于研究自然界某一（或某些）物质运动形式的自然科学，例如，很难说信息论属于物理学、化学、生物学或这些学科内容的叠加。数学和“三论”所反映的是自然界和各门自然科学中共同的东西，同时还反映社会生活领域中某些共同的东西。它们没有哲学那样高的普遍性和世界观的意义，但在某一个侧面上揭示了客观世界和人类知识中共同性的东西。各个自然领域和各门自然科学中都有量和量的关系，物理世界、生命世界、工程技术和社会中都有信息传递、控制过程和系统存在。数学和“三论”所揭示的规律性贯穿在各个方面，有的同志把它们叫做“横断学科”是有道理的，尽管这个概念也有待推敲。

上述五个方面的划分和命名，不可能是很严格的和准确的。为了表述不同的对象，提出一些新概念、新名词是难免的。概念很难直接地、明显地符合于它们所概括的现实，它们只有大致的、相对的意义，需要加以琢磨、整理。然而，如果我们暂且撇开“边界学科”、“中介学科”、“交叉学科”、“综合学科”、“横断学科”这样的命名，承认自然科学的学科间相互渗透有着复杂的情况总是应当的；笼统地用边缘学科这一个概念来表达总是不够妥当。

上述五个方面所反映的内容，加上下一章要涉及的科学技术化与技术科学化，基础科学、技术科学与应用科学之间的结合等，都表现了当代自然科学发展中的整体化倾向。[1] 当代的科学活动，不仅对从事研究的人员来说主要不是分散的，而是要在研究所、工业实验室或高等院校中组织起来，结合为一个整体去进行；在研究的内容上，也不单是某一领域中很狭窄的一个方面，而要考虑到各个学科之间的相关性和整体性。当代的许多科学研究任务需要多兵种联合作战，就是整体化的一种表现和要求。

在现今条件下，只顾专业不顾（或较少顾及）数学的科学家，只顾化合分解不顾物理的化学家，只顾动物植物不顾化学的生物学家，只顾传统领域不顾新技术应用的专家，是不可设想的；如果有，也很难有所创造。反之，某些敢于在科学研究上进行“远缘杂交”的人，善于用物理学的概念和方法去研究化学或用物理化学去研究生物学的人，乃至原来从事某一专业改行去搞别的专业的人，却取得了重大成就。我们这样说，绝不是提倡科学研究人员要无限制地博学多才，不是提倡要把化学现象归结为物理现象或把生命过程等同于物理化学过程，更不是提倡某一领域的专家要改行，而只是说科学研究要注意到整体化的特点。

第四节　系统论、控制论、信息论的诞生

物理学、化学、生物学各学科近30多年里的进展，主要表现在原有理论的充实和完善，原有学科相互渗透形成新的分支，并在个别学科（如分子生物学）内有重大突破。在人类知识中，以崭新面貌出现、对科学思想造成根本性改变、最足以反映科学整体化的，则是系统论、控制论、信息论（简称“三论”）的诞生。

人们有时把“三论”分别地看做三种理论，这是有理由的：它们的起源不同，系统论主要来自组织管理技术，控制论首先从自动化技术中产生，信息论则发端于通讯技术；它们研究的侧重点也各异，系统论着重于把事物作为有机整体来考察其结构和功能，控制论着重于揭示系统行为的调节和操纵，信息论着重于研究信息的计算、传输和变换。

也有的同志主张，“三论”虽有相对的独立性，但并不是三门学问，而是一门科学（例如，统称信息科学或系统科学，还有人叫“综合理解学”）的三个分支。我们认为，这种观点或许是更有道理的，它反映了“三论”在许多方面

---

① 全部科学的整体化，还要包括自然科学与社会科学的相互渗透。对这个问题的论述参见李惠国著《现代科学的整体化》，《哲学研究》1980年第1期。

的紧密联系和共同之处。

"三论"都是在20世纪40年代末形成的。系统论的思想早有萌芽，但一般系统论的原则是奥地利生物学家贝塔朗菲在1948年才提出的。控制论产生的标志是1948年美国数学家维纳写的《控制论，或关于在动物和机器中控制和通讯的科学》的出版。信息论的基础则是美国数学家申农在1948～1949年发表的论文中奠定的。"三论"的同时出现绝不是时间上的巧合，而是基于社会和科学技术发展趋势的同一的时代要求。

19世纪下半叶和20世纪上半叶，人类进入了电力时代。钢铁、机械制造、化工、建筑、交通运输、通信等行业有了很大的发展，生产部门日益增多，规模日益扩大，自动化水平日益提高，人们的社会关系日益复杂，对社会生产实行有系统的管理和控制已成为现实的迫切任务。两次世界大战特别是第二次世界大战，要求解决火炮跟踪、城市防空乃至原子弹制造之类的技术控制和工程管理问题。科学技术的整体化，情报资料的大量涌现，也使原有的信息处理方法不能适应。"三论"就是在这种背景下酝酿形成的，它们一旦产生，就显示了强大的生命力。

"三论"各有相应的技术应用领域（系统工程、通信工程、控制工程），然而，"三论"的基本原则却有广泛的适用性，它们都涉及自然领域（如生物有机体）、人工领域（如机器）和社会领域（如组织管理），都具有精确定量研究的特征，都起到普遍性的方法论的作用。

电子计算机的发明和推广，是"三论"得以发展的前提条件；"三论"的研究又为电子计算机技术提供了理论基础。在1946年美国制成第一台电子计算机以后，计算机技术飞速发展，在不到40年的时间里，经历了电子管、晶体管、集成电路、大规模集成电路等时代。当代的电子计算机一方面是更加大型（大型机运算速度高、信息贮存量大），另一方面是更加微型（微型机价格低、应用方便），同时还出现了把中小型机连接起来的计算机网络。电子计算机的使用把生产过程和工程技术的自动控制提到更高级的水平，大大加速和改变了信息处理的过程和方法，部分地代替了人类的脑力劳动，并为更加准确地考察复杂系统和系统的有效调节提供了物质手段。没有电子计算机，"三论"就可能是坐而论道，纸上谈兵；没有"三论"，电子计算机就会是有术无道，难以充分显示其威力。

对"三论"之中任何一者的说明，离开另两者都是办不到的。系统论不单是为了把某一对象命名为系统而论，其目标是为了使系统实现或达到最佳的功能状态。要做到这一点，就不能没有对系统的控制和调节；而控制和调节又必须要有信息的传递、储存、加工处理和转换。控制论不可能只是就某一因素自身去控制，而总是对各因素间关系的控制，即对系统的控制。信息论并不局限于计算信息量的大小，它更关心的是系统内外的信息交换，是为了信息控制。“三论”中的每一“论”都可以包括另两“论”，而它自身又被另两“论”所包括，这也是当代科学相互渗透和整体化的一种表现。

“三论”诞生后就引起了学术界的广泛重视，成立了研究“三论”的组织机构，发表了许多阐述“三论”的著作。我们不可能在这里对“三论”（哪怕只是很简略的）作较全面的普及介绍，只是从讨论认识论的需要，对“三论”提出的最基本的观点谈一些看法。我们认为，了解这些观点是有助于把握“三论”的。

第一，整体性的观点。

“三论”特别是一般系统论的基本思想，是把对象看做系统，系统则是由相互作用和相互依赖的若干部分（要素）组成的具有确定功能的有机整体。

从辩证唯物主义的观点考察，系统论的这一思想岂不就是承认事物的普遍联系吗？是的，系统论的出发点正是不把各个事物以及事物的各个组成部分当做孤立的、杂乱无章的偶然堆积，而是认为事物及它的要素之间有着相互影响、相互制约的关系。在这点上，系统论的基本思想就是辩证法。然而，系统论在基本观点上的特殊意义，并不在于它一般地承认了普遍联系，而是它明确提出了“整体性”的概念，并对各种系统的整体功能做了具体分析。

按照贝塔朗菲的说法，系统论的方法是与经典科学的“分析程序”不同的。所谓“分析程序”，是指“一个被研究的整体被分解为聚集着的各个部分，因而它也就能由这些部分来构成或再构成”①，在这里，部分可以被分出来再组合，各部分之间的相互作用可以忽略不计，诸部分的过程可以相加得到总体的过程。然而，系统论认为这种“分析程序”是有局限的，系统论超出了“分析—相加”的范围。在它看来，事物的各个部分的相互作用是不能忽视的，而且，正是由于这种相互作用，事物在总体上的性质（或功能）就不再是它的各个部分的性质（如A、B、C、D）的简单总和，而是导致了事物（系统）的新的整体性S（$S \neq A+B+C+D$）。例如，钟表的性质并不是构成钟表的各个部分（如齿轮、发条、油丝、钻石等）所具有的特性的单纯叠加，这些部分相互作用产生出钟表的“整体性”——计时功能。钟表只是一个小小的机械系统，至于生物系统、技术系统、社会系统，“整体性”的表现就更为明显。

系统论发挥了整体在其性质上区别于各孤立部分的总和的思想，为认识整体

① 《自然科学哲学问题丛刊》，1979年第3期，第37页。

与部分的关系提出了新的思路。① 根据系统论的观点，人们在研究某一个事物时，不但要区分整体与部分（或大系统与子系统），确定各个部分在整体中的地位和作用，而且特别要考察事物各部分组成的结构，从而把握事物作为系统的功能，即它的整体性。对于人工系统（例如，技术系统、企业或事业单位系统、钢铁工业系统、电力系统、交通运输系统、环境保护系统等），则要调节其各个部分（要素或子系统）的关系及系统与环境的关系，使整个系统具有最佳功能；而系统的各个部分在服从系统的最佳目标的约束下各有恰当的地位和状态。也就是说，即或系统中各个环节完好，加在一起未必等于系统在整体上最佳；只有对整个系统实行最佳控制，才能使系统的诸环节各有合理的状态。当然，系统中各环节处于正常活动状态又是系统最佳化的必要条件。

系统工程的研究，需要种种数学工具，采用不同的具体方法，其基本思想就是从整体出发，着眼于整体性的功能，达到最佳化的目标。这就比只是承认事物及其各部分之间有着普遍联系更加具体、更加深入，并且达到定量研究的水平。

第二，反馈的观点。

图 8-1

“三论”特别是控制论的一个基本概念就是反馈。为了控制某个对象，总要向它发出信号（对于该对象来说则是输入信号），对象相应地产生反应信号（输出信号），如果事情就是这样简单（如图 8-1 所示），则称为开环控制。最简单的收音机接收无线电波，经过检波（或再放大），变成声波输出，就是一例。

然而，在很多情况下（自然系统和人工系统中都有），被控对象的输出信号又会以某种方式回送到输入端再去控制对象和影响输出，这个过程就叫反馈。有反馈环节的控制叫闭环控制。在没有反馈时，对象的输出信号同输入信号通常是不一样的（如大小不同），如果把这个同原来的输入信号有差异的输出再回送（反馈）到输入端，就使被控对象再产生新的输出，新输出又再回送，如此循环下去。如果这种反馈使对象和过程脱离稳定状态，叫正反馈；能保持稳定状态的叫负反馈。

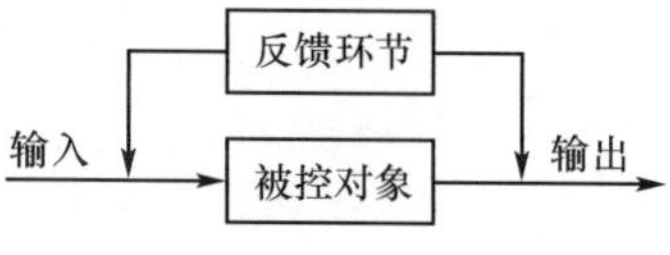

图 8-2

在技术实践中，有时为了引起振荡要用正反馈。正常的生命活动和大量的控制工程，则是靠负反馈保持系统的稳定性。例如，在轧制钢板的过程中，我们的

① 《整体和部分是唯物辩证法的范畴》，《光明日报》1980 年 3 月 13 日。

要求（目标）是轧出一定厚度的钢板，这就要用一对轧辊去压轧钢材，由于内外因素的干扰，如果采用开环控制，就难以保持轧出合格的钢板。在有反馈的情况下，假定轧辊压下力过大，轧出的钢板就会偏薄，这时的测厚装置就会自动地发出一个信息，让轧辊压力朝相反的方向调节，保持厚度稳定；假定压下力小了，反馈信号则让它加大。无论压下量大了还是小了，反馈都起“负作用”（大了让它变小，小了让它变大），就是负反馈。假定用正反馈，测出的钢板越厚发出加大压下量的信号越强，轧制过程就被破坏。

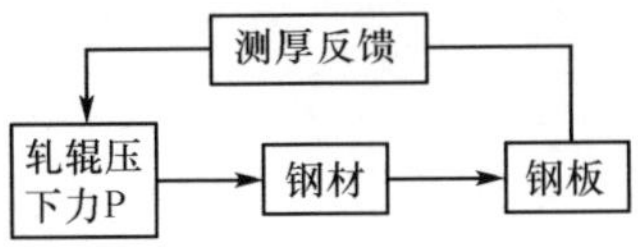

图 8-3

反馈是一切自动化技术的必要环节，但它绝不仅仅是种技术措施。在自然系统中有着各式各样的反馈：生态平衡的破坏、某些动植物的绝灭，往往是正反馈造成的；生物体的保持体液中的压力和酸碱度、各种激素的含量，人体的神经生理活动，包含着复杂的负反馈过程。反馈的观点，对于认识自然界有重要的指导意义。对于改造自然、工程设计规划及社会经济管理来说，这一观点更为必要。正确理解和运用反馈在人工系统中的调节作用，使人们可以按照某种预定目标持续有效地进行活动，使系统的行为及时地控制在最佳功能状态。控制论的创始人对反馈的意义评价甚高，他认为：“反馈和真空管所提供的可能性，并不是个别自动化机械的零星设计，而是建造变化类型极多的各种自动化机械的总方针。我们的新通讯理论方法加强了它，……这些因素的结合，使新的自动化时代成为可能。”① 应当说，反馈原理、电子技术和信息论不仅开创了工业生产自动化的新时代，而且还是调节经济生活、管理社会事务、辅助科学研究的有力手段。

第三，材料、能量和信息是物质世界的三个基本方面的观点。

人类早就接触和利用信息（古代人的结绳记事、烽火台就是记载和传递信息的用具），但直到20世纪中才有了专门研究信息的理论。信息被人们“忘记”是有理由的。从石器时代、铜器时代到铁器时代，主要是材料使用的变化；从蒸汽时代、内燃机使用到电力时代，主要是能量（动力）应用的变化；直到电报、海底电缆、电话、无线电技术发展起来以后，信息传输才作为通讯科学技术的一部分得到重视。20世纪以来，人们又逐渐认识到，单靠改良生产的原材料、增大生产动力并不能完全解决问题，在原有基础上把生产过程变成合理的自动控制系统，加强组织管理，就可以提高生产水平和产品质量。科学家们还发现，只有精良的仪器设备和认真动手搞实验是不够的，必须对已有的科学知识和大量情报

① 诺伯特·维纳：《维纳著作选》，钟韧译，上海：上海译文出版社，1978年，第141页。

资料进行系统的处理。这样，信息的重要性才日益被公认。到了电子计算机（它本质上是信息处理机）广泛应用以后，有人甚至认为当今的时代是“信息时代”了。

“三论”特别是信息论出现以后，把信息提到与材料、能量并驾齐驱的地位。材料当然很重要，它是基础的东西。没有木材、钢材、核材料就不能造水车、蒸汽机、发电机和原子能电站；没有铜线、胶木、锗和硅就不会有电报机、无线电发射台和电子计算机，也就无从传递和处理信息。材料的制备和加工需要能量，信息的发出和传输也要消耗能量，能量是一切运动的源泉。信息（在这里暂且理解为一种信号、消息）同材料、能量比是第三种东西。材料的制备和加工，能量的获得和应用，都离不开信息。当代条件下的氧气炼钢、快速轧钢、石油精炼和原子能发电，要是失去信息的反馈和控制，后果不堪设想。

正因为这样，我们在认识自然系统和处理人工系统时，不能只着眼于材料和能量，而应树立物质过程三要素的观点，并把材料、能量和信息三者结合起来考虑。由于信息在相当长的时期里没有在理论上被重视，现在更应当引起足够的重视。对于一项科学技术或工程设施，一个工厂、学校、部门行业，乃至大的经济系统和社会系统，不能只是想到增加物质资料、动力装备，而要切实研究其信息源、信息量、信息变换方式、信息通道、信息反馈、信息加工处理、信息库等问题。这是科学思想上的一大改变，也是实践活动必需的新要求。我们有的工厂热心于购置电子计算机，却不大重视工艺信息的获取（如何把工艺过程中各种因素的变化转换为计算机能“懂得”的信息是重要的研究工作），结果是虽有可处理信息的机器，却缺乏可输入机器的工艺信息，生产过程的自动化仍没有进展。

第五节　信息概念与智能模拟

“三论”涉及多方面的哲学观点，它们同时又是认识界的方法。在自然科学方法论的许多著述中已经论及了系统方法、控制论方法、信息方法与认识论的关系。信息的概念及其本质，智能模拟的可能性及其实现的条件，则是与认识论研究联系最密切的问题。

前面提到，可以把信息看做是信号（如指令、密码）和消息（如书信、情报），为免于运用数学语言去分析信息概念，我们仍将沿用上述的说法，只是附加一些不甚严格的说明：信息并不是任何一种信号和消息。是它能够消除掉系统中某种还不确定的东西，增加系统的确定程度，它所消除的不确定因素越多或带来的确定程度越多，其信息量也越大。一个系统中不确定成分大，这个系统及其运动缺乏规则性，其组织化程度低，用信息论的语言说就是有序度低。系统的确定程度加大，它就更有规则、更有组织、更加复杂、更加有序。因此，“信息是任何一个系统的组织性、复杂性的量度，是有序化程度的标志。”①

在认识论的讨论中，经常提到信息的本质问题，在这个讨论中又包括两方面的内容：其一是信息与能量、物质（实物）的关系，其二是信息与哲学基本问题中的物质和意识的关系。这两方面的研究都涉及维纳的一句名言：“信息就是信息，不是物质也不是能量。不承认这一点的唯物论，在今天就不能存在下去。”②

信息不是物质实体，也不是能量，这无疑是正确的。信息的产生、传递和加工需要物质手段和消耗能量，但是，同一的信号和消息可以用旗语、电报、录音带、书信等来交流，旗子、电报机、无线电发射台本身并不是信息；发射“明天多云”、“后天晴朗”（乃至“天云明多”）所消耗的能量可以完全一样，但其信息大不相同，能量本身也不是信息。信息与物质实体或能量相比是第三种东西。不承认客观世界中存在信息现象（只看到物质实体和能量），这样的唯物主义在今天确实不能存在下去。

然而，一些哲学家在研究信息概念时又提出这样的问题：从划分唯物主义与唯心主义来考虑，信息要么是物质现象，要么是意识现象，如果它既不是物质又不是意识，它就是与物质和意识并列的“第三种要素”。详细分析这个问题上的各种意见较费笔墨，我们只能作简要的讨论。

信息概念首先是在研究电报通讯中提出的，然而，信息绝非仅仅与人的行为相关或仅仅是人的观念的表现。生物体亲代 DNA 分子中的遗传密码会经过复制、转录、转译传递给子代，使子代具有确定的特征，形成有规则的组织结构，遗传密码的这种信息传递显然不是人为的、主观的东西。机器之间的信息联系，电子计算机内各环节间的信息传递，是人按照客观自然规律安排的，然而，信息在这时也不仅仅是主观的、精神的东西，而是观念的物化，是人所创造的“第二自然”中的物质现象。显然，我们不能把晶体管时而输出“1”时而输出“0”看做是精神现象，把轧钢自动控制中的反馈看做意识过程。

人们的感觉、表象、概念等也是一些信息，或者可以把它们叫观念信息。这种信息是以外部世界刺激人脑，在人脑（高度复杂的物质器官）中引起的反映，是以神经生理的信息活动为基础的，但是观念信息（心理信息）毕竟不是生理信息（如大脑中的电脉冲）的分泌物，观念信息有形式上的主观性和相对独立性。

① 周怀珍：《信息方法的哲学分析》，《哲学研究》1980 年第 9 期，第 39 页。

② 《自然科学哲学问题丛刊》1979 年第 1 期，第 11 页。

无论是不以人的意识为转移并存在于意识以外的物质领域中，或人的意识领域中，都有信息现象，这是否可以说信息就超出了哲学基本问题的概念，或者像有的哲学家所说，三分法（物质、意识、信息）动摇了唯物主义的基本前提呢？我们认为，第一，哲学基本问题的最重要之点是很简单而明确的，这就是要回答感觉、思维、精神是从哪里来的，是物质第一性，还是意识第一性。对划分唯物主义和唯心主义来说，就此做出回答已经够了，用物质、意识、信息三者的关系来划分哲学派别和认识整个哲学的历史，只会引起混乱和不必要的复杂化。第二，哲学不仅要回答它的基本问题，还要分析其他许多问题，在研究这些问题时，把任何一种现象都直截了当地说成或者是主观的东西，或者是客观的东西，这样又太简单了。语言是思维的表现，它又离不开“自然物质”（声音即空气振动）。意识归根到底是物质的产物，但对于人的个体来说，他人意识、社会意识（如艺术、道德等）又具有客观性，否则，就不能解释社会变革的客观条件中包括群众思想状况，也不能说明电影何以能引起人们意识的变化。把信息要么归之为物质要么归之为意识，从思想方法说也是一种简单化。第三，科学上有许多普遍性的概念，如果不把它们的内容作具体分析，很难说它们属于物质范畴还是意识范畴，而且，在研究具体问题时只用主观或客观的两分法是远不充分的。如果有人要求只用一两字回答“作用”、“状态”、“反应”、“系统”、“功能”等概念是或不是物质，这会有什么结果呢？作用可以分为物质作用和精神作用，也可以分为强作用和弱作用；反应可以区别为客观反应和主观反应，也可以区别为机械性反应、化学性反应、有机性反应；系统可以划分出自然系统和人工系统，也可以划分为材料系统、能量系统和信息系统。把材料、能量、信息的三分法同哲学基本问题上的物质和意识的两分法对立起来，纠缠不清，我们认为是不必要的。

然而，由于信息同人类生活联系非常密切，人们经常要接受自然信息和处理人工信息（包括观念信息及其物化形态），大脑的思维过程是信息过程而且可以进行信息仿生（智能模拟），信息概念和信息论又具有特殊重要的认识论意义。在科学研究中，必须运用压力计、温度计、摄像机、声呐、电子示波器等作为接收信息的手段，还要有大量的图书和情报资料，以及不同意见的学术交流，而电子计算机则是信息加工的强有力的工具。电子计算机不仅算得快，而且有记忆、比较等逻辑功能。运用电子计算机进行数值计算、数据资料、情报检索、文字翻译、图像识别、模拟实验和机器证明等，大大加强了人们的大脑，把人类从大量重复性的、繁杂的脑力劳动中解放出来。

电子计算机不仅是延长了人脑，而且还可以模拟人脑的功能。我们通常所说的计算机、人工智能、机器思维、智能模拟就是计算机应用和发展的一个重要方面。智能模拟提出了许多重大的认识问题：机器能否成为认识过程的主体（人工主体)，计算机能在什么范围内代替大脑，机器人是否会比真正的人更聪明等。科学家和哲学家们在这些问题上发表了各种意见，有的更着重于说明电子计算机能够做到什么，如何大有可为；有的则更多地论证电子计算机不能做到什么，如何受到局限。

我们认为，对于哲学工作者来说，首先要充分肯定智能模拟的可能性和远景，认真研究电脑思维的过程和条件。例如，要了解当代的自动机为什么能“自适应”、“自学习”①，而不应从维护传统的认识论出发急于去划定智能模拟的范围。电子计算机的应用至今还不到40年，智能模拟的研究方兴未艾，在现在要十分具体地确定计算机只能做什么、不能做什么或许是不明智的。人类已经做到了许多过去不敢想象的事情，难道我们今天的眼光就足以确切判断100年、1000年之后的进展吗！

另一方面，我们又不能把智能模拟看得无所不能、神秘莫测，而要力求对它的意义做出恰当的评价。这种评价不能靠“人是万物之灵，机器就是不可能超过人”这样的断语，仍要靠具体分析计算机思维的可能性和条件来论证。我们不能在这里作这样的分析，只能围绕智能模拟本质上是信息仿生这一点讲些看法。

仿生学所研究的是用人工方法去模仿生物系统的功能和机理。我们现在所说的智能模拟就是用电子计算机来模仿人脑处理信息的能力，而不是用人工方法去制造出具有生理结构的大脑来；电子计算机只是在它的功能方面像人脑，它不是在一切方面像人脑，更不是生物性的人脑。人脑能够接受外部刺激、听懂语言、会计算数学方程，它的各神经元会以神经脉冲的“有”或“无”做出反应。电脑的信息仿生，就是它在这些方面同人脑有相似之处。电子计算机（这里仅指电子数字计算机）的应用就是把各种信号（图像、语言、公式等）变为它能看懂或接收的代码，靠它的逻辑单元以电脉冲的“1”或“0”做出反应，并输出相应的信息。智能模拟纵然极其复杂，但它却立足于一个简单的机制——计算机的各个逻辑元件都只有“1”或“0”两种状态。计算机工作的过程如图8-4所示：

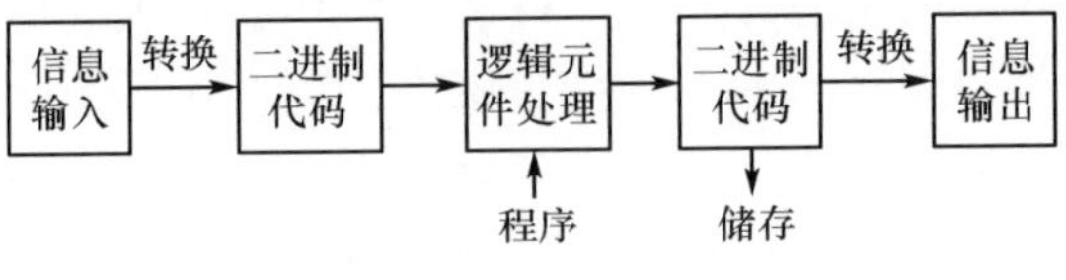

图8-4

① 国外已经研制成一些智能机器人的样机。有的机器人能看、能走路、能记忆，看到障碍会自动避免（自己适应周围的环境），走过一次能记住所走的路线（从自己的行为中学习），下次再走学会的路线。

电子计算机的智能模拟是信息仿生，不是人造大脑（至于人类将来是否能从人工制造生命发展到人造大脑，那是另一个问题），它就不可能在一切方面相似于经过亿万年生物进化所形成的人类的大脑。人脑中各个神经元有自我更新（脑细胞自身新陈代谢）、自我取替（一部分神经元代行另一部分的功能）、自我修复（在一部分神经元受损伤时产生新的神经元或原有神经元间建立新的联系），人脑活动中还有化学物质的传递，这些都是计算机中没有的。

计算机实现信息仿生，是以输入信息可以转换为数字代码为前提的，也就是说（至少到目前为止可以这样说）要以输入信息可以精确定量为条件。一个人对站在他身旁的另一个人说“向我靠近一些”，后者就会靠近到合适的位置，对机器人则只能发出“靠近 0.5 米”之类的指令，如果只发出“向我靠近一些”的指令，机器人或是不动，或是会把人撞倒在地再踏上一只脚。这当然不是说计算机在今后也不能接收和处理像“近一些”、“快一些”之类的模糊信息，但模糊信息的处理也要在实现定量化以后才有可能，这正是模糊数学要研究的一个内容。

用电子计算机进行智能模拟，要按照一定的逻辑程序，使计算机的各种逻辑元件产生相应的动作，或者说，机器思维是严格的逻辑思维。无论是用机器来辅助设计、翻译、下棋乃至作曲，离开了逻辑规则都办不到。现今的思维模拟还属于逻辑思维的范畴，还不能靠电子计算机来进行想象、猜测，电脑还没有直觉的能力。人可能在幻想、幻觉或睡梦中把本来没有什么关联的事情凑在一起，或在瞬息之间回忆到很久以前的遭遇或亲友，还可以分别用强硬的或失望的口吻讲出“这是办不到的”这句话，计算机则只有逻辑的联系、逻辑的规则和逻辑的表述。

计算机与人脑相比不仅有质的差异，还有量的区别。电子计算机的逻辑元件在信息处理的速度上比人脑的神经细胞快，但人脑的神经细胞多、体积小、密度大、相互联系更密切、消耗能量少。随着计算机技术的发展，这些差距是可以缩小的，但即使有了超大规模的集成电路，这些差距至今仍然存在。

基于以上几点，把智能模拟本质上理解为信息仿生，或许在概念上更加明确。“信息仿生”一词，一方面指明了人造的智能机器是对生物（人脑）功能的模仿，另一方面指明了所模仿的是信息活动的加工处理。从这两个方面又可以看出智能模拟的可能性、方法和范围，也不会轻率地做出机器人统治人的结论。如果离开了信息仿生去讲机器思维、计算机或人工智能，就可能会引起误解。

第六节　当代科学向认识论的挑战

近几十年来自然科学的发展，揭示了许多新现象，提出了不少新见解，而我们在哲学研究中却未能对新的科学资料做出概括和分析，某些传统性的哲学观点还不能解释或不能充分解释科学上的新成就，因而就出现了“哲学落后于自然科学”、“自然科学向哲学挑战”之类的提法。

我们在原则上赞成“当代哲学正面临着自然科学的挑战”这一命题，尽管这一命题把哲学需要适应当代自然科学的进步用“挑战”一词来表述，似乎哲学完全处于被动地位，并不十分确切，但“挑战”比“适应”的意思更尖锐、更引人注意，则是有益的。我们之所以用“在原则上赞成”这个有保留的提法，只是主张对自然科学的挑战要作点分析，因为这种挑战可以分为两种情况：一种是自然科学本身已有了确定的结论，发现了确凿的事实，发明了实用的器物，创立了经受实践较充分验证了的原理，而哲学却没有或缺乏总结概括；另一种是自然科学本身还没有结论性的看法，科学家们也认为是难题或意见不一，或者虽有较多人公认的假说却尚待实践进一步检验，哲学没有过问或干预不当。

我们不应当把这两种情况混为一谈（虽然它们的界限是相对的）。属于前一种情况，哲学很被动，当然要力争主动。许多哲学工作者正在努力弄懂DNA的发现和电子计算机的发明，了解系统、信息、反馈等概念，研究它们的哲学意义，就是正视挑战的态度。在后一种情况下，难题首先应当依靠科学实践和学术上的百家争鸣去解决，不能把科学上尚未解决的问题（例如，自然界的各种相互作用如何统一、磁单极是否存在等）归结为是向哲学的挑战；至于哲学，它也要关心科学前沿中的新见解和争议，不能说那只是科学家的事而置之不理，又应注意不要对某些虽则奇异却又有合理性的假说轻率地作哲学结论。如果哲学工作者只讲传统观点，不顾科学前沿上的新见解；或者只根据哲学观点去评判科学上的是非，那也会处于被动地位。

对哲学工作者来说，当前面临的重要问题有宇宙热大爆炸学说提出的世界有“开端”的观点；物质结构学说提出的物质是否无限可分和如何分的问题；分子生物学兴起后提出的非达尔文主义的问题，等等。这些问题直接涉及人类的自然观，也与科学认识论密切相关。我们在这些问题上既不能置之不顾，又要作具体分析，这显然是一个十分困难的任务。我们的科学水平很低，不能完成这个任务，只能抱着尝试、商议的态度提出一些不成熟的看法。

在天文学发展中提出了各种宇宙模型，其中有有限宇宙的模型，也有无限宇宙的模型。1917年，爱因斯坦根据广义相对论的引力和时空理论，提出了一个静态的有限无界的宇宙模型。之后，苏联的弗里德曼和比利时的勒梅特提出了宇宙膨胀论。20世纪40年代，美国的伽莫夫提出了宇宙大爆炸学说，认为我们今天的宇宙开始于一次猛烈的爆发。这一学说当时未引起重视并几乎被遗忘，到了60年代中期又重新抬头，并得到许多天文物理学家的公认。根据这一理论，宇宙有着统一的起源和演化。它开始于一百几十亿年前的高温、高密度状态，在大爆炸后不断膨胀，逐步演化出今天所看到的种种天体。①

大爆炸宇宙模型提出了宇宙的年龄和半径等说法，这同宇宙在时间上没有开端、空间上没有界限的哲学观点是矛盾的。但是，我们却不能仅仅由世界无限性的观点就断定大爆炸学说纯粹是伪科学，而要把它当作天文学中的假说来对待。第一，根据大爆炸学说，如果宇宙开始于大爆炸，这种爆炸的热辐射就会遗留下来并均匀分布于整个宇宙空间，宇宙中一切物体都沐浴在这种辐射之中。美国的彭齐亚斯和威尔逊在 1965 年通过无线电接收器发现了这种辐射的温度大致为 3 开，而且它在宇宙的各个方向上异常均匀，这就叫微波背景辐射。第二，大爆炸学说还得到发现红移关系的支持。美国天文学家哈勃发现，河外星系的光谱线普遍有着波长变长（即红移）的现象，这只能用河外星系正在远离我们（宇宙膨胀）来解释。第三，大爆炸宇宙学主张，在一百多亿年之前宇宙间根本没有任何星体，观测表明，最老的球状星团的年龄为 90 亿～150 亿年。第四，根据宇宙大爆炸学说的计算，宇宙早期产生的氦含量是 30%，今天看到的不同天体上的氦含量大约为 25%～34%，大约为 30%。这些事实表明，宇宙大爆炸学说或宇宙膨胀论是不能用“伪科学”或“上帝创世说”一笔勾销的。实际上，主张或赞成大爆炸学说的多数天文物理学家也不是神学家。

然而，我们又不能认为大爆炸宇宙学说毋庸置疑地推翻了世界无限性的观点。从认识论的角度考虑，一种理论学说不能只靠若干事实的支持就全面肯定，科学史上光的微粒说或波动说各自都有大量的事实根据，但它们都不是最终决定的学说。对于一百几十亿年以前的宇宙、整个的宇宙及其演化做出确凿无疑的判断，自然更加复杂。大爆炸学说设想宇宙有开端而且它的体积是有限的，但它又认为宇宙的演化没有终结，宇宙的膨胀没有边界，黑洞也不是宇宙演化的归宿，这就在时空的持续和延展上承认了无限性。宇宙以有限为开端，以无限为趋向，这在逻辑上或许是需要论证的。事实上，主张大爆炸学说的人也在研究宇宙开端的问题。他们把膨胀宇宙的开端称为奇点，并且期待引力理论的量子化可能会对解决奇点问题做出贡献。再者，世界无限性的哲学观点是有逻辑论证为内容的，黑格尔和恩格斯都对无限与有限的矛盾做过分析，我们不能固守逻辑不顾事实，也不能只顾及某些事实不顾逻辑。在黑格尔和恩格斯看来，无限最重要的意义在

---

① 按照大爆炸学说的描述，宇宙的演化经历了以下一些阶段：a. 开始（时间 $t=0$），原始超密物质爆炸；b. $t=10^{-6}$ 秒，爆炸产生的各种粒子处于热力学平衡之中；c. $t=1$ 秒，平衡终止；d. $t=20$ 分，氦形式；e. $t=7\times10^5$ 年，复合；f. 星系形成；g. $t=2\sim3\times10^9$ 年，出现类星体；h. $t=7\times10^9$ 年，出现可观测到的第一个星系；i. $t=13\times10^9$ 年，今天的宇宙。

于它是对有限的否定，在有限中包括无限。把无限仅仅理解为时空各个方向上的不断重复、无终了的叠加，不是他们的主要观点，而且正被他们说成是坏的或恶的无限。

至于物质结构学说中对无限可分性观点的“挑战”，只是表明我们对无限可分应有新的理解，并没有根据全盘否定这个观点。原来，我们对物质的无限可分的理解是：某种似乎是简单的东西，总可以分割为比它更小、更简单的构成物，例如，分子可分为原子，原子可分为电子和原子核，原子核可分为中子、质子，强子可分为夸克。但是，到了基本粒子这个层次，情况却有了质的不同。至今为止，人们并没有像原子中可以分出自由电子、中子、质子那样，把夸克从强子中分割出来。一些物理学家认为，夸克将永远被幽禁于强子之中，自由夸克并不存在；另一些物理学家则认为，如果能找到自由夸克，它的质量会比强子大得多，即可以由小质量的强子中分出大质量的夸克。无论是哪一种情况，都是传统的无限可分的观点解释不了的。我们认为，高能物理中的夸克模型也是一种科学假说，我们不能仅仅根据“一尺之棰，日取其半，万世不竭”的哲学观点断定自由夸克一定存在，一定比强子小、比强子轻；也不要从夸克模型的特殊性就断定物质不再无限可分。或许可能，物质无限可分的观点要作一点修正，即它不仅包括物质要素和结构的不可穷尽，还要包括物质属性和功能的不可穷尽，乃至一物向他物转化的不可穷尽。

非达尔文主义的出现，是对达尔文的进化论的挑战，同时又涉及哲学上的外因与内因、必然与偶然等逻辑范畴。非达尔文主义的产生是与分子生物学的发展密切相关的。分子生物学的成就表明，DNA 分子是生物的遗传物质，这很自然促使人们从遗传物质的改变去理解生物的进化。20 世纪 60 年代末，日本的木村资生等人提出：生物进化的主要原因不是自然选择，而是由“中性突变”造成的，这就是非达尔文主义的基本观点。木村等人认为，按生物体内“生物钟”的节律，个别核苷酸和氨基酸会被置换引起突变，这种突变对生物的生存既不有利也不有害（属于“中性”），中性突变通过随机的遗传漂移作用被固定下来，造成进化——分子水平上的进化。①

我们不能具体评述非达尔文主义的生物学意义，但是，我们认为非达尔文主义提出了值得注意的认识论问题。如果以极为简单化的方式表述：①非达尔文主义不是把生物进化的主要原因放在外部自然条件的选择上，认为物种进化的根本机制在于生物体内部的中性突变，这似乎是避免了外因论，强调了内因是第一位

① 木村资生：《分子水平上的进化速率》，《科学与哲学》1979 年第 3 期。

的、根本的。同时，非达尔文主义也并不完全否定自然选择的作用，并正在研究自然选择在多大范围内仍然有效。看来，仍然没有充分说明生物进化过程中自然选择同中性突变的关系。②非达尔文主义把生物进化看做是中性突变的随机遗传漂移过程，强调了偶然性的作用，但它没有说明分子进化如何必然地引起生物类型由低级到高级的发展，也没有说明引起中性突变的必然性机制。例如，木村认为哺乳动物进化史中群体平均两年就会发生一个核苷酸对的取代，却没有解释这种定时取代的原因。很有可能，如果我们深入研究达尔文的自然选择说和非达尔文主义的中性突变说，会在内因与外因、偶然性与必然性的问题上提出新的观点，从而影响我们认识自然界的方法。

科学上的新发现、新见解是层出不穷的，辩证唯物主义认识论的原理不会轻易否定，也不应固定不移。认识论的研究不要回避那些新奇的东西，如人择原理①；也不要一听到新奇的东西就认为动摇了认识论的基本观点。当然，我们的主要精力还是要放在总结和概括已得到验证的确切科学成就上，不要热衷于猎奇。

---

①　华新民：《人择原理及其提出的问题》，《自然杂志》1981 年第 1 期，第 12 ~ 13 页，该文认为人择原理提出了认识的主体和客体之间的新关系。

第九章 当代科学转化为实践的机制和途径

第一节 科学与生产间的分离和依存

科学的产生一开始就是由生产决定的，但是，古代科学对社会生产并没有起到显著的作用。16、17 世纪的自然科学作为反对教会统治的思想武器发挥了重要的社会职能，它对当时的生产技术影响却不大。资本主义生产方式的发展，特别是由工场手工业过渡到机器大生产，使自然科学在 19 世纪获得了全面丰收。在 19 世纪里，科学的职能也出现了根本性的变化，它由生产的随从地位日益变成为生产的开路先锋。20 世纪以来，自然科学大显身手，使工程技术和工农业生产的面貌有了巨大的改观。近 40 年来，主要由于科学技术的进步，许多国家的社会生产力得到了出乎人们意料的飞速发展。基于上述情况，一些人就提出了这样的观点：在 19 世纪中叶以前，以电磁理论的形成标志，主要是科学得益于生产技术，而在这以后，生产技术主要是科学的受惠者。有的书刊还把这种区别概括为两个公式：过去的情况是“生产—技术—科学”，现在则转变为“科学—技术—生产”了。

如何表达当代科学、工程技术、物质生产三者的关系，是认识论的一个原则问题。用“科学—技术—生产”的公式来概括这个关系至少包含着两层意思：其一是说当代科学主要地不再依赖于生产，它的相对独立的发展具有更大的意义；其二是说当代科学对技术和生产的发展起了主导的作用。我们在这一节里着重考察第一个方面。

事情或许是发人深省的：科学认识（区别于人的一般意识）归根到底来自生产实践，不能脱离生产实践；而科学认识的长足进步和社会作用的发挥又是与它对生产实践的相对独立性即某种程度的分离密切相关的，两者几乎有一定的正比关系。古代科学对社会生产没有显著的促进作用，社会制度保守、生产方式狭小、文化普及不足等是重要的原因。当时的实用科学与生产技术之间偏于合一而分离较差，也是原因之一。生产能够推动科学，是因为生产在物质需求、物质条件等方面比科学多出一些东西。科学与生产经验相符是必要的，但如果科学知识只有生产经验的转录或写照，很少有超出于生产的相对独立性，它就难以推动生产的前进。16、17 世纪的自然科学的相对独立性加强了——很难说哥白尼、开普勒、伽利略乃至牛顿的科学成就直接决定于当时的工农业生产，或是当时生产经验的复述，但这个时期的自然科学却有了迅速进步并成为反对宗教神学的旗手。19 世纪下半叶以来，特别是本世纪，自然科学与生产实践之间分离趋势更加突出．科学自身特有的实践活动（科学实验）和理论研究的作用更加重要。当代的科学知识大大超出了描述已有生产经验的范畴，因而能够成为促进生产发展的强大力量。

把 19 世纪末至今的自然科学进步直接理解为生产实践的历史是不能自圆其说的。新的实验事实要求并引出新的理论见解，新的实验事实同原有理论之间的佯谬，一种新的理论见解充实、丰富原有的理论观点，两种学说在逻辑上的悖论，在这个时期的自然科学发展中有重要作用。如果作简单的回顾，可以看到：

（1）电子、X 射线和天然放射性物质的研究并不是当时的工农业生产中已运用了阴极射线、同位素或医疗中已提出了透视诊断的需求，而是科学的发现走到了实践的前头。

（2）爱因斯坦狭义相对论的提出是由于麦克斯韦电磁学说在理论上不完备（以太说遇到困难），并不是 20 世纪的生产实践中必须利用时间延缓和长度缩短的效应；从工程技术和生产需要去解释广义相对论的产生就更难办了。

（3）量子论渊源于经典物理学不能解释黑体辐射、光电效应的实验事实和原子的稳定性，而不是实践中利用黑体、光电管遇到了困难。

（4）20 世纪上半叶提出的种种原子模型在很大程度上是为了逻辑上的完备，当时的原子物理学家也不知道他们的研究有什么实践意义。发现原子核的卢瑟福到 20 世纪 30 年代中期还说："就释放能量来说，用原子核来做实验可以说是纯属浪费。所有那些谈论在工业上利用核能的人们都是在作荒唐的空谈。"① 当时在场的玻尔、海森伯也同意这种看法。

（5）20 世纪以来重要的化学理论并非直接起源于化工生产，化学键理论的提出主要是由于量子物理学对化学的推动和化学本身的实验研究。

（6）用 20 世纪 40 年代农业生产的状况也无法解释 DNA 的发现和分子生物学的诞生。分子生物学的奠基人沃森、克里克二人并不是农学家、育种学家或遗传工程学家，甚至原来也不是生物学家，而是化学家。

（7）以研究基本粒子和夸克为内容的高能物理不仅不是来自现实的生产实践活动，而且至今还不大清楚它有怎样的实际应用价值，尽管它有着大规模影响

---

① 卢鹤绂：《高能粒子物理学漫谈》，上海：上海科学技术出版社，1980 年，第 138 页。

人类社会实践的可能性。

(8) 用定季节的需要来说明当代天文学的研究是困难的，把各种宇宙学说的提出、超新星和星际有机分子的发现以及对黑洞的设想等都归结为生产的需要或生产经验的总结是讲不通的。

自然科学对生产实践有相对独立性是毫不奇怪的。我们不可能把各门自然科学的每一种学说和理论，每一条定理和公式都直接归结为直接的实践要求或经验；如果那样，科学的认识论就会比解简单的一次方程式更容易剖析了。恩格斯在谈到社会历史的运动特别是各种社会意识形态的产生时曾说过："根据唯物史观，历史过程中的决定性因素归根到底是现实生活的生产和再生产。无论马克思或我都从来没有肯定过比这更多的东西。如果有人在这里加以歪曲，说经济因素是唯一决定性的因素，那么他就是把这个命题变成毫无内容的、抽象的、荒诞无稽的空话。"① 对科学的发展来说，前人留下的思想资料是不可缺少的，恩格斯在谈到社会科学时说："在每一科学部门中都有一定的材料，这些材料是从以前的各代人的思维中独立形成的，并且在这些世代相继的人们的头脑中经过了自己的独立的发展道路"②，何况自然科学还有科学实验（它相对独立于生产实践）作为特有的直接基础。

自然科学有其独立发展的方面，这不仅在认识论上有根据，而且从社会活动领域的划分上也表现出来。近代自然科学的研究曾经是个别学者的业余爱好，进而才有了以研究科学为专门职业的人。较大规模的科学研究曾经附设于工厂的实验室或教学部门（高等院校），进而才较多地集中于专门的研究所中，成为由政府干预或掌握的专门事业。目前，全世界专门从事科学技术研究的人员大约有300多万，科研经费每年约1500亿美元，科学技术成果已成为特殊产品可供交流、转让或出售。

当代科学对社会生产有日益增强的相对独立性，这是一个合理的、有积极意义的观点。它使我们看到科学研究走在生产实践前面的可能性，承认科学研究应当具有或保持它对生产实践的相对独立性，不能要求一切科研项目都从直接生产中来或只允许在农田里研究生物学。然而，自然科学的相对独立性毕竟是相对的，从当代科学发展的基础、源泉和动力来看，自然科学与生产技术的关系是双重性的：一方面，它同生产实践之间的分离趋势（相对独立性）在加大；另一方面，它对生产实践的依赖性也加大了。或者说，当代科学同生产实践间的相对

① 《马克思恩格斯选集》第4卷，北京：人民出版社，1972年，第477页。

② 《马克思恩格斯选集》第4卷，北京：人民出版社，1972年，第501页。

独立性增强了，它同生产实践间独立的相对性也增强。这并不是玩弄术语，而是科学发展过程的事实。如果我们只讲相对独立性日益增大这一个方面，就会把这个本来正确的命题夸大为谬误。

第一，各门自然科学对生产实践的相对独立性并不是一样的，我们不能只援引那些同直接生产活动离得较远的基础学科中的理论发现，而把其他学科置之度外。当代自然科学中不仅包括理论力学、理论物理、理论化学等学科，还包括诸如工程力学、工程热物理、工程控制理论、合成化学、育种遗传学、外科学，以及民用建筑学、冶金学、电机制造学、小麦栽培学、医疗器械学等学科，其中许多学科还有它的分支。例如，冶金学又可以分为钢铁冶金学、钨钼冶金学，外科学又可以分为脑外科学、胸外科学。很明显，所有这些非基础理论学科都同生产实践（及医疗实践）有着密切的联系。高层大厦、超音速飞机、巨型船舰的建造对材料力学、建筑结构学、内燃机学、机械工艺学、仿生学的发展有重大的促进作用。氧气炼钢、燃气轮机的应用、人造金刚石的制造推动了冶金物理化学、工程热物理、高压工程学的形成和完善化。提高农药、化肥、塑料、化纤的性能和生产效率的需要刺激了合成化学、高分子材料工艺学的进步。生产实践和工程技术推动着一大批与实际应用关系较密切的学科，这些学科提出的问题又推动着大多数基础学科的研究，我们在第三节中还要涉及这个问题。

第二，那些对生产实践的相对独立性表现得较为突出的学科，它们对生产技术也还有直接依存性的一面。这种依存性不仅是指理论物理、量子化学、分子生物学的研究也必须有生产发展所提供的经济可能性，而且是指这些学科更加离不开由工业生产所创造的技术条件和实验手段。我们仅以物理学的发展为例来说明这一点。

前面提到，经典物理学的成熟和它遇到的困难为现代物理学的产生提供了知识前提和必要性，但还要作重要的补充：19 世纪末以来的物理学又是技术的产物。如果没有这个时期的工业技术基础，无论是发现电子、X 射线、天然放射性物质和各种基本粒子的实验成果，还是相对论、量子论、量子力学和高能物理上的理论创见，都是不可设想的。克鲁克斯观察到荧光现象，是因为当时的机械加工技术已经能造出高效率的抽气装置（19 世纪下半叶已能造成约为大气压力十万分之一的高真空）。汤姆孙测定电子的质荷比，要利用高电压发生器，这离不开当时的电技术。伦琴发现 X 射线的实验过程中，采用了厚度仅为 0.0299 毫米的铝箔和 0.0026 毫米的铂箔。卢瑟福做人工放射性实验的时候，为了找到 8 根 α 粒子径迹的图像，拍了两万多张照片，而且必须用高灵敏度的高速摄影机。所有这些物质手段是天平、温度计、电池、莱顿瓶所不能比拟的，而这些手段都取决于生产的状况。

尤其值得注意是：在当代科学中，越是远离生产实践的学科，越是离不开生产实践的发展。高能物理的研究不能在现实生产中找到直接的根据，但为了这种研究却需要建造出重达三万多吨的磁铁、直径两公里的加速器、占地上万亩的实验基地。探测遥远的天体对当前的工农业生产并没有重大的实际价值，但为了这种研究却需要建造重达几十吨的镜片、直径近百米的射电望远镜、耗资上亿美元的天文台。

或许有人会说，上面讲的这些无非是指科学研究需要人力、物力、财力、仪器、设备、材料，可是，它们只不过是科学进步的外部条件，并不能在根本上决定科学的发展，决定的因素是科学“内在的独立性”。我们觉得提出“内在主义”是不正确的。科学的进展当然有它的内在逻辑，认识世界（科学研究）与改造世界（生产活动）毕竟不是一回事，各有自己特殊的规律性。用种田做工的程序不能说明科学研究有一个由经验过渡到理论的过程，用科学家需要吃饭穿衣不能说明自然定律或公式的内容，仪器装备也不是科学理论的奠基者。可是，我们千万不能低估了所谓“科学的外部条件”。生产不发达，就没有那么多的力量培养科学人才，甚至难以充分保证科学家们的吃穿住行；生产不发达，就没有那么多的钱去添置仪器设备，更何况要建立大型的实验基地。不可忘记，新的实验工具曾经是近代自然科学产生的决定性条件，提供这个条件是生产对科学的贡献，这个观点对当代科学的发展也是适用的。总之，我们既要看到科学是生产力，又要看到科学需要生产力。生产决定科学这一历史唯物主义的原理并没有过时。

第二节　科学发现与技术发明

什么是当代科学发展的基础、源泉和动力，这是认识论要回答的问题。问题还有另一个方面：当代科学有什么特殊作用和如何实现这种作用。我们认为，在表述当代科学的特殊作用时，“科学—技术—生产”的公式是颇有道理的，但仍然需要作一些补充。这个公式的好处是它简明地指出了技术是联系科学与生产的中间环节，使人们看到科学要转化（物化）为技术从而作用于物质生产；这个公式还说明了当代技术来自于科学的认识，当代的生产发展来自于技术的进步。然而，正如一切定义、公式都难免有它的局限性一样，这个公式的全体和它的各个环节（“科学—技术”，“技术—生产”）都难免有其简单化、片面性的弱点，因而又需要作必要的修正。

在人类历史上技术并不都是科学的产物，或者说，在很长的历史时期里并不是“科学—技术”，而是“经验—技术”和“经验—技术—生产”。远古的农业技术、畜牧业技术、手工业技术是原始人在他们的生活经验和生产经验中获得、传授和积累起来的。当时的人类没有科学理论或自然定律的知识，就在经验中学会了春播、夏锄、秋收、冬贮，学会了饲养牛、羊、猪、马、鸡、鸭、鹅，学会了酿酒、冶铜、炼铁。古代社会修建水坝、宫殿、庙宇、陵墓、航海船只的工程技术，诊断疾病和使用药物的医疗技术，以及指南针，火药、印刷术等技术发明，几乎都是从经验的摸索（包括经验性的实用科学）中得到的。在漫长的年代里，经验是技术发明的源泉，在这个意义上经验也是生产力。

然而，只由经验改进技术从而促进生产的发展终究是有局限性的。在原始人和古代人凭经验所及开拓出一批生产技术领域之后，再靠经验眼界去创造新技术和新的生产部门是极为困难的。经验的积累通常限于既定的生产部门之中，如果不把经验提升到理论或者不使经验知识同科学理论相结合，这样的经验往往只会导致原有技术的逐步改良，或在较好的情况下以移植、组合的方式引起原有技术作用的扩大，却难以带来技术性质上的根本变革。我们在这里用了“经验所及”或“经验眼界”的提法，是指人们可以从直接的经验感受中得到启发。例如，远古的人们在天然火或人工用火的燃烧中可以看到有的石头（矿石）熔化变为金属，他们能够从这种感受引出冶铜炼铁技术，这就是经验所及的。至于石油分馏、高分子材料合成是天然状态下无法感受到的，石油分馏技术、合成技术是经验所不及的。近代技术的发展，也经历了“经验—技术”到“科学—技术”的过渡过程。

蒸汽力的威力是人们在日常经验中可以感受到的。古希腊人在公元一世纪就发明了利用蒸汽力推动的转动器。17 世纪末，英国的萨弗里等人把蒸汽力用于推动水泵，他所发明的机器有汽缸而无活塞。苏格兰铁匠纽可门在 18 世纪初制成了有活塞的实用蒸汽机。英国的仪器修理工瓦特在 18 世纪末又改进了它，他发明了冷凝器，提高了蒸汽机的效率，并采用曲柄把活塞的直线运动改变为主轴的旋转运动，使蒸汽机成为可供一切工业部门用的动力机。在蒸汽机的技术发明过程中不是没有科学理论的作用。瓦特发明冷凝器就是因为他在学习和与科学家（如布莱克）的交往中懂得并运用了潜热的概念。然而，直至 18 世纪末以前，自然科学上对于热效率、热传导、热膨胀、热平衡、热容量，以及热功转换等还没有进行认真的实验研究和理论分析，在这个时期的蒸汽技术，整个来说，主要是靠经验和技能。正因为缺之理论的指导，当时的蒸汽机效率仍然很低，制造单一热源“永动机”（第二类“永动机”）的想法盛极一时，19 世纪热力学的发展才改变了这种局面。有了高速低耗的蒸汽涡轮的发明，论证了“永动机”的不可能性。

火药的威力也是人们在日常经验中可以感受到的。在 17 世纪，惠更斯等人就试图用炸药做燃料制造动力机，但失败了。到了 19 世纪下半叶，由于热力学、精密工程学和炼钢的发展，才有了使用煤气或汽油的内燃机的发明。内燃机技术乃是科学理论的产物。

持续电流的力量是人们在日常经验中无法感受到的。在生活经验中可以接触到雷电、静电，但不能用此作动力。电池所产生的能量很小，对生产技术没有重大影响。在 19 世纪电磁感应理论提出之后，引起了工程技术和物质生产领域的根本改变。1831 年，法拉第发现了电磁感应定律。1833 年，德国的楞次在这一基础上提出了感应电流方向的定律（楞次定律）。1857 年，英国人惠斯通发明自激电磁铁型发电机。1866 年，德国人西门子制成自激式直流发电机。1888 年，美国人特斯拉搞成了交流发电系统。电力技术革命的风暴席卷了 20 世纪，至今为止，工农业生产、交通运输乃至日常生活的各个方面，到处都有电力的作用，这是科学为人类建树的一大功勋。

电磁波在人们的感官中看不见、听不到、摸不着，它的存在不是来自经验，而是麦克斯韦电磁理论的预言。科学实验证实了它，从此以后，才有了电子技术的发明。电子技术与数学相结合，又产生了电子计算机。广播、雷达、电视、遥控、遥感、射电望远镜等电子技术上的新发明，一开始就建立在自觉地应用科学知识的基础上，是典型的“科学—技术”。

当代新兴的技术发明，凡属重大的、在本质上与原有技术不同的，几乎都是由于有了科学上的发现或得到科学理论的支持。没有核物理和相对论的质能公式，就不会有原子能技术；没有空气动力学和燃烧学，就不会有航天技术；没有电子学和波谱学，就不会有激光技术；没有半导体科学和光电效应的理论，就不会有太阳能发电技术；没有工程力学和关于“音障”的原理，就不会有超音速飞行技术；没有高分子化学和结构化学，就不会有化工合成技术；没有分子生物学，就不会有遗传工程技术。

大量事实表明：当代的技术发明在很大程度上取决于科学理论上的突破，“科学—技术—生产”的公式反映了当代科学的特殊地位。这个公式符合理论能够能动地指导实践这一辩证唯物主义的认识论观点。同时，我们又认为不能把“科学—技术”这个特点绝对化，在阐述这一特点时还应当注意到：

第一，并非所有的科学知识都能物化为技术，能够物化为技术的各门学科在其物化的途径和方式上又各有区别。我们将在第三节里专门讨论这个问题。

第二，当代的技术发明也并非都来自科学理论，经验的因素仍对技术的改进起重要作用。科学与技术的关系并不简单，科学可以物化为技术，技术并不等同于物化的科学。技术作为实践的技能、工艺（流程和方法等）、装备等还有它自身的规律性。人们创造出某种新的、能更有效的改造世界的手段都可以算作技术发明。这不仅要论证技术可能性，提出技术思想和技术原理，还要解决实现技术原理的工艺原理和具体措施，其中包括材料、工具机、动力、控制等。技术发明中的一些问题不可能或不必要都由理论上找到答案，而必须由经验来帮助或只需作经验的处置。

技术发明的产生有多种多样的情况。由新的科学原理可以引出新的技术思想。把一个领域的技术加以改造移植于新的领域会造成新技术。在冶金、化工生产中用水作冷却剂是极普通的，把导电性强的水用来作为高压电装置的冷却剂，造出双水内冷发电机或水内冷可控硅却是一项发明，这种发明主要不是科学原理带来的。把曾被否定的技术在新的基础上恢复其活力，这也会造成新发明。在最初的轧钢工艺中，轧制钢材的两个辊子转速不能做到相等，这叫异步轧制。为了提高轧制质量，人们研制了同步轧制（$v_1=v_2$）技术并在完善这种技术上做了大量工作。然而，同步轧制在加工极薄带材时又遇到了新的困难。有的发明家又重新利用起异步轧制（钢材在这时不仅受压力，而且还受搓切力），只不过由于有了高精度的自动控制，异步轧制已不再是技术上的无奈，而是特意研制出来的很有技术价值的发明。当代的异步轧制技术是否定之否定的一个实例。把若干领域的技术集中、组合在一起，也会有新发明的出现。登月飞行的技术创造，就是一系列原有技术的综合。无论是技术领域中的移植、复归或综合，都需要发明家对于历史经验、现实经验有真切的了解并善于巧妙地利用。

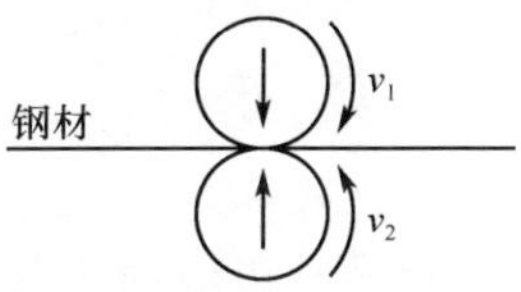

图 9-1

掌握技术必须要有经验，单靠最好的游泳原理教科书，并不能使人掌握游泳术。时至今日，驾驶员的经验对于操纵飞机、车船的技术，机械工人的经验对于零件的加工、处理和装配技术，医生的经验对于疾病的诊断和治疗技术，乃至炊事员的经验对于烹调技术，都是不可缺少的。

第三，技术发明不都是自觉地应用科学规律的结果，机遇也可以成为发明的契机。我们在第四章第四节谈到的机遇实例中，就包含着技术研制和发明中的机遇。我们在这里只列举和补充一些：

1856 年，英国化学家珀金想把从煤焦油中提取出来的物质加工处理为奎宁，没有成功，却意外地获得了苯胺紫，找到了制取这种人造染料的办法；

1891 年，美国发明家艾克逊本意是要研制人造金刚石，结果却造出了碳化硅；

1909 年，美国的培克在研制一种新树脂的过程中，意外地看到乙醛流到奶酪并使之变硬，并由此发明了电木；

1913 年，英国冶金学家布里尔利本来是要找到一种适于制造枪管的合金钢，却发现了不锈钢，进而研制和获得了不锈钢及其技术；

1957 年，日本的江崎为了研制新型高频晶体管，由于意外地看到负阻现象而发明了隧道二极管。

关于机遇的地位和对待机遇的方法，这里不再重复。需要说明的是：技术的发明和研制终究不同于探索未知现象的科学实验，机遇相对较少，当代的技术发明中科学理论有重要的指导作用，由机遇而引来的发明就更少些。但是，我们终究不能说在现今的技术发明中机遇已经绝迹或毫无作用。

以上三点（特别是最后一点），并不否定“科学—技术”的当代特点，我们只是不赞成把科学与技术的关系说得太笼统，似乎任何科学都转化为技术，任何技术都来源于科学。这种说法不利于正确地看待发明，有效地指导发明，勇敢地进行发明。科学原理是重要的，搞技术的人要学习科学，然而，科学知识学得再多，并不一定成为技术发明家。狭隘的经验主义是要反对的，但没有切身经验或不尊重他人的经验、前人的经验，不细心体察技术研制中的特异情况，也不会成为发明家。

第三节　基础科学、技术科学与工程科学

科学是可以转化为技术从而推动生产发展的。人们曾对这种转化做过不少研究，其中包括科学研究要分为基础研究与应用科学，自然科学要分为基础科学、技术科学等。然而，在这个问题上也有一些不同的观点值得讨论。对于基础科学的内涵和外延，看法比较一致。技术科学的概念在目前已被大多数科学家承认，但对这个概念的含义仍有不同理解。至于“应用科学”（不是指对科学的应用，是自然科学中的一个门类），人们有时把它等同于技术科学，即把当代科学只分为基础科学和技术科学（或应用科学）两大类；有时又把应用科学等同于工程技术，即把当代科学分为基础科学、技术科学、工程技术（或应用科学）三个部分。我们认为，对于当代科学的总分类有辩论清楚的必要，否则，只是笼统地称之为自然科学，或虽有划分又缺乏确切的规定，就不能具体分析科学的职能和科学转化为技术的机制，因而也难以说明科学与生产的关系。研究当代科学的总分类，还有认识论上的意义。

人类的活动可以分为认识世界和改造世界两大方面。一般来说，科学是认识世界的活动和成果，技术是改造世界的手段和方法，生产是改造世界的过程和成果。自然科学所反映的是自然界事物的属性和自然界的客观规律性。因此严格意义上的自然科学只是物理学、化学、生物学、天文学、地质学，以及它们的分支学科，或者说，只有通过我们通常称为基础科学的那些学科才是标准的自然科学。

我们认为基础科学是很重要的，它所研究的是自然界本身（或者叫天然界）的事物和规律，它的各个分支学科是按反映机械运动、物理运动、化学运动、生命运动和它们的不同层次来划分的。基础科学的知识来源于人类改造自然的实践（实验），但它的知识内容主要地并不反映人类以什么方式、什么效率去进行改造，而是反映自然事物本身的属性和自然过程本身的行为。它要着重回答的是自然现象“是什么”、“为什么”，而不直接地解决人们应去“做什么”、“怎么做”的问题。力学（理论力学）、物理学、化学、生物学，以及天文学、地质学的知识是人类精神文明的基础，是技术科学、应用科学的基础，是人类改造自然的基础，是科学教育的基础，因此叫做基础科学。

可是，自然科学，尤其是当代科学所反映的自然界已不仅仅是天然的自然界。在人类出现以后，除了产生了思维的大脑，把天然的自然反映为被意识到的自然，有了自然界与人类意识的划分，而且还产生了劳动的双手，在力所能及的范围内把天然的自然界改变成人工的自然，或者叫“第二自然”。我们周围的自然界，当然只是整个宇宙的一个极小部分，但地球（更确切地说是地球表面的陆地）是人类生活的中心，人类必须也在很大程度上只能主要地关心这个中心，这是我们的自然界，在这里到处打上了人类的痕迹。所谓征服宇宙，主要是指人类能够控制地球上的自然力，因为人类目前还不可能改造月球或太阳。登月飞行也不过是在月球上留下了人类的一点印记，征服太阳系以外的天体就更谈不上了。

在今天的地球上，原始森林、野生动物只在很小范围内存在，而且还有被人保护的因素才能继续存在下去；荒原变良田、江河被截断、矿藏被开发，自然界在很大程度上成为人类利用的资源；地面上高楼耸立，地面下也建起了各种工程设施。电站、工厂星罗棋布。飞机、火车、轮船在天空、地上、水上行驶。人类还创造了核能反应堆、电子计算机、人造卫星，以及特殊合金、塑料、人造橡胶、人造金刚石、化纤等物质产品，造成了远比恐龙生存时代丰富得多的自然界。

认识这个“第二自然”，探讨“第二自然”与“第一自然”（天然自然）的关系，研究“第二自然”的性质和如何创造“第二自然”的规律性，也是自然科学的任务，这样的科学就是技术科学和应用科学。对于人类改造自然来说，只有基础科学、基础理论是不够的。马克思主义是改造社会的基础理论，但只靠马克思主义的基本理论尚不足以改造社会，还要有以历史唯物主义为指导的各门社会科学——历史学、经济学、政治学、军事学、法学、伦理学、美学等，而且要把这些科学的原理同各个国家的具体实践相结合，形成能解决各个国家具体问题的特殊性的社会科学思想。改造社会只靠科学理论还不够，还要有共产党的纲领、战略、方针和政策，要有人民群众的实际斗争。只有基础自然科学的理论同样不足以改造自然。单是牛顿力学还不能说明工程结构中应力的分布，更不足以提供建造高层建筑的知识。单是电磁理论还不能指明直流供电与交流供电何者为佳，更不足以解决各种电机该如何去制造。单是物理化学还不能论证冶炼过程中热效率的发挥，更不足以回答钢铁冶炼中该用何种熔剂和燃料。因此，还需要有技术科学、工程应用科学才能把基础科学的理论转化为技术，或者说，技术科学、工程应用科学是科学转化为技术的必要内容。有了技术还要有为工农业生产而进行的技术设计、研制、推广，要有相应的人力、物力、财力去实现它才能变为实际的生产力。

我们主张，在当代科学的总体系中，可以区分为基础科学、技术科学、工程科学三类，大体上相当于国外有的人所说的纯科学、工艺学和工学。

技术科学和工程科学都是关于“第二自然”的科学，但二者又不尽相同；或者说，在关于“第二自然”的科学中有必要把技术科学作适当的区分。技术科学的内容是利用基础科学的理论去探讨一类技术的机制和可能性，它又可以叫做技术原理学。气体受热膨胀、受压收缩是基础科学的知识，热机的四冲程循环理论则是技术科学的知识。在天然的自然界中没有热机，也没有热机工作中依次进行的等温膨胀、绝热膨胀、等温压缩、绝热压缩这样的四个过程，对这四个冲程的关系的研究属于热机的技术原理。它对各种用途和不同大小的煤气机、汽油机、柴油机都适用，但对这些热机技术原理的研究，又还不是内燃机制造学。我们前面提到的工程力学、工程热物理、工程控制论、合成化学、育种遗传学等，都是研究一类技术的共同性规律的技术科学。

有了技术原理，查明了技术的机制和可行性，科学并非无事可做了，特定技术的实现还需要新的知识，即需要工程应用科学，或简称为工程科学。前面提到的建筑学、钢铁冶金学、电机制造学、小麦栽培学等就是工程科学的实例。工程科学的内容是利用技术科学的原理，联系到特定的应用对象（如房屋建筑、钢铁冶炼、电机制造、小麦栽培等）去探讨实现技术原理所需要的材料、能源、加工机械、处理流程，探讨能够发挥最佳技术效益的规律性。从某种意义上说，可以把工程科学称为工艺原理学；当然，理论原理、技术原理、工艺原理这样的区分并不是很确切的，也不是截然划分的，只能作大致的区分。

在划分当代科学的种类时，人们有时对技术科学和应用科学是不加区别的，例如，把材料科学、核科学、计算机科学、自动化科学、仿生科学统称为技术科学或应用科学。我们认为，就某种实用性划分来说，使用材料科学之类的名称是可以的，但从学科内容的性质看，材料科学中有金属材料学、高分子材料学、半导体材料学、高温合金学等，它们属于工程科学。材料科学中还有材料力学、冶炼学、烧结学、成型理论（如压力加工学）、材料性能测试学等，它们属于技术科学。有人还把晶体物理学、结晶化学等列入材料科学，它们属于基础科学。我们认为，从科学按层次转化为生产技术来说，还是把它分为“基础科学—技术科学—工程科学”为好，这种逻辑划分同时又是实际转化的历史过程，大体上相当于工农医科院校中的“基础课—专业基础课—专业课”。当然，这里的划分是不应当绝对化的，它们之间有着密切的联系和相互渗透。

附带说一下，把当代科学分为“基础科学—技术科学—工程科学”同“基础科学—技术科学—工程技术”并不完全一样。工程科学仍是科学，是知识形态的东西，是学校专业课的内容，它还不是工程中现实应用着的技术或工程技术的实践活动。或许，主张第二种表述的人在这里所说的“工程技术”是指对工程技术的研究，那我们之间是没有原则分歧的，我们只不过把特定的工程技术应用研究的对象和成果叫做工程科学。

技术科学和工程科学的产生是历史的产物。在古代，经验性的实用科学占主导地位，理论自然科学不很发达。近代的科学家不满足于对生产经验的单纯描述，着力于研究自然界本身的奥秘，创立了牛顿力学、物理学、化学、生物学等基础科学，但还没有力量对“第二自然”中的规律做出合乎科学的理论分析，在基础科学的理论同工程技术和生产实践之间还缺少由此达彼的中介环节。因而就出现了这样的情况：科学家关心的是学说、定律、精确的推导，工程师虽有一定的科学知识，但他们主要依据的则是经验、手册和大致的估算。在19世纪中叶以后，科学家们逐渐转到基础科学同工程技术的交界处，首先形成了材料力学、工程热物理。由于当代科学揭示了物质的微观结构从而有可能说明宏观过程的本质，各门技术科学就相继发展起来了。以当代基础科学和技术科学为依据的工程科学也与古代的实用科学有本质的区别。当代工程科学中虽然仍有不少经验的因素，但它的基本思想和趋向则是立足于基础科学的定律和技术科学原理之上。如果说，在历史上可以有科学知识较少的工程师，那么，现在这样的情况已大大改变了，今天的工程师没有技术科学和工程科学的训练和素养，是很难胜任其本职工作的。

当代科学的这个总分类告诉我们，基础科学在科学体系中具有十分重要的地位，它名副其实的是整个科学大厦的基础和支柱。基础科学的意义不能只从它能否转化为生产技术来评价，尤其不能只看它对当前的生产技术有无直接的现实意义。同时，我们又认为基础科学研究的大部分工作应当力求对人类改造自然的实践活动有关，基础科学研究结合实际，要考虑到技术科学提出的问题。从科学的作用来说，是“基础科学—技术科学—工程科学—工程技术—物质生产”从科学的发展来说，则要考虑到“物质生产—工程技术—工程科学—技术科学—基础科学”。完全把基础科学当作自我完成的纯科学是不妥当的。当然，好奇心、求知欲也对基础科学的发展起作用。

技术科学是基础科学和工程科学的中间环节。相对于基础科学来说，技术科学具有应用研究的性质，人们或许正是根据这一点把它叫做应用科学；但与工程科学相比，技术科学又具有基础研究的性质，它是工程技术的理论基础和支柱，没有技术科学，工程科学就会成为实用经验的堆积，因此，技术科学又不同于工程科学。从技术的根本性变革和技术的长远发展着眼，技术科学的发展具有重要意义；对于提高性的高等院校，似应把技术科学的教学和研究放在重点位置上。

工程科学是工程技术的直接依据，它的重要性是十分明显的。正因为这样；许多国家可以公开它在基础科学和一部分技术科学中的原理，却常对工程科学的重要成果实行保密。资本主义国家的工厂企业附属的研究机构，主要地就是从事工程科学的研究，并把这种研究成果迅速地转化为技术应用。我们要早日实现四个现代化，也要加强工程科学的研究工作。

第四节　关于科学是生产力

讨论由科学到技术的转化，还只是“科学—技术—生产”诸环节中的一部分，科学技术如何进一步转化为物质生产，还有一些值得讨论的问题。我们将围绕科学是生产力的提法来讨论这些问题。

人们对科学是生产力已做了很多研究。例如，论证了科学与生产力诸要素（劳动者、劳动资料与劳动对象）的关系，科学对提高劳动生产率的作用等，我们只准备作一些补充。

首先是怎样从语义上理解“科学是生产力”这种表述。一些同志在讨论科学与生产的关系时曾发生疑问：科学是知识形态的东西，生产力是物质的东西，说科学能够转化生产力可以理解，怎么能说科学就是生产力呢？这种提法岂不是把观念的东西等同于物质的东西了吗？这种疑问的产生是有理由的：我们在上面的叙述中也是说科学可以转化为技术（包括应用科学转化为技术），就是把科学看做知识形态，而且，我们也不认为任何的科学知识都可以转化为生产力。然而，我们却并不认为“科学是生产力”这个提法是不恰当的表述：第一，从汉语词义上说，“是”这个词是多义的，它可以在“转化”的意义上使用，例如，可以说“失败是成功之母”、“青年是人类的未来”、“天才就是勤奋”等。如果只允许把“是”当作“等同”的意思，“失败是成功之母”的名言就不能成立，成功之母只能是在正确思想指导下的正确行动，错误、挫折只有在吸取其教训之后才能转化为正确的东西，并导致成功（坏事变好事的一例）；要是失败了不吸取教训，照样干下去，就只能是继续失败下去，失败就成为失败之母。实际上，

“科学是生产力”同培根讲的“知识就是力量”是一个意思。知识应当理解为科学，力量主要是指改造自然的本领，也是说知识可以转化为这种力量。第二，科学是生产力是用一句极为言简意赅的话表达了极为丰富的内容。它不仅包括科学知识可以转化为生产技术，而且是指现代劳动者要掌握科学，指科学工作者是生产劳动者，科学事业是社会生产的重要部分，科学水平的提高会促进社会关系的改变（科学知识的普及同社会生活中的民主化难道没有关系吗）。我们不能仅仅从认识论这一个角度去看观念的科学与物质的生产，把“科学是生产力”唯一地看做哲学教科书上的定义。

非常简要的概括有其特有的价值，它抓住了事情的最主要之点，极为鲜明地使人们看到问题的本质，唤起人们为某一目标而努力奋斗。然而，简要的概括又难免不够具体、不够全面，需要作一些解释、精确化和补充。我们前面提到的一些看法就是属于这种补充。例如，①当代科学仍有依赖于物质生产的方面，也就是说，科学是生产力，科学又需要生产力，科学事业必须以物质生产提供的条件为前提。②当代的技术发明和技术应用仍然包括经验的因素，不能由科学是生产力的命题得出经验已毫无意义的结论。当代生产力的发展中经验同科学相比已不占主要地位，但在某种程度上，经验也是生产力。③科学要经过技术转化为生产力，不能转化或尚未转化为技术（技术手段、技术方法或劳动者的技术能力）的科学知识还不是生产力，至少不是现实的生产力，但不能由此得出结论说这样的科学知识没有意义。④科学本身包括基础科学、技术科学、工程科学。科学转化为生产力，其中有由理论原理到技术原理再到工艺原理的复杂过程。

我们还认为，科学是生产力或者“科学—技术—生产”只是指科学对社会生产所起的作用而言，不应当对它做出排他性的解释，似乎科学除了转化为生产力就没有其他的作用了。科学还可以转化为医疗技术和医疗实践，转化为治理环境的技术和实践。科学的这种职能正变得日益重要。也许有的同志会说，医疗实践主要是保证劳动力的存在和再生产，治理环境还是保证劳动生产正常进行的条件，广义地也可以看做是物质生产中的环节，对科学是生产力的命题应当也作广义的理解，包括这些环节。我们部分地同意这种观点。我们认为，只从物质生产的眼光看保证人类的健康和自然界生态环境的合理，似乎是不尽全面的；即使把它们广义地看成物质生产的环节，这与通常理解的生产力也不相同。医疗实践、治理环境本身并不直接带来产品数量质量的提高和经济发展速度的增长，而是直接消耗物质产品。医学、环境科学可以转化为人类必需的、日益改善的生存条件和生活质量，不能简单地只用增加多少物质产品去衡量。

科学是生产力，是指科学对生产技术和物质生产的推动作用而言。自然科学本身是没有阶级性的，但科学在社会中却可以作为双刃剑发挥作用。科学的应用也具有双重性，它可以促进生产力，也可以给生产力带来很大的消耗乃至造成严重的破坏。在科学转化为军事技术被应用于战争的时候就出现这种复杂的情况。正义战争中的军事技术也会在一时损坏某些生产设施，但其根本目的是为了解放生产力；非正义战争中的军事技术是反动派手中镇压和屠杀人民群众的手段。在当代社会中，科学转化为军事技术的现象大量存在，如果仅仅从科学、技术与生产的关系考察，情况也是复杂的：①军事科学技术可以带动整个科学技术的发展。军事科学技术的研究可以不计成本，竞争十分激烈，因此，从古到今的尖端科学技术几乎都首先来自军事需要或在军事部门中得到应用。②军事技术还可以转化为民用技术。原子弹技术可发展为核能发电，雷达技术移用于电视，喷气战斗机技术为制造喷气客机创造了条件。③军事技术又是社会生产和经济发展的一种负担。美国在20世纪40年代试制原子弹时，就用了四年时间、几千名科学家和几十万工人，花费20亿美元。目前世界上各国直接用于军事技术研制的费用每年就有350多亿美元。就这一点看，就不能说科学向技术的转化都会提高生产力的水平。

在讨论科学是生产力的原理时，命题的表述方式和适用范围是要考虑的，但更重要的是具体分析科学和技术对社会生产的现实作用。就发达国家的情况看，科学技术已经并正在继续引起物质生产领域发生重大的改变：

第一，出现了一批“科学技术集约型工业”或简称“知识工业”，如电子工业、计算机工业、核工业等。知识工业的特点是：它的产生就是自觉运用科学知识的结果，而且知识的密集程度很高，技术水平先进，知识工业典型地反映着“科学—技术—生产”的过程。知识工业的生产需用材料不多，能源消耗不大，但其劳动生产率高，产品更新也快。电子工业产品是根本无法只用经验研制的，只靠经验和体力，再灵巧的双手也不能在米粒大小的芯片上加工出几万个各有特定功能、彼此互相关联的电路元件。集成电路等元件以及名目繁多的电子产品（目前约有三万种）是人类智慧的结晶。核能发电只需要以千克计的核燃料，却不能靠经验和铁锹把这些燃料投入反应堆。知识工业的兴建需要很大一笔投资，但投资效率较高。制造电子计算机存储器所用的一次原料比相同重量的铁锅还便宜，经过科学技术的加工之后，其价值竟相当于重量相同的白金。据统计，从每千克产品的出厂价格看，如果以钢筋为1，小轿车为5，则彩色电视机为30，计算机为1000，集成电路竟达2000。①

① 生活·读书·新知三联书店编辑部编：《国外工业现代化概况》，北京：生活·读书·新知三联书店，1979年，第210页。

第二，传统生产部门逐步达到了科学化、自动化。近几十年里，世界上不少国家的社会生产总值有了很大的增长。就国民经济的发展来看，知识工业虽然已占不小的比例，但起重要作用的仍是传统生产部门（农业、采掘和石油工业、电力工业、机器制造业、轻工业、建筑业等）中的技术更加科学化、现代化。即使是在经济最发达的美国，新兴电子工业目前仍在产值上低于汽车工业、冶金工业和石油加工工业，而整个美国经济的成长，又是立足于相当发达的农业科学技术和农业经济的。就这点看，我们对于尖端科学技术的功劳就不能估计过高。电子计算机技术在经济生活中已有重要地位，核能即使在发达国家中也还没有成为主要的能源。空间技术在今天主要是大国实力较量的场所。

传统生产部门的技术科学化，一方面是要利用发源于本部门以外的先进科学技术成就，特别是电子技术、自动化技术；另一方面是这些部门自身的特有技术在科学的指导下的更新和完善。

经济的发展必须要生产出各种物质产品，要靠工作机作用于劳动对象。各个生产部门都有许多特殊的工艺技术问题要解决，都各有相应的技术科学和工程科学。电子计算机和自动控制可以推动工作机的更替，然而，电子计算机再好，也不能代替高炉、机床和化学反应塔；自动控制再灵敏，也不能取消熔剂、润滑油和催化剂。没有各个生产部门的特有技术，只靠新兴技术或尖端技术，国民经济就难以兴旺起来。农业是古老的生产部门，农业生产在20世纪里面目一新。当代农业生产技术的重大进展基本上并不是靠着最前沿的科学或尖端技术，而是依据着土壤学、农业化学、气象学、作物栽培学等许多学科的知识，利用了化肥、拖拉机、汽车、化学农药、除草剂等发明，在耕作、施肥、育种、灌溉、收割等方面采取了新的工艺制度。钢铁工业仍是当代最重要的材料生产者，当代钢铁生产技术的发展，主要是自觉地应用了冶金物理化学、工程热力学、压力加工理论，炼铁采用了大型高炉、燃料喷吹和高压操作。炼钢除了利用电炉，主要是氧气喷吹转炉。其他传统生产部门也都有特有科学技术上的创造。

传统生产部门的技术实现科学化，是综合运用各种科学技术的结果。其中，尖端科学技术也有用武之地，显示其神奇的威力。现代遗传学、放射性同位素、自动控制技术已对农业生产的发展做出了贡献。电子计算机对工业生产的自动化的作用更为显著。例如，在人工控制时，钢材轧制速度1~2米/秒，目前，冷轧钢板连轧机的最高轧制速度已有40米/秒，超过汽车飞驰的速度。线材的轧制就更快。自动化技术、激光技术、微波处理等对机械工业生产的发展也颇重要。新兴科学技术给传统生产部门输送了新鲜血液，给这些部门的生产增添了新的活力，乃至在某种程度上改变了原有生产部门的划分（如农业生产中某些环节的工厂化）或地位（如钢铁部分地被高分子材料取代）。

第三，管理科学成为社会生产和经济发展的重要因素。科学是生产力，不仅是指自然科学对生产技术的发展有重大作用，还应当包括生产管理的科学化对提高劳动生产率的作用。社会化的大生产必须要有相应的技术经济关系和组织管理形式，这是与自然经济、小生产的状况根本不同的，然而，直到19世纪末以前，尽管已有通用化、自流化、专业化和标准化的概念，生产管理基本上还是经验性的东西。近几十年来，生产技术领域的社会化程度更加提高，各部门、各环节的相互关系更加紧密和复杂。生产的合理化，技术的科学化，要求管理科学技术相应发展。运筹学、系统工程特别是电子计算机的应用，为管理科学技术的完善化创造了条件。当代发达国家的经济发展一方面是利用了先进的生产技术，另一方面则是在企业内部实行了有效的科学管理。日本的技术评论家星野芳郎在1975年所写的一书中认为："今天的技术革命确实具有产业革命的性质，另一方面，还具有完善管理技术的合理化的一方面。"① 管理科学是数学、自然科学与社会科学相互渗透的学科，它不仅涉及线性规划、排队论、优选法、博弈论等相关的应用科学，还同经济学、历史学（如科学史和技术史)、法学等有关。这门科学具有极大的重要性。实践表明，同样的人力、物力、财力条件，管理情况不同，生产技术的效能会有不少的差异；要是管理混乱或效率很低，虽则有了先进的技术设备，生产仍不能提高。

上面几点，只是从物质生产方面讨论当代科学技术的作用。科学是生产力，它还对社会经济关系乃至上层建筑发生影响。我们应当对科学是生产力的观点深入思索，研究科学技术发展的经济后果（如"第三产业"的兴起)、社会后果(如科学技术进步对体力劳动和脑力劳动差别、城乡差别的关系）及其对其他意识形态（道德、宗教等）的关系。但这些问题已超出了认识论的范围，不属于笔者讨论的内容了。

第五节　技术研究的方法论问题

在自然科学方法论的著述中，探讨生产实践和科学实验如何转化为科学概念、定律、原理的见解甚多，包括本书在内，对基础科学的发现和从事基础研究的科学家津津乐道。然而，对于由科学理论向生产实践的转化，尽管一般地承认这是认识过程的更重要的一半，除了对实践检验理论讨论较多外，对科学理论如何转化为物质力量，如何指导生产实践，则较少从方法论上作具体的分析，讲不

① 星野芳郎：《论技术革新的历史作用》，陶建明译，北京：科学技术文献出版社，1979年，第38页。

出多少道理来。自然科学方法论几乎就等同于基础科学的方法论，人们如何研究技术科学和工程科学，如何进行技术设计、技术研制和技术发明，往往处于方法论的视野之外。

或许，技术科学、工程科学和技术设计等并没有什么特殊的方法论，把基础科学方法论搞清楚了，对技术原理、工艺原理等方面的研究都适用。我们认为这种看法有相当的理由。在技术研究中，人们也要正确处理经验与理论的关系，进行比较、分类，判明各因素间的因果联系，既有分析也有综合，基础科学的方法论有它的普遍性。而且，当代的技术研究要以基础科学的知识为依据，也需要懂得基础科学的研究方法。

但是，技术科学、工程科学和技术设计、技术发明过程中的研究方法终究还有不同于基础科学研究方法的地方。后者以揭示自然事物是什么和怎么样为主要内容，着重考虑的是对不对；前者要确定应该做什么和怎么做，特别注意的是行不行，完全忽视这种区别是不对的。我们认为，应当把技术研究的方法论作为一个专门的课题，总结经验，进行探讨，有所建树。可是，我们至今还没有认真开展这项工作，讲不出技术科学、工程科学、技术设计、技术发明等各自有什么方法上的特点，只能把这些都叫做由科学转化为生产的过程中的方法。在本节中为了行文简便，又把这些方法统称为“技术研究的方法”。我们认为，如果侧重于认识论的讨论，技术研究同科学研究（在本节中均指基础科学的研究）相比，总的来看，有以下的一些区别：

第一，当代的技术研究是在科学原理指导下的、有明确应用目标的探索活动。

如前所述，科学研究、科学实验也是有理性指引的、有目的的，但这种理性还只是某种猜测或假说，只能大致规划实验研究的方向和步骤。实验的预期目标是验证原先的猜测或假说的正确与否，但把原先的设想具体化，在实验观测中意外的发现则是相当多的。技术研究也是一种探索活动，但它在不同程度上都是以科学运用为内容的应用性研究，其目的或是用科学的基本理论去探索技术上的可能性和工艺上的可行性，或是按技术原理、工艺原理去确定相应的材料、加工方法和手段。总之是在已被检验并公认为正确的理论原理的约束下进行的，技术研究中的自由度和重大意外的出现，都比科学研究要少。

由于科学研究中不确定的因素较多，对科学研究工作规定十分具体的目标、精确严格的计划和步骤是困难的。科学研究往往需要较长时间的摸索，不可避免要经过失败乃至重大的挫折，而不能要求某项特定的科研指日成功。当代的技术研究特别是技术设计、技术研制，由于有科学理论的指导，其确定性就大得多，对于技术研究提出明确的应用目标，制定较为具体的计划，则是可能的和必要的。当然，由于技术研究毕竟仍是一种探索性和有较高创造性的活动，是不能像工业生产那样精确估计和按部就班进行的。就科学研究与技术研究的关系而言，我们既不能用技术研究的特点去要求科学研究有哪样明确的目标和计划，也不能完全用科学研究的特点去否定技术研究在应用目标上应当具有较明确的要求。

技术研究有科学理论的指导，目的性更明确，是否就使之变得轻而易举乃至可以不必讨论其中的方法问题呢？不能这样说。如果暂且不谈技术研究可以转化为科学研究，只从技术研究本身来看，它虽然没有科学研究中理论创新的困难，却具有一般科学研究中少有的特殊问题。例如，①技术研究通常是多科性的，它很难只用某一条科学定律去解决某一项技术任务，而要综合地运用许多科学原理。炼钢高炉里机械运动、热运动、化学运动互相交错；电子设备中除了要用电子器件、磁性元件，还要利用光敏、热敏、压敏效应。各种各样的科学原理的综合运用不仅有知识水准的困难，把这些原理协调起来也非易事。②科学和技术原理上的可能性并非都能付诸工艺实践或有应用价值，还要解决实现某种技术可能性的工艺条件和应用条件。核能发电、核动力潜艇，只用了 20 多年时间就由原理到设想，到试制，到应用。然而，核动力飞机的基本原理虽与原子能发电、核动力潜艇的原理几乎同时提出来的，但至今还处于技术研究阶段。这并不是由于道理讲不清，而是技术条件（如材料）上的困难。③技术研究还要考虑资源的方便和合理利用，施工力求简便，避免环境污染，并考虑产品的造型和劳动心理等复杂因素，这是不能用概念清楚、合理就足以满足的。由于这些方面的原因，技术研究就有它在方法论上的特殊性，尽管我们对这种方法还讲不出几句话。

第二，科学试验是技术研究的实践基础。

自然科学的基础理论是以科学实验为基础的，基础科学的研究方法是立足于实验并以实验为中心展开的，那么，技术科学和工程科学的方法论又以什么为中心呢？我们认为，技术性研究除了以理论指导为特点外，在其实践基础上，则以科学试验为中心。技术研究的方法论是围绕试验方法展开的。

实验和试验在一些情况下是不加区分的，两者都要变革现实，都是尝试性、探索性的实践活动，都是认识的来源和检验认识真理性的标准；但是，我们还是主张把实验与试验作适当的区分。实验主要是为了发现而探索，试验则是为了应用而探索。某种药物的过敏试验之所以叫试验，因为它是为了应用这种药物，在这种情况下，药物的性能是已知的，病人的病情是已知的，需要探讨的只是某个病人的这种病情是否适宜于用这种药物，因此需要试一试。这种试验未见得能导致原理上或实际上的新发现，但对使用这种药物却是必要的。我们平时所说的压力试验、飞行试验、发芽试验、种试验田以及社会生活中各种改革的试验都是应用性探索。当代技术研究中的试验，是以科学原理为指导的以应用为目标的探索性的社会实践。

试验的意义和方法是值得专门论述的，任何的新发明（新器件、新工艺）都需要经过多次反复试验才能正式投入应用。关于试验的方法，我们还不能作详细的讨论，只能简要地提到以下两点：

1）多因素试验和正交方法：在科学实验中要处理的因素也是很多的，但为了着重发现某个因素的作用，又不得不设法排除掉其他因素的影响。我们在第四章第三节里讲到的判明现象间因果关系的方法，主要是单因素的实验（和观测）方法。单因素实验是必要的，不首先分别地了解单个因素的作用，就无法综合地考察各个因素的相互作用及其总结果。

但是，单因素实验终究只是一种分析活动，客观过程终究是复杂的，在技术研究中如果仅限于单因素分析，就难以得到合乎实际并有应用价值的结论。在冶金、化工、橡胶、纺织、无线电、医药卫生的技术研究中，人们经常要碰到几种乃至更多的原材料，每种原材料又可以有极为多样的数量级，还有加工处理的温度、压力、时间等也各有不同的水平，尽管其中每一个因素单独的效果是已知的，这些因素互相交错的综合效果则需要经过试验才能判明。

多因素试验的问题是要考虑各个因素之间可能出现的各种配合（搭配），这样就使试验次数大为增多。一个很简单的多因素试验，例如，只有四种因素，每种因素又有五种不同的量值，如果按所有的配合都做试验，则试验次数要有一千多次。再复杂些的多因素试验（实际上的多因素试验都不只有三四个因素，而且各个因素的水平也不同），试验次数就多到实际上无法办到的程度。为此，人们只得减少试验次数，而这样一来又可能会漏掉最佳配合，不能正确反映技术过程的规律性。也就是说："多因子试验问题的突出矛盾是：①所有可能搭配的试验次数与实际可行的试验次数之间的矛盾。②实际所做少数试验与要求全面掌握内在规律之间的矛盾。"①

为了解决这种矛盾，人们把数理统计运用于试验研究，找到了一种既能减少试验次数又能反映技术过程规律性的方法——正交选优法。这种方法利用正交表进行试验设计，从而能选定若干次有典型意义的试验，逻辑地推出全部试验所达到的最佳效果。"正交表方法是安排多因素试验的一种科学方法。"②

2）模拟试验和相似方法：对技术研究成果的试验分析和试验检验，有多种多样的情况。某些技术成果可以直接在工业生产条件下进行应用性试验，叫工业

---

① 上海市科学技术交流组编：《正交试验设计法——多因素的试验方法》，上海：上海人民出版社，1975年，第3页。

② 俭济斌：《多因素试验正交选优法》，北京：科学出版社，1973年，第1页。

试验；有的试验虽有工业生产的规模，但原材料和工艺参数却与正常生产时不同，叫半工业试验。在大量情况下，技术研究成果则需要经过小型试验、中间试验才能转入半工业试验和工业试验，对于新型大型技术设施的研制，这些试验步骤更是不可缺少的。技术研究工作者新设计出的水坝、飞机、锅炉等，不经过试验不行；但如果按原设计的大小直接去修造一个试验用的水坝、试验用的飞机、试验用的锅炉，则往往条件不允许，浪费资金或试验的危险性太大。在这种情况下，人们只能先做一个相似的小模型在特殊条件下进行试验（如在人工控制水流中对小水坝做试验，对小飞机做风洞试验），在检验和修正了原设计之后，才能有模型的放大，正式修筑水坝、制造飞机。

小型试验在技术研究中有十分重要的意义。无论是把已有的实物缩小为模型来研究其过程，还是在模型上进行试验再放大为实物，模型与实物之间的关系并不都是（很多不是）简单的正比关系。如果不顾一定的准则，实物就不能恰当地缩小为模型，模型也不能顺利地放大为实物。这种力求用模型去仿效实物的试验叫模拟试验。在这种试验中用来保证合理模拟的方法叫相似方法。相似方法确定了相似条件的基本要求、相似的数学表述式和相似准则。“对自然科学首先是物理和技术科学领域内的每一个专家来说，现在都必须熟悉并进而掌握相似方法。”[①] 相似方法是技术研究中有普遍性的方法之一。

第三，经验的方法在技术研究中仍有相当的作用。

我们在上面已经谈到这一点，只略作补充。在科学研究中必须有经验的知识，但对于理论的创立来说，经验主要是认识过程中的一个阶段，是理论的必要前提；在技术研究中，经验则不仅是理论的补充，而是构成技术发明、技术设计、技术研制的一个组成部分。科学研究中的想象是以经验为背景的、又是扬弃经验的一种能力。在技术研究中也需要类似的想象能力，但这种想象并不是去构思出某种概念或原理，而是要去构思出某种工艺或机构，这种想象需要有丰富的经验，有运用这种经验去解决实际问题的艺术。

从这一点看，科学家和从事实际工作的工程师、医生的知识素养也有区别。世界上可以有20岁左右的杰出数学家、物理学家，而很难有20岁左右的杰出工程师、医生，因为后者需要更多的经验。在讨论科学技术人员的“最佳年龄”时似乎也应注意到这一点。

由此可见，由理论向实践的转化不仅在重要性上要超过由实践发展到理论，而且在途径和方法的复杂性上也不亚于后者。历史上的哲学家很少关心由理论到

① 列兹尼亚科夫：《相似方法》，王成斌译，北京：科学出版社，1963年，第vi页。

实践的转化，他们更乐于在如何说明世界上做文章，以致使我们在这一章中很难引述和评论他们对如何改造世界的看法。我们则应在对理论转化为实践、科学转化为技术和生产的问题上引起足够的重视，在总结经验的基础上力争把这个问题讲得更充实些、更丰富些、更有理论性，因为，“问题在于改变世界”。①

第六节　实践是检验科学真理的标准

科学认识的真理性标准，是认识论的重要内容，而且它不仅涉及当代科学，还与整个自然科学的发展有关。这个问题本应另立专章来讨论，然而，一则因为理论界已对这个问题作了许多研究，二则我们又讲不出什么新的意见，只好放在这里谈一些看法。我们认为，强调实践是检验真理的唯一标准是极为必要的，但我们不能把这种检验理解得太简单了，在阐述这一问题时似应明确以下几点：

第一，科学认识并非经过实践的判定（检验）才成为真理。

科学发展的历史，是不断揭示真理的过程，同时又是不断验证真理的过程。真理的形成或获得，同真理的鉴别和确认，是两个既有联系又有区别的事情。如果暂且撇开实践检验中也有充实和丰富原有认识的因素，实践检验本身所指的乃是对于认识成果的实践证明，而不是说检验给予认识成果以真理性。

从物质生产来说，只要原材料符合标准、加工方法合乎工艺要求，就能生产出合格的产品，可是，产品的合格证书又必须经过产品检验以后才能发给。这里有一个似乎是矛盾的事情——产品的合格与否在检验之前就已铸成，并不是由于检验的工作把它造成为废品或优质品，产品的合格与否又需要在检验之后才得到判别，不经检验就无从选出优质品和淘汰废品。

对于科学认识来说也有类似的情况，只要经验材料合乎实际、舍象构思郑重其事，就可能得到正确的原理，可是，原理的正确性又需要经过实践的裁决才能宣布。这里也有类似的矛盾——我们的认识是否具有客观的真理性，这在实践检验之前就已经形成，不能说没有经过实践验证的知识就没有真理性；认识是否具有真理性又需要经过实践检验才能得到验证，没有实践检验就很难谈论知识的真理性。如果把这两个方面混淆起来，或只强调其中的一个方面，就不能正确理解真理和真理的标准。

恩格斯曾经说过，哥白尼的学说在被证实之前是一种假说，同时他又提到这

---

① 《马克思恩格斯选集》第1卷，北京：人民出版社，1972年，第19页。

种假说可能会有99%的可靠性。① 毛泽东在《实践论》中曾指出："许多自然科学理论之所以被称为真理，不但在于自然科学家们创立这些学说的时候，而且在于为尔后的科学实践所证实的时候。"② 这里强调的科学学说创立后的实践证实，但"被称为真理"这点是在自然科学家们创立学说时就有资格的。

第二，科学认识的检验是一个复杂的过程，实践检验具有终审裁决的性质。

实践是检验真理的唯一标准的命题是正确的，但不能把科学认识的是非判断设想得过于简单。从比喻的意义上说，与其说实践标准像球赛场上的裁判员，谁犯规就立即受罚，谁命中就马上记分，莫如说它像最高法庭上的审判官，案件的是非要经过调查、辩论、预审，初审不服还可上诉，直至终审裁决做出不能反驳的宣判（当然这只是比喻，科学认识的真理性判定不是法院的职责，也不能由法院处置）。

某些科学知识的对错可以由单纯的观察（非变革性的观察）来证实，在这种情况下，只要可能的话，观察证明的结论还应再用变革性的实践进一步检验。实践证明高于观察证明，这也是实践应作为检验真理的最高标准的一个论据。我们在前面的章节中已谈到观察与实践的关系，不再重复。

终审裁决的比喻，还可表明以下的意思——实践的检验是有权威的又是有条件的，真理的确认是一个过程。自然科学史上常有这样的情形，一些学说在相当长的时间里被认为是真理，广为流传，但终于被鉴别为是谬误；一些新的发现在一段时间里被当作是谬误，却终于被鉴别为是正确；两种对立的见解长期坚持不下，又终于被鉴别出长短。在这里实践是最权威的鉴别者，但是，我们又不能不看到，某些谬误的东西毕竟可以流传很久、很广，正确的东西毕竟可能被误解乃至在相当长的时间里被埋没。实践的权威并不是在任何时候都得到决定性的发挥。

那么，在这种时候人们还有什么手段去判断某种学说，决定取舍呢？这就要靠逻辑。真理是有逻辑力量的，有逻辑力量是真理的必要条件之一。以某些事实为依据又合乎逻辑的道理被人们认为是真理而接受，这并不是科学家们毫无根据的盲从或不懂得实践标准的重要。事实上，人们一开始接受某种自然科学的学说，往往不是（也不大可能是）当时的实践已确凿证明它经得起考验，不是由于阶级的偏见和利益的驱使（这点与社会科学的情况不同），而是基于这种学说持之有故、言之成理。太阳中心说、原子分子学说、狭义和广义相对论、量子论和量子力学的最初拥护者，主要不是因为当时的实践已验证了这些理论，而首先

① 《马克思恩格斯选集》第4卷，北京：人民出版社，1972年，第222页。

② 《毛泽东选集》第1卷，北京：人民出版社，1968年，第269页。

是认为新理论在逻辑上优越于旧学说，被新理论的逻辑力量所打动。

合乎逻辑是真理的必要条件，但又不是真理的充分条件，不管逻辑的力量有多大，学说和逻辑最终总要由实践这个最高裁决者来审定，这是一个需要多次反复进行的过程。既讲过程，又讲最终裁决，这或许是比较全面的。当然，所谓最终裁决只是表明实践标准对检验认识的能力，并不是说实践本身是最终不变的；正像法庭的最终裁决在各个不同时代有不同的情况，实践标准也有其可变性和相对性。

第三，实践检验本身也需要逻辑的结构。

逻辑不仅为理论体系的形成所必需，也是实践检验的内在环节和组成部分。历史上许多错误的自然科学并非都没有实践的检验和证明，但它们并不因此就能站得住。托勒密的地心说可以预见行星运行的轨道、月食、日食，其被天文观测证实的精确程度比刚诞生时的哥白尼学说还高；卡诺用热素说计算热机效率可以由蒸汽机应用的实践来证明；大量的工程实践似乎证实了牛顿力学完全正确；光的微粒说和波动说各有实验检验其正确的事实，等等。但这并不意味着这些学说都是正确的或没有重大缺陷的。

这就是说，实践检验也有它的局限性，有水平高低之分，并不是任何一种实践验证都有同样的可靠性。列宁曾经说过："社会生活现象极端复杂，随时都可以找到任何数量的例子或个别的材料来证实任何一个论点"[①]，这个论断原则上也适用于自然科学观点的证实。正因为这样，在认识论中就应当研究一个重要课题——怎样提高实践检验的可靠性，其中就包括实践验证的逻辑结构问题。

自然科学理论的实践检验通常是按以下的方式进行：由某种尚待证实的学说（T）出发可以推导出预见性判断（Q），如果新的实验观测事实（S）与这种预见相符，则可以认为是证实了待验学说的根据，如果用方框图表示则是如图 9-2 所示：

图 9-2

这个框图中的每一个环节都有深入研究的必要，其中的任何环节出现失误都会影响检验的可靠性。为了充分证实某种理论，至少要有以下几个条件：①Q 应当是由 T 的基本观点（或叫核心观点）推导出来的，如果由 T 的非基本观点（或叫外围观点）引出，则检验的可靠程度低乃至不可靠；②由 T 推出的 Q 应为数较多，如果只能导致个别的或极少的 Q，可靠性相对就会减小；③由 Q 到 S 的检验尽可能依据实验并要有实验观测的设计；④由实验事实 S 去证实 Q 要正确地

① 《列宁选集》第 2 卷，北京：人民出版社，1960 年，第 733 页。

进行舍象和构思；⑤由 T 到 Q 和由 Q 到 T 的推导要合乎逻辑规则。

为了提高实践检验的可靠性，只要可能的话，应当把某种学说、观点同与之对立的另一种学说、观点，针对同一个问题进行同一项实验。在科学史上两种对立的观点（如 A 和 A^-）长期相持不下，其原因之一就是双方都各自有其实践的根据和证明。例如，A 导致 B 可以由 C 证实，A^-（非 A）则导致 M 可以由 N 证实，在这里 A 与 A^-虽则属于同一个对象上的两种相反的见解，B 与 M 却是两个不同的问题，C 与 N 又是不同的实验，这就难免各执其是。如果 A 可以导致 B 可以由 C 证实，同时，A^-又可以导致 B^-并可以由 C 否证，就大大提高了检验 A 和 A^-的可靠性，这样的实验在逻辑上称为“决定性实验”。例如，根据光的波动说（A），光在水中比在空气中走得慢（B），根据光的微粒说，光在水中比在空气中走得快（B^-），而傅科实验则证实了 B 否证了 B^-，它被认为是对光的波动说的决定性实验。迈克尔逊、莫雷的实验则是对有无以太风的决定性实验。

第四，实践具有检验普遍性原理的能力。

我们主张实践是检验真理的标准，这个观点遇到了“最新哲学”的责难。按照这种哲学的说法，人们的实践活动只能一次又一次地进行，而且不可能进行无限多的次数，每一次实践又只能取得个别性的经验，因此，①实践可以验证个别性判断或单称陈述，多次实践可以验证特殊性判断。例如，通过加热实验可以证明某种金属受热膨胀或一些金属受热膨胀。②普遍性的判断或全称陈述必须有实践经验的依据，不能超越于经验事实，一次相反的实践结果就可以否证普遍性的原理。例如，“一切金属受热膨胀”的普遍性命题需要有金属受热膨胀的事实为背景，只要有一种金属（如某种合金）受热不膨胀，就推翻了“一切金属受热膨胀”的命题，实践具有足够的证伪能力。③但是，实践不能进行无限多次，次数再多的实验也不能充分证实普遍性原理。因此，“所有乌鸦都是黑的”、“一切机械运动都可以转化为热运动”、“凡是微观客体都具有波粒二象性”，乃至“人都要死”之类的普遍性命题，虽然没有相反的例证可以推翻，虽然人们可以在很大程度上相信，但没有逻辑上的和实践上的理由证实它们必然成立。这种“最新哲学”的这些观点，在康德哲学中已经原则上都讲到了，这些观点也就是所谓反归纳主义。

反归纳主义提出的这些观点包含着合理的东西，它至少表明了由归纳得出的普遍性结论是或然性的，告诫人们不应当轻率地做出全称性判断，提出了普遍原理如何能成立的问题。但是，辩证唯物主义的实践观并不是纯归纳主义的，不能只用归纳主义去解释实践检验的过程。归纳对普遍原理的产生是必要的，在归纳大量经验材料的基础上人们可以去设想普遍性的东西（提出普遍性命题的假说)，然后还要进行分析，探索其内部机制和因果性，再往后的实践检验则不仅会有新的事实补充或否定原有的普遍性，而且还会验证科学分析的正确性。如果分析结论被实践证实，任何个别中所包含的一般就被揭示出来，实践次数和经验事实的多少对于普遍性原理的成立就不占重要地位了。

数学是最讲普遍性的，单纯的归纳不能证明普遍的数学定理。四色定理、哥德巴赫猜想用上千种画法或上万个素数去尝试都否证不了，但亿万次的归纳证实并不等于普遍性的成立。例如，数学上为了证明 $A=4729494n^2+1$ 的 A 值在 n 为自然数时是否能开平方（即 A 是否为完全平方数），用 1、2、3…依次代入，直到 $n=50549485234315\ 033074477819735540408986339$ 时，仍然得出否定的结论。那么能否说 n 为任何自然数时 A 均不能开平方呢？难道这样大量的个别还不能证明普遍吗？不能。事实表明，当 n 比上面那个大数再大 1 时，A 就是一个 45 位数的完全平方。这个例子该是归纳主义无能的一个典型了。但是，数学的思维不仅有归纳，而且有分析。在四色定理被分析证明（利用电子计算机）为正确之后，它就是普遍的，乃至使继续用绘图去证实不再必要。哥德巴赫猜想一旦完全证明，人们是不会操心有哪一天会碰到一个不能分为两个偶数的大素数的。

自然科学普遍原理的实践检验也必须注意到是对分析的检验，对机制和因果性的检验。任何人服用氰化钾都会中毒死亡，这个结论是不可能作直接检验的。从较少的事例中得出这个“任何人……”的全称命题是否合理呢？如果按单纯的归纳要求，只从少量事例引出普遍性结论显然是不妥的，如果人们分析了氰化钾如何与人体血液中的二价铁化合发生沉淀，如何会引起呼吸困难，只用几个或一个事例就能说明所有类似情况下必然发生的事情。对分子运动论的分析及其实践检验可以证明机械运动转化热运动的普遍性原理；对自由电子论的分析及其实践检验可以证明金属导电的普遍性论点；对微观客体波粒二象性的分析及其实践检验可以证明波函数和测不准关系的普遍性公式等，在分析结论被检验证实的条件下，更多的事例并不会使普遍命题的可靠性按比例增大。

辩证唯物主义并不把实践等同于归纳证明，不仅如此，马克思主义的创始人在归纳法占支配地位时就批评了归纳万能论者。恩格斯指出：“我们用世界上的一切归纳法都永远不能把归纳过程弄清楚。只有对这个过程的分析才能做到这一点。”① 例如，卡诺从分析一部理想蒸汽机证明了热运动可以转化为机械运动，恩格斯对此评价甚高，他说：“蒸汽机已经最令人信服地证明，我们可以加进热

① 《马克思恩格斯选集》第 3 卷，北京：人民出版社，1972 年，第 548 页。

而获得机械运动。10 万部蒸汽机并不比一部蒸汽机能更多地证明这一点”，归纳法“没有权利要求成为科学发现的唯一的或占统治地位的形式”。[①] 如果认为“最新哲学”的反归纳主义是向辩证唯物主义认识论的挑战，这是不正确的，倒是辩证唯物主义关于归纳与分析相结合的观点，表明了实践不仅有直接现实性，而且包含着普遍性。只要善于分析，就会从个别性的实践中发现普遍，从有限及于无限，就能够充分发挥实践作为检验客观真理的唯一标准的作用。

① 《马克思恩格斯选集》第 3 卷，北京：人民出版社，1972 年，第 549 页。

结 束 语

这篇二十多万字的文稿终于写完了，是否言之有物，言之有理，只有请读者去评述了。自己回顾一下，问题不少：材料偏于物理、化学，涉及生物学较少，更没有提到心理学；观点有缺陷不说，没有讨论到的方面也多。例如，科学学的性质和地位，科学革命、技术革命、科技革命的概念，当代科学是否酝酿重大突破等，都是应当谈到而没有讲的；对现代特别是当代自然科学研究中方法论问题、数学化问题阐述很肤浅或一带而过；用词贫乏，语言枯燥；等等。这些问题的产生，或是力不从心、不懂，或是水平有限，讲不出什么道理，只有请读者原谅和帮助。笔者在写作中利用了东北工学院（现东北大学）自然辩证法研究室的同志们提供的资料；庞长富同志对写作要求、内容取舍提出了宝贵的建议，均颇有收益，在此一并致谢。

中　篇

西方科学哲学

新实证主义对逻辑问题的歪曲*

第一节　利用数学逻辑的资料"制定"新实证主义的方法

和过去所有的实证主义不同，新实证主义的特点首先就在于它广泛地利用数学逻辑的资料来论证其摆脱了一切"形而上学偏见"的"纯粹经验主义"。这表明了新实证主义企图在哲学中排除物质、精神、因果性等概念。

"维也纳小组"（石里克、卡尔纳普、纽拉特、弗兰克、哥德尔，等等）表述其在哲学中的目的如下："第一，为科学提供坚实的基础；第二，指出一切形而上学是毫无意义的。"① 概念和句子的逻辑分析被当作论证上述目的的方法；而实际上，在新实证主义的哲学中，解决哲学问题的基本的和唯一的方法，就是用数学的（符号的）叙述的形式逻辑的方法。现代实证主义为了论证"纯粹经验主义"，广泛地利用被它从数学中借用来的数学证明的理论（数学逻辑）。

数学逻辑的产生，首先是由于数学本身发展的需要，而绝不是由于实证主义哲学"发展"的需要。它的产生是由于在数学中提出的任务是要把所有复杂的数学概念（关系、程序等）归结为最简单的概念，作为这些复杂概念的基础。在19世纪，数学在其发展中已达到了这样的水平，这时，阐述数学的结构（它的各个部分的相互关系），阐述它的逻辑基础的必要性已经成熟了。由于出现了非欧几里得几何学（首先是洛巴切夫斯基的几何学），提出了数学的这些分支的客观意义的问题，因为还没有弄清楚它们对其他科学及数学本身发展的方法的意义，所以数学的这些分支在最初看来，是和数学的其他分支（如欧几里得几何学）是矛盾的。在数学中，集合（множество）这个概念有巨大的意义，并开始

---

* 《新实证主义对逻辑问题的歪曲》一文系《现代主观唯心主义：批判论文集》（[苏] 巴斯金、巴希托夫主编，汝信等译，北京：生活·读书·新知三联书店，1958年）一书的一章（214～276页），原作者高尔斯基，译者陈昌曙、瑞川。

① 维也纳小组：《科学的世界探索》，维也纳，1926年，第15页。

建立起数学的一个新的领域——集合论（波尔查诺、康托尔的著作），这一理论是探讨整体和部分、不连续和连续、有限和无限的关系问题。

由于在集合论和数学逻辑中出现了反论[①]（парадокс），在科学面前就提出了一个任务，要从对数学的各种领域的适用性的条件，来研究运用这种或另一种逻辑手段的合理性。例如，曾经阐明，在数学判断的许多场合，不可能运用排中律，这一事实证明了逻辑形式依赖于具体内容的唯物主义原理。逻辑规律的适用性，也像任何其他科学的规律的适用性一样，要求确定它们作用的实际的范围。

数学逻辑的运用不仅是为了阐明在数学证明过程中运用的逻辑手段，也不仅是为了论证这些手段在各种证明中运用的合理性。

数学逻辑的进一步发展，使其能够解决一些不利用数学逻辑长久无法解决的特殊数学任务（例如，最近由苏联数学家诺维柯夫所解决的代数的“同一性问题”，苏联科学院院士柯尔莫哥洛夫、马尔柯夫及其他苏联数学家在这个途径上得出了一系列重要的结果）。现时，数学逻辑在设计替续接触图式和计算机器的技术中得到了广泛的运用（最初运用数学逻辑的资料解决技术问题的是苏联学者谢斯塔科夫）。

研究数学逻辑，同样，研究数学证明的理论的特点是要建立逻辑的演算法。逻辑演算是形式公理和结论的形式规则的体系，逻辑演算和任何公理规则的关系可以表述如下：如果从公理上建立了数学的规则（这种规则应当符合公理的无矛盾性的要求，而在许多场合还要求它们的独立性，尤其是完备性），标出了我们从公理中推出结论时所运用的结论的规则，则我们从事的就是演绎的理论工作；如果我们再由演绎的理论中挑出其逻辑部分，那就是从事逻辑演算。用演绎理论的形式化的方法，引出了理论演绎的逻辑部分：用符号的标记（可变的术语）来替换表示现实的具体联系的词和句子。这种方法早在亚里士多德阐明三段论法的形式时就用过了，例如，在推论具体的三段论法的形式时，就运用了推断的形式化的方法，“凡人都有死，而苏格拉底是人，所以，苏格拉底也有死”。其形式是：

$$\begin{array}{c}\text{一切 M 是 P}\\ \underline{\text{一切 S 是 M}}\\ \text{一切 S 是 P}\end{array}$$

逻辑演算的抽象性，造成了对它们进行各种解释的可能性，因而也可能揭露各种数学规则间的联系，并且可以这样得出一些超出逻辑范围之外的结果。

---

① 反论（парадокс）指那些使人难以置信的自相矛盾的东西——译者注。

逻辑演算本身包括逻辑的联系，这些联系是极其多样的有具体内容的对象的各个不同方面之间的最一般关系的反映。所有的逻辑规律都是运用领域极其广泛的规则，并且是离开了各种有具体内容的事物的各个方面之间的联系的抽象。例如，无矛盾性的要求（或者同样的，遵守矛盾律的要求）对于逻辑演算来说，就是这样一个简单的事实的反映，即某一个事物，它的这个或另一个特性（如果我们撇开它的运动、发展来看的话）不可能既是这一事物的，又不是这一事物的。这表明，每一个逻辑演算，从整体来说，是围绕我们周围世界的事物的相互依赖的各个方面和联系的反映。“逻辑形式和逻辑规律不是空洞的外壳，而是客观世界的反映”①。

由此可见，被新实证主义哲学大为利用的数学逻辑的资料，是产生于数学本身的需要，是逻辑学家和数学家的劳动结果，它的产生是和实证主义哲学的产生与发展没有任何关系的。数学逻辑的产生也应当归功于这样一些数学家和逻辑学家的劳动，他们和实证主义是毫无共同之处的。这里首先应当提到的是上述的19 世纪末的德国数学家弗列格和意大利数学家班诺。

他们第一次设法把他们所研究的数学逻辑的资料用来论证数学。弗列格在他的著作《算术基础》中力图表明算术中不确定的概念和证明的原理可以归结为逻辑的最一般概念和命题。数学逻辑的资料的确立是由像布尔、哲翁司、施列捷尔等逻辑学家的工作所准备好了的。必须指出，19 世纪的后 25 年里俄国数学家和逻辑学家波列茨基的独创性的工作对于探讨数学逻辑的问题有巨大的意义。

上面所列举的数学家和逻辑学家中没有一个人是实证主义者。不仅如此，例如弗列格还尖锐地批判了实证主义（即马赫主义），指出了马赫主义的主观唯心主义的“立场”是和真正的科学不相容的。

在现代资产阶级哲学中广泛流传着一个没有根据的见解，认为数学逻辑作为一门科学的产生是由于罗素的工作。这种见解在新实证主义者们之间特别流行，这并不是偶然的。现代实证主义者们屡次说，他们在哲学史中首先成功地为准确的科学建立了一般的方法，既然他们从这种方法中得出了基于广泛利用被他们唯心主义地歪曲了的数学逻辑的方法，他们也就热衷于把建立数学逻辑的功劳记录在自己的账簿上。

其实，建立数学逻辑的资料的功劳不能只属于罗素，也不能这样多地归于罗素；在罗素的著作中只是概括了和确切化了在他之前弗列格和别阿诺已经知道了的东西。罗素的工作与弗列格和别阿诺的工作的区别仅只在于他发展了数学逻辑

① 列宁：《哲学笔记》，北京：人民出版社，1956 年，第 166 页。

中的那些反论；这些反论是以集合这一概念本身，是以同逻辑演算的建立和运用本身在本质上有联系的那些概念为依据的。在罗素之前，就已经知道了布拉里·弗尔蒂所发现的集合论的那些反论；由于弗列格在其体系中已经发现了反论，罗素才建立了其逻辑无矛盾的演算（“类型论”），从这种演算中他企图逻辑地导出整个数学。暂且不说这种企图由于明显地表明了其意图的形而上学性而必然会招致失败（这种企图的不现实性之后由澳大利亚数学家黑德尔所证明），即其“类型论”的数学内容也是有缺陷的：“类型论”的概念必然导致抛弃许多重要的数学结论和数学定义的方法。罗素的这种随便的态度及其在科学中所得到的结论，是和他的主观主义立场完全一致的。

只有在唯物主义立场上，数学逻辑思想才能大有成效地发展，因此，许多数学家和逻辑学家（如黑德尔）在相当的时候暂时接近了实证主义哲学，而以后就坚决和它脱离，这并不是偶然的。黑德尔认为，和数学中哲学问题有关的那些困难，是来自实证主义者们的主观主义立场（他所批评的这种主观主义就是罗素）。黑德尔把数学中的哲学问题的困难看做是许多实证主义的哲学家不承认在我们之外有并不依赖于我们的事物及其特性的集合存在。黑德尔指出：“假定这些客体，正像假定物理的物体一样，是合理的……，这些客体像物理的物体一样，在下述意义上也是必要的，即为了得到一个满意的数学体系……为了得到我们感觉的满意的理论。而在这两种场合下，不可能解释有关这些实质的命题，正像不能解释关于‘根据’的命题一样。”① 正是由于黑德尔达到了对数学和数学逻辑的这种见解，他才成功地解释了与数学论证有关的原则性问题。

从根本上看，新实证主义对数学逻辑和数学的关系，就是唯心主义对专门科学的关系。唯心主义，尤其是主观唯心主义，把自己的反动思辨建立在科学发展过程中所产生的困难之上，力图用一切手段来歪曲专门科学的内容，企图证明科学的发展证实着唯心主义。事实上，科学的发展经常地驳斥着哈唯心主义的臆测。例如，在相当长的时间里，康德哲学由于借助数学真理的直观性和永恒性，建立了关于感性直观形式先验性的学说，而感性直观又以欧几里得几何学的不可动摇性为前提。而后，这个学说被非欧几里得几何学的建立所推翻了，并且迫使康德的追随者们重新修改康德哲学的体系。罗素认为，可以把数学归结为逻辑，然而，逻辑本身同时处于矛盾之中：在逻辑中发现了反论，而由罗素为把它们当作例外而又创立的类型论，已经以这些明显的不归结为逻辑的公理（包括事物的无限集合存在的公理）的存在为前提。

① 希尔伯特、阿克尔曼：《理论逻辑基础》，苏联外国书籍出版局，1947年，第9页。

黑德尔证明，不可能建立这样一个比算术更完备的不矛盾的演算：对于任何这样的演算，都可以找到这种算术的论断，它们是有内容的真理，但不能在该演算的范围内证实。

此外，黑德尔证明，任何算术的无矛盾性不可能用这种演算本身去证实，为了说明它的无矛盾性，需要另外的、同样有力的演算。这就表明，罗素、希尔伯特及其他形式主义者把数学缩小为逻辑，并在数学中用形式的无矛盾性替换有内容的真理性的企图破产了。许多现代的唯心主义者一再力图用不可知论的主观主义的精神来解释这一事实：既然可以用原则上形式的方法得出数学中未证明的原理，那么数学严整性这一概念就因此失去意义，出现了不可证明的、不可检验的、不能被认识的领域，出现了用一些未证明的原理不经稽核地替换另一些未证明的原理的可能性。这就是依据于基本逻辑错误的结论；如果某一个原理在某个逻辑演算中是未证明的，那么这并不表明它在根本上是不可证明的，这个原理可以在另一个逻辑演算中被证明（这个演算不难列出，例如，把某一个未证明的原理和作为公理的某一演算结合起来）。

从辩证唯物主义的观点看来，黑德尔的结论是完全明白的。它们的证明首先就在于算术的真理也像其他科学的真理一样，具有经验的起源，并且在总体上，在它的体系上，归根结底要受实际的运用、实践的应用的检验。

新实证主义又如何理解逻辑规律的本质呢?

新实证主义者们解决他们对逻辑规律本质的理解问题在其哲学发展的不同阶段是不同的。最初，“维也纳小组”的代表者们在解决逻辑的本质时所依据的是上面提到的维特根斯坦在《逻辑哲学论》中的观点，从维特根斯坦的观点看来，除了应用逻辑的规律之外，只有个别的判断或存在的判断，才是在完整的意义上从经验上容许直接检验的（这些判断如“米罗斯基的金星雕像存在着”、“此时此地正在下雨”、“有这样三个数 a、b、c，它们能满足等式 $a^2=b^2+c^2$”、“伦敦在英国”）。其余我们用句子的形式记载的一切知识，如果预先给它们以逻辑分析的话，就都可以加以检验。例如，为了从经验上检验一般判断，应当给它以逻辑的分析，借助这种分析我们把它们分解为各个个别的判断。个别判断的某种总和，按一定的逻辑规则可以构成为一般判断。个别判断和一般判断在议论的过程中以逻辑的规律互相联系着，所以，为了保持在经验主义的范围内逻辑的规律和规则本身，应当用经验主义的精神来解释。在相反的场合，只要我们利用逻辑的规律，我们将利用未证明的形而上学的偶像，而我们的全部知识就都具有形而上学的性质。新实证主义者们首先把逻辑规律理解为直接经验的事实之间的一般联系。既然直接经验永远要在句子中记载下来，那么从他们的观点看来，逻辑规律应当看做是句子中词的意义之间和句子本身之间的一般联系。关于这点，新实证主义者文伯格写道："采用逻辑方法的哲学体系，总要导致非经验的结果；然而，如果逻辑被简单地看做是意思之间的联系的方法，那么逻辑的方法就不难和经验结果调和；如果，换句话说，逻辑的形式不能对命题的意义做出任何判断，但只要表明这些意思是联系的，那么在意思的逻辑分析的基础上的经验主义，仍不会破坏（也不是毫无根据的）。"①

维特根斯坦认为，逻辑规律是我们语言中所记载的经验事实之间的最一般的联系。如果分析语言的事实，我们就会揭示出这些联系，就会查明我们思想的逻辑形式，而这种形式是根本不能说明我们思想的真实或荒谬的。罗素也曾发表过这种对逻辑规律、对逻辑的东西的本性的观点，如果不考虑到他最初的著作中对逻辑规律的理解是符合柏拉图主义精神的话。这种观点一开始就被"维也纳小组"的代表者们无改变地接受了。对逻辑规律的这种理解的缺陷，在于对经验的主观主义的解释。

我们的感觉可以直接感知的经验，被实证主义者们当作是第一性的。他们认为，认识中第一性的东西不是某种物质的、客观存在的东西，而是经验的事实。从新实证主义的观点看来，经验的本质不是能说明的，它既可能解释成某种主观的东西，也可能解释成某种客观的东西，还可以解释为某种东西的综合或其他；经验本身必须当作是第一性的，并又把它作为解释一切现象（包括逻辑规律在内）的前提。他们主张逻辑规律是"经验事实"之间最一般的联系。既然实证主义者们拒绝提出关于经验产生的问题，他们也就不能回答这样的问题：什么是我们经验的同样性的原因？例如，为什么所有的人对火车头都感知是火车头而不是一只狗？为什么感知同一事物的人们具有同一的经验？为什么我们的经验的事实会在时间中重复？等等。实证主义者们认为这类问题是"形而上学的"，是没有意义的；但科学及社会人类的实践不能认为提出这些问题是毫无意义的。科学如果不能解释经验的事实，如果不为此提供假说，如果不利用科学的预见，科学就不可能发展，就会盲目。实证主义者们在继续发展他们的立场时，就必定或者否认科学有权利用科学预见，因而和科学经验的整个过程处于矛盾之中，或者依据完全没有根据的信念，认为将来我们的经验将被整理得基本上和从前一样。

实证主义者们对逻辑规律的解释的缺陷同样也在于主观主义的毛病。如果逻辑规律是我们经验的材料之间的一般联系，那就产生了问题：为什么这些联系在不同的人那里是相同的呢？为什么这些联系今天是这样，明天还是这样呢？为了使自己避免唯我主义，避免完全破坏科学知识，实证主义者们仍然必定求助于那

---

① 文伯格：《逻辑实证主义研究》，伦敦，1936年，第9页。

种无证明的、基于形而上学的确信的信念，求助于他们如此激烈地对之宣战的那种“形而上学的偶像”。

唯物主义给所有这些以科学的回答，因为它把形式逻辑的规律看做是客观世界的物质的事物之间的，撇开了它们的变化、发展的最一般的关系在思维中的反映。

新实证主义在继续发展其出发点的立场时，对逻辑规律的解释滚到了公开的主观主义，并完全反对这些规律的客观性。经现代实证主义者们这样解释了的逻辑规律，被他们用来作为建立他们的哲学的“唯一科学的方法”。

哲学对数学论证问题的兴趣，以及对数学逻辑的集合论问题的兴趣，使数学家们在数学逻辑发展的道路上，企图用它来解决数学论证的问题。这并不是偶然的。关于这点，著名的波兰数学家和逻辑学家莫斯托夫斯基写道：“研究数学基础的现阶段是从集合论产生之时开始的。集合论的抽象性及它同传统的及接近经验的物质的分离，在对一些经典范围内的具体问题能够同时应用许多集合论的结果的情况下，造成了分析它的理论认识的基础的需要。这种需要随着产生自相矛盾的反论而急剧增长。然而，纵使集合论中的任何反论也不出现，集合论的论证问题，无疑也还要提出和讨论。”①

唯心主义者们在探索在科学发展进程中出现的新问题、新困难时，企图利用它们来论证唯心主义，歪曲这些科学的事实。

非欧几里得几何学的产生，为某些范围的客体建立数学逻辑演算的公理体系的集合的可能性，以及下面要谈到的集合论和数学逻辑的反论——所有这一切都被现代实证主义者们利用来把科学知识主观化。另一方面，数学逻辑作为一门特殊科学的形成，保证它有极广泛的运用范围的它的极端抽象的性质，以及它的显著成功，都十分引诱人们想把数学逻辑变成最一般的认识方法。新实证主义者们宣告数学逻辑是他们的哲学的方法使他们有可能得到读者的某种信任，因为作为具体的和极严格的数学规则的内容的方法第一次作为哲学的方法出现。下面我们将指出，数学逻辑并不可能冒充最一般的、包罗万象的认识方法。

第二节　罗素对逻辑规律的解释及逻辑经验主义的方法

罗素是广泛利用“逻辑分析”来论证其反动的形而上学体系的现代实证主

① 阿·莫斯托夫斯基：《数学基础研究的现状》，载《数学科学的成就》，第9卷，第3（61）分册，1954年，第3页。

义的第一个代表者。

罗素的“逻辑分析”的意义何在呢?

在罗素写作《数学原理》(*Principles of Mathematics*)及《数学初步》(*Principia Mathematica*)之前的时期,他像柏拉图一样,总是把在根本上可靠的知识的可能性与一般概念(一般者)的客观存在的事实联系起来。罗素写道:“我们目前所坚持的理论,在一般的特点上是柏拉图理论的重复,而只有这样的一些变化,这些变化从他那时就说明是必需的。”① 这些必需的变化涉及下列的一些因素:①在一般者当中也包括关系,这些关系在语言中通常用动词、连接词、前置词等表示出来。②一般者既不是精神的东西也不是物质的东西;关于一般者只可以断言它们是存在的。罗素在分析“向北”这种类型的关系时写道:“它既不在时间之中也不在空间之内,既非物质的也非精神的,但它毕竟是某种东西。”②

从罗素的观点看来,使我们获得可靠的知识的认识,必须和一般者之间的先验关系的处理联系起来。不认识一般者之间的这些关系,就不可能理解任何论断的意思,因为这些论断永远包括某种本质与“一般者”之间的关系(论断的意思是由一般者来表述的)。这些一般者之间的这些一般的关系,或者是逻辑的真理,或者是数学的真理,这取决于我们是从对象的量的方面来考察,还是从质的方面来考察。“我们应当简单地永远承认在我们认识之上由思考所揭示的事实,我们有时可以使一般者的关系成熟,因而也认识到作为算术和逻辑的原理的那样普遍的先验的原理。”③

罗素由于批判“逻辑经验主义”哲学的结果,达到了这种对逻辑规律的观点。他指出,至少有两个原因不能把纯粹经验认为是科学的哲学。第一,任何依据经验材料的科学,如没有利用逻辑推论的思维就不能存在;第二,直接感知的事实本身,没有议论,没有讨论,就不可能实现。实际上,任何一种知觉都是在时间中实现的,在时间的推移中,以感知者的空间位置、他的状态、他所注意的方向为转移,知觉本身也变化着。不求助思维,我们到底用什么方法可以决定这是同一事物的知觉呢?毛毛虫在我们亲眼看来可能变成蝴蝶,但这一转变的事实我们不能用知觉来认识清楚,因为我们在这里碰到的只是各种知觉,而任何的知觉也不能使我们确定,我们在这里是和同一事物的转变打交道。罗素一方面指出在任何认识过程中逻辑思维的必要性,同时又得到了一种思想,认为逻辑规律只有用纯柏拉图-胡塞尔精神才能得到解释,而且正是作为以某种形式客观地存在

① 罗素:《哲学问题》,伦敦,1948年,第142~143页。

② 罗素:《哲学问题》,伦敦,1948年,第154页。

③ 罗素:《哲学问题》,伦敦,1948年,第164~165页。

着并且是我们经验的条件的观念本质得到解释。

实际上，在认识过程中及其感性阶段上，我们经常利用思维。然而，这并不表明思维及其规律是不依赖于经验，不依赖于认识的感性阶段而存在的。人脑是物质发展的高级产物，它具有以思维形式反映我们周围世界的能力。这种能力是在物质的长期的历史发展过程中形成起来的。逻辑规律是撇开变化、发展而抽象地来看的周围世界的最一般规律，它们是作为对现实本身的最一般特点的抽象化的结果，而通过对于反映这一现实的感性经验的分析出现在我们的思维中。

在逻辑观点向主观主义方面继续演变的过程中，罗素改变了他对逻辑规律的本性及它们在认识中的意义的观点。在20世纪初，罗素转到“纯粹”经验主义的立场上，把逻辑规律看做是直接经验材料之间的一般联系。在他看来，直接经验和逻辑规律是第一性的材料。他认为，只要依据直接的某些感性经验，按照逻辑的规律，我们就能建立关于外部世界的观点。

和新实证主义的最晚的代表者不同，罗素允许物质客体仅只作为最可能的假说而存在，而这一假说是由分析感性经验的个别事实中逻辑地得出的。从罗素的观点看来，否认外间世界的存在，会导致唯我主义性质的荒唐的矛盾，并使我们经验事实的记述极端复杂化。罗素对逻辑规律的观点的演变是和他对一般概念的观点的变化有联系的。既然罗素一开始便把一般概念看做是柏拉图主义精神的“一般者”，即在人和个别事物之外存在的东西，所以还在《数学原理》和《数学初步》中，就用纯唯名主义的观点来考察它们，把它们看做是虚构，因为一般概念这个词，是用来标明单个事实的假定标记。我们在谈到人、数等集合时，事实上也就是在讨论组成它们的要素。① 在这一时期，罗素的一般哲学立场是实证主义的。对他说来，我们周围的世界，是我们经验的感性材料的逻辑加工过程中由我们所建立的结构。罗素为了辩解其在一般概念问题上的唯名主义立场，走上了否认科学抽象的道路。这就表明了罗素对知识的本质的形而上学的观点；他不了解个别和一般的关系，不了解一般的东西存在于个别的本身，这就使罗素破坏了科学知识的客观性。

他宣称逻辑是哲学的本质，从而制定了“逻辑分析”的主观主义的方法。从他的观点看，哲学的任务是对科学作逻辑分析。它的基本目的是揭示在最简单的命题中所记载的第一性的、未分析的事实（“原子事实”），从这些命题中，借助对它们循序地运用逻辑手段的方法，建立这种或另一种科学理论。从罗素的观点看来，在运用这种逻辑分析时，科学就可以摆脱与运用语言有关的意思含

① 罗素：《我们关于外部世界的知识》，莱比锡，1926年，第77页。

混，因此就可以查明逻辑结构，并使概念精确化。“逻辑分析”的方法，显然是形而上学的方法，这种方法有时服务于罗素的主观主义结构的论断。罗素既把数学逻辑变为最普遍的方法论，就使数学逻辑成为“科学的科学”，因而把客观世界的事物之间的联系的全部丰富内容，都硬塞到极其狭隘的反映客观现实对象之间最一般联系的演绎体系的范围中。所以，把数学逻辑作为唯一的方法用未分析一切科学，就是把各种在质上各不相同的一定对象间的所有复杂关系归结为主要是量的关系，甚至归结为更简单的性质。

科学发展的历史经验表明，一切基于忽视复杂的东西的质的特点，忽视在时间中、在发展过程中存在有联系的方法，必然要破产。在现阶段的科学发展中，这些方法已成为科学发展的障碍。在指出“逻辑分析”的方法的本质缺陷的特点时必须指出，不可分解的、第一性的“原子事实”的概念本身是超出数学的、具有公理结构的规则的界限之外的完全不确定的东西。在科学发展某一阶段上，在科学中被认为是最简单的不可分解的要素，在另一个发展阶段上就不再是这样了。例如，在相当长的时间内，原子被认为是一切存在物的最简单的不可分解的分子。然而，科学发展的进一步进程就推翻了这种概念。“逻辑分析”的方法，正因为它是主观主义地设计出的方法，因而是极端反动的，是科学知识发展的障碍物。在这种“分析”的过程中，可以任意地构成客体和赋予它们实际存在的特点，或者相反，使实际存在的客体没有这种特性。大家知道，在罗素那里，抽象的对象（如这个数或那个数）是由它的定义来建立的；其实，在现实当中客体不是在下定义的过程中建立的，而是在下定义的过程之前就存在着，也仅仅是因为这样才可能是定义的对象。

罗素是所谓类型论的作者，此“理论”是他解决数学在其发展过程中碰到的那些困难的手段。上面已经指出，为了论证数学原理要利用集合论。借助这一理论可以成功地证明许多按其内容是真理性的，但在以前未经严格证明的数学原理就产生了在数学理论的领域内，从集合论的公理中引申出所有未证明的（按其内容是真理性的）原理的可能性的念头。换句话说，就是提出了从集合论的公理中引申出数学的任务。然而不久，在这种数学论证的途径上发现了集合论的反论。

发现了这种反论的罗素，给集合论以最有力的打击。这种反论和以往所知道的反论不同，它不是以集合论的复杂概念为依据，而是依据集合概念本身。罗素所发现的反论有如下述，即每一个集合或者包含着自己作为自身的元素，或者不包括。例如，概念集合本身就是概念（关于概念全部总和的概念也就是概念），并因而纳入本身的外延中作为元素。例如，人的集合其实并不是人，因此不能包括在其自身的外延中。

让我们来考察这些集合的集合，这些集合没有纳入其自身的外延中作为它的元素之一，即这些元素不包括它自己。我们把这个集合称为集合 M，集合 M 处于矛盾之中。其实，如果集合 M 不包括在其自身的外延之中，即不包含自己，那它作为不包括自己的集合应当包括在 M 之中，因为它是由这种集合组成的；如果我们把它包括在外延 M 之中，那么它就成为包括自己作为自身的元素的集合，因而应当由集合 M 中加以排除，因为这里所包括的仅是不包括自己的集合。这样就发生了矛盾：如果集合 M 不包括自己，那么它应当包括自己，而如果集合 M 包括自己本身，那么它又不应当包括自己本身。

让我们较详细地阐明在演绎理论中的形式的矛盾是如何发生的。包括自己作为自身元素的集合，我们称其为非正规的，用“$\overline{X \in X}$”（集合 X 属于自己作为自身的元素，符号 $\in$ 表明集合的元素属于集合）表示。

不包括自己作为自身的元素的集合，称为正规的，并以“$\overline{X \in X}$”（集合 X 不属于自己作为自身的元素，整个标记上面的横线表明是否定的作业）表示。集合的特性是正规的，用字母标记 N。把所有正规集合的集合组编起来，并象征地把它们用符号记载下来，这种记载可以以两种形式进行：

（1）（X）（$\overline{X \in X}$）——对于所有的集合 X 都是正确的，它们不包括它自己；符号（X）为一般的量子式符号，它表明这种或另种特性遍及整个对象 X。

（2）（X）N（X）——对于所有的集合 X 也都是正确的，它们是正规的。

第一和第二种情况所记载的是我们的集合仅仅由正规的集合组成，或者是我们组织了所有正规集合的集合。因而，这两种记载都表明同一的东西，所记载的（X）N（X）≡（X）（$\overline{X \in X}$）；（符号≡是集合的等价、同值符号）。

这一表示可以简化，记为：

N（X）≡$\overline{X \in X}$（1）（一般量子式符号在这里为了简略，可以省去）。

既然公式（1）对于任何对象 X 都有效，那么它对于所有正规集合（这种集合的标记为 Ñ）的集合的事物也有效。

把 X 用 Ñ 代入，得：N（Ñ）≡$\overline{\tilde{N} \in \tilde{N}}$（2）

但 N（Ñ）说明 N 的特性属于每一个集合 Ñ，既然特性 Ñ 和事物 N 的级相等，那么利用事物的级与级的元素从属的符号（符号 $\in$），就可以把标记 N（Ñ）写成 Ñ $\in$ Ñ 的形式，用标记 Ñ $\in$ Ñ 代入公式（2）的左边，得：Ñ $\in$ Ñ≡$\overline{\tilde{N} \in \tilde{N}}$。

这是明显的矛盾，左边肯定 Ñ 属于 Ñ 作为自身的元素，而右边同时又否定这点（在整个标记上的横线表示它的否定）。

为了在比较明显的形式中说明这一矛盾，用字母 A 来表示 Ñ $\in$ Ñ，那么就得

$A \equiv \bar{A}$（A 和它的否定等值、等价）。

由此可得出结论，“A 和 $\bar{A}$”是真理性的，即肯定和否定同时是真理性的（得到了推翻矛盾律的论断）。

对上面所进行的讨论应当附加一个重要的解释。

一切我们用$\hat{N}$来表示的正规集合的集合可以看做是特殊事物对组成它的事物（元素）的关系。问题在于，所有集合对组成它的元素都可以看做是特殊的事物，因为这种集合所具有的特性，不属于其个别的元素，例如，动物这一集合所属的特性“是多数的”，其实，作为动物集合的元素的每一个单个的动物并没有这种特性。每一特性（例如，“作为动物”的特性）决定对象的集合，这个特性是属于这些对象的集合，并可以看做是特殊的新的事物。如果我们提供属于某种事物 $\bar{X}$ 的某种特性 P，那么这些 X 的集合具有特性 P，我们可以当作特殊的事物来考察，并标以符号 X，也和特性 N 类似——“是正规的集合”——决定着事物的集合$\hat{N}$，这个$\hat{N}$我们可以把它看做是特殊事物。

为什么说这种解释是重要的呢?

这种解释对于在公式（1）中以集合$\hat{N}$代替 X 的这种置换的可能性的论证是重要的。既然在这一公式中已经记载了，这种置换对一切 X，即对所研究领域内一切“事物”都是有效的东西，那么它对一切正规集合的集合，即对$\hat{N}$也是有效的，而这个集合也是一个特殊事物。既然我们无论如何也没有限定事物的那个领域，从这些领域可以获得置换可变 X 的事物，那么我们就完全有权利用事物$\hat{N}$置换 X。

弗列格对在公式（1）中可以置换 X 的事物的范围没有做出任何限制，并且走向矛盾。在他演绎建立的理论中，发现了破坏其整个理论的形式上的矛盾。他这个理论的目的是从集合论中引申出数学的未证明的命题。问题在于，如果在演绎的理论中出现了形式的矛盾，那么从这一理论中得出的被证明的东西，就可以不仅是真理性的，而且也有谬误的命题。

在集合论中发现这种反论是数学中的严重困难之一，因此希尔伯特写道;“……出现了矛盾，一开始是个别的，而后就越来越尖锐，越来越严重：所谓集合论的反论，这点特别与切尔麦罗及罗素所求得的矛盾有关，它的发表对数学世界好像是直接的毁灭性的行为。”①

弄清楚了反论的存在和集合论没有直接的联系，而它们的原因是在于数学非

① 希尔伯特：《几何学基础》，1948 年，第 349 页。

运用逻辑资料不可的时候，关于反论的问题才具有特别尖锐的性质。各种数学家用各种不同的方法从所产生的绝境中寻求结论。例如，普恩卡莱提出要从数学中排出现实的无限性的概念及反论的定义（即经过自己本身的定义）；希尔伯特用形式的方法企图把数学各种领域的无矛盾性归结为算术的无矛盾性的证明。希尔伯特的证明是用下述方法实现的。例如，如果把洛巴切夫斯基几何解释成欧几里得几何，那么可以断言，如果洛巴切夫斯基几何有矛盾，则欧几里得几何也应当是矛盾的。如果把欧几里得几何解释成算术，那么可以断言，如果欧几里得几何有矛盾，那么算术也应当是矛盾的。算术的无矛盾性的证明也等于欧几里得几何和洛巴切夫斯基几何无矛盾性的证明。由此可见，数学中像洛巴切夫斯基几何和欧几里得几何这样的领域的无矛盾性的证明，是依据算术的无矛盾性的证明。如果算术的无矛盾性被证明了，那么欧几里得和洛巴切夫斯基几何无矛盾性也因而证明了。然而，算术的无矛盾性顽强地不能被人们证明，而正像20世纪30年代黑德尔所指出的，这是在原则上不可证明的。为了解决这些困难，罗素建立了其在《数学初步》中叙述的“类型论”。“类型论”是逻辑的演算法，按罗素的意见，它应当是无矛盾的（在它当中应当排出反论出现的可能性）和足够有力的，并保证在它当中能引申出整个数学。所以，罗素提出数学是发展了的逻辑，它应当制定成数学逻辑：“逻辑是数学的青年时代，而数学是逻辑的成熟。”①

为使逻辑述词分成类型的计算的数，应当把反论排除，在这种论据的条件下，对于类型 K 的逻辑述词，可以用比 K 更小的类型的逻辑述词。K 被称为是逻辑述词的广泛的演算，下述的限制是附加于 K 的，在下述的任何一种情况下，都应当认为是没有意思的论断：

（1）函数的数值等于（或不等于）论证它的数值，此论证与此函数等值；

（2）函数的数值等于论证它的数值，此论证与决定同一对象领域的另一函数等值；

（3）函数的数值等于论证它的数值，此论证与另一个类型较低的函数等值，因而它们的类型差级大于1；

（4）函数的数值等于论证它的数值，此论证与另一个类型较高的函数等值。

这些限制的意义可以用下述例子来说明。

数学逻辑的最重要的概念是定理函数的概念，这种函数的最简单的样式是“X 是城市”。这一表示既非真理性的，也不是谬误的，而如果以个别事物代替置换可变 X，则它将是真理性的或谬误的。如果把 X 置换成个别的对象“莫斯

① 罗素：《数学哲学引论》，慕尼黑，1923 年，第 196 页。

科”，那么“莫斯科是城市”就是真理性的。如果以乡村的居民点（如阿拉比诺）去置换代替 X，那么“阿拉比诺是城市”的表示就是荒谬的了。上述的原理限制了在定理函数中这样置换可变东西的可能性，从而保证函数不致转变成无意义的东西。例如，限制（1）说明代替可变 X 的不能是函数本身，而实际上，如果我们在表示“X——城市”中，代替 X 置换上这一表示（函数）本身，那么就会得出典型的无意义的东西：“X——城市是城市”。

在类型论中排除反论就消除了数学中一系列重要的结论。在逻辑演算中得出的上述四个限制表明在数学中禁止利用反论的定义。反论的定义的例子有如下述：X 是大于零的数，它本身可以相加，给出 X^2，其中 X 由 X 决定，这里没有得出任何矛盾：上述定义适合于唯一的数——2。消除反论的定义等于在数学中消除重要定理，因为在证明这些定理时运用了反论的方法。例如，这样一个定理是集合论的最重要的公理，即对于任何一个无限的集合来说，都有另外一个更大实力的无限的集合。

由罗素所创立的“类型论”却被他用主观主义观点解释。因为他不了解“类型论”的确立只是解决矛盾的方法之一，因而以惊人的轻浮态度废除、改造和禁止了数学的许多部分。认为我们周围的现实是由对“原子事实”（它可以在一定阶段上任意地实现）分析得出的逻辑结论的主观主义哲学立场，使罗素和科学处于矛盾之中。所以大多数的数学家都反对“类型论”，罗素所解释的“类型论”，这并不是偶然的。因为承认这一理论就表明要取消许多具有客观意义的极重要的科学部门。

上面所指的那些困难只有从辩证唯物主义立场上才能解决，并正在解决中。

摆脱演绎体系中所产生的上述矛盾的出路可以有很多。但在一切场合，为了消除破坏体系的形式矛盾，应当放弃在体系中采纳的某些假设。如果由我们的体系的某个假设 B 中得出了矛盾 $A\equiv A$，那么这就表明，假设 $\overline{B}$ 是荒谬的，取消这个假设并改变它，我们就可以用这种方法免除产生的矛盾 $A\equiv A$。在严格计算应当用这个或另个演绎体系来解决的问题的条件下，在确定我们所讨论的对象领域的条件下，只要我们在表述应由体系来解决的课题时引入时间，那么就会消除破坏体系的形式的矛盾。这时，我们就在利用真理具体性的辩证唯物主义原理。

解释罗素的反论的显明事件可以以目录表为例。不包括作为目录表之一的自身在内的称作正规的表，而包括（列举）自身在内的称为非正规的目录表。现在如果提出来一个问题——要编纂全部正规目录表的目录表，那么我们就会碰到反论。不包括自己在内的全部目录表的目录表，应当包括在我们的目录表之中，但只要包括在我们的目录表中，它就不再是正规的目录表，而应当由其中把它去掉。类似罗素在其集合论中所揭示的矛盾是有的。如果解决这一问题时考虑到时间（例如，只要指出，在正规的目录表的目录表中所必须记载的只是到某一时间之前的一切东西），那么就不会得到上述的矛盾。例如，计算所有在1955年之前编制成的目录表，而在1956年进行这一工作，则在编制1955年之前出版的正规目录表时，还没有对我们提出包括新的目录表（“一切在1956年之前编制的正规目录表的目录表”）在内的问题，因为这个要求不是由具体地为我们所表述的任务中提出的（我们研究在1956年之前出版的目录表，而这一研究却在1956年中进行）。以后，在1957年，我们可以提出任务——编纂由1956年之前在内的一切正规目录表的目录表，等等。编纂一切正规目录表的目录表的问题只有在时间中，随着时间的推移才能解决，才不会得到上面指出的那种形式的矛盾。辩证唯物主义对演绎体系的分析问题的观点，提供了用这种方法解决和避免破坏体系的形式矛盾的可能性。

苏联学者波查瓦尔提出的解决反论的方法，是根据具体的辩证唯物主义的态度去分析被研究的问题。波查瓦尔指出，集合论中的反论可以靠消除体系的各种假设而消除。同时，要消除它们不能形式地进行，而每一次都要以研究过程中须要解决的应被具体地表述的问题为基础。有一种场合，集合论中的反论可以靠由体系中消除所谓结聚原则来解决（例如，当我们把一切正规集合的集合看成是特殊的不变的现成的对象时）；而另一种场合——要靠消除那样一个假说来解决，这个假说是说我们的体系的每一个概念都有现成的、不变的外延等。

这表明只用形式逻辑不足以解决上面提出的问题，辩证逻辑是必要的；只把某种演绎体系的结构看成是现成的和不变的东西是不够的，而必须在它们的发展中、在运动中、在时间中来考察这些体系。

第三节 维特根斯坦的逻辑问题和语言学方法

维特根斯坦在其《逻辑哲学论》一书中所阐述的哲学，在新实证主义思想的演变中起了重大的作用。如果说，在经验主义者罗素看来，对感性经验材料的逻辑分析是造成我们关于周围世界的观念的手段，那么，在维特根斯坦看来，对我们经验的表现手段的逻辑分析，乃是清除哲学中的“形而上学前提”（即关于外部物质世界存在的前提等）的根本手段。在维特根斯坦看来，逻辑分析是用来证明某些原理（其中主要是关于客观世界存在的原理）是毫无意义的方法。既然关于物理世界在我们之外存在这样一些原理似乎不能加以“直接地”检验（证明），维特根斯坦就宣称它们毫无意义，并把它们从科学中清除出去。从他的观点看来，这些论断的毫无意义是由语言分析确定的。

在维特根斯坦那里，我们发现他把一切哲学问题都移植到语言分析的领域(在这方面，他是语义哲学的直接先驱者之一，语义哲学是现代实证主义发展中的一个特定的阶段)。除了真正的全民的语言外，在维特根斯坦所了解的“语言”中还有各种“人造语言”，如数理逻辑演算“语言”，一般精确科学中的公式语言，等等。在他看来，基本的、第一性的“现实”就是语言，他把语言硬说成是感觉所提供的事实。此外，从对经验的逻辑分析过渡到对通常的语言（以及作为科学辅助手段的“语言”和作为唯一全能的交际手段的“语言”）的分析问题，在他看来，是同“形而上学”（实际上是同唯物主义）作斗争的比较方便的手段。在对符号及其组合的分析的范围内，比较易于给现实加上一些似乎是由语言学分析得出的特征（这种捏造的方法被现代语义哲学家广泛地利用着）。维特根斯坦的语言学分析的实质何在呢？这种分析也就是罗素的逻辑分析，只不过维特根斯坦不喜欢说对我们经验的直接材料的分析，而说对我们语言的分析罢了。语言在感性上标志并反映我们关于世界的一切知识。按照维特根斯坦的见解，每一个假设都包含着由于我们的经验而取得的知识。这种知识反映在语言中。但是，在句子中被表示的内容的逻辑结构（逻辑形式）本身，并不反映有关世界的知识，它仅仅在句子本身中显示为它的结构。表现某种思想的某一句子，并不表现其结构的意思，因为任何思想都要借助符号才能表现出来，而句子本身并不包含表现其结构的特殊符号。维特根斯坦所指的是这样的情形：如果给我们“人人都有一死”这个句子，那么，这个句子的符号就标志同时反映出“人必有一死”这个事实。然而，在这个句子中没有反映这个句子的结构（逻辑形式）的符号。“所有S都P”——这个句子的结构只是包含在这个句子中，而没有用特殊的符号表现出来。表现“人人都有一死”这一句子的符号所表现的只是在内容上具体的思想。而句子的结构只有在语言形式化之后才能揭示出来，这同时也可以使通常的语言摆脱意思含糊。为了使自己不犯误异为同、误同为异的错误，“我们应当使用符号的语言。”① 这样，我们就能发现语言中没有表示出来的东西——句子的逻辑结构。

揭示思想的逻辑形式并在这一过程的基础上建立逻辑演算，使我们在实际上能以发现我们思想中的逻辑联系，清除我们语言中的某些意思含糊（如多义语和同义语）；使语言的每一个特定的符号只有一个唯一的固定意义。例如，我们可以通过形式化的方法，使每一个标志着诸思想之间的逻辑联系的符号与一个唯一的逻辑联系相适应，也就是达到逻辑范畴与文法范畴之间的完全适应。现在，我

① 维特根斯坦：《逻辑哲学论》，伦敦，1939年，第55页。

们来看看如何通过揭示对句子的逻辑分析清除多义语，以便揭示它们的逻辑形式。假定我们有这样三个句子：“所有哺乳类都是动物”；“所有反刍动物都是具有复胃的动物”；“柏拉图是唯心主义哲学家”。

“是”这个词，在第一个句子中表现特征对对象的从属关系，在第二个句子中表现主语和宾语的概念的外延的同一和等值关系，也就是说，反刍动物这一概念的外延和具有复胃的动物这一概念的外延是一致的。“是”这个词在第三个句子中表现属于一个特定的类的类中的一个元素（用专有名词“柏拉图”表示的对象属于“唯心主义哲学家”这一类）。

由此可见，在这三个句子中，用“是”这个词所标明的逻辑关系在每个句子中是各不相同的。如果我们给每一个特定的逻辑关系标上一个特定的符号，（一类中包括另一类的关系用符号“$\supset$”表示，两类同一和等值的关系用符号“$\equiv$表示”，类和其中一个元素的从属关系用符号$\in$表示）。这样，我们就可以用下列形式把这三个句子的逻辑形式表示出来：①$a \supset B$；②$a \equiv B$；③$a^{*} \in B$。在这里 a 和 B 是代表类的逻辑变数，而 a^{*} 是类的一个元素。

由此可以看出，在通常的语言中用来反映逻辑联系的“是”这个词，具有各种不同的意义。为了消除这种多义性，我们必须用三个不同的符号来代替“是”这个词。如果我们用数理逻辑的“语言”把句子的逻辑形式记述下来，就能够按照句子结构的记述形式来判断它们的逻辑性质。虽然句子的逻辑形式并不直接反映在语言中（通常的语言总是反映着某种有具体内容的思想），但是，它与句子的具体内容有不可分割的联系，并反映在某种有具体内容的思想中。既然在有具体内容的思想中反映着现实的某一方面，那么这一思想的逻辑形式（它是有具体内容的思想的各个部分的联系方式）就是现实本身的反映。因此，维特根斯坦宣称思想形式在语言中“不能表达出来”，而仅仅可以“在语言中显露出来”——这种说法是错误的。思想形式虽然没有在语言中直接表达出来，但是，它是间接地通过语言表达出来的，因为在句子表达出有具体内容的思想的同时，也表现出它们的各个部分的联系形式，即它们的逻辑形式。维特根斯坦用对思想的表现手段的语言学分析来代替思想的逻辑分析，以为这样就成功地摆脱了“思维规律”、“思维”等形而上学的偶像了。他在任何地方也没有讨论过，怎样和用什么方法才能实现句子形式化的过程及揭示句子的逻辑形式的过程，没有讨论过从通常的语言向达到了逻辑和文法的完全适应的符号“语言”、数理逻辑“语言”的过渡是怎样和用什么方法进行的。维特根斯坦对这个问题避而不谈。可是，他却断言这个过程是存在的，而是他自己就利用着这个过程。

实际上，形式化的过程就是分析过程，就是抽象过程。维特根斯坦描述这个过程，利用这个过程，但是不敢用这个过程的真实名字，因为在他看来，谈论抽象就意味着成为“形而上学”的俘虏，因为这个抽象过程是任何人在任何时候也不能以纯粹的形式观察到的思想过程（抽象过程本身不可能是直接知觉的对象），这就表明，维特根斯坦是用纯粹人为的空谈的方法来“摆脱”“形而上学”的。

在维特根斯坦看来，不能在语言中表现出来的逻辑结构乃是想象中的世界的结构。维特根斯坦承认我们周围的世界存在，不过对于这个世界只能说，它是在句子结构中才显露出来。他把世界的存在当作一个假说。然而，在他看来，只有在句子的结构在感性经验所提供给我们的句子中显示出来的条件下，这个假说才是有根据的。从维特根斯坦的观点看来，如果我们仅仅说世界的结构在句子结构中显示出来，关于世界存在的假设才不是形而上学的。至于这个世界究竟怎么样，这是我们永远也不能知道的。这个世界是不是像直接经验提供给我们的东西一样，它是物质的还是观念的，这对我们说来，似乎是永远的秘密，因为关于世界存在的假说是不能进行检验的。唯一现实的世界就是我们经验的世界，它在句子及其结构中被记录下来。

大家知道，实际上在语言中记录下来的各种概念和理论，反映着不依赖我们而独立存在的物质世界，以及作为实在存在着的事实的思维。在语言中记录下来的是科学发展的经验，这种经验说明空间和时间是客观地，在我们之外存在着的世界早在人类出现以前就已存在了，等等。对维特根斯坦这个主观唯心主义者来说，这种使他的“哲学”与现实发生矛盾的“形而上学的偶像”是不能克服的。他不能解释人死之后主观概念的构思世界如何还能保存下来。

按照维特根斯坦的意见，像“这块面积是巨大的”、“这声音是清脆的”诸如此类的句子是无意义的，因为我们不可能进行试验来辨别它们的真假。他在反对唯物主义的时候宣称“物质世界客观地存在着”、“意识是在我们之外存在着的物质世界的反映”这样一些哲学论断，同“这块面积是巨大的”、“这声音是清脆的”这样的论断一样，都是毫无意义的。

应用于句子并能把有意义和无意义的句子区分开来的检验方法（“证明”方法）如下所述。譬如有人说“这个房间里有一张圆桌”，检验这个句子的方法将是这样：走进这个房间，看一看究竟有没有圆桌。如果我们提出“在太阳系中还有一个未被发现的行星”的假设，那么我们就必须进行仔细的观察，检查我们关于行星绕太阳运转的知识的量的方面，从已知的关于太阳系的知识中找出一系列的结果来证明或推翻这个假设。如果按维特根斯坦的观点，对于“这块面积是巨大的”这样的句子，我们不仅不能精确地指出如何对它进行检验，甚至不能指出为了辨明它的真假而进行的实验研究所必须遵循的途径。这就是说，这个句子是无意义的，不仅必须把它从科学中清除出去，而且必须把它从语言中清除出去，因为它并不反映任何东西。按照维特根斯坦的意见，物质世界的客观存在，意识是在我们之外存在的现实的反映等哲学论断，由于它们在原则上不能加以精确检验，也同样是没有意义的。因此，不仅必须把它们从科学中清除出去，而且应该把这些不反映任何东西的句子从语言中清除掉。所以，维特根斯坦把在他以前出现的一切哲学（特别是唯物主义）都说成是彻底的谬误。他写到：书中（指《逻辑哲学论》）的全部主题思想可以用下面的话大概地表现出来："在根本上可以说的东西，就可以清楚明白地说出来，而对于不可以说的东西，就应该默而不语。"①

如果从这一观点出发，而且应用他自己的证明原则，那么维特根斯坦自己在《逻辑哲学论》中所发表的意见也成为无意义的了。例如，下面一个论断就是这样：不同的人对同一对象得到的经验必须是同义的。也就是说，如果某甲和某乙观看一棵白桦树，那么他们两人所得到的检验和知觉一定是相同的。对于诸如此类的难题，维特根斯坦企图用纯粹口头上的遁词来解决。他说，回答这一类问题的要求是无意义的，从而也是不能用语言表现出来的。

维特根斯坦一方面露骨地反对唯物主义哲学的"形而上学"和"毫无意义"，同时竭力维护主观唯心主义的哲学观点及其一切"无意义的"和"形而上学的论断"。他为了表白自己对主观唯心主义的"无意义的东西"和"形而上学的论断"的偏爱，不惜用诡辩和纯粹空洞的遁词。他依据着语言的"显现"这一完全不确定的概念。他指出，如果主观唯心主义的出发命题没有在语言中表示出来，那么它们也会在语言中"显现"出来（同时，他却否认唯物主义的出发命题会这样"显现出来"）。

维特根斯坦甚至违反自己的"立场"和方法来表示他对唯我主义的同情。在这里，表现出他对维护科学知识的客观性的唯物主义所抱的敌对态度，暴露了现代实证主义代表人物以客观和公正自居的真正意图，暴露了他们想凌驾于唯物主义和唯心主义之上的野心的真正意图。

从维特根斯坦的观点看来，哲学的任务不在于说明关于存在和意识的关系、关于我们认识的规律等一系列在科学上经过检验的原理，而在于解释句子，把无意义的句子从语言中清除掉。

在对维特根斯坦的哲学作全面的评价时，必须考虑到下列几点：第一，维特根斯坦的哲学观点是一种明显地趋向于唯我主义的主观唯心主义的观点，这个哲学的矛头是指向唯物主义的。第二，维特根斯坦的哲学和罗素的哲学一样，也是

---

① 维特根斯坦：《逻辑哲学论》，伦敦，1939 年，第 26 页。

同科学事实相矛盾的。在他看来，在很久以前就为科学所确定了的真理（例如，地球在人类以前、在人的经验以前就已存在的论断），是无意义的东西，因为这个事实不能用个人经验来检验。第三，维特根斯坦轻视社会实践在认识过程中的作用，不考虑实践、科学发展史和一般认识发展史这样一些用来证明科学和科学哲学的一般真理的极重要的手段。因为，对某一个不能用个人经验来加以“直接检验”的原理，绝不能就说它是无意义的。第四，维特根斯坦所提出的证明方法不是具有普遍性并符合现代科学发展水平的科学方法。这种方法就其本质来说，是形而上学的。这一点表现在他离开我们认识的发展来考察被分析的句子。这种方法甚至不能用来解决揭示科学的各个部分之间、各个命题之间的逻辑联系这样一些特殊任务，更不用说用来研究科学知识发展的远景了。它是与科学中广泛使用的方法相矛盾的。按照这个证明方法，就必须说，凡在现阶段的科学发展上不能检验的一切句子都是无意义的。这样，就抹杀了真正不能加以检验的原理（即无意义的东西）同在科学中作为假设存在的原理之间的原则差别。在科学某一发展阶段上，经常把一些只有在将来才能证实的命题作为假设提出来。例如，关于原子存在的思想，关于建成共产主义社会的可能性的思想，虽然现在已成为无可反驳地被证明了的真理，可是，它们是在尚未用实践来检验的时候产生的。

第四节　卡尔纳普的逻辑结构的语法方法和语义方法

卡尔纳普和“维也纳小组”的其他成员的哲学是实证主义哲学发展的第二阶段。

卡尔纳普等人对罗素和维特根斯坦的立场所作的新的“更正”，其目的在于使科学知识进一步主观主义化和形式主义化，进一步缩小哲学的对象，把它归结为语言分析的问题。对科学知识的这种主观主义化是在和“形而上学怪影”作进一步的斗争的幌子下进行的。按照卡尔纳普的见解，这些“形而上学怪影”是他的先驱者没有彻底摆脱掉的东西。

这种趋向最明显地表现在卡尔纳普对逻辑问题的解释上。上文已经指出，罗素和维特根斯坦企图把对逻辑和数学的规律的解释同“无所不包的经验主义”调和起来。他们把逻辑规律看成我们的经验材料之间的最一般的联系。同时，他们还把逻辑和数学的规律从其他科学规律中抽取出来，当作具有特殊性的规律。从他们的观点看来，逻辑和数学的规律具有先天性。实证主义者虽然宣布了逻辑和数学的规律有先天性，但是他们一直是从康德主义的精神来解释这些规律，因为这种解释会同新实证主义哲学的经验主义立场发生矛盾。新实证主义者宣称逻辑和数学的规律是先天的真理时，其所指的是：

第一，逻辑和数学的规律具有普遍性，可以应用于一切科学部门，就这个意义来说，它们是一般认识的条件。因此，从逻辑角度看来，逻辑和数学的规律可以看成我们的认识条件，是我们的一般经验的条件。

第二，逻辑和数学的规律具有明显地表现出来的分析的性质。从逻辑规律方面来说，这就意味着逻辑的规则和规律的内容是人的创造性活动的结果；逻辑规则和规律的内容决定于人按自己的希望给基本逻辑概念所下的定义；加之逻辑的基本的出发命题是同语反复。

逻辑句子之间的联系在逻辑中具有重大作用。（用文法句子形式表现出来的思想就是逻辑句子，这种思想或许是真的，或许是假的；逻辑句子的真假要经过检验才能判明。为了方便起见，下面就把逻辑句子简称为句子）。

大家知道，简单的逻辑语句（A、B、C…）可以通过逻辑联系而联合成复杂的逻辑句子。例如，蕴涵联系（即我们在语言中用条件连接词“如果……那么……”来表现的类推联系）、契合联系（在语言中这一联系常用联词“和”来表示）、折取联系（在语言中常用“或”来表示）。在数理逻辑中蕴涵联系常用符号“→”来表示，契合联系常用符号“∧”来表示，折取联系常用符号“∨”来表示。因此“A→B”这个式子应读作“从 A 得出 B”，或者“A 蕴涵着 B”；“A∧B”此式应读作“A 和 B”，或者“A 和 B 契合”；“A∨B”此式应读作“A 或 B”，或者“A 和 B 折取”。在逻辑中确定了复杂句子的真或假是构成它的简单句子的真或假的函数。从这种函数从属性的规则已经研究出来。例如，复杂语句“A∧B”，当语句“A”和语句“B”都是真的时候，“A∧B”也是真的；如果其中有一个是假的，它也就是假的；又如复杂语句“A→B”，当 A 真 B 假的时候，它是假的。此外，在其他一切情况下（A 真 B 真、A 假 B 真、A 假 B 假），语句“A→B”都是真的。

在新实证主义者看来，上述辨别复杂句子的真假对由以构成的简单句子的真假的从属关系的逻辑联系的定义，纯粹是假定的。这些定义往往不能清晰地表述出来（如上面所表述的那样），而要借助于公理（在逻辑的公理结构下）。大家知道，基本逻辑概念的定义决定我们在演绎过程中所利用的大多数结论。新实证主义者既然把这些定义看成是任意做出的，就可以把全部演绎看成象棋游戏或纸牌游戏了，在这种游戏中，这种或别种游戏规则是按参加者之间的协定规定的。按协定采用的基本定义必然地决定着逻辑结论的这种或那种性质，这种或那种逻辑演算的结构及按推论规则从逻辑公理中得出的结论的性质。新实证主义的对待逻辑问题的这种态度是典型的约定论的态度。因为从新实证主义的观点看来，在逻辑问题方面只有下列的推论方式才有意义：如果这些命题存在，那么另一些命题也就存在；如果另一些命题存在，那么第三类命题也一定存在，如此推论下去。原初出发命题中所记录下来的逻辑关系，不能用其他命题来论证，我们只把这种关系当作协定中规定的基本的关系。但是，对这些概念、命题（因而，整个逻辑）的“自由”选择，从新实证主义者的观点看来，是受某些限制的，因为在构成出发概念时，必然考虑到以后在以这些概念为基础而构成的逻辑演算中，不致出现矛盾。按照新实证主义的意见，逻辑演算（逻辑系统）的无矛盾性是它的真理性的唯一标准。这样看来，逻辑的规则和规律是从任意采用的基本逻辑概念中用分析法得出来的。

我们举一个新实证主义者对逻辑规则的“分析的”了解为例。大家知道，相等关系（=）在数学中具有多么大的作用。在研究这一关系的逻辑属性和阐明它在演绎过程中的作用时，我们必须给一般逻辑公理和某一逻辑演算加上一些决定相等概念的公理。大家知道，相等关系决定于它的三种属性：反射性、对称性和传递性。

我们把这些属性写在下面；

（1）$a=a$（反射性），此式可以读作：任何数（如果我们所研究的对象都是数）都与自身相等。

（2）$a=B\rightarrow B=a$（对称性），此式可以读作：如果 a 等于 B，则 B 也等于 a。

（3）$a=B\wedge B=C\rightarrow a=C$（传递性），此式可以读作：如果 a 等于 B，B 等于 C，则 a 等于 C。

从新实证主义者的观点看来，相等关系的这些属性不是不依赖于我们的意志和愿望而存在于数字之间并反映事物一定的关系的那种相等关系所真正具有的属性，它的存在是由于我们给这一关系下了定义。这就是说，相等关系是我们由下定义而设计出来的。

从新实证主义的观点看来，从相等这个定义中，可以“分析地”得出它的一系列其他属性（这些属性都“分析地”包含在我们所提供的定义中）。

从新实证主义者的观点看来，通过这种方法就可以从逻辑概念的任意的出发定义中“分析地”得出这种或那种属性和关系。

对待逻辑（和数学）规律的这种态度，使新实证主义者可能把逻辑和数学同“无所不包的经验主义”调和起来，如卡尔纳普所说，这种调和，不论罗素或维特根斯坦都是没有做到的。问题在于，在罗素和维特根斯坦看来，给基本逻辑概念所下的定义，因而给逻辑规律所下的定义，都又可能是任意的，不仅如此，它们应当具有严格的同义性，即每个逻辑概念只能由一种唯一的方式来下定义。卡尔纳普宣称这一观点是形而上学的，是与“纯粹经验主义”的原则相矛盾的。这个结论的得出是卡尔纳普从罗素和维特根斯坦那里接受了论证“纯粹经验主义”的逻辑语言学方法，以及对现代数学和数学逻辑的方法的“思考”的结果。由于我们所表明的东西不仅涉及感性的材料，而且表明了那些不能归结为感性材料总和的数学和逻辑的客体（如关于数、关于逻辑联系），卡尔纳普就得出结论说：应当把数学客体和逻辑客体看成头脑的主观构成物。在卡尔纳普看来，有了对于逻辑和数学规律的这种观点就可能把数学和逻辑从虚数中排除出去，同时能够用经验主义精神来解释这两门科学。卡尔纳普之所以得出这种结论，也由于他必须同一些与物理学发展有关的问题的实证主义提法取得一致。

按照卡尔纳普的意见，逻辑和数学的完全主观化，可以使实证主义哲学摆脱罗素和维特根斯坦所没有摆脱掉的那些形而上学的因素。只有以未来的经验也服从现在的经验所服从的逻辑规律这样一个形而上学的不可证明的前提为基础，才能把逻辑规律看成从我们经验中抽象出来并适用于任何经验材料的东西。

总之，卡尔纳普为了论证经验主义，和反对“形而上学”而制定的逻辑语言学方法，促使他越来越严重地把科学知识主观化。同时，他把对经验知识进行逻辑分析的任务归结为对记录我们的经验的语言进行逻辑分析的任务。在他看来，语言也和经验一样，是靠经验提供的实在。阐明科学语言结构所遵循的一般原则，是极重要的任务。因此，卡尔纳普提出了创造语言的“逻辑语法”的任务。

按照卡尔纳普的观点，逻辑规律和规则的性质决定于我们给基本逻辑概念所下的定义。实际上，逻辑规律和规则可以看成为分析的规律，这种规律的性质包含在一定的基本逻辑概念的定义中，而不取决于我们在特定的逻辑体系范围内是明确地还是不明确地（用公理法）给这些概念下了定义。但是，基本逻辑概念的定义不是由我们任意构成的。基本逻辑概念的定义“不是出于我们彼此协商”才成为真的东西，而是实实在在的真的东西，它归根到底是不依赖于我们而存在的物质世界的特定关系的反映。逻辑的基本出发概念的定义能够由我们任意规定这种误觉之所以产生，是由于我们在创造某种逻辑演算（《逻辑体系》）时，是与对于已经获得并经我们检验过的逻辑知识的阐述过程发生关系。在阐述过程中表现为出发的、原初的东西（即逻辑的基本的出发概念），实际上是长期研究过程的结果。我们所考察的关于契合、蕴涵、折取等逻辑联系的概念，以及关于相等的概念，都不是按某种逻辑演算的创造者的愿望所虚构的东西，而是长期研究的结果，是对于我们的思维、思维的形式和规律实践的结果。例如，契合这个概念是对我们的思维，对于反映我们周围世界的思想的各种联系进行分析的结果，而不是协商的结果。逻辑联系，包括契合联系在内，在成为专门的科学研究对象很久之前，人们早就在思维过程中加以利用了。可是一直到斯多葛派才开始探讨简单句子之间的逻辑联系问题，包括契合联系问题。关于其他逻辑联系（如折取联系、蕴涵联系）的概念也具有不以任何逻辑演算的创造者的意志和愿望为转移的客观性。相等概念也是这样。相等概念在成为专门研究对象很久以前，科学中早就运用它了。不仅如此，人们先是在实践中确定了对象之间的相等关系，只是到后来才在科学中产生关于相等的概念。例如，人们在实践中确定若干集合之间的一一对应关系（两个集合，第一个集合的每一个因素同第二个集合中一个唯一的因素相对应；反之，第二个集合的每一个因素同第一个集合中一个唯一的因素相对应，这种关系就是一一对应关系）时，就产生这样的思想：在具有一一对应关系的几个集合之间存在着某种共同的东西，某种相等的东西——即用来比较的各个集合的量的特征。

人们在实际地进行商品交换时，得出了这样的思想：在用来交换的商品之间有着某种相等的共同的东西（商品价值就是这种相等的东西）。在社会发展到较后的阶段，人们总结了自己的操作实践和科学发展的实践，才分出并抽象出了纯粹形式的相等关系，构成了相等的概念，并把它当作专门的科学研究的对象。可见，相等概念不是我们任意杜撰出来的，而是我们周围世界的对象的客观属性的反映。我们在给相等关系下公理性的定义的过程中，并不是用定义来创造这种关系，不能任意迫使它接受各种属性（反射性、对称性和传递性），而是在这个定义中反映相等关系所客观地固有的属性。

以后，只要我们按逻辑规则（逻辑规则也是我们周围的物质世界的一定关系的反映）从这个定义中引申出若干结果，从而我们就能分析地揭示出那些具有用等和同一关系的对象自身实际地存在的相等关系属性。

定义体系本身在某一演绎理论范围内之所以是无矛盾的体系，是因为各个定义及其联系正确地反映着现实的某个方面，并不是因为（如新实证主义者所说的）定义体系没有矛盾才使它成为具有科学意义的真理性的体系。

新实证主义者断言，他们已经用无所不包的经验主义精神解释了逻辑和数学的规律，关于这一点，我们必须指出下列几个方面。新实证主义者既把作为经验实验的自由创造看成数学和逻辑规律的主体，就不适当地扩大了经验这一概念。按照他们的理解，经验是直接的感性知觉材料的总和；而数学和逻辑的规律的自由创造过程并不导致感性知觉材料的出现。这就是说，新实证主义者不仅不能用“无所不包的经验主义”精神来解释逻辑和数学的规律，而且相反地，我们倒在这种解释的事实中发现新实证主义违背了“纯粹”经验主义，违背了他们的经验观，这种经验观是新实证主义用来否认借助科学实验不能在感性上感受和证明的各类实体的基础。

上面已经指出，卡尔纳普提出把制定语言的“逻辑语法”当作哲学的基本任务。卡尔纳普所了解的“逻辑语法”是什么呢？

既然每门科学都与特定范围的对象（应该指出，卡尔纳普是从纯实证主义的观点来了解科学的对象的，即把它了解为直接经验材料的总合）及其在句子的综合中所表现的联系有关，因此可以说，每门科学都有自己的具有特定的逻辑结构的语言，这种逻辑结构就是某一门科学的语言的逻辑语法。

卡尔纳普写道："在我们的'维也纳小组'和其他以类似方式建立起来的小组中（波兰、法国、美国和德国的某些地方）现在越来越明显地形成了这样的意见，认为传统的形而上学哲学根本谈不上科学性。在哲学家的著作中具有稳固的科学性的东西就是逻辑分析，因为它与向实际科学提出的经验问题无关。逻辑语法提供了概念的体系，借助语言可以精确地表述逻辑分析的结果。哲学将为科学的逻辑所代替，即为科学概念和句子的逻辑分析所代替，科学的逻辑无非就是科学语言的逻辑语法。这就是在本书的结束语这一章中探求得到的结果。"①

在上述见解中可以清楚地看到逻辑实证主义者的目的。他们力图使哲学失去其世界观的意义。这种诡计的反动性是显而易见的。

卡尔纳普从对哲学基本任务的上述了解出发，来研究杜撰的符号"语言"（不是历史上形成的通常语言）的"语法"的特点。他认为数学逻辑"语言"就是这种"语言"的典型形式。他写道："由于通常语言存在的缺点，本书中要确定的不是这种语言（即通常的语言——引者）的逻辑语法，而是另一种语言，即设计成的符号语言的逻辑语法。"②

阐明这些语言的逻辑语法就在于表述两种规则，即构成规则和变形（umformgeregeln）规则。

构成规则就是通过逻辑关系或演算由一些语句构造成新的语句的形式规则。

例如，假设我们的逻辑公式体系中（在这里我们使用数学逻辑的符号语言），符号 a、B 等表示某一术语，那么，就可以有下列构成规则：

（1）假设 a 和 B 是我们语言中的有意义的公式（即对我们所研究的现实领域是有意义的），那么 a∧B 也是我们语言中的有意义的公式（这里∧是两个公式之间的契合符号）。

（2）如果 a 是我们语言中的有意义的公式，那么 a 也是我们语言中的有意义的公式（这里↔表示否定的演算），等等。

符号 a 和 B 具有什么意义（它们表示类还是表示命题），符号∧和↔具有什么意义，都决定于规定它们的各种关系的公理体系。这个公理体系又决定我们语

① 卡尔纳普：《语言的逻辑语法》，维也纳，1934 年，第 3～4 页。

② 卡尔纳普：《语言的逻辑语法》，维也纳，1934 年，第 2 页。

言的“变形规则”。

变形规则就是我们在某个逻辑体系中使用的逻辑结论的规则。下面就是逻辑结论规则的例子：“如果 A→B 是真的，而且 A 也是真的，那么，B 也是真的”(假定“如果 A，则 B”（A→B）这个命题是真的，而且 A 也是真的，那么在任何情况下 B 都是真的)。卡尔纳普写道：“我们所了解的语言的逻辑语法就是这一语言的语言形式的形式理论，即系统地规定属于这一语言的形式规则，和发展由这些规则中得出的结论。”①

如果在我们面前有“语言”的“逻辑语法”，即具有由一些公式构成另一些公式的确定的规则和逻辑结论的规则的公式体系，就提出了这种“语言”对其一对象领域的适用性问题，即提出了解释语言符号的问题。如果这一语言对于某一对象领域可以没有矛盾地做出解释，那么它就具有科学意义，而因此，这一语言的每个符号具有完全确定的意义。

卡尔纳普把形式语言分为数种，首先是第一号语言和第二号语言。他把某一体系的逻辑结构归为第一号语言；把对某一体系的形式结构本身分析的结果归为第二号语言。他的逻辑语法理论是第二号语言。

所有这一切用貌似科学的术语伪装起来的原理，都是卡尔纳普从数学逻辑中抄袭来的。这些原理如果以唯物主义的观点来加以解释并摆脱那些与事情的本质不相适应的术语，它们是有一定的意义的。实际上，在作为逻辑演算而构成的数学逻辑中，例如，用来从一些有意义的公式中得出对某一公式演算和结论规则有意义的另一些公式的演算，和用来从一些真的判断中得出另一些真的判断的演算，就是有区别的。在数学逻辑中，把某一演算的资料本身和我们用来讨论我们的这些资料的元逻辑资料加以区别，也是重要的。卡尔纳普把这两种逻辑资料分别称为“第一号语言”和“第二号语言”。这一连串的新术语对卡尔纳普之所以必要，是为了能肯定他在逻辑问题上的主观主义的实证主义的立场，并给这一提法加上科学的外观。

卡尔纳普一方面把从一些公式中构成另一些公式的方法和逻辑结论规则同语言语法等同起来，另一方面又宣布逻辑规则是完全任意做出的，是按人们的意志和愿望选择和创造出来的。卡尔纳普写道：“到现在为止，罗素所提出的古典语言形式只是在某几点上被修改了。例如，排除了某些句子形式（如存在的无限的句子）或推理规则（如排中律的原则)。另一方面，也使敢于作一定的扩大，例如，用与句子的两位演算类似的方法创造了有意义的多位演算，而多位演算归根

① 卡尔纳普：《语言的逻辑语法》，维也纳，1934 年，第 1 页。

到底引导到或然率逻辑，即引起所谓内包命题，借助这种命题发展了程式逻辑。直到现在还没有人敢于进一步修改古典形式的原因，就在于广泛地流传着这样的意见：必须给这种修改找到正当的理由，也就是说，必须证明新逻辑是‘正确的’，它反映出‘真正的逻辑’。清除这种意见以及由此产生的虚假的问题和无益的争论，是本书的基本任务。在这里必须坚持这样的意见：在任何方面都可以十分自由地采用各种语言形式，可以十分自由地选择句子构成的形式及句子变形的规则（即通常所说的“基本原理”和“结论规则”）。”① 卡尔纳普接着说：“这种选择的‘正当理由’的问题当时是根本不存在的，存在的只是这种或另种选择所导致的造句次序问题，其中也包括矛盾性问题。我们将把上述提法表述为‘容忍原则’。”②

由此可见，卡尔纳普的“容忍原则”的本质在于宣布逻辑是我们心智的任意构成物，断言逻辑规律是人们想出来的，好像玩纸牌的原则是由人们想出来的一样。卡尔纳普把这个原则看成20世纪科学的重大成就。他写道：“逻辑之船驶离古典形式的坚固海岸的初次尝试，从历史上来考察，当然是勇敢的尝试。但是，对‘正确性’的向往阻碍了这些尝试。现在，这种障碍已经清除，在我们面前的是可以自由行驶的辽阔的海洋。”③ 宣布逻辑中“容忍原则”的存在，就意味着肯定一切科学知识的随意性和主观性。这就是说，任何科学在一定意义上都会失去自己的客观性，因为在任何一门科学中都要利用逻辑工具。这样，即使说在简单句子中记录下来的直接经验材料不依赖人的意志，它们的相互关系之间的联系，从新实证主义的观点看来，也是纯粹任意造成的，因为它们都是由任意选择出来的逻辑工具所决定的。按新实证主义的观点，我们所应用于经验材料的各种逻辑工具不会与经验发生矛盾，因为我们在创造逻辑演算时，是把它们作为无矛盾的东西来构成的。

卡尔纳普的“逻辑语法”的目的是捍卫对哲学对象及方法的唯心主义解释，肯定关于逻辑和数学的规律是没有客观基础的任意的构成物的观点。至于新实证主义对哲学对象的“新”观点（即把哲学对象归结为对感性材料和科学结构的逻辑分析的任务），不过是表示新实证主义力图把一切具有世界观性质的问题（思维对存在的关系问题，物质、因果性、空间、时间和规律性的客观存在的问题等）从哲学中排除掉而已。新实证主义之所以把物质世界的客观存在问题从哲学中清除出去，否认现实发展中的客观规律性，并缄口不谈未来的任何东西，即

① 卡尔纳普：《语言的逻辑语法》，维也纳，1934 年，第 3 ~ 4 页。
② 卡尔纳普：《语言的逻辑语法》，维也纳，1934 年，第 4 页。
③ 卡尔纳普：《语言的逻辑语法》，维也纳，1934 年，第 6 页。

不谈我们的直接经验所触及不到的东西，其目的是为了破坏劳动人民在其争取社会主义与和平的斗争中胜利的信心，使他们陷于消极无为的境地。

新实证主义者为逻辑规律是没有客观性的任意的构成物，这种观点也不是科学的观点。卡尔纳普为了制造其在逻辑和数学规律上的主观唯心主义的空论，歪曲地解释数学和数学逻辑中的一些事实。例如，某一用公理法构成的课目中所利用的公理是作为不需证明的东西加以采用的；又如同一客体群有各种不同的公理法，存在着各种不同的逻辑演算。

大家知道，数学逻辑演算，也和其他许多数学课目一样，是可以用公理来构成的。同时，某一理论的任何原理（在这一理论范围内）都可以不经证明而作为公理接受下来。这就造成一种印象，似乎公理的选择是完全任意的。既然在构成数学逻辑演算时公理的选择是完全任意的，那么结论规则也就是十分任意的了，因为它们是从公理中产生出来的。实际上，选择公理只能在经过直接或间接的方法在实践中检验过的真理性的原理的范围内进行。因此，只有反映我们思维的逻辑的那些原理才能够当作某一数学逻辑演算的公理。

卡尔纳普在论证逻辑和数学规律的随意性时，利用了唯心主义者的惯用伎俩：他把科学发展过程中的第二性的东西说成是第一性的。只有科学高度发展，而许多极重要的科学原理不仅作为假设出现，而且已成为经过检验和证明的真理的时候，科学阐述的公理方法才有可能出现。从这些已经证明的真理原理当中，才可以选择出在某一公理理论范围内未经证明的公理。任何体系的公理的真理性都必须在实践中加以检验。当我们所选择出来的公理精确地反映出我们所研究的各个对象之间的基本关系时，这个体系的真理性就得到证明。

恩格斯就这一点写道：科学原则不是科学发展的出发点，而是科学的结果。而卡尔纳普为了维护自己的主观主义思想竟武断地说，公理是科学发展的出发点，而不是科学发展的结果。

对于同一类对象可以有若干不同的公理体系，这种情况是由我们所研究的对象的性质所决定的，我们可以用各种不同的属性和关系当做基础，把这类对象和其他类对象区别开来。恰如利用正方形的各种不同性质来给正方形下定义一样（例如，正方形是四角相等的菱形，正方形是对角线相等并且互相垂直的平行四边形，正方形是四边相等的矩形），公理理论所研究的某一类对象也可以利用表征这些对象的各种属性及对象之间的关系的各种公理来同其他类对象相区别。同时，数学和数学逻辑所研究的同一类对象的一切定义都具有相同的意义。只要利用某种属性和关系把我们所研究的对象同其他对象区别开来，就是逻辑地从这些定义中得出被研究的对象的一切属性了。数学和数学逻辑中的定义同其他科学中的定义有着根本的区别。在其他科学中，区别本质特征和非本质特征是很重要的，因为借助于这种区别我们就可以把特定的对象从同它相似的对象中区别开来。

大家也知道，在数学逻辑中不仅有用公理法测定同一类对象及其属性和关系的各种逻辑演算，而且有测定不同类别的研究对象及其属性和关系的公理法。新实证主义者宣称，既然在某种情况下数学逻辑运用这些演算，这就证明：由我们任意构成的各种不同的逻辑是存在的。

例如，大家知道，否定演算在各种不同的演算法中是按不同的方法来决定的：在所谓最小数演算中决定于一种方法，在刘易斯的严格蕴涵关系演算法中决定于另一种方法，在直觉逻辑中决定于第三种方法，在古典演算中又决定于第四种方法。同时，各种不同的演算法都是合理的，都可以用来解决不同的数学问题。

在批判现代实证主义者关于逻辑的多样性的观点时，必须强调指出，我们思维的逻辑，这是反映对象之间的最一般的联系和关系的唯一的逻辑，我们在研究这些对象时撇开了它们的发展和变化。数学逻辑的各种演算法所反映的仅仅是**我们思维逻辑的不同方面**。所有上面列举的否定的意义在我们日常思维和科学思维的实践中都是有的，所以它们是不能由人们任意创造的，而是通过抽象从我们所应用的否定演算中抽取出来的，这些否定演算反映着科学和人们实践的发展。例如，在古典逻辑中，否定被了解为把真命题变成假命题，或相反把假命题变成真命题的演算（这一原理反映出这样一个简单的事实：撇开其变化和发展来考察的对象或各个对象的联系，不可能同时存在又不存在；在同一时间它们或者存在，或者不存在）。在数学逻辑中，否定演算有时是这样下定义的：$a \equiv a \to f$，即当从 a 可以抽出某个单独地确定的判断 f 时，就发生对命题 a 的否定。我们在思维的实践中也利用这种否定，虽然这种否定比古典逻辑的否定要少。例如，我们在反驳一个假设时，常常说如果我们能从这个假设中得出显然谬误的结果，这个假设就将被驳倒。

现代实证主义者，也同其他许多露骨的唯心主义流派的代表人物一样，用宣布逻辑的多样性和逻辑规律的“分析性”，并“依据”数学逻辑演算的多样性，来歪曲认识过程，歪曲我们知识的发展过程。他们把在科学认识过程中实际上是第二性的东西说成是第一性的。他们的理由是，在科学阐述过程中第二性的东西就是第一性的。马克思分析了这个在科学发展中常常碰到的现象，他在数学手稿中把它称为“方法的杂乱无章”。

马克思以数学分析的产生为例来说明这一点，他指出：由代数发展的结果而产生的微分学和积分学，一开始出现就不依赖于产生它的代数。不仅如此，对产生它的代数来说，它在开始还被看成决定性的第一性的东西。恩格斯以更一般的形式指出了这一现象。他写道：“可是，和所有其他的思维领域一样，从现实中抽象出来的规律，在一定发展阶段上就和现实世界相脱离，并且作为某种好似独立的东西，好似从外面来的规律——世界应当与此相适应——而与之对立。”①

新实证主义者认定，数学逻辑演算是我们构想出来的，因而我们可以完全随便地构想出这种或那种逻辑体系。在批判这种说法时应该指出：逻辑科学在其发展的现阶段上的最重要任务之一，是说明这一或那一逻辑演算（即使它符合于上述的一切形式要求）、这些或那些逻辑规律对某种对象领域适用的合理性。例如，对排中律来说就发生了这样的问题；已经查明，在数学证明过程中运用这一规律并不总是合理的。因此为了解决特定的问题，就创立不运用排中律的或以另外的（减弱了的）形式运用排中律的逻辑演算（所谓“构造演算”）。这一事实证明逻辑规律同运用这些规律的领域之间有着依存关系。它证明，为了说明某一数学逻辑演算的合理性并从而说明某一逻辑体系的合理性，仅仅证明它的不矛盾性是不够的；这一或那一逻辑演算的是否合理，直接取决于运用该演算的对象的内容。这就是说，逻辑规律不是我们随意构想出来的，而是由运用逻辑规律的对象领域决定的，它们是这一领域的对象之间一定关系的反映。

不但如此，在许多场合下我们还必须创立所谓“多义逻辑”。在这种逻辑中，为了说明句子，不仅采用“真”和“假”这两个意义，而且采用其他许多意义。

当我们不仅使用“真”和“假”，而且也使用“没有意义”来说明句子时，我们所遇到的就是多义逻辑的变种之一。在我们把逻辑资料运用于其中可能出现没有意义的句子的理论的场合，这样使用是必要的。在这些场合，区别“没有意义”和“假”是很重要的，因为即使是假的句子，可以通过否定的逻辑演算（如果句子 A 是假的，则它的否定是真的）把它从理论中排除掉。而“没有意义”是不能用否定的方法把它排除掉的，因为否定我们所不能理解的东西，又会产生我们所不能理解的句子。在这种场合下，在逻辑中使用“没有意义”，不是逻辑理论创造者的任意妄为，而是一种必然性，它反映着在我们思维的实践中可能出现没有意义的句子这个事实。

必须指出，卡尔纳普提出作为唯一科学方法的构成“语言”（即数学逻辑演算）的“语法方法”，同数学逻辑的发展是有矛盾的。看来，有可能建立这样的演算，其中既没有“构成规则”，又没有“变形规则”，而只有“使用符号的规则”和“消去符号的规则”（如德国数学家汉特森的演算）；而且又有可能给运用于演绎科学的真理以严格的语义学的定义（参见塔尔斯基：《演绎科学中真的概念》，1933 年俄文版）。这一切就使卡尔纳普必然研究“语义学”的各种问题。

① 恩格斯：《反杜林论》，北京：人民出版社，1956 年，第 38 页。

在实证主义哲学的发展过程中，向一个新的阶段过渡绝不意味着主观主义的减轻。构成“语言”的语法的方法有如下述，卡尔纳普写道：“在构造语言时，到现在为止人们通常都是这样做的：先给基本的数学逻辑符号一种意义，然后就思考，根据这一意义，什么样的句子和结构在逻辑上是正确的。因为意义的确定产生在词当中并因而是不确切的，所以这种思考本身也是不确切的和多义的。只有当人们从相反的方向来考察这种联系，随意选择某些基本的句子和推论规则，然后从这种选择中得出结论，说明所遇见的基本逻辑符号有什么意义，只有在这种情况下，联系方会明确。”①卡尔纳普接着说：“在这样的原则下，各种不同数学派别在基本问题提法上的争论正在消除。”②

在实证主义哲学的发展过程中，向语义哲学阶段的过渡首先是意味着“语言”构造中的另一种方法。在这里，语言构造的语义方法在某种意义上是跟语法方法对立的。采用语法方法时，首先选择某些标志句子和推论规则的符号，然后确定基本逻辑符号的意义；而在采用语义方法时，则首先确定基本符号的意义、真理性的规则，而逻辑规则（推论规则、逻辑公理）是从语义规则中得出的结果。

按照卡尔纳普的意见，在这种场合下我们将不是和“语言-演算”，而是和“语言-语义学体系”打交道。语义学体系是下列三类规则的体系：①标记规则；②构造规则；③真理性规则。

语言构造的语义学方法的实质如下：

（1）“标记规则”要求，例如，用大写拉丁字母来表示假的或真的命题。

（2）在“构造规则”中表明，可以借助于符号∧（连词“和”）、→（连词“如果……则……”）等所表示的各种联系，从出发命题中得出新的命题。

（3）复杂命题的真理性取决于简单命题的真理性。

这些规则决定基本逻辑规律，而后者可以从上述的语义学规则出发按照公理写出来。

这里出现了一个问题：卡尔纳普从逻辑语法转到语义学时，是不是放弃了他原来的主观主义，放弃了“容忍原则”呢？当然没有。卡尔纳普继续站在主观主义的立场上，而他的所谓的“容忍原则”在这里则以新的形态表现出来。问题在于从卡尔纳普和其他语义学唯心主义者的观点看来，“语义学体系”中基本逻辑联系的定义是任意做出来的，它们的意义是用“自由选择”“真”和“假”的相互关系来决定的。这就是说，一切逻辑规律整个说来是任意的，“容忍原则”在卡尔纳普的哲学中仍然有效。

①② 卡尔纳普：《语言的逻辑语法》，维也纳，1934年，第5页。

费格尔概括了现代实证主义者在这个问题上的观点。他写道："逻辑定理或逻辑规律是分析的表现，由于作为前提的命题，它们是真的。"① 费格尔解释说，不矛盾律是真的，因为我们把它的否定理解为真命题向假命题的转化和假命题向反命题的转化。如果我们从另一种意义上来理解否定的演算，那么不矛盾律就会有另外的内容。因此，全部逻辑归根到底都取决于我们对基本逻辑联系所下的定义。

现代实证主义毫无根据地说数学逻辑演算就是"语言"，从而把那些只作为科学的辅助手段的公式"语言"同历史上形成的全民有声语言等同起来。但是在任何情况下，都不能把这些辅助手段跟历史上形成的有声语言混为一谈。它们之间存在着下列根本差别：

（1）上述辅助手段，由于它们数目很少且应用范围极为有限，它们的意义是微不足道的。它们不能作为整个社会的成员间交际的手段，甚至不能作为比较广泛的集体的成员间交际的手段；而有声语言的意义是巨大的，它的作用范围实际上是无限的。

（2）有声语言是历史上形成的现象，作为一种社会现象，它的发展不取决于社会成员的意志。正如新的一代在一开始生活时就碰到现成的、已经由前辈造成的生产力和生产关系，在最初必须接受它们并适应它们以便有可能生产物质财富一样，每个人在社会中受教育时，也就掌握了该社会在历史上形成的语言。因此可以说，语言的发展是一个自然历史过程，而它的发展规律具有客观的性质；而上述的辅助的交际手段通常是按照人的意志和愿望创造出来的。例如，数学逻辑演算中符号的意义就是按照需要改变的。

（3）语言是思想的直接现实。思想在语言中物质化；语言、"语言物质"是形成思想的手段；而上述的辅助的交际手段却不是思想的直接现实，演算中各种符号的意义是通过有声语言来确定的。

（4）在历史上形成的通常语言中，表示事物的职能（指示物名的职能）和表示关于这些事物的思想的职能是有机地统一的。

这就是说，当我们读书或听别人讲话的时候，我们不仅知道那个人讲什么东西，而且知道那个人对于他用词表示的事物想些什么；而用公式语言只能表示对象及其相互联系和相互关系，至于人在使用公式时对于其中所规定的对象想些什么，这在公式语言中是一点也看不出来的。

归纳问题是一切逻辑实证主义者的绊脚石。既然从他们的观点看来，科学中

① 《二十世纪哲学》，纽约，1947 年，第 395 页。

有意义的只是那种作为直接经验的对象的东西，那么十分自然，科学所揭示的规律只对过去和现在才有意义；至于将来，即使最近的将来，那是随便什么东西似乎都可能发生的，包括最难以置信的东西在内，它可能一下子就取消了一切自然规律。实证主义者在表述一般规律和把一般规律应用于现在时都遇到不可解决的困难。按照他们的意见，现在碰到许多次的一般联系，决不能推广到现在一切类似的场合（即使在相应条件确切的情况下），因为用实验的方法来检验所有这些场合，几乎在任何时候都是不可能的。

新实证主义者不能用演绎的方法把所发现的个别联系充分地论证为必然的科学规律，因为“经验主义的”、“反形而上学的”立场使现代实证主义者不可能对经验材料作出因果性的解释，并从单一的东西中揭示出一般的和必然的东西。由此可见，全部科学知识在现代实证主义哲学中都带有假说的性质，这些假现时时刻刻都可能被完全推翻并且从科学中排除出去。

罗素说，将来的事件绝不能从现在的事件中导引出来。在他看来，相信因果联系就是迷信。

实证主义者费格尔指出，归纳问题对以前的全部经验主义说来是一个难题，因为援引过去的经验来证明归纳原则是不可能的，这里从来就是一个迷宫，归纳原则要靠归纳来证明，就是说，要靠需要证明的东西来证明。费格尔写道：“逻辑经验主义解开了这个难题，它直接提出问题，‘辨明’这个术语在这里本来意味着什么呢？而对这个问题的回答是非常简单的：这个术语在日常生活中和科学中的唯一明确的意义，一方面包括演绎证明的概念，另一方面，包括直接归纳材料的概念。因此，‘伟大的归纳难题’就是不能要求证明的一切证明的原则本身。”[①] 这样解决归纳问题，真是缩了尾巴藏不住头。费格尔企图造成用从科学中排除归纳问题的方法来解决这个问题的假象。从费格尔的观点看来，“归纳”这个术语意味着对辅助材料的演绎论证，而演绎论证是可以直接检验的东西。因为这个术语的内容在这样解释时可以用经验检验，所以费格尔认为，提出关于某种一般归纳原则的问题就意味着提出经验的原因的问题。这种论证很像维特根斯坦所发展的论证方法：你不要谈论你谈不出任何好话的东西。费格尔所提出的解决归纳问题（说得更确切一些，是从科学中排除归纳问题）的办法，会导致认为全部科学知识都带有假说性和不可靠性的唯心主义观点。

归纳问题及其对获得知识的意义，只有从辩证唯物主义的立场出发才能解决。关于世界的统一性和一般与单一的辩证关系的学说，使我们有可能论证自然

① 《二十世纪哲学》，纽约，1947 年，第 389 页。

规律在时间中的稳定性，以及证明把那些在研究某些有限的情况的过程中所获得的有规律的联系推广于一切类似情况的可能性，使我们有可能说明从经验上所得到的概括的演绎论证的巨大作用。

现代实证主义者以现代资产阶级心理学中的行为主义派别为依据，对思维的过程和抽象的本性抱着特殊的观点。他们认为，他们的思想上的前辈不能正确地解决思维的本性、科学抽象的本性问题，不能在解决这个问题时避免一系列的“形而上学的”说法，至于其他派别的哲学家，那就更不用说了。新实证主义者说，思维这种东西是任何人在个人经验中都没有看到过的，因此承认它的客观存在就是“形而上学”。我们在感性经验中所把握的只是人的行为和言语。思维无非是对种种行为和言语活动的解释。

新实证主义者考察抽象在科学中的作用时，把抽象概念分成三类：

第一类，虚构的抽象，新实证主义者认为其中包括“物质”、“因果性”、“原子”等抽象概念。这些抽象概念（和包含着这些概念的原理）的真理性在个人的个体经验中是不可能得到检验的，因此这些概念被宣布为“形而上学的”、“没有意义的”，从而应该从哲学和科学中排除出去。如果我们有时候也使用它们，那么照新实证主义者的意见，必须记住，我们使用它们是把它们当作虚构的概念，以便帮助我们比较经济地思考直接经验的种种事实。

第二类，分析的抽象，是主体自由创造的结果，属于这一类的是逻辑和数学的概念。

第三类，一般的概念，关于直接经验材料的抽象；它们可以说只是“言语的缩写”。第三类抽象，从其观点看来，是用来代替单一术语（表示感性经验中所得到的单一事实的专门名词）的总和的一般术语。因此，他们说，科学的历史不应当看做是在经常发展着、加深着并日益完备地反映现实的概念中反映现实的过程，而应当看做是意义可以变化的新词在语言中出现的过程。

例如，从“摆脱了形而上学的”实证主义哲学的观点看来，在发现鲸鱼有乳腺之后，人们不再把鲸鱼包括在鱼类之中，这个事实应该这样来解释：“鱼”这个词的意义发生了变化，因为它不再表示鲸鱼这类动物；另一方面，在语言中，“鲸鱼”这个词不再是一个可以表示属于鱼类的动物的词。这种对一般概念的本性的观点，是把一般概念归结为一般术语的唯心主义的观点。

新实证主义者对抽象概念的否定，不仅不会“给科学提供稳固的基础”，而且会破坏科学。对于科学认识来说，区别下列两种概念是非常重要的：一种是反映所研究对象的较本质的特征的概念，另一种是反映这一对象的较不本质的特征或非本质特征的概念。

同样的词在科学发展的不同阶段有着不同的内容。例如，种族、国家、人等概念就是这样。在柏拉图的时代，人的定义是没有羽毛的两脚动物。现在，在科学中，“人”这个词有着本质上不同的内容。生物学揭示了作为生物体的人的许多本质特征，即把人与其他动物区别开来的那些特征。马克思主义哲学依据各门专门科学的材料，依据认识的历史，揭示了作为社会实体的人的本质，指出人是能够制造劳动工具的动物。

任何词在科学发展的不同阶段上的内容变化，那是科学发展的结果，都是我们对世界的认识深化的结果。我们越深刻地揭示所研究对象的本性，我们给表示所研究对象的词确定越深刻的内容，科学就越完善，人们在自己的实践活动中利用科学的成果就越有成效。

新实证主义者把抽象概念看做我们言语的缩写，把概念的内容归结为有关的词的意义。然而，“人”这个词的意义，无论在柏拉图时代和现在都是一样的，而人的概念却起了根本的变化。“人”这个词，过去和现在一样，人们都认为它是同样范围的对象，不会把人同狼、马等混同起来。但是，在柏拉图时代用来区别人同其他动物的特征，是与现在有本质不同的。对于新实证主义者来说，“是没有羽毛的两脚动物”和“是能够制造劳动工具的动物”这两种特征是很难区别的、是同样的，因为借助于它们我们可以区别出、区分出同一范围的、称为人的实体。

这种从新实证主义的唯名主义立场出发的对一般概念本性的观点，即把概念同有关的词的意义混为一谈、把概念看做“我们言语的缩写”的观点，是和科学完全背道而驰的。它取消认识中本质东西和非本质东西的差别，从而在根本上取消科学。科学如果不能提出和解决这样一个问题：对于同样范围的对象，什么样的概念、什么样的理论比较深刻，比较正确地反映现实，那科学就不成其为科学。

因此，新实证主义者企图把科学发展过程了解为旧词意义变化和在语言中引入新词的过程，这是极端反科学的。全部问题在于在科学中可能发生（而是总是经常地发生）这样的情况：我们概念的发展并不导致表示这些概念的词的意义发生变化。例如，人的概念变化了，但是“人”这个词的意义仍然如此。

新实证主义者对抽象的否定，具有极端反动的意义。无怪乎语义学者切斯、柯日布斯基等人依据新实证主义理论家所制定的唯名主义的抽象理论，在他们的许多著作中力图为资本主义基础作辩护。例如，他们证明，资本主义和侵略是不存在的，因为“资本主义”和“侵略”两词在现实中没有相应的对象。从他们的观点看来，这两个词不能适用于在感觉上可以感知的、构成资本主义和侵略的那些对象，比如说，它们不像“狗”这个词可以适用于每只个别的狗。他们说，既然这样做不可能，那么“资本主义”和“侵略”两词就不表现作为我们言语的某种缩写的意义上的抽象，因此就是虚妄的。

第五节　新实证主义者利用虚假的逻辑论据来论证主观唯心主义

新实证主义利用对逻辑和数学规律的主观唯心主义解释、利用按新实证主义精神歪曲了的逻辑方法来论证现代实证主义哲学。为了唯心主义地解决哲学的基本问题，为了论证自己的哲学对唯物主义和唯心主义的“中立性”，新实证主义者利用了对直接经验材料的逻辑分析，利用了他们把逻辑和数学规律理解为我们心智的任意构造的看法，利用了他们把抽象看成是我们言语的缩写的观点，等等。

在《经验主义、语义学和本体论》一文中，卡尔纳普提出了一个问题：在什么意义上可以说各类事物、它们的属性、逻辑句子等等是存在的呢？换句话说，这里提出了一个问题：物质世界的事物及其属性和关系是否客观地存在着？在科学中使用抽象是否合理？承认它们会不会引导至柏拉图式的本体论？

卡尔纳普指出，为了解决这个问题，必须引入结构这个概念，如果我们研究的事物在空间上和时间上被整理，我们似乎就同结构发生关系。在研究这个或那个结构时，我们应该区别开两类问题：内部的和外部的。内部的问题属于结构的逻辑分析问题，属于结构句子的检验方法；外部问题属于结构本身存在的现实性问题。

例如，自然数的体系就是一种结构。在其中我们可以遇到表示个体事物（1、2、3、4…）或表示这些个体事物的属性（例如，“是偶数”、“是奇数”）的术语，遇到代替个体事物的术语（例如，“自然数”这个术语可以代替我们结构中的任一事物，“素数”这个术语可以代替3、5、7、11等数字中的任意一个），同时也确定了使用这些术语的规则和检验它们的规则。例如，如果在我们的结构中确定了术语“素数”和“5”，那么“5是素数”就成为一个可以理解的句子。如果这个数的确具有我们在素数的定义中所列举的属性的话，这个句子就是真实的。同时，“5是素数”这个句子又是分析的，因为它的真实性只决定于我们在我们的体系中如何论“素数”这个术语下定义（卡尔纳普以为，逻辑和数学的出发概念的定义是由我们任意选择的）。

我们也可以利用日常的“实物”语言来描述不同的结构。在自然科学和社会科学中，在日常生活中，我们常常使用“实物”语言。这里我们有必要来检验下列句子，如“我的桌子上有没有纸?”、“过去真的有亚瑟王吗?”、“半人半马这种怪物在现实中是否存在?”为了检验日常生活中遇到的句子（跟数学学科和逻辑学科的结构中的句子不同），我们必须求助于可以作为检验者的个人经验而实现的经验。

当我们没有越出“结构”的界限时，我们始终是处在科学的范围之内的。卡尔纳普指出，实在性这个概念在结构的界限内是科学的，不是形而上学的。它在这种场合下之所以不是形而上学的，是因为在这里事物被理解为可以用个别术语表示的东西，而抽象概念被理解为表示许多事物或事物的许多个别属性的东西。

说到结构的外部问题时，卡尔纳普指出，这是形而上学的问题，这些问题是无法理解的，不能用经验检验的，因而是没有意义的。它们应该从哲学中排除出去，如果哲学想成为科学的话，外部问题是关于结构本身存在的实在性问题，关于事物和概念世界存在的实在性问题。卡尔纳普认为，在哲学中想解决这个问题的一切企图都是徒劳无益的，因为据他说，“没有意义”的东西既不能用科学检验的方法加以推翻，也不能用科学检验的方法加以证实。从卡尔纳普的观点看来，无论是承认事物世界不依赖任何经验而独立存在的实在论者（卡尔纳普在这个场合所说的实在论者是指唯物主义者），或者是否认世界不依赖我们经验而独立存在的主观唯心主义者，都是不对的，因为对世界实在存在这一虚假论断的公开否定仍然是虚假的论断。

因此，按照卡尔纳普的意见，“‘是实在的’这几个字不意味着别的，而是意味着属于这个或那个结构。卡尔纳普写道：“是实在的”这几个字从它们的科学意义上来说，意味着是结构的因素；因此，这个概念不能有意义地应用于结构本身。”[①] 卡尔纳普说，如果有谁采用“实物”语言，那就可以说，他采用了事物世界。但是，采用事物世界并不意味着一个人认为事物世界实际存在。卡尔纳普写道：“采用事物的世界，无非是意味着采用语言的具体形式，换句话说，采用事物世界，意味着采用那些构成句子的规则和为了证明或反驳这些句子而加以检验的规则。”[①]一般概念也只是作为结构的因素、作为简略地描述个别结构因素的符号而存在。

卡尔纳普在其关于结构的议论中，力图论证数学、逻辑学同各门自然科学之间有着原则的差别。前两门科学（结构学说就是适应它们而发展起来的）是分析的科学，因为在论证它们的原理是否真实时，我们不求助于直接的经验。检验

① 卡尔纳普：《语义学和语言哲学》，1952年，第211页。

数学论断和逻辑论断的方法归根到底是把它们同以出发概念为基础的公理进行对比；而检验自然科学领域内的原理则直接根据经验，或把它们与其他的归根到底以经验为基础的原理加以对比。

必须指出，数学、逻辑学同各门自然科学之间的确存在着差别，但是这种差别不是原则性的。与各门自然科学不同，我们在数学和数学逻辑中论证这些或那些原理时，主要是利用演绎法，利用逻辑的证明，而不直接求助于经验、实验、实践。但是，即使我们不直接求助于经验，这也不意味着这些科学同经验、实践就没有任何关系，而是我们心智的主观构造。实际上，逻辑和数学的一切出发概念都是我们从经验中获得的，问题只是在于，数学概念和逻辑概念的特点是它们具有抽象性和很大的普遍性，因此，现实中同样的相互联系的关系可以用这些概念的不同组合反映出来。

卡尔纳普把上述两类科学的这些特点加以绝对化，用来“论证”逻辑和数学具有任意性。同时，他认为逻辑结构和数学结构是与经验和实践隔绝，是不依赖于经验和实践的，它们的合理性只能以它们的不矛盾性作为根据。

在卡尔纳普的上述议论中，我们可以发现现代实证主义在论证哲学中“第三条”路线时力图用来加强自己阵地的那些因素。在这里，我们还可以发现这样一种意图：想把一切“非经验的”、“形而上学的”原理从哲学中赶出去；为新实证主义对经验的看法提供根据，极端地限制哲学的对象，把它归结为结构的逻辑分析（在语义学者的术语中是语言分析）问题。卡尔纳普上述的有利于哲学基本问题的实证主义解决的“证明”，就是以上述因素为基础的。这样解决思维同存在的关系问题，对新实证主义来说是典型的，对它的新阶段——语义哲学来说，也是典型的。例如，阿耶尔就从哲学基本问题的这种解决出发，企图阐明各门专门科学的各种争论问题。在《科学哲学》一文中，他企图通过语言学分析的方法来解决量子力学和心理学中的争论问题。

阿耶尔认为，每一种科学理论都是句子的体系，都是一定的语言体系。哲学从这些体系的逻辑结构和相互联系的观点来研究这些体系，并构成这样一类新句子，如“所研究的两个体系彼此相容”，“在该体系中，这样的句子是出发的前提，那样的句子是它们的推论”等。这些句子不包括在任何科学理论的语言体系中，而是所谓超语言的句子。例如，哲学上的句子“物质存在是第一性的，而意识是第二性的”，“因果性是客观存在的”等就是这样，它们不直接包括在任何一门专门科学的句子体系中，这些句子的功用，是对科学材料作这样或那样的解释。

同时，阿耶尔认为，可以给各种科学体系挑选任何的解释（不管是唯物主义的或唯心主义的），因为这并不影响科学理论本来的内容。不过必须记住，这些解释总是有条件的，因此不应该相信那些用来解释科学理论的哲学句子的真实性。阿耶尔的这种说法同卡尔纳普的精神是完全一致的，后者认为，我们可以讲述事物世界，但同时不能相信它的实际存在。

阿耶尔写道："量子理论提供出在哲学问题和科学问题之间如何建立相互关系的例子。这个理论中包含着这样一些方程式，它们的解答与物理体系的状态有关；这些方程式使我们有可能以一定的或然程度算出从一种体系状态向另一种的转化……这里的哲学问题在于，测不准原则究竟仅仅是表示我们知识的局限性，还是反映着事实的本性。"

阿耶尔接着说："在这样提出这个问题时，它似乎已经不是涉及语言的问题，但其实它正是语言的问题。因为对这个问题的回答，决定于我们对下列问题的解答：粒子在每一瞬间都有一定位置和一定速度，这些话有没有意思呢？"[①]

有些人断定，物理概念的意思决定于研究物理的实在时所采用的操作，这些人将会证明，认为粒子在同一时间具有一定位置和一定速度是没有意思的。而有些人认定，关于粒子位置和速度的判断的内容不决定于借以确定粒子的位置和速度的测量问题，可以把测不准原则看作我们知识中表现的缺陷。关于物理概念是否决定于我们研究物理的实在时所使用的操作问题，从阿耶尔的观点看来，是不能用科学检验的方法解决的（这是一个哲学问题），因此它可能这样解决，也可能那样解决。由此可见，按照新实证主义者的意见，对科学材料的解释的选择，决定于我们的口味，因为我们可以在哲学句子中装入任何意思，因为我们为了解释科学材料，可以随意选择任何一组哲学句子。新实证主义者就是这样"解决"科学上争论的哲学问题，并"克服"唯物主义和唯心主义的片面性的。

现代实证主义消除"形而上学"，是用拒绝说明哲学上、一般理论认识上许多极其重要的问题来实现的。例如，在每一个企图理解自己研究工作的结果的哲学家和科学家面前，在每一个思索哲学性质的世界观问题的人面前，都摆着这样一个问题：用什么来说明我们经验的同义性？就是说，为什么同一对象在不同时间被不同的人都理解成同样的对象。唯物主义者这样说明我们经验的同义性：不依赖于我们而独立存在的物质对象，作用于我们的感觉器官，产生反映这些对象的知觉。换句话说，物质对象的同义的内容就产生关于物质对象的同义的知识。实证主义者拒绝说明这个最重要的问题，把它说成是"形而上学"，但是他们也默认这种同义性的存在。这就是说，他们承认这一点，是以相信这类物态原理的存在为基础的，因此是一种最坏的"形而上学"，而新实证主义者本人是宣布与

---

① 阿耶尔：《科学的哲学》，载《二十世纪的科学思想》，伦敦，1951 年，第 3 ~ 4 页。

“形而上学”进行坚决斗争的。

新实证主义者的“理论探求”的实践本身，证明他们实际上承认我们的经验具有同义性的原理。如果他们不相信，同一对象会使不同的人产生同一知觉，而且在不同时间也会使同一个人产生同一知觉，如果不相信世界上存在着不依赖我们的意志和意识而独立存在的规律性，如果他用不相信世界具有规定性，因而昨天是现实的那些自然规律、明天仍将是现实的，——如果他们不相信这些东西，那么他们就不会力求把自己的哲学观点说成是唯一科学的观点，就不会企图使别人相信自己论点的正确性。

实际上，如果每个人都按自己的方式来理解世界，从而构成自己的世界图画，那么新实证主义者为什么要给别人描述呢？既然每个人都按自己的方式来理解世界，而且对他说来是真理的一切对另一个人说来都是谬论，那他们想影响社会舆论的企图岂不是绝对无益的吗？如果新实证主义者不相信世界的规定性及其规律的客观性，为什么他们要创作出许多哲学著作来呢？因为丧失这种信念，就意味着他们想说出任何有普遍意义的东西的一切企图都是徒劳无益的。他们自己的实践，他们的行为证明，他俩相信其在自己的著作中力求推翻的那种东西。

辩证唯物主义完全论证我们经验的同义性。这种论证的基础是对哲学基本问题的唯物主义解答。既然物质世界不依赖于我们而独立存在，并决定我们意识的内容，那么我们的经验就具有完全同义的、确定的性质：我们的感觉、知觉、表象、概念等的内容不决定于思维的主体的意志和愿望，而决定于被反映的客体的内容。新实证主义者拒绝解答这样一个问题：世界是物质的，还是观念的？也就是说，我们在自己的实践活动中应该依据那些不依赖于我们而存在于物质现实本身中的客观规律的知识呢？还是应该从世界是神的创造结果这一点出发并完全信赖这个神的意志呢？他们企图这样来解除为和平、民主和社会主义而斗争的群众的武装，因为群众斗争的基础是承认马克思主义所揭示和论证的客观的社会发展规律。

新实证主义者用来反对“形而上学”的逻辑语言学方法，是极端错误的、反科学的，这种方法完全忽视实践在认识过程中的作用，忽视物质世界的发展过程和我们对物质世界的知识的发展过程。

说到新实证主义关于句子的有意义和没有意义、关于用经验检验没有意义的句子的方法的学说，必须承认，没有意义的句子的确是存在的。第一，这是经过科学检验之后不能确定其真伪的句子；第二，这是在对一定的现实领域进行科学研究之后不能出现的句子“2 以上”、“A 点在 B 之间”这类说法就是典型的“没有意义”的东西。任何的科学检验手段都不可能确定这些说法包含着真或假，因为它们根本不表示完整的意思。但是，唯物主义对“没有意义”的理解跟新实证主义的理解根本不同。关于物质、因果性等客观存在的句子，都是真实的、经过证明的原理。对它们的科学检验不限于在直接个人经验的过程中所采用的方法。许多科学原理的可靠性，是通过社会历史的实践，根据对所研究对象的历史考察来确定的。正是这些方法，而不是某些魔术式的词句，证明物质和因果性等是客观存在。但是这些科学检验方法新实证主义者是不承认的。

列宁在《唯物主义和经验批判主义》一书中批判马赫主义者时，揭露出他们的许多说法是没有意义的。例如，（波格丹诺夫把物理世界称为人的经验，并宣称："在发展的链条上，物理经验要比心理经验'更高一层'。"）列宁在批判波格丹诺夫时写道："这真是荒谬绝伦！"① 波格丹诺夫的说法的确没有意义，因为他在证明时既不能依据任何科学事实，又不能依据人的实践。

列宁说马赫主义者的观点是没有意义的、荒谬的，因为照这种观点说来，我们的感觉是唯一实在的东西，而空间和时间不是客观存在的，只是"感觉系列的调整了的……体系"②。的确，这样的论点在科学和人类实践中是不能出现的。自然科学和社会科学的出发点是承认世界在我们之外并且不依赖于我们而独立存在。这一出发点的真理性已为科学和人类社会实践的整个发展进程所证明。由于承认这个事实，科学才能顺利发展，揭示出越来越多的自然规律，为人们掌握自然力创造条件。人们在自己的实践活动中，从世界的客观存在出发，从空间、时间和运动的客观存在出发，进行劳动，满足自己的需要，组织社会生产、社会生活。如果人们在自己的实践活动中从马赫主义和现代实证主义所提出的前提出发，认为世界是我们感觉的复合，那么作为社会个体和生物体的人就不可能生活了，人就不能组织社会生产，马上就会同客观的、不以人的意志和愿望为转移的规律发生抵触。这就是说"物质是客观存在的"这个句子，以及诸如此类的句子，不仅不是没有意义的句子，而是真实的、经过证明的原理。这同时表明了，新实证主义的基本前提是唯心主义的典型的荒谬之谈。

新实证主义的立场及其逻辑语言学方法，在哲学中导致消灭本质的东西和非本质的东西之间、现象的规律性联系和简单顺序之间的差别。在这方面，新实证主义者对因果性问题的观点是很有代表性的。新实证主义者把原因这个概念作为伪科学概念从科学中排除出去，而代之以"函数联系"的概念；后者包括极其广泛的关系——既包括本质的关系，又包括非本质的关系，既包括规律性的联系，又包括非规律性的联系。

假定，我们通过试验确定现象 X 和 Y 之间有下列联系：

---

① 列宁：《列宁全集》，第 14 卷，北京：人民出版社，1956 年，第 237 页。

② 列宁：《列宁全集》，第 14 卷，北京：人民出版社，1956 年，第 181 页。

当 $X=1$ 时，$Y=2$；
当 $X=2$ 时，$Y=4$；
当 $X=3$ 时，$Y=6$；
当 $X=4$ 时，$Y=8$。

从这些“记录命题”中我们可以推出如下的一般规则，使函数具有分析的形式：

$$Y=2X。$$

继续试验研究，例如再作一次试验，我们忽然得到与原来不一致的新纪录：

当 $X=1$ 时，$Y=4$；
当 $X=2$ 时，$Y=8$；
当 $X=3$ 时，$Y=12$；
当 $X=4$ 时，$Y=16$。

从这些记录命题中我们可以做出如下的概括：

$$Y=4X。$$

卡尔纳普一点也没有因两次试验中得到不同的函数而感到困惑。他不提出我们在两次试验中是什么原因会得出两个表示不同函数的不同结论的问题，却做出一个新的结论，同时列入一个新的参数 Z（这是一个变量、表示我们据以构成“记录命题”的试验）：

当 $Z=1$ 时，$X=1$，$Y=2$；
当 $Z=1$ 时，$X=2$，$Y=4$；
当 $Z=1$ 时，$X=3$，$Y=6$；
当 $Z=1$ 时，$X=4$，$Y=8$；
当 $Z=2$ 时，$X=1$，$Y=4$；
当 $Z=2$ 时，$X=2$，$Y=8$；
当 $Z=2$ 时，$X=3$，$Y=12$；
当 $Z=2$ 时，$X=4$，$Y=16$。

概括两次试验中所得到的这些函数关系，我们可以写出一个新的公式，两次试验中（当 $Z=1$ 和当 $Z=2$ 时）所得的一切结果都服从于它：

$$Y=2ZX。$$

的确，在任何场合，我们把一定的数值代替变数 Z 和 X，就会得出 Y 的数值。如在最后一个场合，$Y=16$。我们以 $Z=2$，$X=4$ 代入上列公式，就可得出这个结果（$Y=2\times2\times4=16$）。

可以看出，当我们把新参数的个数增到很大的数目时，我们就可以用公式的形式表示那些有时可能带有偶然性的对象之间的联系。

为了说明新实证主义者的最新逻辑语言学方法（这是他们的哲学论点的直接结果）的反科学性，我们从一位英国逻辑学家的书中举一个例子，这位作者嘲笑诸如此类的经验主义方法。他说，从前有一个人想在医学方面从事科学研究，有一次来了一个鞋匠，说他肚子痛。这个人叫他吃些苏打（即碳酸钠）。吃了之后，鞋匠的肚子真的不痛了。于是这个人在记载诊断结果的本子上写道："肚痛吃苏打可以止痛，恢复健康"（照卡尔纳普的说法，这个人对第一次试验的记录命题进行了总结）。

下一次来了一个裁缝，也说肚子痛。这个人也叫他吃些苏打。裁缝吃了苏打，肚子还是痛，过不久就死了。这个人在同一个本子写下他诊断的结果（即做出结论）："肚痛吃苏打会加重，以至死亡。"但是，他注意到这个结论跟上一个结论有不可调和的矛盾，想了一想：第一个病人是鞋匠，第二个病人是裁缝，于是他又得出一个新的结，把两次试验的结果结合起来，去掉了其中的任何矛盾："鞋匠肚痛吃苏打可以止痛，恢复健康；而裁缝肚痛吃苏打会加重，以至死亡。"这完全是新实证主义的作风。

这个机智的人由于引进一个新的参数，即在每次试验中有分别地、根据人的不同职业来考察人，于是就能够把任何的试验记录结合为一个统一的规律。不过可惜得很，他的机智不是深刻理解事物本质的结果，而是幼稚的结果。

这一切表明，新实证主义者的哲学立场是与科学发展过程背道而驰的，是被科学知识的发展过程所推翻的，他们用来论证新实证主义的基本论点的"新的"数学逻辑方法是反科学的方法。逻辑实证主义者利用所谓逻辑语言学分析作为反对唯物主义的手段。

下　篇

科学方法论

试论判明现象间因果关系的逻辑方法*

一、问题的提出

科学认识的任务，在于透过事物的现象揭示其本质和规律性，要解决这一任务，就必须判明现象间的因果联系。只有在真正地认识事物的原因之后，人们对事物的了解，才可能不局限于对外部特征的描述，而做出深入的理论说明。科学认识的过程，就是人们不断探求事物的原因，不断深入把握事物本质的过程。在开普勒发现太阳系行星运动三大定律时，由于还没有了解行星为什么按这些定律运行的原因，这三大定律也就仍带有描述现象的性质；到牛顿发现了万有引力定律说明了行星按三大定律运行的原因之后，人们对行星轨道的本质和规律性的认识才进了一步。而我们对于万有引力的认识，只有在将来，当科学进一步揭示出物体间存在引力的原因之后，才会更深入一步，总之，因果联系的揭露，是认识事物本质的必经之途。列宁指出："真正地认识原因，就是使我们的认识从现象的外在性深入到实体。"[1]

因此，如何判明现象间的因果联系，就成为科学方法论和逻辑学的一个主要课题。在现在的形式逻辑书籍中，通常都指出了由穆勒（J. S. Mill，1806 ~ 1973年）所总结的五种确定因果联系的方法，即契合法、差异法、契合差异并用法、共变法和剩余法，认为这些逻辑方法是判明现象间因果联系的普遍手段。

但是，由于判明现象间因果联系的方法还只在形式逻辑中加以研究，它在理论上还有不少问题没弄清楚，或者尚未得到应有的阐明；而且，就在当前的形式逻辑书籍中，对这些方法的说明，在许多方面还没有超过某些旧有的形式逻辑书籍。另一方面，科学研究的实践证明，判明现象因果联系的这些逻辑方法往往被不正确地运用，导致某些孤立、片面、静止的形而上学的结论。

为了在科学研究的实践中正确地运用这些方法，必须对它们做新的、深入的

---

* 陈昌曙，哲学研究，1961 年，第 6 期：第 86 ~ 94 页。

探讨，特别是要研究以下这些重要问题：判明现象间因果联系的逻辑方法的根据，它们的运用范围及合理程度，这些方法与唯物辩证法的关系，它们在认识过程中的地位，它们之间的相互关系，正确运用这些方法的条件，等等。本文试图就这些问题发表一些意见，引起讨论。

二、判明因果联系的逻辑方法的根据

因果联系是客观世界现象间普遍联系的形式之一。所谓因果联系，是指：自然界和社会的每一现象都必然地有其他的现象引起，被引起的现象是结果，引起结果的现象是原因。因果联系的特点是：①原因必然是先行于结果的现象；②原因必然是作用于结果并引起结果的现象，一现象如仅仅是先行于另一现象，还不能判定它就是后者的原因。

判明现象间的因果联系，确定某一现象的原因，就是要在这一现象的诸先行现象中找出作用和引起这一现象的现象来。

但是，在对某一具体现象的认识活动中，要做到这一点，却不是一件容易的事。因为在客观世界中，每一现象都处在极其复杂的相互交错的联系中，个别现象间因果联系不过是普遍联系的一个极小部分，要找出某现象的因果联系，就必须把它从普遍联系中抽取出来，单独地加以研究。恩格斯指出："为了了解个别的现象，我们就必须把个别的现象从普遍的联系中抽出来，孤立地考察它们，而且在这里更替着的运动就显现出来，一个为原因，另一个为结果。"[2]

形式逻辑中所指出的判明因果联系的方法，就是把个别现象从普遍联系中抽出来加以单独考察的方法。这些方法是人类长期实践活动的总结，人们在科学活动中广泛地运用着这些方法（虽然对于许多人来说这是不自觉地），并取得了许多发明和发现。

这些逻辑方法的共同点，在于它们都是以淘汰为前提的方法，即在某一现象的许多先行现象中，消去不是原因的现象，从而找到决定这一现象的原因。这些逻辑方法的区分，在于它们在进行淘汰时依从不同的根据。

为了叙述简便，下面用英文字母表示各现象，用一字线"—"表示先后关系，箭头"→"表示因果关系。如A—B表示A现象在B现象之前，A→B表示A现象是B现象的原因。

用契合法（亦称求同法）判明因果联系的逻辑根据是：在B之前的某一现象，当其不存在时B仍发生，则这一现象不是B的原因，据此，淘汰不是原因的各个现象，发现先行现象中作为原因的现象。契合法可用下式表示：

ACDE—B，

AFGH—B，

AKLM—B，

…

所以，A→B。

在没有 CDEFGHKLM 时 B 仍发生，故它们均不是 B 的原因，A 则是 B 的原因。A 在各个场合中是唯一的共同条件，因此，契合法也可以简述为通过一现象之唯一不变的先行者求原因的方法。

用差异法（亦称求异法）判明因果联系的逻辑根据是：在某一现象存在时 B 不发生，则这一现象不是 B 的原因，据此，淘汰不是原因的各个现象，发现现行现象中作为原因的现象。差异法可用下式表示：

ACDE—B，

CDE—无 B，

A→B。

在有 CDE 时 B 不发生，故它们均不是 B 的原因，A 则是 B 的原因。A 在这两个相反的场合中是唯一的不同条件，因此，差异法也可以简述为通过相反现象的唯一改变的先行者求原因的方法。

契合差异并用法的逻辑根据是上述二者的联合，兹不赘述。

用共变法判明因果联系的逻辑依据是：在 B 现象之前的某现象（如 F）不变而 B 变，或 F 变而 B 不变，或 F 与 B 均变而不成比例，则 F 不是 B 的原因。据此，淘汰不是原因的各个现象，通过一现象和与它成比例变化的先行者的关系，判明因果联系。共变法可以用下式表示：

AF—B，

A′F—B″

A″—FB″，

…

所以，A→B。

用剩余法判明因果联系的逻辑根据，简单地说就好似算术中的减法，即在一组复杂的现象中，把已知因果联系的现象减掉（淘汰），探求其他现象的原因。剩余法可用下式表示：

ACD—BEF，

已知 CD→EF，

所以 A→B。

三、判明现象因果联系的逻辑方法与唯物辩证法

由上述可见，判明现象间因果联系的逻辑方法的基本点是：把个别现象从普遍联系中抽取出来，加以隔离，作单独地考察。这种方法在认识上是不可避免的，正如列宁所指出："如果不把不间断的东西割断，不使活生生的东西简单化、粗糙化，不加以割碎，不使之僵化，那么我们就不能想象、表达、测量、描述运动。思维对运动的描述，总是粗糙化、僵化。不仅思维是这样，而且感觉也是这样；不仅对运动是这样，而且对任何概念都是这样。"[3]

但是，正是在这种割断联系地鼓励考察个别现象的过程中，又同时包含着忘却和抛弃普遍联系的可能性，包含着可能导致形而上学的认识论根源。而判明现象间因果联系的五种逻辑方法恰恰只是考虑到如何从联系中抽出个别，而没有解决如何在联系中把握个别的问题；它们不仅未能唤起人们注意防止孤立性、片面性，而且往往仅仅以孤立性、片面性为其研究的前提。正是这种情况，决定了这些逻辑方法又具有内在的局限性。因此，如果不在唯物辩证法的指导下运用这些方法，就必然会做出错误的结论，科学研究中许多失败的过程可以就此作证。

契合法和契合差异法的局限性，在于它们都以某现象只有一个原因的假定为前提，在存在多个原因和异因同果的场合，这两种方法就不适用了。但在客观世界中，原因的多样性却是大量存在的情况。

在科学实验中，最广泛应用的是差异法、共变法和剩余法，这三种方法也具有极大的局限性。

差异法经常被用来判明某一现象的诸先行现象中的原因，也经常被用来确定某一现象的诸原因各对这一现象产生何种作用。为了做到这一点，通常要进行多种样式的实验，在保持其余条件不变的情况下，逐一改变各先行现象（或各原因）。例如，为了判明 ACDE—B 中的因果联系，就用差异法作为实验的基础，考察在 CDE、ADE、ACE、ACD 等场合下 B 是否存在，以分别确定 ACDE 中哪一个或数个是 B 的原因；并根据在这些场合下 B 存在的情况不同，分别确定诸原因各对 B 产生何种作用。

在比较简单的场合下，这种方法有很好的成效，它的局限性还不甚明显。

例如，在科学史上，人们为了查明插入液体的密闭管中的液柱不下落的原因，曾用差异法逐一地改变普遍联系的各个环节（液体性质、管子性质、周围空气情况等），分别考察其对液柱不下落有无作用。先在不变更其他条件下改变液体的性质（如把水改为酒精、水银），发现液柱并不下落，肯定液体性质不使它不下落的原因；然后，又在不变其他条件的情况下改变管料性质（如用玻璃管、

瓷管、金属管)，管子的口径（或粗或细)，管径形状（或方或圆)，发现它们亦不是液柱不下落的原因。只有在改变周围空气的状况时（如把液面置于真空之下)，才发现液柱下落了。于是就通过差异法断言大气压力的作用是液柱不下落的原因。

但稍微复杂一点的场合下，上述方法就成问题了，差异法的内在局限性在这里就明显地表现出来，因为这种方法在考察 ACDE—B 的关系时，只是分别地研究 ACDE 各与 B 有何联系，而把 ACDE 之间的相互联系和相互作用置之度外了。而 ACDE 间的相互联系和相互作用却是客观过程中普遍的情况，因此，在离开唯物辩证法无分析地把差异法作为实验基础时，就往往做出形而上学的错误结论。

在现在的炼钢学中，就是这样来研究炼钢熔池中碳、硅、锰等元素的氧化对炼钢过程的影响的。研究者在实验过程中，先假定硅、锰等元素的状况不变，单独考察碳元素的氧化在去掉炼钢杂质的过程中所占地位（即氧化次序)，然后再假定碳、锰不变考察硅，如此等等。最后把这些分别考察的结果加以总结，建立了熔池氧化顺序的理论。在这个研究过程中，碳、硅、锰等元素间不可忽略的实际相互联系被抽去不顾了，因而就造成研究成果（理论）不能反映客观过程的真实情况，并与生产实践的事实相矛盾。

又如在现在的机械学中，为了判明产生皮带打滑的诸原因的作用，研究者把影响皮带打滑的四个因素（皮带轮转速、皮带的包角、轮的相对位置、载荷）分别逐一进行实验，先假定其中三个不变，确定某一因素和打滑的关系，再依此类推，最后把这四者的作用叠加作为结论。这里，同样是忽视了不可略去不计的诸原因间的相互作用（如转速加大会使包角变小)，其结论也就不能不发生错误。

在五种判明因果联系的方法中，共变法是比较能从事物的本来联系中去考察事物的一种方法，但共变法也有其固有的局限性。共变法同样没有估计到诸先行现象（或诸原因）的互相作用，它也只是分别地考察一个先行现象（或原因）对结果有无共变关系或如何共变；而且它还以假定结果不反作用于原因为条件；再则，共变法在考察两现象的共变关系时，只注意到它们的数量关系，实际上数量关系的变化到一定限度就会引起性质的变化，经过质变的转折点，两现象原有的共变关系也会出现新的情况，但共变法本身却不能提醒我们关注这点。因此，如果不能自觉地运用唯物辩证法，共变法也会导致形而上学。

在现代的高炉炼铁理论中，确定了高炉的鼓风量与炉料下降有某种共变的因果联系。鼓风量越大，煤气对炉料的浮力越大，炉料下降就相应地越不顺利，鼓风量如再增加，炼铁过程就不能正常进行，因此就规定了某一“极限风量”。但这个结论却被生产实践推翻了，鼓风量虽超过“极限风量”甚多，炉料并不发生不顺利下降的情况，且炼铁生产率大为提高。运用共变法来判明鼓风量与炉料下降的因果联系在这里出了谬误。原来，鼓风量加大所引起的浮力增加使炉料下降不顺利，只是在一定数量内的某种共变关系；当鼓风量大到一定的关节点之后，由于炉料内部状况的急剧改变，鼓风量加大不仅不会引起炉料不顺行，反而极大地促进其顺行；同时炉料的顺行又反过来允许更大的鼓风量。旧理论在这个问题上的方法论错误，在于它在运用共变法时只孤立地考察了鼓风量（原因）与炉料不顺行（结果）之间的关系，而忽略了：①原因与其他过程的联系，例如鼓风量加大同时对炉料顺行产生的作用；②原因和结果共变的限度，例如导致炉料顺行的因素在由矛盾的次要方面转化为主要方面（质变）之后，原来的共变关系就不适用了；③结果对原因的反作用。

在科学研究中，还极广泛地顺次运用差异法和共变法作为确定最好结果的诸原因条件的手段。如已知 ACDE 都是 B 的原因，为了寻求在什么情况下 B 能达到某种最好的效果，自然科学家经常按照以下程序安排实验：先固定其余条件不变，考察某一原因（如 A）与 B 的共变关系，发现在 A′的情况下结果（B′）的状况最好；然后，又在固定 A′和保持其他条件不变的情况下，考察另一原因（如 C）与 B′的关系，发现在 C′的情况下结果（B″）的状况最好；再固定 A′C′考察其他，如此下去，做出一组结论。

在这样的实验过程中，差异法和共变法的顺次使用，依然带有极大的局限性，ACDE 之间的联系被抛弃了，每一个实验方案都不完全科学。而且，由于对 ACDE 诸原因在选择上的不同安排，还使实验方案成为极多，甚至达到无法实现的程度。在有四个原因的条件下，按照注意变更原因的方案不同，要进行 4！（即 4×3×2×1）即 24 种实验（即 ACDE、ACED、ADCE、ADEC、AECD、AEDC、CDEA、CDAE、CEDA、CEAD、CADE、CAED、DACE、DAEC、DCAE、DCEA、DEAC、DECA、EACD、EADC、ECAD、ECDA、EDAC、EDCA）。如果有 14 个原因影响某种结果，则为寻求最好结果所需进行的实验就有 14！即 871 亿种以上，而且其中的每一实验方案都具有前述的局限性。

在许多科学技术研究中，正是按这种原则来确定实验方案并进行实验的，虽然由于实际上的困难，实验常常是不充分的。例如，在当前的浮选研究中，为了提高矿石的浮选质量，就运用差异法和共变法进行实验，考察影响浮选过程的诸因素。这些因素是：入料性质、浓度、温度、药剂（捕收剂、抑制剂、调整剂、起泡剂）的品种和用量、矿浆的酸碱度，等等。在研究过程中，先假定其他因素不变，使某一因素达到使浮选质量最好所需的情况；在这基础上，再变另一因素使之达到最好条件；如此类推，找到一组条件。根据诸原因先后选择的组合不同，再进行另外的实验。在这个研究过程中，浮选过程诸原因间的相互作用被

“忘记”了，事实上，入料的性质、温度随是影响着药剂的作用，药剂的状况又影响着矿浆的酸碱度；而且，由于实验过程中条件的复杂，还使实验方案的种数极为杂多，以致实际上根本无法做完，已经进行的实验由于这两重原因也就不能确定其是否就是最好的方案。缺乏辩证的分析研究，常常使科学研究处于束手无策的境地。

剩余法同样由于忽视了现象间的相互作用而具有明确的局限性；它仅仅用减法来处理各种复杂现象，但实际上情况常常要比减法错综复杂的多。甚至在极简单的场合，剩余法也会出错。例如，把水与酒精混合后得混合液 4 公升，如已知水为 2 公升，则根据剩余法可确定酒精为 4 公升-2 公升=2 公升，但这却是一个错误的结论。

上述的分析说明，形式逻辑中判明现象间因果联系的方法的运用不是无条件的。在比较简单的运动形态（如一般的力学过程）中，由于诸先行条件或原因间的相互联系有时可以略去不计，这些方法的成效较大，其局限性不甚明显；在比较复杂的运动形态中，它们的运用就受到很大的限制（虽然并不是完全不可应用）。例如，在生物学研究中，所谓急性实验法（差异法的一种形式）就往往要歪曲过程的本质；至于社会现象，就更难于应用这些逻辑方法。或者可以说，形式逻辑的这些方法的价值，随着物质运动形式的复杂而越加减小。

上述的分析还说明，为了不困于这些逻辑方法的局限性而导致错误的结论，必须在唯物辩证法指导下来运用这些方法。

人类在认识因果联系的过程中，不可避免地要碰到这样一个困难（或这样一个基本矛盾），即客观世界本身诸现象的普遍联系和人的主观认识为把握现象而把它孤立化之间的矛盾：不把现象孤立出来考察，就无法认识现象，而把现象孤立使其脱离了固有的联系，又歪曲了实际情况，也无法认识现象。这一矛盾，只有在不断实践的基础上，在唯物辩证法的指导下，通过在普遍联系中把握个别，才能逐步解决。我们不应当否定判明因果联系的逻辑方法，而是要在唯物辩证法的统率下，正确地运用它们。

首先，在应用判明因果联系的逻辑方法时，应当作辩证的分析，在诸先行条件和原因中区分主要的条件和原因，着重加以研究，而不是仅从条件的数学排列出发规定研究方案，这样就可以大大地缩小研究对象，抓住问题的关键。主要条件和主要原因的选择决定于：①客观过程的性质；②实践的需要，即把实践“作为事物同人所需要它的那一点的联系的实际确定者”[4]。例如，在嵌述浮选过程的研究中，为了不在 10 余个原因条件前堕入烟海，就必须先对过程做辩证的分析，确定应考察的主要条件，作为研究的前提。浮选过程的本质，是要使用一定的药剂，通过物理化学作用，捕集我们所需要的矿石，排除不需要的其他物料，因此，一般说来，影响浮选过程的本质因素是入料性质、捕收剂状况、抑制剂状况，以及矿浆的酸碱度。因而在实验研究中，就应当以这些条件为中心。再则，即使对这些条件也不能平均看待，还要根据实践的需要分别处理，在一定的具体条件下，确定应考察的最主要条件。在实际上无法改变药剂的品种和用量时，就要着重研究如何改变入料性质（如细度）以探求最好的浮选效果；在必须使用代用品来代替某种药剂（如食用植物油）时，改变药剂的状况又成为应着重研究的对象。经过了这些具体分析，再运用判明因果联系的方法，方能获得成效。

其次，在应用判明因果联系的逻辑方法时，还应当注意对诸先行条件和原因之间的联系做辩证的分析研究，不仅考察原因对结果的作用，而且考察原因间的相互作用；而且，还要考察结果对原因的作用，以及因果联系中数量和性质的关系。总之要尽力避免片面性、孤立性。例如，为了判明入料性质、药剂、矿浆酸碱度三者与浮选结果之间的联系，同时也要探求这三者之间的关系，在这基础上再用差异法和共变法逐一研究它们与结果的关系。

当然，就是在唯物辩证法的指导下来运用判明因果联系的逻辑方法，对某一具体过程的研究仍然不是一个可以一蹴而就的事情，它仍然是一个复杂的、需要长期艰苦努力才能逐步实现的任务，唯物辩证法的指导并不能提供出解决一切复杂问题的万灵药方，但有了它，就能使我们自觉地避免孤立、片面，使我们更易于接近客观真理。

四、判明因果联系的逻辑方法在认识过程中的地位和作用

在辩证唯物主义指导下运用判明因果联系的诸方法，还必须解决它们在认识过程中的地位和作用问题，它们相互间的关系问题。

在形式逻辑中，判明因果联系的诸方法基本上是被一个个单独地列举出来的，它们之间低级与高级之分，它们的互相推移和互相隶属的关系并没有明确地阐明。从认识史上总结这些方法，还是科学方法论所必须解决的问题。

恩格斯在批判形式逻辑关于判断的理论时的指示，启发我们如何对待形式逻辑关于判明因果联系方法的理论。恩格斯指出："辩证逻辑和旧的纯粹的形式逻辑相反，不像后者满足于把各种思维运动形式，即把各种不同的判断和推论形式列举出来和毫无关联地排列起来。相反地，辩证逻辑却以此推彼地推出这些形式，不把它们互相平列起来，而使他们互相隶属，从低级形式中发展出高级形式。"[5]

从认识史的过程看，在判明因果联系的诸方法中，契合法是最初步、最低级的方法，这是由于它只是观察的方法，不是实验的方法；人们在运用契合法时还

没有能动地去变革对象，因而也不能更深入地把握事物。通过契合法发现因果联系，实际上只能得到具有假说性质的结论，因为它只是根据 B 之前的唯一先行者 A 来判明原因，还没有说明正是由于 A 的作用产生 B。因此，契合法总是需要有实践的其他形式来进一步证明。

与契合法相比，差异法的运用是认识过程的进一步发展。差异法不仅是观察的方法，而且主要是实验的方法，人们在实验过程中通过差异法逐一改变事物的先行条件，可以从反面来检验契合法所得到的结论。起初，人们观察到 ACDE—B，AHLK—B 等场合，通过契合法判断 A→B；然后，又通过差异法，如发现 CDE→无 B，HLK—无 B，则 A→B 的结论就证明了。

共变法也主要是实验的方法，与差异法相比，共变法又是认识过程的进一步发展。在运用契合法和差异法时，只能定性地（从质的方面）知道事物的原因，但未能确定因果之间在数量上的依存关系。共变法则能定量地（从量的方面）判明事物的原因，从而即检验了差异法的结论，又发展了原有的认识。由揭示过程的质的方面到量的方面，是认识进步的规律。例如，通过差异法，我们知道密闭管中液柱不下落的原因不是由于液体性质和管子性质等因素，而是由于大气压力的有无。在这个基础上，我们又通过共变法，改变大气压力的大小，发现液柱高度相应地按一定数量关系变化。这样，就证实了差异法的结论，同时又用新的内容，补充和丰富了原有的认识。

事实上，共变法包含着差异法，差异法只是共变法的局部表现和极端场合。当遇到 ACDE—B 时，共变法的公式是：A′CDE—B′，A″CDE—B″…当 A 的数量通过共变达到 O 值（即无 A）时，B 的数量如也相应地为 O（即无 B），则共变法就成为差异法，即 CDE—无 B。

剩余法在认识过程中居于比较高级的地位。这是由于：①剩余法也是能够定量地判明因果联系的实验方法；②剩余法时判明复杂因果联系的方法，它只有在通过前述各种方法认识了某些现象的原因之后才能运用，在认识过程的初始，是不能用的；③在判诸判明因果联系的逻辑方法中，只有剩余法是能指导人们去探求新的未知原因的方法，它经常通过微小的量的差异，启示人们揭示重大的质的区别。在科学史上，有许多这样的情况：最初，人们经过研究发现 CD→EF，以后经过精密的定量分析，发现 CD 之后除 EF 之外还有 B 存在（B 往往是微量的），由于 CD→EF，根据剩余法，EFB 之前除 CD 之外必定还有另一未知现象 A 是 B 的原因，A 的状况可以通过 B 来预测，做出假说，再由实践证明。海王星和冥王星的发现，镭和钋等放射性元素的发现，铷、铯、氦、氩等元素的发现，都运用了剩余法。

由此可见，判明因果联系的诸方法在认识过程中的地位和作用，不是平列的，互不关联的，而是互相推移的、互相依存的。我们在运用这些方法时，也不能局限于或满足于其中之一，而要在相互联系中运用它们，使它们相互补充，从而使我们的认识由低级向高级发展。

辩证地对待判明因果联系的逻辑方法，不仅要看到这些方法之间的关系，而且还要注意它们与其他逻辑方法（分类、比较、分析与综合等）的相互制约，注意归纳（判明因果联系的诸逻辑方法基本上是归纳的方法）和演绎的联系，注意这些方法所得到的结论常常还是一种假说，需要实践的进一步证明。如果忽视这一切而仅仅满足于判明因果联系的方法，认为这些方法就能作出完全肯定的结论，人们的认识就会只停留于经验材料的外表，而且可能会犯错误。例如，科学研究发现，太阳黑子数目的多少同地球上树木的增长率和年轮厚度有共变关系[6]。我们可以假设其中可能有某种因果联系，但我们却不可以断言这种共变关系就是因果关系，也不能满足于发现了上述的共变关系。而应当在继续实践的基础上，进一步分析研究黑子数目的多少于影响树木生长的各个因素到底有何作用，从而证实或推翻原来的假定。至于如何辩证地运用各种逻辑手段，如何使用归纳与演绎统一，就不在这里阐述了。

总之，只有在辩证唯物主义的世界观和方法论的指导下，判明现象因果联系的诸逻辑方法才能成为认识世界和改造世界的有用武器。为了进一步解决这个问题，判明因果联系的方法，就不应当仅仅成为形式逻辑的研究对象，而必须成为辩证逻辑的研究对象，在辩证唯物主义的科学方法论中，应当把如何确定因果联系看作必须阐明的一个重要问题。

参考文献

[1] 列宁．哲学笔记．北京：人民出版社，1956：141.
[2] 恩格斯．自然辩证法．北京：人民出版社，1955：193.
[3] 列宁．哲学笔记．北京：人民出版社，1956：263.
[4] 列宁．列宁全集（第32卷）．北京：人民出版社，1958：84.
[5] 恩格斯．自然辩证法．北京：人民出版社，1955：185.
[6] 瓦维洛夫．眼睛和太阳．北京：科学出版社，1956：48～49.

试论归纳和演绎的辩证统一*

归纳和演绎，是人们经常运用的推理形式和思维方法，是逻辑学研究的基本内容之一。形式逻辑在对归纳和演绎做了长期的研究之后，达到了下述成果：确定了归纳和演绎的一般规则，分析了归纳推理和演绎推理的逻辑结构，规定了归纳过程和演绎过程所遵循的公理，并对归纳推理和演绎推理进行了分类。

但是，只对归纳和演绎问题作形式逻辑的研究，对于形成科学认识的方法论来说，却是远远不够的；为了使归纳和演绎成为指导人们进行创造性思维的认识方法，当前迫切需要对归纳和演绎做辩证逻辑的研究。在这方面，包括实现下述任务：探讨归纳和演绎在认识史上的地位，探讨归纳和演绎之间的辩证统一，探讨实践在归纳和演绎中的作用，探讨归纳和演绎同其他推理形式和其他思维方法的关系，等等。

本文仅以自然科学史的若干材料为依据，着重探讨归纳和演绎的辩证统一问题；考虑到演绎以归纳为基础这点比较易于理解，本文将侧重于阐明归纳过程中演绎思维的作用。

一

归纳和演绎辩证联系的基础，是认识过程中感性因素和理性因素的对立统一，个别、特殊、一般的对立统一。

马克思主义的认识论，揭示了人的认识是一个在实践的基础上由感性认识推移到理性认识，再由理性认识推移到实践的过程；这个过程同时也就是由认识个别、特殊的东西推移到认识一般的东西，再由认识一般的东西推移到认识个别、特殊的东西的过程。归纳和演绎就是人们在这个认识过程中必然要运用的两种推理形式和思维方法。所谓归纳，是认识过程中由观察到概括、由部分到整体、特殊到一般的思维方法；而演绎，则是由概括到观察、由整体到部分、由一般到特

---

* 陈昌曙，哲学研究，1962 年，第 2 期：第 13 ~ 21 页。

殊的思维方法。用上述两种方法得到的结论，叫做归纳结论或演绎结论。

然而，如果把认识过程中“感性—理性—感性”和“特殊——一般—特殊”的不断循环，简单地看做是“归纳—演绎”的交替使用，那就错了。实际上，人们对于某一具体事物的科学认识，总是同时借助归纳和演绎这两种方法来实现的。原来，人类认识事物的两个过程（由感性到理性、由特殊到一般；由理性到感性、由一般到特殊）本来就是互相联系、互相渗透着的。在认识的第一个过程，主要是由感性到理性，由特殊到一般，但同时又有由理性到感性，由一般到特殊的因素；在第二个过程，主要是由理性到感性，由一般到特殊，同时则贯通着由感性到理性，由特殊到一般的成分。在这两个过程中，人的思维始终既是归纳，又是演绎；只不过在前一过程主要是归纳，在后一过程主要是演绎罢了。

辩证的逻辑思维应当在归纳和演绎的这种辩证联系中来运用它们。恩格斯指出：“归纳和演绎正如分析和综合一样是必然相互联系着的。……我们应当力求在其适当的地位来应用它们中间的任何一个，而要想做到这点，就只有注意它们的相互联系，它们的相互补充。”[1]

归纳和演绎的辩证统一究竟是怎样具体实现的呢？这必须由人类的思维史（包括自然科学史）中做出总结。自然科学史表明，人类的每一项科学发现，在其整个认识认识过程中都经历着以下的一些环节，归纳和演绎的辩证统一，就包含在这些环节中。

科学认识过程的具体环节是：

（1）按照某种预定的目的，人们在实践、实验和观测的基础上，搜集有关特定对象的感性资料，为归纳研究提供事实依据。这时，人们的任务是去认识个别的和特殊的事物，为逐步地扩大到认识一般的事物准备条件。但在科学研究中，实验和归纳不是盲无目的地进行的，而是根据一定线索为指导方向来进行的；归纳研究的前导通常是来自某种一般的理论性思考，来自某种演绎推理。演绎推动着归纳的进行。

（2）在获得相当的实际资料之后，研究这些新材料与已有的科学知识的关系，依据已知的一般理论知识为中项，通过比较、分析，由这些实际资料的前提做出归纳结论。由特定的前提经过中项达到普遍结论的归纳过程，又以演绎知识为依据。

（3）在初步归纳的基础上，进行演绎分析，是简单归纳的经验结论，变为获得规律性论证的科学结论。

（4）在归纳结论的基础上又做出新的演绎推理，新的演绎又导出新的归纳研究，并能纠正先前归纳的错误，补充先前归纳的不足。在进一步的归纳过程中，演绎本身也得到检验和充实。

认识的这些环节不断循环往复，归纳和演绎不断相互作用，使科学发展的水平不断提高、进步。如果我们能够自觉地掌握这些环节，正确地运用归纳和演绎的方法，必将极大地增强科学研究的能力，更好更快地取得更多的研究成果。

往下，我们就来阐明归纳和演绎在认识过程的各个环节中是怎样辩证统一的。

二

归纳和演绎的统一，首先表现在演绎规定着人们对何种对象进行归纳研究。规定着归纳的目的性和方向性。要对某一客观对象进行归纳研究（不论是运用简单枚举归纳法还是科学归纳法），必须要有实际材料，而要获得有关对象的实际材料，又必须要进行科学实践、实验、观察。而作为归纳研究基础的实践、实验和观察，又总是有意识、有目的的：在科学研究中，人们不会盲目地、无目的地去变革任意的客观对象，不会盲目地、无目的地去搜集有关任何对象的实际资料；而总是为了某种意图去变革某种特定的对象，获取有关特定对象的实际材料，并以此为基础进行归纳研究。但归纳本身不能说明归纳的这种目的性和方向性，在科学认识的过程中，归纳研究（既包括运用简单枚举归纳法，也包括运用科学归纳法）的目的和方向来自理论的思维，来自由人类先前所积累的一般理性知识中所做出的演绎性推理、预见、假说或揣测。简言之，演绎乃是归纳的前导。

假说对科学研究的推动作用，是归纳研究要有演绎思维作前导的明显表现。假说是人们在归纳研究过程中的“先遣侦察兵”，是归纳过程中积累事实、对比事实的指导思想。假说本身自然并不等于演绎，假说是人们先前认识的成果，它的产生也是借助于各种推理形式（归纳、演绎、类比）的结合；但某种假说一经产生，它就要对人们以后的认识发生作用，就会推动人们去从事新的实验和观察，并因而导致新的归纳研究；由假说到实验，就其认识过程的特点看，乃是由理论性知识到经验材料、由某种一般性的东西到新的特殊的东西的过渡，也就是说，具有演绎的性质。

自然科学史表明，人们对某种自然现象的具体认识固然直接来自于对这种现象的归纳研究（不积累和对比有关这种对象的事实材料就不可能具体地认知此种具体对象），但这个归纳研究之所以能出现和进行，又是由于有演绎知识的前导，由于有理论思维的推导作线索。

门捷列夫发现化学元素周期律，在于他对化学元素原子量和元素性质的大量实际资料进行了归纳研究，但这种归纳之所以要进行，是由于他在归纳研究之前，就依据物质质量和物质性质之间存在着必然联系的一般原理，推导出元素质量和元素性质之间也必然应有某种联系，这个演绎的前导推动着门捷列夫去从事实验和归纳。门捷列夫本人在回答他由什么思想出发去从事化学元素周期律研究时指出：“……当我在考虑物质的时候……总不能避开两个问题：多少物质和怎样的物质，就是说两种观念：物质的质量和化学的性质……，因此，自然而然地就产生出这样的思想：在元素的质量和化学性质之间一定存在着某种联系，物质的质量既然最后成为原子的形态，因此就应该找出元素特性和它的原子量之间的关系。”门捷列夫接着又说，他正是在这个思想（演绎推理）指引下，进行观察和实验，搜集实际资料的。门捷列夫在论及科学方法论时也强调了演绎思维对归纳研究的重大作用，他说：“在任何时候，都需要对对象有一种一定的一般的概念，使之联系事实，使之向前推进，使之能推测到未来所要探讨的东西。”

达尔文创立生物进化论的过程，同样也说明了归纳要有演绎作前导。物种进化学说的提出，是由于达尔文搜集了有关动植物品种演变的实际资料，其中特别是他本人在1831~1836年期间亲自远洋航海考察中所观察到的丰富事实，达尔文对这些观察材料进行归纳研究，得到了重大的科学发现。但达尔文之所以能这样去进行观察和搜集资料并得以实现归纳研究，又是同他在科学考察时的理论先导分不开的。例如，莱伊尔的地质演化学说就是直接导致达尔文研究物种进化的思想先导之一。地质学家莱伊尔在1830年出版了《地质学原理》（第一卷），他提出，地球表面的一切条件（包括生物赖以生存的条件）都不是从来如此，而是历史地逐渐改变的。这种观点必然会推引出生物的物种也不是从来如此，而也应当有一个历史的发展过程，正如恩格斯所指出：“莱伊尔的理论比在他以前的理论更和有机物种是不变的这个假定不能相容。地球表面和它上面的一切生活条件渐次改变的思想，直接导致有机体的渐次改变以及它们的适应于变化着的环境的学说，导致物种可变的学说。”[2] 事实也正是如此，达尔文在科学考察时曾仔细地钻研了莱伊尔的上述著作，赞同其观点，并将其应用于作为观察的指导思想，用历史主义的观点去搜集资料和研究事实。以后，达尔文还写道：“似乎我著作的书籍是从莱伊尔脑里出来的。”对达尔文的归纳研究起前导作用的不仅是莱伊尔的学说，而且还有拉马克及其他一些学者的生物学观点，这里不再赘述。没有这些先前的假说和揣测，达尔文是不可能去观察物种进化的实际材料并在此基础上得出归纳结论的。达尔文本人的观点虽然倾向于着重归纳的作用，但他通过科学实践也在一定程度上理解到理论思维的作用，他说过：“无揣测则不能作良好的直接观察。”

应当承认，科学史上确实也有这样的情况：人们在实验和观察中偶然地发现了事先并不准备研究的现象，并由这种意外的事实激起了新的实验研究，并借助归纳做出了新的科学创见。例如，X 射线的发现在一开始就带有偶然性，并且在一经发现之后就引出了许多关于 X 射线的实验研究，并在此基础上产生了关于 X 射线性质及其产生的归纳结论。

在这种场合，归纳过程是否仍有演绎的导线呢？能不能说偶然性发现本身就是激起整个归纳研究的动因，而不需要演绎的推理呢？我们认为，即使在这种场合，演绎仍然是归纳的前导，归纳仍以理性的思维做导线。这是由于：①个别的偶然发现的产生并不等于人们对它已经开始了归纳研究，其也不能说明整个归纳过程。为了进行归纳，就必须由某个偶然发现的事实继续推移到考察其他的对象，而要有这种推移，就必定得有演绎的思维。②偶然发现本身也不能完全离开演绎推理的前提，因为提供这种发现的实验总是以某种理论思维为指导的；离开了以必然性为依据的实验，就不会有偶然性的发现。

人们对 X 射线的认识过程也证明了这两点。这个过程是这样实现的：

（1）伦琴偶然发现在通电的克鲁克斯管中有 X 射线射出；

（2）普恩卡莱提出猜想：所有发磷光的物体都能放射 X 射线；

（3）安里研究硫化锌，发现在硫化锌受光照射发出 X 射线；

（4）涅芬克洛夫研究硫化钙，发现在硫化钙受光照射也发出 X 射线；

（5）脱劳斯德做出归纳结论：一切发磷光的物质都会放射 X 射线。

可见，人们对 X 射线的认识推移并不简单地就是由（1）、（3）、（4）导致（5）的归纳过程，也并不简单地是由偶然性发现（1）所导出的归纳过程。（1）是带偶然性的发现，它本身就不能完全脱离演绎思维，导致 X 射线最初发现的克鲁克斯管实验是以先前的一般性理论知识（特别是关于放电现象的知识）为指导的。其次，仅仅有 1，还不能说明为什么有（3）、（4），也不会由（1）、（3）、（4）而达到（5）。问题在于：在（1）和（3）、（4）、（5）之间有（2）——普恩卡莱的猜测在起作用；（2）的存在，表明了归纳研究不能离开演绎的先导。原来，普恩卡莱在研究伦琴的著作时发现，X 射线发生在克鲁克斯管受到阴极奔向阳极的带电微粒流冲击的部分，在这一部分管的玻璃壁发磷光的现象特别强烈，于是他就揣测："伦琴射线出现在发生强烈磷光的地方，或者所有强烈发磷光的物体都能放射这一种射线，而不单单是通以电流的克鲁克斯管罢了！" 正因为有了这个先行的思想，才导致安里和涅芬克洛夫等人的实验，并从而引出了脱劳斯德的归纳结论。

在这里，归纳研究的进程［（3）、（4）的出现］是由于（2）的推动，具体地说，安里和涅芬克洛夫在从事实验研究之前，已经在头脑中先形成了由普恩卡莱的揣测所导出的下列思维推理：

所有磷光物质都能发出 X 射线；

硫化锌、硫化钙是磷光物质；

因此，硫化锌、硫化钙能发出X射线。

这个推理具有演绎的性质。安里和涅芬克洛夫的实际研究不过是把这个思维推理物质化、对象化了。如果再进而研究归纳结论（5）与（2）的关系，就更能启示我们了解上述演绎推理的意义，5的产生是基于下述的思维推理：

硫化锌、硫化钙能发出X射线；

硫化锌、硫化钙是磷光物质；

因此，磷光物质能发出X射线。

这个归纳推理与上一个演绎推理在逻辑形式上正好互相呼应，而且，没有演绎思维的先导，就没有归纳的结论。

上述的一切都表明，归纳从其一开始就是同演绎联系着的，在进行实验研究和搜集事实之前，人们应当有理论的思维作指导，应当充分重视依据一般理论原则做出假说、设想和推测，以推动归纳研究。

归纳有演绎的前导，并不是说在人类没有任何直接经验之前，就有了先于一切的演绎思维。问题在于：我们是从人类活的认识史中来考察归纳和演绎的关系，考察人们在对某一具体对象进行科学认识时归纳和演绎的结合。人们对某一具体对象的研究，作为整个人类认识史中的一个环节，并不是在没有任何一般原理的情况下开始的；在每一个具体的归纳研究（即使是简单归纳）之前，人们总是已经知道了某些对这种研究有关的一般性的理论知识，这些先前的思维成果不能不对人们以后的研究起引导作用。至于先前的思维成果、已知的理论知识的来源，当然又都离不开它们之前的认识基础，离不开直接经验。不承认人类的一切知识归根到底都来自直接经验，就不是唯物主义；而不承认人们认识某一具体对象的直接经验阶段就有理性思维的指导，不也是辩证唯物主义。

归纳有演绎的前导，是指演绎为归纳研究提供线索，并不是说演绎本身就能构成特定未知对象的具体知识。要具体地认识某个未知事物，必须对个别、特殊的事物作具体分析。如果只是单纯从一般的原理和概念去引申具体知识，把演绎推理当作到处乱套的框子，其结果必将歪曲实际。

归纳有演绎的前导，是指演绎推动归纳，并不等于归纳只是以具体材料去证实演绎的思考。科学史上也常有这样的情形：人们根据一定的推理去进行实验和观察，但在对事实的归纳中却发现原有的推理前提中有不正确的东西，从而修改或推翻了原有的理论结论。但即使在这种场合，演绎推理仍然是推动归纳的前导。例如，由以太假说的推理曾导出了许多的实验（如著名的迈克尔逊-莫雷实验），对这些实验结果的归纳研究却否定了以太假说，但以太假说在这里依旧起了积极作用，没有以太假说，就不会有它所导出的实验研究，爱因斯坦也就无法去归纳这些实验研究而做出相对论的科学发现。

三

归纳和演绎的辩证联系，不仅表现在归纳有演绎作前导，还表现在一切归纳推理（简单归纳和科学归纳）就其自身的思维结构同时渗透和包含着演绎的成分。

归纳研究的思维结构通常包括以下三部分：

首先是归纳的前提，即关于若干个别对象的实际材料。在演绎的指引下，归纳研究的第一步是在实践的基础上搜集实际材料，这是任何科学发现的最基本条件。

其次是归纳的中项。有了关于若干个别对象的实际材料，并不就能得出有普遍性的归纳结论；只有在知道了这些个别对象是属于同一类事物的条件下，人们的认识才可能由个别过渡到一般。这个确定某些个别对象属于同一个类的思想，就是归纳的中项。归纳中项与上述的归纳前提不同，它不是产生于得到归纳前提的那个研究过程，而是在归纳前提之先就已存在的一般性理论知识；由于它在归纳前提过渡到归纳结论的推理中起了必不可少的中间环节作用，因此称作归纳的中项。

最后是归纳的结论。

例如：

钠、钾、铜、金、银……不是超导电体——归纳前提；

钠、钾、铜、金、银……都是一价金属——归纳中项；

因此，一价金属不是超导电体——归纳结论。

很明显，如果只知道前提，而不知道中项，即不知道钠、钾、铜、金、银……这些个别元素都属于一价金属这一个类，那就不会有结论。

那么，为什么说归纳的这个逻辑结构本身就渗透和贯通着演绎的成分呢？问题就出在其中的归纳中项身上。归纳中项不仅产生在归纳前提之先（在我们这个例子中，归纳前提得之于20世纪的实验研究，而构成归纳中项的知识则在19世纪及以前就已确立），而且，就知识的逻辑特征看，归纳中项与归纳前提相比，乃是某种比较一般的理性知识。归纳推理的过程必须要依据这种一般性的知识才能概括个别的感性材料过渡到归纳的结论。在这个意义上，上述的归纳推理也具有下列的形式：

一价金属包括纳、钾、铜、金、银……——一般；

钠、钾、铜、金、银……不是超导电体——个别；

因此，一价金属不是超导电体——特殊。

这个结构就包含着演绎的成分，恩格斯曾指出：“事实上甚至归纳推理（一般说来）也是从 A—E—B（即一般—个别—特殊——引者注）开始的。”[1]

科学史上任何重大发现的归纳过程，都不仅以当时已经积累的实际资料为前提，并且依据当时已经知道的一般理论知识作为归纳中项。门捷列夫能够发现化学元素周期律，一方面是由于他搜集了关于化学元素性质和原子量的大量材料，另一方面是由于在当时已经确立了下列的一般概念和原理，如化学元素和原子的概念，原子是元素的具体代表的观点，以化学性质来区别的元素族的概念等等。没有这些已知的东西，就无法把大量实际材料联系起来，就不能进行概括，就得不出归纳结论。门捷列夫自觉地认识到在归纳研究中必须借助已知的理论知识为中项来表达他所研究的对象，他在表述科学的方法时首先指出，研究“不仅只是忠实地反映或单纯地描写，而且还要知道所研究的东西与日常生活环境中得来的经验和认识或以前的研究所了解的东西的关系，也就是说，借助于已知的东西，确定或表达未知的东西的性质。”

归纳结构上的演绎成分同样说明了科学研究中理论思维的重要性，也说明了继承人类先前的科学理论知识的重要性，以为只要单纯地描写事实就足以发现真理，其实只能阻碍科学的前进。

四

归纳和演绎的辩证统一，在运用科学归纳法是表现得最完全、最深刻。科学归纳法也有演绎的前导，其思维结构也有演绎的成分，这是与简单枚举归纳法相似的：科学归纳法于简单枚举归纳法的主要区别，在于它是以对必然联系的演绎分析为基础的归纳。在一定意义上可以说，科学归纳法已不能就称之为归纳法，而应当叫做归纳和演绎有机融合的方法。

简单枚举归纳法和科学归纳法都是由观察到概括、有个别到一般的方法。但简单枚举归纳法只是根据若干个别事实的重复性和同一性就引出一般性的结论，它的归纳前提和归纳结论都没有得到因果性的说明；简单枚举归纳法只能对事物的外部特征作初步的概括，它所提供的结论还只是有或然性的、不完全可靠的知识。因此，认识过程的继续发展就必然要超出简单枚举归纳并转入运用科学归纳法。

科学归纳法通常要运用由简单枚举归纳所得到的初步概括结论，但它在由个别走向一般时，对个别事实产生的必然原因进行了分析，并以对事物的必然性的认识为根据，进行推理，因而能提供可靠的科学真理。在这里，初步的归纳结论起初是演绎分析的前提条件，而经过演绎分析，这一归纳结论又成为演绎推理的结果。关于某种事物的知识，当其从简单的经验概括转变为演绎推理的结果时，就成为科学理论。

例如，在20世纪之前，人们通过简单枚举归纳法知道：

金、银、铜、铅能导电；

金、银、铜、铅是金属；

因此，金属能导电。

但在这时，人们还不知道金、银、铜、铅为什么能导电，因而金属能导电这个归纳结论还只是一种未经分析的初步概括，还是尚未得到必然性论证的经验知识。认识的继续进展，要求对导电现象作分析研究，并探讨能否把金属能导电的结论转化为演绎的必然推理。因此，人们在简单归纳所提供的知识的基础上，又进一步分析导电现象，寻求金、银、铜、铅能导电的必然原因。到20世纪初，人们才发现，电场使自由电子作有规则运动是金属能导电的原因，即认识到：

自由电子的有规则运动就形成电流；

金属中有电场时，自由电子就作有规则运动；

因此，金属能导电。

同是金属能导电这个命题，已不仅是由初步归纳所得到的经验结论，同时也是由演绎得到的合乎客观规律的必然性结论；金属导电的归纳结论获得了演绎论证，成了确实可靠的科学知识。

所谓科学归纳法就是上述归纳和演绎的有机融合，其总的过程是：

金、银、铜、铅能导电是由于有自由电子存在；

金、银、铜、铅是金属，金属都有自由电子；

因此，金属（必然）能导电。

总之，简单枚举归纳法要过渡到科学归纳法，在这个过程中，初步的归纳结论为分析和演绎提供条件，分析和演绎又揭示出归纳过程的本质。当一种知识由归纳结论转化为同时又是演绎结论，就造成科学发现史上的一个跃进。

在牛顿之前，开普勒概括了行星运动的实际资料，提出了行星运动的三大定律，但这些定律在当时还只是描述现象的初步归纳结论。在开普勒的初步归纳研究基础上，牛顿通过分析得到万有引力定律，并且依据这个定律对行星运行做出了因果性解释，论证了由万有引力定律必然要导出行星运动的三大定律，使开普勒三大定律成为科学的归纳结论。演绎的分析，使开普勒三大定律从原来是牛顿运动定律的前提原因，转化为由牛顿运动定律导出的必然结果，这是获得真理的辩证途径。

又如，法拉第在大量实验材料的基础上，得到了电磁感应的初步归纳结论，这一结论在尔后由麦克斯韦进行分析，提出了电磁理论，电磁理论从必然的因果联系上说明了电磁感应现象，从而使原来的归纳因获得演绎的论证变成了科学结论。

可见，只有经过演绎分析，人们才能弄清楚归纳研究中本质的东西，才能获得更全面、更深刻、更可靠的知识。恩格斯指出，“世界上的任何归纳法都永远不会帮助我们把归纳过程弄清楚。只有这个过程的分析才能做到这点。”[1]

历史上的所谓全归纳派（或叫归纳万能论者）认为归纳法是唯一科学的认识方法，他们满足于一般的经验观察和搜集材料，满足表面地概括事物的外部共同性，其最好的结果不过是能得到一些肤浅的、不充分可靠的知识，甚至往往会陷入谬误。因为经验观察和纯粹归纳不能充分证明必然性，从而也不能揭示出事物的变化发展和相互转化。

自然科学史表明，许多由简单归纳所得到的结论（如物理学上的光的微粒数，化学上的热素说，生物学上的关于鱼是用鳃呼吸的脊椎动物，关于乳房是哺乳动物的标记的观点，等等），由于在归纳研究中缺乏演绎分析，缺乏历史观点，这些结论不能不被新的事实所推翻。

五

归纳和演绎的辩证统一，表现为二者不断的相互作用。人们在获得归纳结论的基础上，又会做出新的演绎推理，这种新的演绎推理一方面为继续观察、实验提供线索，成为继续归纳的前导，另一方面也要在这种新的实践和研究中经受检验：一个归纳结论，只有当由它得出的演绎推理经历了实践的检验，这个归纳结论是够具有真理性，才算得到了较完备的证明。

在归纳基础上得到的演绎推理成为继续从事归纳研究的前导，前面已经说过。这里需要补充的是：这种前导作用，还表现为演绎可以反过来由理论上先清查出原有归纳中的错误，预见到先前归纳中的空白和不足，因而为进一步的实验研究指出了方向，使人们有可能纠正原来归纳中的错误，补充原来归纳中的缺陷。

人们在归纳过程中所依据的实际观测资料，常常是不甚精确的，是有或大或小的差误的，但归纳研究本身却没有力量觉察出这种差误；只有在认知了科学规律之后，才可能借助理论的思维清查出哪些实际材料是不确切的。

牛顿的万有引力定律是根据开普勒关于行星运动轨道的记述而来的科学结论，这个定律已经产生，牛顿就以它作演绎推导，又反过来从理论上判定了开普勒的原初记述是不确切的。开普勒认为行星轨道是椭圆的，而牛顿根据各星体之间有万有引力作用的原理断言行星不能做严格的椭圆运动，以后的精密观测证明了牛顿依据定律的推理是正确的。

门捷列夫的化学元素周期律是根据当时对化学元素性质和原子量测定的实际资料得出的，但这个规律一经发现，门捷列夫就以它作推导，预见了许多元素的原子量测定是错误的，他大胆地违背了当时的实测结果，根据规律的必然性推理来安排某些元素在周期表中的位置，以后的实践也证明了门捷列夫是正确的。

这就表明，在一定条件下，演绎的思维推导，科学规律的逻辑必然性，是胜于实际观测资料的。可见，我们不能盲目地认为一切实验数据和经验资料都是绝对可靠的，而应当在经验资料与理论思维的辩证统一中来把握此二者，使它们相互推动，相互补充，相互订正。

演绎的力量还在于它能补充简单归纳的不足。归纳研究的基础是经验资料，但由于诸种条件的限制，人的经验总是不完全的；因而由简单归纳所得到的知识也是不充分的，而演绎的推理则能推动人们发现新的资料，填充原来归纳知识中的空白。

开普勒在研究行星运行时，还只占有六个行星的实测材料，尚不知道有冥王星（在2006年，冥王星被国际天文学会降级为矮行星——编者注）和海王星存在。这两个行星的发现，首先是借助于万有引力定律的演绎推理从理论上做出预测，而后才成为观察的对象并得到证实。新行星的发现为进一步作归纳研究增添了新的资料。

门捷列夫在研究化学元素周期律时，也有许多元素是当时所不知道的。但门捷列夫依据化学元素周期变化的规律性，在逻辑上应有必然联系而缺乏实际材料的地方留下了空白，并预言了这里有尚待发现的元素存在，甚至精确地计算了这些未知元素的数量特点。以后的实践，证明了门捷列夫的预见。

这一切，说明了演绎思维的逻辑力量。正如恩格斯所指出："在理论的自然科学中，我们往往不得不去计算完全知道的数量，而思想的首尾一贯性在任何时候都应当帮助还不充分的知识继续前进。"[5] 可见，我们在科学研究中必须充分重视和学会运用思想的首尾一贯性，既掌握理论的思维。

演绎推理为新的实验和归纳研究开辟道路的过程，同时也是在归纳中检验演绎是否正确的过程，以归纳为基础的演绎必须再到归纳中去求得证明，新的归纳研究，新的事实考验着演绎推理，因而也使人们有可能判明产生这个演绎推理的归纳基础是否合于客观真理。门捷列夫所发现的化学元素周期律之所以是科学真理，不仅在于这一规律发现依据着对客观事实的归纳研究，也不仅在于由这一规律可以推论出新元素的存在，而更重要的是在于以后的实验证实了由这一规律所作出的演绎推理是正确的。门捷列夫正确地指出："证明一个定律的正确性，只有借助于由它推断而得出的结论（当还没有这一定律时，这些结论是不可能有的和不可能设想的），并在实际考验中证明这些结论是正确的。”

总之，归纳和演绎自始至终都是不可分离的，二者不断相互作用，相互依存，相互转化着。离开了归纳为基础的演绎，是抽象的、空洞的演绎；离开了演绎为导线的归纳，是盲目的、肤浅的归纳；演绎补充和订正归纳，归纳又丰富和检验着演绎。归纳和演绎的这种相互关系，是认识本身固有的规律，如果我们能自觉地从辩证统一中来运用归纳和演绎这两种推理形式和思维方法，我们就能更好地去发现和把握客观真理，同时也就在一个重大问题上懂得了辩证逻辑的科学方法论。

参考文献

[1] 恩格斯．自然辩证法．北京：人民出版社，1955：189.
[2] 恩格斯．自然辩证法．北京：人民出版社，1955：10.
[3] 恩格斯．自然辩证法．北京：人民出版社，1955：18.

关于类比法的几个问题*

类比法是一种应用甚广的思维方法，对类比法的考察由来已久，当今的形式逻辑教本，都有阐述这一方法的专门章节。但对类比法的说明大都过于简略，不够深刻和全面。为使类比法进一步发挥其科学方法论作用，有必要更深入和详尽地探讨其在认识过程中的地位和作用。本文试图结合若干自然科学材料，对选一课题提出几点很不成熟的意见。

一、类比法的类型

类比法是理论思维的一种逻辑推理方式，它的进程是由对某一特殊对象的认识过渡到作出另一有关特殊对象的新判断。在当前的形式逻辑著述中，通常都这样来表达类比法的定义，即认为类比法是由两个对象的某些属性相同，从而推出它们在其他属性上也相同的推理力法；并指出这一方法的公式是：

（1）A 对象均具有属性 a、b、c、d；

（2）B 对象具有属性 a′、b′、c′（a′、b′、c′表示与 a、b、c 相似）；

（3）B 对象可能具有属性 d′（d′表示与 d 相似）。

我们认为，类比法的这种定义和公式不够全面，它未能概括类比法的多种类型。

在自然科学研究中，类比法的应用表现为不同的形式。暂且可以分为以下三类，并暂且作如下命名：①剩余类比，②数学相似类比，③模拟实验类比。

所谓剩余类比，就是通常形式逻辑著述中已较详尽阐明过的类比推理方法，它的一般特点和公式大体上如上所述。这种类比又可分为两种情形，第一种是就两对象的属性相比较来进行推理：A、B 两对象具有相似的共同属性 a、b、c 和 a′、b′、c′，已知 A 对象还剩下属性 d，根据相同属性的存在，推断 B 对象可能也具有属性 d′。

---

* 陈昌曙，新建设，1963 年，第 2 期：第 11～21 页。

例如：

（1）声现象的属性是直线传播，能反射、折射和产生干扰，是波动；

（2）光现象的属性是直线传播，能反射、折射和产生干扰；

（3）光可能也是一种波。

剩余类比不仅用于比较两对象所具有的属性，推出关于事物性质的判断，同时也用于比较两个对象系统中所存在的事物，推出关于预见某事物可能存在的新判断，这是剩余类比的第二种情形。这时，A、B 代表两组对象系列，其中存在着相似事物 a、b、c 和 a′、b′、c′，在 A 系列中还剩下事物 d，而 B 系列中尚未发现相似事物，于是就用类比法在逻辑上推断在 B 系列中可能也有事物 d′。

例如：

（1）A 对象系列：卤素元素氯，惰性气体元素氩，碱金属元素钾；

（2）B 对象系列：卤素元案氟，碱金属元素钠；

（3）在 B 系列的氟和钠中可能也有惰性气体元素（以后发现为氖）。

剩余类比是类比法的比较简单的形式，是一种较低级的类比。第一，这种类比通常是质的类比，通过这种类比所得到的大都是一些定性的知识，还没有达到定量的数学分析。剩余类比所回答的是在某对象中具有或不具有某种属性或事实（例如光有无波动性，卤素和碱金属之间有无情性气体），还不能回答某对象中有多少性质和事实。第二，这种类比在相当程度上包含着孤立性、片面性，在运用剩余类比时，人们可以逐一地、单个地比较两对象的共同属性或事实，即比较 a 与 a′，b 与 b′，c 与 c′，而撇开了 abc 之间及 a′b′c′之间的联系，同时也可以不考察共同属性与剩余属性的关系，即撒开 abcd 之间的联系。第三，因此，这种类比所得到的常常不是关于规律性的判断，而只有关于某属性或事实存在的判断，或者说，它所回答的只是简单的“有”。因为要做出关于推出来的属性或事实 d′的规律性割断，就必须知道 d′与 a′b′c′之间的本质的、必然的联系，但人们不一定了解 a′b′c′之间以及 abcd 之间的关系也就不能推出 a′b′c′d′之内的联系。第四，剩余类比所获得的结论只是两种具有或然性的知识，而且与下述两种类比法相比，具有较小的或然性，这一点留到下面再就。

所谓数学相似类比，是在两对象有若干属性相似，且在二者的数学方程式形式相同的场合下，推论出它们在属性上综合相似；或者反过来，由两对象的各主要属性的综合相似，推论出它们的数学方程式形式相同。

前一种情况的公式是：

（1）A 对象具有属性 a、b、c，且对于 A 有 $f(x)=0$；

（2）B 对象具有属性 a′、b′，且对于 B 有 $f(x')=0$，［$f(x')$ 表示与 $f(x)$ 的数学形式相同］；

（3）B对象也具有属性c′。

例如：

（1）光现象具有波动性和粒子性，光的运动服从光线的最短路径原理（即费马原理）；

（2）力学的质点运动具有粒子性，质点运动服从力学的最小作用原理（即莫培图原理）；

（3）由于费马原理和莫培图原理在数学形式上相同，故推出物质粒子也具有波动性。

后一种情况的公式是：

（1）A对象具有属性a、b、c，且对于A有$f(x)=0$；

（2）B对象具有属性a′、b′、c′；

（3）对于B，亦有$f(x')=0$。

例如：

（1）光具有波动性和微粒性，且能量=普朗克常数×频率，动量=普朗克常数/波长；

（2）实物粒子也具有波动性和微粒性；

（3）对子实物粒子也有能量=普朗克常数×频率，动量=普朗克常数/波长。

数学相似类比是一种比较复杂和高级的推理形式。第一，这种类比不仅是质的类比，同时也是量的类比，在进行推理时，对事物性质的比较总是同一定的数学分析结合在一起，它所获得的不仅是定性的知识，同时也是定量的计算。第二，这种类比是综合性的，它在很大程度上是摆脱了孤立性的局限，在进行数学相似类比时，必须从相互联系中考察各个属性之间的关系，以及各个属性同数学方程式之间的关系。这一点可以从数学类比的公式中看出，在这种类比中总有方程式$f(x)$存在，$f(x)$所反映的并不是某个单独属性或事实的孤立存在，$f(x)=0$这个数学方程式，总是在一定侧面上表现着对象属性abc之间的某种关系。同时，这种类比也在很大程度上摆脱了片面性的局限，特别在由对象属性相似推出方程式形式相同的场合，人们并不是比较相似属性 之外的剩余属性，而是全面地比较两队对象的各主要属性，从而推出二者在数学方程式相同。第三，数学类比所得到的是关于规律性的判断，这种推理方式或者是以数学方程式作为中项，得出与一定数学关系有关的属性判断，或者是与综合属性比较作前提，得出与对象属性综合有关的数学判断。在这两种场合，推理结论都从属于一定的数学函数，也就是与某种规律性有关（因为在这种推理中的数学函数总是代表着一定的物理意义，反映着客观的规律性的联系）。第四，数学相似类比与剩余类比相比，还具有较少的直观性，它大的只能是推广理论分析的成果。但数学类比的现实本身还缺乏实验基础，因而它所获得的结论，也还是一种或然性的知识。然而，这种或然性通常比剩余类比推理的或然性大，有时甚至接近于完全可靠的程度。

类比法的第三种类型，是模拟实验类比，在科学技术研究中把这种方法称作模型法。在水力学、空气动力学、热工学，以及采矿、冶金、机械、化工等技术部门，都在不同程度上使用这种方法并获得了许多有益的成果。模拟类比是现代实验法的极为重要的方法论。简单说来，所谓模拟实验类比，就是以某一对象作为模型，对它进行实验研究，并依据一定的规则，把这种实验研究结果推广和转用于另一未被直接实验的对象，做出关于这一对象的判断。

模拟实验类比也可以分作两种情形。第一种是数学相似的实验模拟。在这种类比中，被比较的两对象在性质上是不同的（例如其一为机械力学过程，另一为物理的电磁过程），但二者的数学方程式形式相同，这时，人们可以对其中某一个对象进行实验研究，算出这一对象的数学方程式的解，然后把这些解的数值转用于另一对象。由于电磁过程便于控制和测量，占地小，易于设计，在科学技术研究中常用电磁模型进行数学相似的实验模拟。例如，根据电磁振荡和机械振荡在某种场合的数学方程式形式相同，可以把电磁振荡的实验数值用于力学的机械振荡；依据数学相似的实验模拟，还可以用直流电动机电位器轴的转动角，来推断飞机的倾斜角的大小。

数学相似的模拟实验，与前进的数学相似类比法不同，它是另一种类型的类比法。前者只是比较两对象的定量方面，并不由数量关系相似作出对象的定性判断，两对象在性质上不同是已肯定的前提条件；而后者则是由数量关系相似推断两对象的属性相似，或由属性相似推断两对象的数量关系相同。前者是在实验研究基础上做出的推断；后者本身无直接的实验基础，是在理论思维中做出的推断。

模拟实验类比的第二种情形是物理相似的实验模拟。在科学技术研究中，人们面临着做出某项技术设计的任务（例如设计一座水库、一架飞机），并且需要用实验判明这种设计是否合理。但常常由于设计中解数学方程式的设计过于复杂或不精确，因而难以做出恰当的设计；或者由于设计做出后按原设计进行实际实验费用太大、时间太长或不够安全，因而就采用了模型法。这时，人们可以在一个缩小了的模型上进行实验以求取设计所需的数值计算，或者来判明已做出的设计是否合理。在这种实验类比中，作为模型的对象与实际对象只有大小比例的不同（例如用小飞机在风洞中作模型实验，作小水库进行水工模型实验），二者的性质则是相同的（例如均为力学过程、热过程等）。

物理相似的模拟实验与数学相似的模拟实验的相同处，在于它们都是在实验基础上的定量推理，并不直接做出质量关系的判断；二者的区别点在于物理模拟是以两对象在性质上相同作为已肯定的前提条件。

从逻辑角度分析，模拟实验是一种包括类比在内的复杂的推理形式。第一，模拟实验中的类比，并不是一种简单的比较，而是在比较的基础上做出的类比推理，它是由某一对象的定量知识，做出另一未直接研究的对象的新的定量判断。在物理模拟实验的场合，这种类比并不是把两对象的数值作简单的正比放大或缩小，而要遵循复杂的类比规则（即由所谓相似三定理所确定的原则）才能把模型上的实验数值经过转换推用于实际对象。第二，模拟的推理也是一种综合性推理。数学模拟的前提是两对象的数量关系综合相似。物理模拟的综合相似条件则更为复杂，它要求模型和实物在形状和大小、进行的时间、物理性质、开始和边界的特点诸方面相似，要求二者的各个因素有相同的相互关系（即所谓相似准数的形式相同和数值相等），因此，这种类比推理在更大的程度上避免了孤立性和片面性的局限。第三，模拟类比是直接在实验基础上进行的，它的作用是推广实验研究的结果，是典型试验的外推法。第四，由于上述几点，模拟实验类比所获得的结论，就不是仅仅具有或然性的知识，而是可靠的或基本上可靠的结论。(但实际上，模拟法的运用常常碰到不少困难，而只可能做到模型与实物的近似相似，从而只获得近似可靠的类比结论。)

以上三种类比法的类型，都是由特殊到另一特殊，由此物推及彼物，由此类推及他类的逻辑推理，可见，把类比法只归结为是由两对象的某些属性相同而推出它们在其他属性上也相同的一种推理形式（即剩余类比），这是不全面的。

我们认为，可以大体上把类比法作如下的规定：类比法是一种把由某特殊对象的知识推移到另一特殊对象的思维方法，它由两对象的某些属性相似，推出它们的其他属性或规律性相同，或由两对象的规律性相似，推出它们的属性或定量计算相同。

二、类比法的逻辑基础

在当前的形式逻辑著述中，还对类比法的逻辑基础、类比结论的性质及正确运用类比条件作了分析。但大都说得比较简单，也有不完善和片面性的地方。在此，再就类比法的这些方面作一些分析。

分析类比法的中心问题，是关于这种推理形式的逻辑基础问题，解决了这个问题，类比结论的性质和正确运用类比的条件等同题也就迎刃而解了。

人们在思维逻辑中之所以有可能运用类比法，是由客观世界中以下几方面决定的。

第一，客观对象的相似性和差异性是类比推理的最简单的逻辑基础，并首先和直接是剩余类比法的逻辑基础。关于相似性和差异性之作为类比推理的逻辑基础，是当前形式逻辑著述中已经提到的，只是还需要加以具体化和展开。

在类比推理中（不论那一种类比方式），人们总要比较两个对象。这两个对象总既有在属性、方程式或定量描述上的相似点，又不能在这些方面绝对地、完全地等同。如果用符号 abcdef 等表示任一对象的诸属性、教学方程式或某因素的定量描述，在类比时两对象的情况是：

A 对象有 a、b、c、d、e、f…

B 对象有 a′、b′、c′…

abc 和 a′b′c′表明了二对象已知的相似性，def 等既可能包含着二者的相似性因素，同时又必然包含着二者的差别性。在前文，我们只是在公式中提出了相似性的方面（例如在剩余类比中的推移属性 d），其实，两对象在比较时总不会是只有相似没有差别的。因为类比是在两个个别对象（或两类个别对象）上进行，世界上的任何个别都包含着差异性，因此，除可以类推到 B 对象的相似性之外，在 A 对象上总是存在着不能类推到 B 对象上去的属性、数学方程式或定量计算。

相似性的存在，提供了类比的可能性；差异性的存在，又限制着类比的范围，不能根据已知有 abc 和 a′b′c′相似，就把 def，都推移于另一对象，因此就必须考察在什么条件下类比才是合理的问题。这里，要回答以下三点：①要研究 A 对象的 def，与 abc 的关系，def 这些因素是否与 abc 有必然共同存在的联系；②根据什么只把 def 中的部分因素（如 d）推移子对象 B；③对 B 对象来说 d′是否一定会出现呢，也许 d 正是 A、B 两对象的差异点呢？

剩余类比法通常并不回答这些问题，而且它本身就可以在没有解决这些问题的前提下来进行，根据剩余类比的公式，把 d 推移子对象 B，或把 def 都推移于对象 B，在逻辑上都同样可以是合理的。剩余类比的这种无限制性，就使它的结论具有不可靠性，或者说，剩余类比是或然推理，它可能对，也可能错。

数学相似类比在很大程度上规定了这种限制性。在数学相似中，A、B 两对象同样存在着差异性，但数学相似确定了选择推移属性或推移数学形式的原则，在 A 对象中诚然存在着 def 等因素，但在类比时人们只是考虑与方程式有关的诸因素。在由属性相似推出数学方程式相似的场合，A 对象的属性 abc 与数学函数有关，如果 B 对象也具有 a′b′c′，那么二者的数学函数相似。这里，已经合理地撇开了与数学方程无关的其他可能是差异性的因素，规定了类比的限制性。在由数学方程式相似推出属性相同的场合，A 对象的数学函数也规定了它所用来推移的属性是从属于这一数学方程式的，类比也有限制性。可见，数学类比是在限定了相似性的范围中进行的。只要数学方程式选择得当，数学方程式所规定的属性选择合理，并遵循正确的推理规则，数学类比在相同性和差别性问题上的关系不会导致结论的或然性。数学类比的或然性是来自数学方程式的比较方面，这点下面再谈。

模拟实验类比仍然是在两个有区别的对象上进行的，但它在更大程度上规定了类比的限制性，保证了能在几乎完全相似的范围内进行推理。数学模拟时两对象的性质不同，但类比时所比较的只是二者在数量关系上已知的相似性。物理模拟时模型与实物也不尽相同，但类比是在严格确立了的相似条件范围内实现的（这些条件已如前述）。由于模拟实验所遵从的类比规划，保证了不会因对象的差别性而产生错狭的比较。

第二，客观世界中各种运动形式在数量关系形式上的相似性，也是类比法，特别是数学相似类比（在由数学方程式相同做出某些属性相似的场合）和数学模拟实验类比的逻辑基础。在这种类比中，其共同点都是依据不尽相同的对象（如光现象和粒子现象、力学系统和电磁系统）的数学方程式形式相同。

客观对象在数量关系上的形式相同，是世界统一性的表现之一。列宁[1] 在《唯物主义和经验批判主义》一书中指出："自然界的统一性显示在关于各种现象领域的微分方程式的'惊人的类似'中。"并且引用了波尔兹曼[2] 的下述言论："用同一方程式可以解决流体动力学的问题，也可以表达势论。流体的漩涡理论和气体的摩擦（Gasreibung）理论显示出同电磁理论有惊人的类似。"

在数学相似的实验模拟法中，由于类比只是就两对象的方程式作比较而做出定量判断，类比有明确的限制，因而常获得确实的结论。

但在由两对象的数学方程式形式相同而做出它们的某些属性相同的数学相似类比中，情形就不一样了。这时的推理已不仅是数学范围内的事，而要由数学关系形式相同作出对象的性质也有相似之处（如粒子也具有同光相似的波动性），即由定量比较而做出定性判断。类比是在质量统一的相互关系基础上进行的。

从质量统一的方面考察，自然界又是统一性和多样性的统一，不同质的现象领域可以有同一形式的数学形式，这是统一性；但同一的数学形式却并不就意味着它所反映的对象都有物理相似。因此，由数学方程式相似而做出物理相似在逻辑上的依据是不充分的，它所获得的是可能如此也可能不如此的或然性结论。另外，由于数学相似类比还缺乏实验基础，也使其结论具有或然性。

第三，性质相同的现象的规律性相同，是类比法，特别是数学相似类比（在由两对象的属性相似做出有关数学方程式形式相同的场合）和物理模拟实验类比的逻辑基础。在这种类比中，其共同点都是两对象在物理性质上有一致之处（如都是波动和微粒统一的对象，都是水力学对象）。

同一性质的现象，总是服从于有关的同一自然规律，而自然规律（特别是力学、物理、化学的规律）总可以用一定数学方程式定量地表达出来，从而同一性质的现象也就有形式上相同的数学关系式。因此就有可能进行理论的数学类比，或对某一对象（模型）作实验研究，而把对模型的方程式的定量补算超过转换用于另一性质相同的对象，并从而获致较可靠的结论。

上述各点，主要是关于类比法在原则上的客观可能性，但人们并不是在任何条件下都可以在实际研究中充分利用这些可能性。为了在实际上运用类比法，还必须有充分的知识和克服在研究过程中的若干具体困难。

积累有关对象的知识，是对它们进行类比推理的根本条件。要进行剩余类比，就必须尽可能多地了解对象的定性特征，因为在这种类比中，两对象的相似属性的数量越多，则剩余属性类推的可靠性也越大；在了解属性越充分时，也便于发现两对象中有无相反的属性，从而避免错误的类比。在知识不足的情况下勉强地运用类比法，正确地被黑格尔贬斥为空虚无聊的戏弄。黑格尔并举了一个例子子来说明这种仅从个别相似就做出勉强类比的不可靠性，他说，常有人这样推论：地球是一个星球，并且有人居住；月球亦是一个星球，故月球上很可能亦有人居住。黑格尔认为这是一种很肤浅的、很坏的类推，因为这种类推没有具体地分析地球和月球上的诸条件，没有分析这些条件同人居住的关系[3]。要进行数学相似类比或数学相似模拟实验类比，就不仅要知道对象的定性特征，而且要知道对象特性的定量描述和它们的相互关系。要进行物理模拟，就要知道对象的物理本质和数学关系。例如，人们在现在还不能对高炉冶炼的物理化学过程做出模拟的比较实验，就是由于还没有较充分地了解这一过程的性质和数量关系。

类比法的运用，特别是实验模拟法的运用，还要求有相当的物质条件，其中首先是选择合理的模拟材料和实验设备的问题。如果这些物质条件不能适当满足，模拟的结果就会产生很大的误差。例如，人们为了研究地层中岩石的性质，常采用相似材料制成试块作模拟实验，但由于试块的性质、外表特征与实际岩石很难相似，由于实验设备中作用力的状态与岩石在地下受力方式很难相似，这种实验就常常不能正确反映实际岩石的特点。在这种情况下，就要求对实验结果进行重大的修正，并从技术上改进相似材料和实验设备的条件。

正确地认识类比法的客观基础和条件，对于科学研究的意义，在于使我们能避免作主观主义的类比推导，以更严肃的态度和严密的方法来对待类比研究。

三、类比同归纳和演绎的关系

关于类比法，还有一个问题是形式逻辑著述中所未涉及的，这就是类比同归纳和演绎的关系问题。这个问题的阐明，对于了解认识的规律性，对于正确运用类比法，有十分重要的意义。探讨类比同归纳和演绎的关系，是辩证逻辑的课题之一。

类比、归纳、演绎，是逻辑思维的三种推理方法。演绎的特点是由一般到个别，归纳的特点是由个别到一般，类比则是由个别到个别，即由某个别对象具有某种属性、数学式或定量特征，而推论另一个别对象也具有同样的属性、数学式或定量补算。

类比不仅同演绎和归纳相区别，同时它们又互相联系、相互转化。不承认类比是一种独立的推理方法，把它同演绎或归纳等同起来，是不正确的；反之，只承认类比与其他推理方法的区别性，而忽略了各种推理方法的联系，也是另一极端的错误。

在哲学史上，黑格尔是注意到类比、归纳和演绎三者关系的第一人。列宁在评价这一点时指出："类比推理（关于类比的推理）向关于必然的推理的转化，——归纳推理向类比推理的转化，——从一般到个别的推理向从个别到一般的推理的转化——关于联系和转化（联系也就是转化）的阐述，这就是黑格尔的任务。"[4]

关于类比同归纳和演绎的联系和转化，我们仅仅指出以下三方面。

1. 由归纳向类比的转化

人类认识自然界的目的是为了发现和在实践中利用自然规律，为此，就必须由对自然界的个别对象的了解，过渡到认识一般性的东西。从认识运动的秩序看，总是由认识个别对象开始，然后逐渐扩大到认识一般事物、认识事物的规律性。恩格斯指出："事实上，一切真实的、详尽无疑的认识完全在于我们在思维中能把个别的东西从个别提高到特殊、然后再从特殊提高到一般……自然界中的一般的形式便是规律。"[5] 为了要由个别过渡到一般，就不可避免要用归纳的方法。

归纳的研究是要通过经验认识个别事物，然后再加以以概括，但由于经验的局限性，人们通常并不可能把有关的个别对象完全罗列出来，因此仅仅用归纳法就不可能做出一般性的结论。在实际的归纳研究中，就不得不在研究了若干个别时，也假定同类的其他个别对象同样具有那些已知的个别对象的属性，这时，就由归纳过渡到类比，或者说，归纳是建筑在类比的基础之上。黑格尔就说："……在归纳法里我们是无法穷尽所有的个体事物的。当我们说：所有金属，所有植物时，我只是说：直到现在为止我们所知道的所有金属，所有植物而已。因此每一种归纳总是不完备的。我们尽管对于这个和那个做了许多的观察，但我们总无法观察到所有的事例，所有的个体。归纳推论的这种缺点便引导我们到类推。在类推的推论里，我们由某类事物具有某种特质，而推输在同类的别的事物亦当具有同样的特质。”[6] 列宁在评述黑格尔这一思想时指出：“以最简单的归纳方法所得到的最简单的真理，总是不完全的，因为经验总是未完成的。由此可见：归纳和类比的联系……”[7]

归纳转化为类比，类比本身也包括或渗透着归纳的因素，这可以由类比法一般公式中清楚看出。类比法的前提是：AB 两对象在某些方面相似，其结论是二者在更多方面相似，也就是从 A、B 两对象中做出了二者都包含着共同的东西的结论。类比本身虽并不因此就等于归纳，但它包含着概括个别的因素。

类比的公式是：

（1） A 对象有 abcd（abcd 或代表属性、数学函数、定量描述）；

（2） B 对象有 abc；

（3） 所以，B 有 d。

这个公式的结论，实际上表明了 A、B 两对象都有 abcd，而即由 A、B 中概括出 abcd 是两个别对象中的一般。

前进的各种类比法中的实例可以具体地就明这一点。把光现象同声现象类比，不仅获得了光也是波动的知识（直接由类比获得的结论），同时也知道了光现象和声现象这两个个别事物都包含着一般的东西——二者都是波动过程。把粒子同光类比，不仅知道了粒子也具有波动性，而且包含着下述的概括性结论，即粒子性和波动性的统一乃是自然界中一切对象（实物和场）所共有的一般属性，即自然界的规律性。模拟实验类比也不仅是做出了关于个别对象的结论，而且是用科学实践证明了，自然界的不同对象服从于同一的规律性，模型实验的结果是代表着许多个别的一般者。

2. 类比中的演绎因素

类比法的本身是比较两个个别对象，这点有别于演绎，但在类比中却不可缺少演绎的成分。在类比研究中人们把哪两个个别对象拿来相比，并非任意选择的，这时人们或是已经知道两对象是同一类的事物，或是虽并不直接知道这点但却依据已积累的知识预感到两对零可能属于同一个类，正是有了这种认识和预感，才把这两个对象拿来比较。黑格尔说过：“类推可就是理性的本能。这本能使人预感着经验所发现的这个或那个特质，实质基于一个对象的内在性质或类里，即根据这种预感而作进一步的推论。”[8] 这就是说，类比本身虽然是由个别到个别的推论，但把个别当作一类并由同类去推断个别的因素仍不可少，这种由类到个别的因素，也就是由一般到个别的演绎成分。

在类比法的各种类型中都可以发现这种由一般（类）到个别的思维演绎成分。

在剩余类比中，比较是这样进行的：

（1） A 对象具有 abcd；

（2） B 对象具有 abc；

（3） B 对象具有 d。

这个类比实际上是由于人们有了凡具有 abc 的事物都可能属于有 d 的一类的推测时，才得以进行的；如果人们确信 abc 与 d 没有普通的关系，就不会就 A、B 两对象进行比较。abcd 之间的普遍关系虽然是未经证实的预感，但却是引导类比可能实现的指导思想。在进行剩余类比时，人们在思维中包含着以下的演绎成分：

（1） 一切有 abc 的对象都可能有 d，A 是属于这一类的个别对象；

（2） B 对象有 abc；

（3） B 对象可能有 d。

前面提到的关于惰性气体的类比，粗看似乎只是由个别到个别，实际上却包含着由一般到个别的因素。这个类比实际过程是：

（1） 在氯元素和钾元素之间有惰性气体氩；

（2） 氯是卤族元素，钾是碱金属元素；

（3） 在卤族元素和碱金属元素之间有惰性气体存在，氯和钾是属于这一类的个别对象；

（4） 氟是卤族元素，钠是碱金属元素；

（5） 在氟钠之间也可能有惰性气体。

从这个推理的（1）、（2）、（4）、（5）看是类比，但这个类比却包含着（3）这个不可缺少的因素作为推理的中介。尽管（3）这个环节可能是一种假定性的预感，但它却是沟通两个个别对象使之得以互相比较的桥梁；设想，如果根本没有（3）这个媒介，就不可能把氟和钠的关系拿来同氯和钾的关系作比较了。而从（3）、（4）、（5）的关系来看，则正是一个由一般到个别的演绎成分。类比是不能与演绎绝缘的。

在数学相似类比法中，也表现出演绎的作用。在这种推理中 A 对象的属性同它的数学方程式的关系通常是已经查明了的，这就便于看出类比中思维演绎的成分。

数学类比法的公式之一是：

（1） A 对象有属性 ab，且 $f(x)=0$；

（2） B 对象有属性 abc；

（3） 对 B 对象，$f(x)=0$。

这时在思维中的演绎中介是：

（1） 有 abc 的对象必然有 $f(x)=0$，A 是属于这一类的个体；

（2）B 对象有 abc；

（3）B 对象有 $f(x)=0$。

前面提到的关于实物粒子也遵循光的某种数学关系的类比也不仅是由个别到个别，而是包括由一般到个别。它所包括的演绎成分是：

（1）具有波动和粒子二重性的对象必然服从能量=普朗克常数×频率，动量=普朗克常数/波长的公式，光是属于此类的个别对象；

（2）实物粒子具有波动和粒子二重性；

（3）实物粒子也遵循上进两个数学公式。

数学类比法的另一种情形也有演绎成分作中介，兹不赘述。

模拟实验类比中的演绎因素则更为明显，这时演绎推测已不再是尚待证实的潜伏的预感，而是已经指明了的、证实了的东西。在进行这种类比时，已经知道 A、B 两对象在定量或定性方面是具有必然的共同性的事物，在某种意义上，可以把模拟实验类比看做是由演绎转化而来的类比。这种类比的形式是：

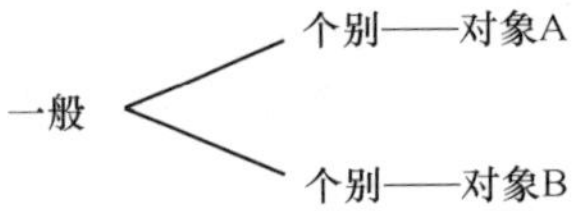

这个一般可以只是量的共同性（数字模拟时），也可以是质和量统一的共同性（物理模拟时）。由于有一般作指导来研究具体对象，就大大提高了这种类比的可靠性。

类比中演绎成分的存在，说明了人们在研究具体事物时理论思维的重要性，在类比研究中，主观主义诚然是必须反对的，但忽视理论思维、拒绝科学推测的经验主义也是要不得的。没有理论思维，就不可能在研究自然现象时把两个个别事物联系起来进行考察，正如恩格斯所指出："没有理论的思维，就会连两件自然的事实也联系不起来，或者就会连二者之间所存在的联系都无法了解。"[9]

类比过程中演绎思维的错误，必将导致类比结论的谬误。关于这一点，黑格尔曾举过一个极简单的例子：

（1）A 是人，又是学者；

（2）B 是人；

（3）B 可能是学者。

黑格尔说这是一个很坏的类比，因为这个推理是以下面的思想作指引的：

（1）人是学者，A 是属于这一类的个体；

（2）B 是 A；

（3）B 是学者。

这显然是错误的，因而类比也就不对了。

对于科学技术研究来说，类比中的理论思维比这要远远复杂得多，要有正确的理论思维就不仅要求具备丰富的科学知识，而且必须求助于哲学，必须学习唯物辩证法。恩格斯指出："恰好辩证法对于今天的自然科学考是最重要的思维形式，因为只有它才能对于自然界中所发生的发展过程，对于真然界中的普遍联系，对于从一个研究领域到另一个研究领域的过渡，提供类比，并且从而提供说明方法。"[10]

3. 类比向归纳和演绎的转化

这一点在形式逻辑假说时已有所提及，这里仅略作补充。

类比虽然渗透着归纳和演绎的成分，但自身尚不是归纳或演绎。类比推理所获得的结论，除模拟实验外，大都是或然性的假说（例如在始初提出时的光的波动说，惰性气体存在的预见，实物粒子波动性的观点），因而需要由新的实验来检验，由类比推移到更大范围的归纳，也需要由新的分析作理论论证，由类比推移到更深刻的演绎。这样，才能发展或修正由类比所获得的认识，逐步把假说变为科学理论。

关于惰性气体存在的预见之变成科学结论，在于科学家通过尔后的实验，把预见的个别对象发现出来，不仅找到了氖，而且找到了氪和氙。科学研究的进展，把关于个别卤族元素和碱金属元素间存在惰性气体的类比结论转化为一切卤族和碱金属之间都有惰性气体的归纳结论。即：

（1）在氯和钾之间有惰性气体氩；

（2）在氟和纳之间有惰性气体氖；

（3）在溴和铷之间有惰性气体氪；

（4）在碘和铯之间有惰性气体氙；

（5）氯、氟、溴、碘是卤族元素，钾、纳、铷、铯是碱金属元素；

（6）因此，在卤族元素和碱金属元素之同都有惰性气体。

但这个归纳结论还是一个尚待理论分析的判断，还必须由理论上查明在卤族和碱金属之间存在惰性气体的必然性。这一点是在确定了元素性质和原子结构的规律性关系之后才弄清楚的，人们根据原子最外层电子排布的周期性重复解释了元素性质的周期性变化，从而解释了由卤族过渡到惰性气体以及由惰性气体过渡到碱金属族的必然性。原来，卤族元素的原子外层只缺一个电子就充满了，惰性气体元素的外层电子已经充满，碱金属元素外层只有一个电子，电子的这种排布符合周期律的必然性，因而惰性气体的存在得到了必然性的论证。这种理论的必然推理是一个演绎性的过程，最初的类比转化为归纳，又转化为演绎的分析，所得的知识也由或然性的假说过渡到必然的真理。

最初由类比所得出的实物粒子有波动性的假说，也是在经过实验检验（如电磁波在晶面上反射的实验），并且证明符合数学的演绎推导（如电磁波服从道利夫-布拉格公式）之后，才得以成为科学理论的。

类比向归纳和演绎的转化，说明了在研究过程中不能只停留于运用类比，而必须继续前进，以便由个别过渡到一般，由经验过渡到概括，逐渐达到对规律性的把握。

以上三方面的关系表明，类比、归纳、演绎不是三个孤立的推理形式，而是相互联系、相互转化的认识方法，只有在实践的基础上综合地利用这三种思维方式，才能在科学研究中获致有益的成果。

参考文献

[1] 列宁．列宁全集（第14卷）．北京：人民出版社，1956：305.
[2] 同 [1].
[3] 黑格尔．小逻辑．北京：三联书店，1954：372～373.
[4] 列宁．哲学笔记．北京：人民出版社，1956：165～166.
[5] 恩格斯．自然辩证法．北京：人民出版社，1955：195.
[6] 黑格尔．小逻辑．北京：三联书店，1954：372.
[7] 列宁．哲学笔记．北京：人民出版社，1956：165.
[8] 同 [6].
[9] 恩格斯．自然辩证法．北京：人民出版社，1955：37.
[10] 恩格斯．自然辩证法．北京：人民出版社，1955：23.

自然科学史研究的哲学意义*

研究和概括自然科学史，是提高我们的哲学水平的重要途径之一。列宁指出，包括各门科学的历史在内的整个认识史，是“应当构成认识论和辩证法的知识领域”[1]；列宁在提出哲学的研究的任务时还写道：“要继承黑格尔和马克思的事业，就应当辩证地研究人类的思想、科学和技术的历史。”[2]

一

概括自然科学的历史，才能更深入，更具体地论证辩证唯物主义的哲学原理。

我们在阐述辩证唯物主义时，往往用列举实例作为原理的具体说明，而缺乏历史的论证；有时，甚至仅只有简单的论断，没有必要的证明。

用举例来说明马克思主义哲学的原理，本来是可以的；这种做法，在通俗宣传中更是必要的。但是，把对原理的论证都归结为例证，特别是在哲学研究工作中（即主要不是为了通俗化）也局限于这一点，就不尽合适了。

马克思主义哲学的每一个原理，都既不是空泛抽象的公式，也不是只由若干个别事例的简单枚举中归纳出来的，而是认识历史的总结。马克思主义哲学是关于自然界、社会和人类思维最普遍规律的科学，它的每一个规律、范畴、原理都不能仅仅用个别的例子（即使是若干个个别的例子）求完全证明，这里需要的是历史的论证。列宁在论述认知现象的原因的意义时会指出了这一点[3]，他说，可以用自然科学史和哲学史上的例子来证明认知原因的重要性，但随即又说：“更确切些说：这里不应该只谈‘例子’——比较并不就是论证——而是自然科学史和哲学史+技术发展史的精华。”

辩证唯物主义的每个基本原理，都要求有这种科学史的论证，如果不研究自然科学史，不善于概括自然科学史，就无法具体地阐明这些原理。离开了历史的

---

* 陈昌曙，哲学研究，1963 年，第 4 期：第 17 页。

东西而只在逻辑演绎上打圈子，理论原则必将成为枯瘦失色的抽象条文；只有在认识历史的基础上，把理论的逻辑同思维历史结合起来，哲学原则才能丰满和有生气，才有具体的说服力。例如，世界的物质统一性，这是唯物主义哲学的根本观点，简单说来，这个观点表明了世界上千差万别的事物和现象都是客观实在的东西；但这个原理的科学论证却不是两三句话或几个例子就可以解决的。对于马克思主义哲学来说，“世界的真正的统一性是在于它的物质性，这种物质性不是两三个变戏法似的词句所能证明的，而是要由长期的和艰苦的哲学的和自然科学的发展来证明的。”[4] 可见，要真正说清楚世界的物质性，不懂得自然科学的历史发展是不行的，只是片断地知道自然科学的个别事例也是不够的；只有懂得了自然科学的历史发展是怎样长期又怎样艰苦才证明了世界的物质性，世界物质性这个唯物主义原理才能得到令人信服的具体阐述。

应当说，世界物质性原理的自然科学史论证在当前的某些哲学论著中已经较好地做到了，但还不是对每一个基本原理都很好地做到了这一点。例如，对于辩证法的最根本规律——对立统一规律，就还没有充分从自然科学史方面给予检验和证明。列宁很早就提出过这一任务，他在论及对立统一规律时指出：“辩证法内容的这一方面的正确性必须由科学史来检验。对于辩证法的这一方面，通常（如普列汉诺夫）没有予以足够的注意。对立面的同一被当做实例的总和。”[5] 不能说，我们已经由自然科学史的检验充分实现了列宁提出的上述任务。

不仅世界的物质性和对立统一规律的原理要有自然科学史的检验和证明，恩格斯和列宁的论述对于哲学工作有着普遍的方法论意义。也就是说，辩证唯物主义的其他基本原理（如物质第一性和意识第二性、质量互变规律、否定之否定规律、唯物辩证法的范畴、认识论）都要求如何解决由自然科学史长期的艰苦的发展，来给予检验和证明的问题。为此，哲学工作者就应当研究和概括自然科学史。

二

概括自然科学的历史，才能用新的内容、新的理论观点，去丰富和发展马克思主义哲学。

马克思主义哲学是唯一科学的哲学，它的各个基本原理是不会过时的，但这样不意味着它的内容和观点是凝滞不变的；随着实践和科学历史的进展，马克思主义哲学也要更加全面、更加精确、更加丰富。

自然科学史的概括对发展辩证唯物主义和历史唯物主义哲学的作用，首先表现它能使马克思主义哲学已有观点的内容不断充实。

一个马克思主义哲学的普遍原理，必然既适合于各个领域，又适合于各个历史时期，然而，在不同的场合和时期，这个原理又总是包含在具有特殊性的具体对象之中，考察各门自然科学的历史，就有助于揭示出这种特殊性，从而丰富和发展对普遍原理的认识，并使哲学的一般原理由于达到历史的具体性而得以指导研究具体的事物。否则，即使是一个在原则上完全正确的一般原理，如果抛弃了历史的具体性，也会因过于抽象而在实际上难于分析具体事物。例如，生产实践是科学的基础，这无疑是一个普遍适用的哲学原理，它适用于各门科学的各个时期，但只有注意到各门自然科学在历史不同时期的特点，这个普遍这里的内容才得以充实，并成为指导自然科学的活的原则。从自然科学史看，在古代，自然科学一般直接决定于生产实践；到了 16 世纪以后，生产实践与自然科学的联系日趋复杂化，从生产实践逐步分化出来的科学实践（科学实验、观察）日益成为自然科学的发展动力，各门自然科学的相互促进、相互推动也更加明显，这时，生产实践往往通过实验和各门自然科学的相互作用而表现其最后的决定作用；在 19 世纪和 20 世纪之前，实践对自然科学发展的作用，通常变现为个别的实践领域推动着个别科学部门的进步，而在现代，这种作用越来越表现为一个综合性的实践项目对若干个自然科学部门同时提出任务。显然，如果不估计到自然科学历史发展的特点，而只是简单地运用实践是认识的基础的原理，就不能具体地指导我们分析现实情况，而且还有把一般原理枯槁化和僵死化的危险。

这种在概括自然科学史的基础上马克思主义哲学普遍真理具体化的过程，同时也就是充实和丰富了马克思主义哲学。不仅辩证唯物主义的各个基本原理应当获得这种具体的发展，而且也应当在总结自然科学历史发展的基础上充实和丰富历史唯物主义的有关原理。例如，通过自然科学史的概括，阐明科学家和群众在科学史发展上的作用，发挥关于人民群众和个人在历史上作用的原理；阐明自然科学的历史发展与社会物质生产的关系，发挥关于社会存在与社会意识关系的原理；阐明自然科学的进步与社会制度变革的关系，发挥关于社会革命的原理，等等。

自然科学史的概括对发展马克思主义哲学的作用，还表现在它能用新的观点使辩证唯物主义的方面不断增加。

马克思主义哲学是完整的、全面的科学体系，同时又是方面不断增加的体系，随着对实践和历史材料的概括，不断增加新的观点、新的原理。列宁指出："辩证法是活生生的、多方面的（方面的数目永远增加着的）认识，其中包含着无数的各式各样观察现实、接近现实的成分（包含着从每个成分发展成的整个哲学体系）。"[6] 新方面的不断增加和已有方面的不断深化，实际上是一切科学发展的两个不能分割的因素，马克思主义哲学的发展，也不仅在于已有观点的具体化，而且还在于有新的理论观点和原则的提出。这两个因素，对于发挥马克思主义的指导作用，都是不可少的。而要使马克思主义哲学的方面不断增加，概括自然科学史又是十分重要的条件之一。

辩证唯物主义的认识论是当前特别需要用新的观点来发展的领域之一。马克思主义经典作家已经对认识论做了许多科学的论证，证明了人类认识的基本规律，但是经典作家所提到的有关认识运动的各个基本方面，还需要给予更详尽的展开和补充，还有不少新的、复杂的问题尚未获得明晰的回答。总之，在认识论领域内现实地存在着必将提出的新观点、新原理的课题。由于自然科学史仍是认识史的一部分，概括自然科学史对于解决这些课题有重要的重要性。

辩证唯物主义的认识论揭示出人的认识秩序是一个在实践的基础上由感性直观到理性思维的发展过程，指出了这一过程的实现必须借助于科学抽象，即对经验材料加以去粗取精、去伪存真、由此及彼、由表到里的改造制作，弄清这个改造制作如何实现，对于科学研究有着极为重要的方法论意义。然而，这个思维加工工作是一件颇为纷繁复杂的事情，涉及极为广泛的问题。例如，分析矛盾的方法和意义，度量和向量说明质的方法，批判继承的类型和特点，由已知进入未知的方法，实验和观察的作用，理论思维的作用和方法，类比、归纳、演绎的作用和相互关系，概念、判断、推理的辩证法，假说在认识中的地位和作用，分析和综合的作用和关系，历史方法和逻辑方法的作用和关系，由抽象上升到具体的方法，以及数学方法、统计方法在认识中的意义等。不具体解决这一系列问题，就不能充分回答如何实现由感性认识到理性认识飞跃的问题，而要详尽和深入地研究这些问题，就必须去总结人类认识史（包括自然科学史）的经验，研究自然科学史上许多重大的基本理论产生时的方法论特点，这样就会给认识辩证过程的原理增加新的方面，形成完整的辩证思维的科学方法论体系。

辩证唯物主义的许多范畴在认识中的作用，至今尚未在概括自然科学史的基础上得到应有的阐明。例如，对因果性的范畴，就没有从理论上充分弄清楚人的认识如何由现象到本质以探求现象的原因又如何通过对原因的真正认识，从现象的外在性达到本质。

列宁在《哲学笔记》中提出了研究认识论的许多课题，其中就包括关于范畴的认识作用问题，列宁不止一次地指出，要在研究科学史的基础上解决这些问题[7]。他说："概念（认识）在存在中（在直接的现实中）揭露本质（因果律、同一、差别等）——整个人类认识（全部科学）的真正的一般进程就是如此。自然科学和政治经济学（以及历史）的进程也是如此。所以，黑格尔的辩证法是思想史的概括。从各门科学的历史上更具体地更详尽地研究这点，会是一个极有裨益的任务。"这也是我们在哲学研究工作尚未实现的任务。关于范畴的辩证法，当前还提出了许多新的值得探讨的题目，即认识如何由现象到本质，再由本质到现象，以及“个别——一般—个别”，“偶然—必然—偶然”，“相对—绝对—相对”，“具体—抽象—具体”，“结果—原因—结果”，“内容—形式—内容”等认识秩序是如何实现的等问题。这些问题的回答，只有在概括认识史（包括自然科学史）的基础上才有可能；而这些问题的科学论证，必将进一步丰富马克思主义哲学，更有力地发挥辩证唯物主义对认识世界的指导作用。

建立辩证唯物主义的范畴体系，也是当前哲学研究的一个重要任务，这个任务也必须有自然科学史的概括做依据才能解决。哲学范畴体系的建立，应当符合于人类认识史的秩序，即遵循范畴逻辑与思维历史一致的原则。研究自然科学史就有助于从中概括出思维史的一般进程，从而指定出科学的范畴体系。

自然辩证法所研究的许多专门问题，对于发展辩证唯物主义哲学是很必要的。这些问题的解决更是不能离开自然科学史的研究，可以说，自然科学史乃是自然辩证法研究最重要的专业基础。自然辩证法中关于哲学和自然科学的关系，关于自然科学的分类，关于自然科学中分化和综合的关系，关于统一自然观的形成等等问题，必须在研究和概括自然科学史的基础上，才能较彻底地加以回答。自然辩证法的研究如果不对自然科学史进行总结，就很难指导当前的科学研究。

三

概括自然科学史，对于哲学史和形式逻辑的研究也是必不可少的。

哲学史的发展从古到今一直与自然科学史密切相关。唯物主义哲学的历史发展极明显地受着各个历史时期自然科学的推动。恩格斯指出：“随着自然科学领域内每一个划时代的发现，唯物主义就不可免地一定要改变自己的形式。”[8] 就是唯心主义哲学的演变实际上也是与自然科学的历史发展分不开的，恩格斯还指出：“然而在从笛卡儿到黑格尔和从霍布斯到费尔巴哈这一长时期内，推动哲学家们前进的，绝不像他们所想象的那样，只是纯粹思维的力量。恰恰相反，实际上，推进他们前进的，主要是自然科学和工业的日益迅速的和日益猛烈的强大发展。”[9] 可见，如果不了解历史上不同时期自然科学的状况，就难于具体地剖析哲学史上各种观点的演变，特别是不能全面地揭示出各种哲学派别的认识论根源。例如，如果不知道 17、18 世纪时自然科学的历史特点（分门别类地搜集资料，力学是主要的自然科学等），就难于把握当时的哲学为什么具有形而上学性和机械性，如果不知道 19 世纪末 20 世纪初自然科学（特别是物理学）的历史发展，就难于了解这时马克思主义哲学为什么得以成为时髦的思想体系。

对形而上学和唯心主义哲学派别的批判，必须揭露出它在理论上的荒谬和社会实质，也必须揭露出它的认识论根源，然而，由于我们对自然科学史的研究注意不够，有时就不能具体地清算资产阶级的哲学体系，从而也不能有力指出应当如何防止由认识上的原因而陷入唯心主义的陷坑。例如，列宁在《唯物主义和经验批判主义》一书中已经指出了物理学数学化乃是“物理学唯心主义”产生的认识论根源之一，但我们至今往往限于简单地重述列宁的这个论断，至于物理学究竟是怎样数学化，数学化又怎样影响着物理学，怎样导致“物理学唯心主义”，却仍然不很清楚。因此，也难于指导物理学家如何正确地对待数学化问题，如何防止因数学化而走入唯心主义。而要查明物理学数学化的过程和实质，不研究物理学史和数学史，是不可能办到的。

资产阶级哲学家惯于利用和歪曲自然科学的历史成就来贩卖唯心主义，反对唯物主义。他们打着自然科学的招牌，宣扬“物质消灭了，能量就是一切”，“科学理论都只是作业假说”，“微观领域内无因果性”；鼓吹“宇宙热寂说”、“时空有限说”、“社会达尔文主义”等。如果不了解自然科学的历史及其成果，就难以充分驳倒这些谬论。

要进一步发展形式逻辑这门科学，也有待于概括和研究自然科学史。为了充分理解这一点，首先必须要由方法论的角度去认识形式逻辑的作用，恩格斯指出：“形式逻辑首先也是寻找新结果的方法，由已知进到未知的方法。”[10] 现有的形式逻辑正是在这一点上不能适应科学研究的需要，不能发挥其作为认识科学的辅助工具的作用。一方面，有关概然推理的各个问题的观点过分简单；另一方面，传统的演绎逻辑的观点也比较抽象，这两方面的问题就使现有的形式逻辑在帮助当代人去寻找新结果和由已知到未知的研究工作中，难于实现认识方法的作用。因此，形式逻辑面临着更详尽地探讨概然推理和更具体地发挥形式逻辑的任务，这两方面的任务的解决，不能由纯思维的推导来实现，而只能从具体地概括思维史（包括自然科学史）去完成。必须研究人类在认识自然界时，是如何去寻找新结果，是如何由已知进到未知，从中总结出逻辑的规律；至少是要研究自然科学史上若干重大发明和发现，看看人们是如何运用概然推理的方法，考察演绎推理在这个复杂的认识过程如何起作用，并从中探索新的逻辑形式。形式逻辑和辩证逻辑的对象截然不同（这里不来讨论这个问题），但这二者的研究都必须是先从实际的认识过程（从认识史）中来，再回到人们的认识过程和研究工作中去，在这一点上却是一致的；离开了认识史、科学史，逻辑科学就只能陷入抽象的研究而难以获得硕果。

四

概括自然科学史，这是一个十分复杂的任务。自然科学史包括众多的内容，一个哲学工作者想要学习和研究各部门自然科学的全部历史，实际上是办不到的，因此，必须确定我们的研究重点和考察的角度。

根据不同的哲学研究工作者的需要和可能，可以采取不同的重点来研究自然科学史的某个侧面；或是系统地考察一门自然科学的历史，或是考察一个历史时期中自然科学的历史，或是考察若干自然科学的重大基本理论（如太阳系学说、牛顿力学、能量守恒定律、原子分子论、元素周期律、相对论、量子论、生物进化论）产生和发展的历史。

哲学工作者研究自然科学史，在方法上与专门从事科学史工作的人不同。主要的事情是着重去分析自然科学在其历史发展中的总的特点，它与哲学世界观的关系，它在方法论、认识论上的成败，以便从中做出哲学性质的结论。因此，不论研究的重点如何，都应当着重于研究自然科学在理论上主要发展过程。

在概括自然科学史的时候，必须注意一下两个方面：一方面应当以马克思主义哲学的一般原则为指南，引导我们正确地分析和搜集材料；另一方面，又必须严格地从实际出发，对具体材料做具体分析，从中引出合乎事实的结论，切记把作为指导思想的一般原则，作为硬去规范事实的现成公式，而把自然科学史的材料勉强去凑合事先的思考。在这个意义上，首要的问题是艰苦地、一点一滴地搜集和积累基本的历史材料。

下列的一些方面，可以考虑作为研究自然科学史时的指导思想。①既要注意社会对自然科学的影响，又要考察自然科学对社会发展的作用。②既要承认实践队自然科学的决定作用，又要看到自然科学对实践的相对独立性。③既要阐明劳动群众对自然科学发展上的作用，又要充分估计到科学家个人在发展自然科学上的作用。④既要揭示出哲学世界观对自然科学发展的作用，又要探讨自然科学的特点对哲学的影响。这里，应当区分自然科学家的哲学世界观和他们自发的唯物主义和辩证法倾向；应当区分世界观上的唯心主义、形而上学同方法论上不可避免或难以避免的主观性、片面性。⑤既要注意自然科学上正确理论的产生和发展，也要揭露出错误理论（如地球中心说、热素说、燃素说等）产生的社会根源和认识根源，以便从中吸取教训。

研究和概括自然科学史，是一件很费力和吃苦的事情。特别是由于我们从事哲学工作的人大都不太熟悉自然科学，科学史方面的中文资料暂时又不多，困难是不会少的。但这终究是一件值得下工夫去做的事，只要积以时日，定会获得成效。

参考文献

[1] 列宁. 哲学笔记. 北京：人民出版社，1956：328.
[2] 列宁. 哲学笔记. 北京：人民出版社，1956：127~128.
[3] 列宁. 哲学笔记. 北京：人民出版社，1956：141.
[4] 恩格斯. 反杜林论. 北京：人民出版社，1956：43~44.
[5] 列宁. 哲学笔记. 北京：人民出版社，1956：361.
[6] 列宁. 哲学笔记. 北京：人民出版社，1956：364.
[7] 列宁. 哲学笔记. 北京：人民出版社，1956：232.
[8] 恩格斯. 费尔巴哈与德国古典哲学的终结. 北京：人民出版社，1959：17.
[9] 恩格斯. 费尔巴哈与德国古典哲学的终结. 北京：人民出版社，1959：16.
[10] 恩格斯. 反杜林论. 北京：人民出版社，1956：139.

自然科学方法论研究的意义*

一

探讨自然科学的研究方法是自然辩证法的重要课题之一。

每一门特殊的自然科学，都有着区别于其他自然科学学科的特定的研究方法。各门自然科学所研究的对象的矛盾特殊性不同，它们用来研究各自的特殊矛盾的具体方法也各异。弹性力学的实验应力分析法区别于气体动力学的高速风洞实验法，物理力学的分子运动论方法区别于地球化学的门捷列夫元素周期律方法，分析化学的色层分析法区别于古生物学的孢子花粉分析法，等等。专门探讨某一门特定自然科学所特有的研究方法，主要是该门科学的任务。

各门自然科学的特殊的研究方法，它们互相区别，同时又互相联系。任何特殊的东西总是包含着一般的东西，没有不包含一般的特殊；在各门自然科学的特殊的研究方法中，包含着自然科学所共有的、较一般的研究方法。

自然科学和社会科学又各有其特殊的研究方法，它们互相区别，同时也互相联系。在自然科学的较一般方法中，包含着一切科学研究所共有的、更为一般的研究方法。

我们认为，自然辩证法所研究的自然科学方法论，主要就是这两方面的内容：一方面，是各门（或若干门）自然科学所共有的研究方法；另一方面，是适合于一切科学也适合于自然科学研究的方法。自然科学方法论研究自然科学的较一般的方法，但它不能脱离各门自然科学所特有的专门方法，而是联系着这些专门方法来考察较一般的方法，概括各门自然科学的专门方法。其次，从自然科学方法论的角度来研究一切科学的一般方法，又不能脱离自然科学的较一般的方法和各门自然科学的专用方法，而是联系着这些较一般的和专用的方法来考察最一般的方法，概括出这些方法，结合自然科学的特点把最一般的方法具体化。

* 陈昌曙，哲学研究，1964 年，第 3 期：第 42 ~ 49 页。

二

各门自然科学的研究方法有许多共同点，它们构成了自然科学的较一般的方法。

例如，实验室实验就是各门自然科学的普通方法之一。弹性力学的实验应力分析法、气体动力学的风洞实验法、分析化学的色层分析法等具体方法固然互相区别，但它们都是实验室的实验方法，在这一点上是相同的。在自然科学研究中，为了着重分析个别因素的作用，为了发现某对象在特定状态（如高压、高温、低温等）下的新性质，为了较综合地模拟客观对象，极其广泛地采用实验室的实验方法。各门自然科学都用实验方法，也就都要碰到在运用实验方法所涉及的普遍性问题：如何估价实验在认识过程中的地位和作用的问题，实验的设计安排问题，科学仪器和设备在实验过程中的作用问题，如何解析实验结果的问题，如何对待实验误差的问题，等等。研究这些问题是自然科学方法论的任务。

数学方法也是各门自然科学普遍应用的研究手段。目前，不但在天文学、力学、物理学、化学、工程技术科学的各个学科中广泛地运用数论、代数、函数论、微分方程、数理统计等数学分支所提供的方法。而且，在生物学的研究中，数学方法的运用也日益显示出它的重要作用；在生物热力学、量子生物学、生物控制论、生物信息论这些学科中，数学方法的作用更为突出。把数学工具用来作为科学研究的方法，也要碰到许多原则性的问题：数学方法和实验方法的关系问题，数学方法的运用条件问题，数学方法的各基本类型及其在不同的自然科学领域中的作用问题，等等。自然科学方法论也要研究这些同题。

在自然科学研究中，还有一些经常运用的较一般的方法。例如，为了研究的简便，可以借助思维抽象先设置若干假定的条件，对某种假定的状态进行理论研究，得出某些规律性的结论，然后把这些结论同真实情况或实验结果作对照，判明这些结论与实际状况的符合程度，或修正这些结论。如在某些力学研究中可以把物体假定为刚体，在气体分子运动论研究中可以把真实气体假定为理想气体，在量子力学的研究中可以假定有绝对黑体，在相对论的研究中可以作假定的理想实验等。要正确地运用这种设置假定的方法，也必须解决许多问题，其中主要是设置假定的根据和条件的问题，假定状况和真实状况的关系等问题。

自然科学的分科是十分复杂的，自然分割的联系，这不仅是由于它从化学的角度研究地壳中的原子，而且还由于它十分广泛地运用化学的实验方法，并把化学科学的结论用来作为认识未知对象的研究方法。门捷列夫元素周期律本来是普通化学的结论，而在地球化学中，却把它用来作为揭示地壳中各元素活动过程的方法，借助这种方法推断元素在不同地区中组合的规律，推断元素的共生关系。在现代自然科学中，这种边缘性（中介性）科学和其他综合性科学是很多的；同物理学有联系的就有天体物理学、物理力学、物理化学和化学物理、生物物理学、土壤物理学、地球物理学、海洋物理学等学科（其中每一学科又常常分化为若干分支），它们都要运用物理学的方法和结论作为研究方法。在科学方法的移用中有许多值得研究的问题，例如，把较低级、较简单的运动形式的科学的方法和结论，用来研究较高级、较复杂的运动形式，这在何种条件和范围内是合理的、必要的，就是其中的一个主要问题。

自然科学研究中这些较一般的方法（我们只是举了若干例子），其中寄存着一切科学适用的最普遍方法；但对于最普遍方法来说，它们又是一些特殊的方法，特殊包括普通但又不能归结为普遍，探讨自然科学中较一般方法的特点，是自然科学方法论的重要内容。

三

形式逻辑在一定程度上研究了这些方法，在一定范围内，形式逻辑可以作为自然科学的研究方法。恩格斯说过：“……形式逻辑首先也是寻找新结果的方法，由已知进到未知的方法。”[1] 单要使形式逻辑在自然科学研究中实现研究方法的职能，必须结合现代自然科学的特点，把形式逻辑具体化。

马克思主义哲学所提供的研究方法，是唯一正确而没有局限性的科学方法。他适用于研究社会现象，也适用于自然科学研究。马克思主义哲学是唯一正确的世界观，同时又是普遍的科学方法论，是这两者的统一。辩证唯物主义阐明了自然界、社会和人类思维本身的一般规律，这是世界观；用这样的世界观转过来去看世界，去研究世界上的问题，去指导革命的阶级斗争，去从事生产，去进行科学实验，这就是方法论。运用辩证唯物主义去从事自然科学研究，解决这个特殊领域中的主观和客观的矛盾、理论和实践的矛盾、已知和未知的矛盾，就是辩证唯物主义的自然科学一般方法。

离开正确的世界观，抛弃马克思主义哲学的根本原则，而去大谈科学方法论问题，特别是纠结于某些自然科学所特有的具体方法，这是错误的。在这种方向引导下，必然会使方法论的研究陷入迷途，为资产阶级世界观渗入自然科学打开门户。反之，如果仅仅重视马克思主义世界观的方法论职能，不注意到辩证唯物主义同时又是一切科学的研究方法，这也是不正确的、片面的。

马克思主义哲学之所以能成为一切科学的研究方法，因为它总结了自然科学和社会科学的成就，既阐明了客观世界本身的普遍规律，也阐明了人类认识过程和思维逻辑的普遍规律。这样，它也为自然科学研究提供了一般的方法。恩格斯指出："……恰好辩证法对于今天的自然科学才是最重要的思维形式，因为只有它才能对于自然界中所发生的发展过程，对于自然界中的普遍联系，对于从一个研究领域到另一研究领域的过渡，提供类比，并且从而提供说明方法。"[2]

辩证唯物主义的各个基本原理，同时也是指导自然科学研究的方法。例如，这些原理指出了必须实事求是、严格地从实际出发，必须以实践为基础进行深入的调查研究，必须分析矛盾并抓住主要矛盾，必须分析质量和数量的关系，必须分析个别和一般的关系、现象和本质的关系、偶然性和必然性的关系、结果和本质的关系，等等。这些方法论的原则，对自然科学研究有普遍的、根本性的指导意义。

马克思主义哲学摆脱了形式逻辑的狭隘性和局限性，阐明了辩证思维的规律和逻辑方法。例如，辩证逻辑指出，在科学研究中，必须把分析法和综合法、归纳法和演绎法结合起来，必须把历史的研究方法同逻辑的研究方法结合起来，必须运用由抽象上升到具体的方法，等等。辩证逻辑的方法在自然科学研究中有重要的作用。

马克思主义哲学揭露了形而上学、不可知论、唯心主义世界观和方法论的错误，指出了它们对于自然科学的阻碍作用，从而帮助自然科学家避免和克服它们的影响。

把辩证唯物主义的观点和方法具体地运用于指导自然科学的实验和理论研究，是自然科学方法论的关键问题。这不仅是由于马克思主义哲学提供了最普遍、最高级的科学方法，而且还由于在自然科学的较一般方法和专门方法中，包括这个最普遍的方法，在运用自然科学的研究方法时，不能脱离最普遍的科学方法。例如，在试验方法、数学方法或其他抽象方法的运用中，在科学方法的移用中，都必须严格地从研究对象本身的实际状况出发，把握对象的矛盾运动，具体地分析对象的各个矛盾和矛盾的各个方面；如果自然科学家脱离实际，回避矛盾，他在运用自然科学的具体方法时就必然会犯错。

如果不领会辩证唯物主义的观点和方法，也不能正确认识自然科学中哪些比较具体的方法的作用。例如，离开辩证唯物主义关于生产实践和科学实验关系的观点，就不能全面地、恰如其分地估计实验室实验方法的作用；不正确地了解数量和质量的关系，就无从了解数学的方法论职能；不了解偶然性与必然性的辩证关系，在说明统计方法的本质时定会发生错误；不正确地认识科学抽象的作用，就很难了解自然科学研究中设置简化假定的意义；不了解物质运动各基本形态的辩证关系，就不能正确地确定和运用科学方法移用的原则。

在自然科学研究中运用辩证唯物主义的一般方法，不是由于某些一般原则中推演出某门具体科学的研究方法或具体的科学结论，而是要在科学方法论的一般原则指导下，正确地运用诸具体方法，对具体的研究对象作具体分析。

四

研究自然科学方法论，用正确的、严密的研究方法进行自然科学探索，对于推动自然科学的发展有直接的意义。

每一门自然科学，都同科学研究方法有不可分割的联系。自然科学的认识过程，是在生产实践和科学实验的基础上，首先获得关于客观对象的经验材料，经过实践的反复和思维加工，上升到理性认识；最初得到的理性知识大都还是假说，又经过实践的检验达到科学的理论，比较可靠地认识了自然界事物的本质和自然过程的客观规律性。尔后，还要把科学理论运用于实践，利用自然界的规律，在这个过程中，又进一步检验、丰富和发展原有的理论。自然科学的研究成果表现为实际材料、假说、定理，研究方法有时并不构成单独的部分，但自然科学研究的每一个步骤都离不开研究方法。如何进行思维加工，如何提出和检验假说，其中有许多复杂的方法问题。把自然科学理论运用于实践，也要解决方法问题。例如，如何搜集工程技术的设计资料，如何根据科学规律和实际资料进行合理的技术设计，比较技术设计的方案，如何进行中间试验，等等。自然科学（包括技术科学）的每一项理论的和实际的成果，都既是人们实践经验和活动的结晶，同时又都凝聚着研究方法，课上了研究方法的印记。

研究方法不仅贯穿于各门自然科学研究的全部过程，而且还影响到自然科学分科。例如，随着实验方法的运用，使一些原来以观察法为主的科学产生了新的分支，出现了像实验岩石学、实验细胞学、实验形态学等新学科。由于统计方法的发展和运用，促进了统计物理学、统计化学分析等学科的行程，促进了热学分化为分析物理学和热力学。用声学方法研究液体的物理性质，产生了一门新的学科——分子声学。

自然科学的发展离不开研究方法，而且要求有正确的研究方法。科学史的事实表明，正确的研究方法是导致可靠的科学成果的必要条件；错误的研究方法则必将产生科学活动中的谬误，阻碍科学的发展。

自然科学的实验研究要求有正确的方法指导。如果指导实验的研究方法不正确，不能科学地安排实验的计划和步骤，即使有了完善的实验仪器和设备，即使正确地操作这些仪器设备并进行了精确的量测，也还不一定能保证实验结果具有科学研究的价值，有时甚至做不出任何有益的实验结果。法拉第和安培曾用大致相同的仪器设备进行电磁感应的科学实验，由于法拉第注意到从运动中把握事物

(这在相当大的程度上是自发的)，观测磁铁和线圈在相对运动时所产生的变化，从这个实验中获得了重要的科学发现；而安培则只注意到事物诸静止状态，仅观察磁铁和线圈在静止中的相对位置不同，因而他的这项实验没有成功。

自然科学的理论研究更要求有正确的思维方法。自然科学加剧了由实验和观察所得的经验材料，还必须依据其内在的联系来整理这些材料，这里，经验的方法就不中用了，而只能求助于理论的思维。要思维，就要有一定的思维方法；正确的思维方法，有助于做出正确的理论结论。

在科学史中常有这样的事情：许多科学家研究同一个课题，他们所掌握的资料的丰富程度和可靠程度相似，但理论思维的方法却不同，从而做出了各类的结论；而那些在研究方法上更加正确的科学家，则由大体相同的材料中得出了具有更高科学价值的理论发现。例如，在19世纪60年代末，由于工业和科学实验的发展，已经知道了63种元素的化学性质和其中多数元素的原子量，当时的许多科学家（如奥特林、迈耶尔、纽兰兹、尚古都等）都曾试图发现这些化学元素之间的联系，并取得了一些成果。但由于他们在整理材料时的研究方法不当（主要是犯了经验主义的毛病），没有取得很显著的成效。而门捷列夫在研究这些材料时运用了科学的分析、比较和分类的方法，做出了关于化学元素周期律的伟大科学发现。

科学史还表明，随着科学研究方法的日益正确和精密，科学研究所取得的成果也越大。例如在建筑科学中，结构计算方法近几十年来有了很大的发展，由按容许应力的计算研究方法，过渡到按破坏阶段的结算方法，再过渡到按极限状态的计算方法。目前又开始了应用概率论的统计研究方法，方法越来越进步，越来越正确，结构设计也越来越完善，越来越精确。

历史上有一些大科学家就曾指出过科学研究方法的重要性。例如，巴甫洛夫曾写道："常常有人说，且也不无理由，科学的跃进往往取决于研究方法上的成就。研究方法没前进一步，我们仿佛也随之升高一层，从那高处我们就可望见更加广阔的远景，望见许多先前望不见的事物，因为，我们的首要任务就是要制定研究方法。"[3] 然而，这些科学家们通常所关心的大多是某门自然科学的具体研究方法；他们也可能在一定程度上自发地倾向于唯物主义的和辩证法的研究方法，但不可能就普遍的科学方法论做出正确的哲学论证。

今天，自然科学发展十分迅速，它所面临的任务极为复杂、极为艰巨，对我们的自然科学工作者来说，要实现发展自然科学的认为，就不仅要掌握与某门具体科学有关的专门方法，而且要掌握普遍适用的一般方法，并把这二者结合起来正确地运用于自然科学研究。

自然科学家怎样才能获得正确的研究方法呢？自然科学家要掌握正确的研究

方法，当然要通过自己所研究的那么科学领域中的实践，总结其中成功的经验和失败的教训，做出关于研究方法的结论。因为，一切研究方法都不是凭空产生的，而是在长期实践基础上形成和发展的；而且，离开了某门特定科学的实践研究，也无从研究这门科学的特有的方法。

然而，要解决科学研究方法问题，仅只依靠一门自然科学的具体实践是不够的。如果对最普遍的科学方法论和自然科学的较一般的方法论问题没有正确的观点，在解决某门自然科学的具体方法时就必然会受到极大的限制，且往往会犯错误。现代自然科学分科很细，一个自然科学工作者通常只能研究一个相当窄的领域，而许多研究方法问题则带有很大的概括性，自然科学工作者单凭自己的实践，是很难较全面而深刻地把握方法论问题的。

对我们的自然科学工作者来说，掌握正确研究方法的最好途径，是认真学习辩证唯物主义的观点和方法，关心自然科学的一般方法论问题。在科学方法的一般原则指导下，经常从研究方法的角度，总结自己所研究的那门科学的实践经验，并在从事科学活动时自觉地运用这些方法。

五

自然科学方法论的研究，还有助于推动我们的哲学工作，发挥马克思主义哲学对自然科学的指导作用。

哲学研究必须和具体科学相结合。如前所述，离开了辩证唯物主义的观点和方法，就不能正确解决自然科学的方法论问题；但问题还有另一方面：研究自然科学的方法论问题，又不能充实和丰富辩证唯物主义的一般原理。例如，考察自然科学研究中实验方法的作用，就能把生产实践和科学实验关系的原理进一步具体化；研究统计方法在自然科学研究中的作用，就有助于把偶然性和必然性关系的原理进一步具体化；探讨科学研究方法的相互联系和相互渗透，就可以把物质运动基本形态的原理进一步具体化，等等。

把辩证唯物主义的世界观用来作为指导自然科学研究的方法论，这是很值得研究的问题。首先，一般来说，辩证唯物主义作为方法论就是一个重要的课题。如前所述，辩证唯物主义的统一、有差别的统 。方法论是把世界观运用于研究和处理问题，也就是把客观世界的规律作为思维规律运用了认识过程，要自觉地运用这些规律，就必然会出现新的特点。正如恩格斯所说：“辩证法便归结为研究外部世界和人类思维的一般运动规律的科学、两个系列的规律，它们在本质上是同一的，但在表现上却是各异的，这只是因为人的头脑可以自觉地应用这些规律。”[4] 仅仅承认客观世界的规律，还不等于会在认识活动中运用这些规律，必须弄清楚作为方法的思维规律有哪些表现上的特点，才能把握科学的方法论。

例如，客观世界的每一个事物都是现象和本质的统一，但在科学认识过程中，却必须辩证地运用分析和综合的方法，透过现象揭露本质并实现由本质到现象的复归；客观世界的每一个事物都是个别和一般的统一，但在科学认识过程中，却必须辩证地运用归纳和演绎的方法，由个别到一般，再由一般到个别，等等。研究思维方法的这种特点，对于认识原理的阐明是不可缺少的。

把辩证唯物主义的一般方法和自然科学的特点结合起来，也是很重要的。如果能在自然科学方法论的研究中，通过总结自然科学发展的实际经验，把马克思主义哲学的一般方法具体化，这也是一种对话的哲学的研究。例如，分析矛盾的方法，无疑也是适用于自然科学研究的方法，如果我们能结合现代自然科学的问题，指出运用这个方法的必要性和途径，这固然最好；退一步，即使仅就某一门自然科学的历史发展（或其中的某一项发明或发现），阐明在自然科学研究中必须运用分析矛盾的方法，也是一件有益的事。在自然科学研究中经常要碰到矛盾。例如，在化学元素周期律的发展中，就接连碰到了元素性质的周期性顺序和当时公认的元素原子量顺序不一致的矛盾、惰性气体元素在门捷列夫元素周期表中无位置的矛盾，元素源于量和原子序数增长不一致的矛盾、原子序数逐渐增大和元素性质周期性的矛盾，不论当时的自然科学家是否自觉到这些矛盾，他们在实际上要用正确的研究方法分析和解决这些矛盾，才能促进元素周期学说的进步。如果我们把这类问题给予具体分析，对具体地理解辩证唯物主义的矛盾学说，是会有帮助的。

研究自然科学方法论，把辩证唯物主义的一般方法具体地运用于自然科学研究，是发挥马克思主义哲学对自然指导作用的环节之一。马克思主义哲学对自然科学发展的指导作用是多方面的，它的方法论指导作用是一个十分重要的、极其广泛的方面。不论哪一门自然科学，不论它的研究内容是基础理论、技术理论或技术设计，它的研究过程自始至终都应当有辩证唯物主义的方法论指导。自然科学方法论的研究工作做得越好，辩证唯物主义的方法对自然科学的实际影响越大，马克思主义哲学对自然科学的指导作用也就越明显。

自然科学方法论的研究，不仅是为了提高对自然界的认识能力，它还有助于揭露自然科学中唯心主义哲学思想的认识论根源，从而帮助我们加强哲学斗争的战斗力。例如，正确阐明科学抽象方法的作用，阐明理论思维的意义，有助于揭露自然科学中的实证主义、经验主义；正确阐明实验方法中仪器、观测者、实验对象之间的关系，有助于揭露量子力学中的非决定论；正确阐明数学方法的作用，有助于揭露“物理学的数学化”如何导致“物理学的”唯心主义；正确阐明科学方法移用的原则，阐明控制论方法的运用范围，有助揭露自然科学中的机械论，等等。在这个意义上，自然科学方法论同时又是进行世界观斗争的武器。

自然科学方法论的研究，对于发展形式逻辑，对于发挥形式逻辑的实际作用，也是不可缺少的。

传统的形式逻辑不能充分适应现代科学的需要，这已被许多人所公认，同时也就提出了形式逻辑的发展方向问题。我们认为，形式逻辑研究固然辩证唯物主义指导下进行，但并不因此就要求用辩证逻辑代替形式逻辑；再者，梳理逻辑固然是逻辑研究的一个重要方面，单形式逻辑也并不因此就归结为数理逻辑。我们认为，尽管现在科学救赎已经有了高度的发展，仍然可以在科学研究中发挥方法的只能。问题不是要放弃对传统形式逻辑的研究，而是要结合具体科学（包括自然科学）的方法来开着这种研究。例如，如果能结合自然科学中对科学元素、矿物岩石、动植物的分类，探讨形式逻辑的分类原则；如果能结合比较解剖学、比较生理学、比较胚胎学、比较心理学和自然科学中其他的比较研究，来探讨形式逻辑的比较法；如果能结合自然科学中的数学模拟和物理模拟的研究，来探讨形式逻辑的类比法；如果对形式逻辑的归纳、演绎、假说、证明等方法都作这样的研究，形式逻辑还是大有发展余地的。

形式逻辑进一步发展了，它在具体科学研究中的作用更为人们注意，人们对形式逻辑的兴趣就会更大，学习和自觉运用形式逻辑的积极性就会更高，这样，形式逻辑的用武之地就更加宽广，它的形式作用也就更加明显。反之，如果使形式逻辑的研究同具体科学（包括自然科学）的方法相隔绝，只在抽象的逻辑公式里绕来绕去使得从事具体科学的人很少兴趣，形式逻辑本身也就很难发展，这门科学也将会停留于少数逻辑专家的著述中，而难于发挥其实际作用。

六

开展自然科学方法论的研究，帮助我们的自然科学工作者自觉地运用辩证唯物主义知道自然科学的研究，对于自然科学工作者真正树立辩证唯物主义的世界观有重大的现实意义。

马克思主义哲学是科学世界观与科学方法论的统一，在一定的意义上，这种统一也是马克思主义哲学的理论和实践的统一。我们的方法论既然是拿马克思主义的世界观转过来去研究世界和改造世界，这样，方法论也就是实际运用着的世界观，实际行动中的世界观。在这个意义上，一个自然科学工作者能否把辩证唯物主义当作方法论具体地运用于观察问题和指导行动，是衡量他是否理论联系实际地树立起辩证唯物主义世界观的一个标志。

当前，我们的多数自然科学工作者都有树立辩证唯物主义世界观的愿望，许多人正在努力学习马克思主义哲学的基本理论知识，这对于他们树立辩证唯物主义世界观是完全必要的。但是，学习辩证唯物主义世界观的基本原理必须同运用这种世界观相结合，必须努力做到学用结合，学习为了运用，在运用中学习。

对我们的自然科学工作者来说，应当把学习和运用马克思主义哲学作为思想改造的武器。要学会用正确的观点方法去认识社会发展规律，去观察和对待当代的重大社会政治现象；要走学会用正确的观点方法去解决政治和业务、个人和集体、专家和群众等关系问题，树立全心全意为人民服务的思想。在这些方面把学哲学和用哲学结合起来，是特别重要的。

马克思主义哲学不仅必须运用于思想改造，而且也应当运用于业务活动；对自然科学工作者来说，就是运用于认识自然和改造自然，运用于生产斗争和科学实验。把马克思主义哲学用来作为研究自然科学问题的方法论，是自然科学工作者把学哲学和用哲学结合起来的一个必要途径，是真正学好马克思主义哲学、真正树立辩证唯物主义世界观的一个必要方面。

做到学用结合是一件非常艰巨的事情。恩格斯在谈到辩证法思想时会指出："口头上承认这个细想是一回事，而把这个思想运用于每一个别场合和每一具体研究领域，确实另一回事。"[5] 同时，做到学用结合又是一件必须努力实现的事情。对自然科学工作者来说，由学习和承认辩证唯物主义的基本原理，到能够运用这种世界观作为指导原则和研究方法来处理实际问题之间，虽然难免要有一定的距离，但自然科学工作者应当努力缩小这个距离，用理论联系实际的科学态度严肃地对待马克思主义哲学。反之，如果在学习马克思主义哲学基本原理的同时不注意去解决学用一致的问题，不能把辩证唯物主义用来作为指导行动和研究问题的方法论，长期地停留于一般地承认几条哲学原理，这不仅是一种弱点，而且可以说将会是一种危险学习了马克思主义哲学的基本知识但不会运用，并不等于在分析和处理问题时就不受任何世界观的支配。这时，人们很可能是在口头上承认辩证唯物主义世界观，而在实际上却仍谈由传统的旧观念、由资产阶级世界观支配，从而导致认识上和行动上的错误。在自然科学研究中，就可能表现为抽象地承认了世界是发展着的物质世界，而在实际研究中却运用着主观主义、形而上学的方法。

一个人如果长期不会把辩证唯物主义世界观运用于指导行动和观察问题，他就很难深刻体验到马克思主义哲学的实价威力。这样，他就很可能产生一种错觉，以为辩证唯物主义世界观似乎主要是一些在口头上可以承认的学理，它很少产生实际的作用。有了这种错觉，就会放松对马克思主义哲学的继续学习，甚至导致对辩证唯物主义世界观动摇。必须指出，资产阶级哲学家和追随他们的自然科学家目前正竭力反对马克思主义哲学指导自然科学，否认辩证唯物主义对自然科学研究的方法论作用。如果我们的自然科学工作者不善于把辩证唯物主义用来作为指导自然科学研究的方法论，从而不能充分估计到马克思主义哲学对自然科学的巨大实际作用，就会影响我们坚决驳斥和抵制这种反马克思主义的观点。

可见，研究和宣传辩证唯物主义的自然科学方法论，在业务实践方面帮助自然科学工作者解决如何具体运用马克思主义哲学的问题，对于他们真正树立辩证唯物主义世界观有迫切的现实意义。实践表明，只要我们进行这项工作，就一定会引起广大自然科学工作者的兴趣；在哲学工作者和自然科学工作者的共同努力下，我们一定能把自然科学方法论的研究和宣传工作做好。

参考文献

[1] 恩格斯. 反杜林论. 北京：人民出版社，1956：139.
[2] 恩格斯. 自然辩证法. 北京：人民出版社，1955：23.
[3] 巴甫洛夫. 巴甫洛夫全集（第2卷·俄文卷）. 莫斯科：苏联科学院.
[4] 恩格斯. 费尔巴哈与德国古典哲学的终结. 北京：人民出版社，1959：33.
[5] 恩格斯. 费尔巴哈与德国古典哲学的终结. 北京：人民出版社，1959：34.

从牛顿发现万有引力定律驳“天才决定论”*

一些“科学神话”曾广泛流传。许多人都听说过，牛顿因偶然看见苹果落地而想出了万有引力定律，瓦特因偶然看到蒸汽冲开壶盖而发明了蒸汽机，门捷列夫在摆弄写有元素性质的纸牌时发现了元素周期律，等等。

这些传奇性的小故事提出了原则性的大问题：自然科学的历史究竟是人民群众的历史，还是仅仅是少数天才活动的历史；在科学技术上有所发现和发明的基础是社会实践，还是天才人物头脑中的灵感；自然科学成就的出现是具有历史必然性，还是仅只是侥幸到来的偶然性。神话的制造者和推销者所主张的显然是“天才决定论”，是唯心主义的历史观和神秘主义的认识论。

必须扫清“天才决定论”的迷雾，揭穿“科学神话”的秘密。这里，仅把牛顿发现万有引力定律的历史，当作一个“麻雀”解剖一下，查清事实的真相，说明我们的观点。

牛顿的万有引力定律发现于1660～1685年。这个定律的发现过程，极粗略地说，可如图1所示。

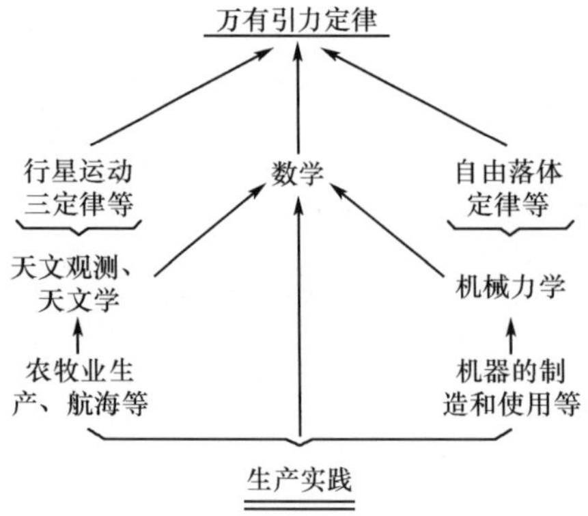

图1

具体地说：

第一，牛顿的万有引力定律是对前人的天文学和力学知识进行的总结，在进行这一总结时，他还运用了前人所积累的数学知识。在牛顿所处的时代，天文学、力学和数学有很大的发展，出现了开普勒、伽利略、惠更斯、胡克、笛卡儿等一大批科学家，发现了行星运动、自由落体、摆的振动、向心加速度等定律，发展了解析几何。这时，把说明客观世界个别方面的上述一些规律加以概括，使认识由特殊提高到一般，不仅有必要，而且有了可能。万有引力定律正是对天文学和

* 李习东（陈昌曙笔名），从牛顿发现万有引力定律驳“天才决定论”，东工简报，1965年6月23日。

力学的特殊性规律的概括。

必须看到，并不只是牛顿一个人注意到万有引力问题。开普勒和伽利略都曾做过行星间存在某种相互作用力的猜测。在牛顿精确证明万有引力定律之前，胡克、哈列、惠更斯、伦恩等人都研究过重力问题，并做出了近似的计算。他们的研究对牛顿有重要的启示。万有引力定律也并不因为牛顿的发现就一劳永逸地载入科学史册。例如，这个定律的一个重要因素——引力常数的测定是由后人完成的（如1789年的卡文迪许实验和1886年的茹耳实验）。

可见，在我们评价牛顿的成就时，绝不能片面孤立地夸大个人作用，而必须把他的活动同有着大大小小贡献的广大科学研究者的活动联系起来。发现万有引力定律，是千百位科学研究者劳动的共同硕果。马克思在《资本论》中说过："一切科学的劳动、一切发现、一切发明，都是一般劳动。这种劳动，一部分决定于当代人们的合作，一部分则决定于利用前代人们的劳动。"在这一点上，牛顿本人看起来要比牛顿的“吹捧者”谦虚一些。牛顿说，如果他所见的比前人要远一点，“那是因为我站在巨人肩上的缘故”；牛顿的“吹捧者”用落地的苹果把整整一批科学研究者都化为乌有了。

第二，牛顿的万有引力定律，归根到底，是社会实践、生产斗争经验的总结，是千千万万劳动群众活动的结晶。作为万有引力定律直接前提的天文学、力学和数学知识，无一不是在生产实践基础上产生的。

天文学的发展，在古代，是基于游牧民族和农业民族确定季节的需要；在16世纪，是基于航海等方面的需要。生产实践推动着天文观测的科学实践，到17世纪初，已经积累了大量的观测资料。例如，开普勒曾在第谷天文台工作，这个天文台有10余名工作人员，有比较完善的仪器，他搜罗了以往的观测材料，又做了20多年的实测。开普勒分析整理了这些观测记录，才认识了行星运动三大定律。基于手工业、建筑业等需要，特别是基于17世纪机器的使用，才有了力学的发展，使伽利略等人得以发现自由落体定律。数学的发展，是由于天文学、力学的需要，归根到底，也是由于生产实践的需要。

航海、手工业、建筑、使用机器、制造天文仪器等生产实践，以及天文观测等科学实践，都不是一批知名科学家能实现的，更不是牛顿一个人能做到的。牛顿能发现万有引力定律，不仅是由于他“站在一批巨人的肩上”，而且归根结底是由于他站在了世世代代从事生产活动的劳动群众肩上。千千万万劳动群众造成了采矿、冶金、纺织和化学工业的发展，使海外贸易成为可能；千千万万劳动群众参与的航海活动又使天文观测应运而生。天文台、天文仪器（如望远镜）的制作要靠千千万万劳动群众所创造的物质财富，还要靠他们辛勤的劳动，天文观测也要许多人来进行。没有劳动群众，开普勒有再大的才智也不能发现行星运动定律，牛顿有再妙的灵感也不能发现万有引力定律。

劳动群众的物质生产活动是科学技术发展的基础；科学的发明和发现，作为生产斗争经验的结晶，更是直接依赖于劳动群众的生产活动。伽利略在力学上有重大的科学贡献，为牛顿发现万有引力定律做了直接准备。伽利略是怎样做到了有所发现的呢？是他个人冥思苦想的结果吗？不是。他自己就说过，他在研究力学问题时经常参观威尼斯的著名船坞，观察各种机器的作用；他承认，在工人中有技术高超的而且能讲出道理的人。工人的生产技术经验是伽利略在力学上有所创造的基础。

这一切都证明，社会实践是一切科学发现的基础，自然科学是生产斗争知识的结晶。正如毛主席所教导："人的认识，主要地依赖于物质的生产活动，逐渐地了解自然的现象、自然的性质、自然的规律性、人和自然的关系。"（《实践论》）劳动群众是实践的主体，人民群众不仅是物质财富的创造者，而且是一切精神财富的创造者；自然科学史并不是个别科学家的历史，而首先是人民群众的历史。毛主席说："人民，只有人民，才是创造世界历史的动力。"（《论联合政府》）这个论点对自然科学史也是唯一的真理。

因此，我们在评价少数科学家的作用时，不仅要把他们的活动与广大科学研究者的活动联系起来，而且必须把广大科学者的活动放在千千万万劳动群众的活动（首先是生产活动）的基础上。"天才决定论"者抛开了千千万万的群众，抛开物质生产的实践，把牛顿等个别人物的才智吹得神乎其神，这纯粹是一种资产阶级的偏见和历史唯心主义的谎言。

第三，万有引力定律的发现具有历史的必然性。在 17 世纪中叶，生产发展的水平和科学知识积累的程度，已使万有引力定律的发现成为成熟了的任务；如果没有牛顿，也必定会有另一些人以这样或那样的方式发现这个定律。

我们绝不否认牛顿在发现万有引力定律上的重要作用，绝不否认牛顿个人有杰出的才能。但是，牛顿之所以能做出这一科学发现，是由于他顺乎历史必然性的需要，进行了长期的辛勤的研究。牛顿分析了大量事实材料，进行了观测和实验，克服了许多计算上的困难；为解决力学问题，他还对数学做了大量的研究。这样，经过 20 多年的努力，牛顿才正式发表了万有引力定律的研究成果。

我们也不否认，自然科学家在研究过程中，可能有时偶然地观察到某种现象（往往是异常现象）得到一些启发。例如，在天然放射性、胶装炸药、氧气等的发现中都有过这种情况。但是，这种启发的获得，并不表明科学发现决定于偶然的灵机一动和个人的幸运。在一个科学课题的提出和解决具有历史必然性的情况下，在科学实践中，也只是对于潜心研究的人来说，才能通过联想、类比，由偶然观察到某种现象得到启发。

物极必反——“天才决定论”者用苹果落地的神话故事把牛顿说得万分神秘，实际上，正是他们把牛顿贬得一钱不值——牛顿的20多年的艰苦努力被忽然看到苹果落地这个轻易的事情一笔勾销了。在这一点上“天才决定论”又未免太不尊重天才！

必须指出，牛顿和苹果的故事完全是一个未经证实的传说。在牛顿的著述中没有记载，有的资产阶级科学史家也不得不认为这个传说不过是某一文人的“妙笔生花”。

神话的制造者正是要让人们陷入迷惑，像苹果落地、壶盖被冲开之类的现象人们何止看过千万次，但却无所发现、无所发明，这难道不证明千千万万人都才智低劣，不是“搞科学的材料”，只能望天才而赞叹吗？否认劳动人民有认识客观世界的能力，使广大群众消极无为，听命于少数“特殊人物”的支配，这就是“天才决定论”的实质。

目前，这种“天才决定论”并未绝迹。提高警惕、肃清流毒，还是我们的战斗任务。

关于自然科学教学的认识论问题*

怎样在自然科学教学中坚持辩证唯物主义的认识论，贯彻理论和实际统一的方针，是一个十分重要而又比较复杂的问题。由于“四人帮”和他们的帮手迟群等人的干扰破坏，在这个问题上造成了很大的混乱，严重影响了自然科学的教学工作。

“四人帮”出于反革命的政治目的，拼命要搞垮我国的科教事业，搞乱教育战线。他们破坏自然科学教学的一个主要手段，就是歪曲和割裂马克思主义的认识论。他们借口知识来源于实践，根本否定自然科学教学工作的重要性，否定基础理论，否定课程的系统性，否定课堂教学和教学实验，胡说在学校中必须以生产任务为中心，学生必须从自己的生产实践经验中得到理论，可以不听课、不读书。谁要是想把科学教育工作搞好，对“四人帮”的这一套稍有反对，就会被扣上“不按实践论办事”的帽子。

今天，是彻底澄清“四人帮”所造成的种种混乱的时候了。我们要搞好自然科学的教学工作，就一定要系统地学习马列主义、毛泽东思想的体系，根据自然科学教学过程的具体特点，完整地、准确地掌握和运用辩证唯物主义的认识论。

一

在自然科学教学中正确地坚持辩证唯物主义，不是一件容易和简单的事情。困难和复杂首先是由于教学有它自身的特殊矛盾。

自然科学的教学是要使学生获得知识，使学生由对自然规律的无知过渡到有知，由知之不多过渡到知之甚多。学生逐步了解他们前所未知的自然规律，这对他们有一个认识过程。既然是一个认识过程，也就脱离不开由实践到认识、再由认识到实践这一总规律。

---

* 陈昌曙，东北工学院院报，1978 年，第 1 期：第 108 ~ 117 页。

然而，学生经过教学去获得知识，又与科学研究的认识过程不同。在科学研究中固然包括继承前人或他人已积累的知识的环节，但其主要的方面是要发现前人或他人尚未认识的东西，是创造新的知识。至于自然科学的教学，尽管也可以有创造的成分，其主要方面则是接受前人已经认识了的东西，是继承已有的知识。特别对于中小学和大学低年级，学生在智育上的主要任务就是要认真刻苦地继承。学生在学习中由对自然规律的无知过渡到有知，通常并不是发明或发现，他们的认识过程是认识他人已经通过实践所认识了的东西，是把他人的已知变为自己的已知。这样，教学过程、学习的认识过程又必然区别于科学研究中的那种“实践—理论—实践”，而有它自身的特殊性。抹杀教学过程以继承为主这个基本的特点和前提，就不可能正确地把辩证唯物主义的认识论运用于教学，也就难以恰当地解决自然科学教学中的具体方法问题。

“四人帮”既反对自然科学研究上的创造，又破坏自然科学教学中的继承，他们采取实用主义的手法，从马克思列宁和毛泽东著作中摘取片言只语，恣意歪曲为在学校工作中可以不要继承、忽视学习，竭力推行愚民政策和蒙昧主义。

毛主席指出：“一切真知都是从直接经验发源的。但人不能事事直接经验，事实上多数的知识都是间接经验的东西，这就是一切古代的和外域的知识。”[1] “四人帮”为了搞乱和取消教育，在引用时就只要前一句，从而把学生的学习歪曲为都要靠直接经验来获得知识。

毛主席说：“知识分子接受前人的经验，主要靠读书。书当然不可不读，但是光读书，还不能解决问题。”[2] “四人帮”则只要这段话的后一半，并把不要局限于书本歪曲为不要书本知识。

“一切真知都是从直接经验发源的”，“就知识的总体说来，无论何种知识都是不能离开直接经验的”[1]，要在自然科学上有所创造，就必须参加生产斗争和科学实验的实践，大搞科学研究。这是马克思主义的观点。

“人不能事事直接经验，事实上多数的知识都是间接经验的东西”，“知识分子接受前人的经验，主要靠读书”，这不仅说明了继承已有的知识的必要性和重要性，而且说明了继承的主要方法是看书学习。“由于努力学习，可以由无知转化为有知，由知之不多转化为知之甚多”[3]。这也是马克思主义的观点。

二

以继承为主的教学过程同以创造为主的科学研究过程究竟有怎样的区别，这是一个在理论上和实际教学工作上要搞清的问题。这个区别首先就是，在教学中，对于所教所学的知识，不都需要由学生的亲身实践经验去获得，也不都需要由学生的亲身实践经验去证明。

肯定这一点并不背离知识来源于实践经验的唯物主义理论，恰恰正是避免了形而上学的唯物论。现今的每个科学技术人员都知道圆周率的值并知道用它来计算周长、面积或体积的公式，都知道万有引力定律、化学元素周期律，但他们的这些知识几乎都不是从自己的实践总结出来的，大多数人也不必要从亲身经验去一一证明这些公式和定律。他们的这些知识是从学习中，从教师的传授和书本中得到的。

教学的必要性和优越性，正在于它能使人免于事事靠自己先搞探索性的实践再得到知识，可以多快好省地把前人改造世界和认识世界的成果接受过来，从而使整个人类的科学知识得以流传并不断丰富发展。恩格斯说："现代自然科学已经把全部思维内容起源于经验这一命题加以扩展，以致把它的形而上学的限制和公式完全推翻了。由于它承认了获得性的遗传，它把经验的主体从个体扩大到人类；每个个体都必须亲自去经验，这不再是必要的了；它的个体的经验，在某种程度上可以由它的历代祖先的经验的结果来代替。如果在我们中是，例如数学公理对每个八岁的小孩都似乎是不言而喻的，都无需用经验来证明，那么这只是'积累起来的遗传'的结果。"[4] 恩格斯在这里所说的"获得性的遗传"或"积累起来的遗传"，指的就是经过教学、学习来继承前人已积累的知识。那些主张只有靠学生的直接实践经验来获得知识的人，表面上似乎唯物得很，其实不过是恩格斯所批判的那种"形而上学的限制和公式"。

"人不能事事直接靠经验"。如果设想每个人都必须从自己的亲身实践去总结而得到知识，连父母也不能教孩子，纯粹让小孩从亲自经验中去获得十进制之类的常识，那人类今天的文化水平大概就不会比原始社会高多少了。现在大中学生应当懂得的自然科学知识，都是前人经过长时间的反复实践得到的，如果在学习这些科学知识时都要重复产生这些知识的实践，一个人一生念大学也不能毕业。万有引力定律的发现，依靠漫长的天文观测实践和对天体运行规律的复杂的分析计算，如果不在书本上、课堂上对学生讲万有引力定律，而让学生凭自己的观测和分析把这个定律引申出来，这显然是很荒谬的。

毛主席十分强调要以理论联系实际的态度对待马克思主义，同时又指出要"认真看书学习，弄通马克思主义"。我们接受马克思主义的理论观点，主要是靠认真看马克思、列宁和毛泽东著作，也包括听讲演或辅导报告，而不是靠学习者从自己的实践经验去总结出理论来。对于学校的学生，他们接受自然科学的理论知识，主要也得靠认真看自然科学的书（首先是教科书），听教师讲解。看书、接受理论传授，可以学到知识，这是很普通的事。用要联系实际来否定理论知识的教学，否定学生应当并可以在听课、看书中学到自然科学理论，这是形而上学的诡辩。

三

教学过程以传授已有的知识为特点，它的方法也与科学研究的方法有所不同。

在科学研究和教学中都既有材料又有观点，都要做到材料和观点的统一。在科学研究中的方法是，首先搜集有关的实际材料，但开始时这些材料的内在联系还是不清楚的，经过对大量材料的反复研究之后，才找到材料的联系和本质，对所探索的新领域形成观点。

在教学中也要有材料，但不能先摆出一堆没有内在联系的材料。教材或课堂讲课中所叙述的，总是有生命的材料，按一定的观点组织起来的材料，根据科学概念、科学规律的逻辑有选择安排的材料。一门课程中的材料既然必须在一定的观点统领下来说明，课程的逻辑从基本的观点、定理开始就是正常的方法。自然科学的教科书和理论著作的写法与实验记录或病例报告的写法不同，这是很自然的。

说明已有认识成果的教科书或科学著作，在形式上是以概念和定律的体系为主，材料服从于这个体系而似乎居次要地位，表面上看来像是先验的方法，本质上则与先验主义毫无共同之处。正如马克思所说："在形式上，叙述的方法必须与研究的方法不同。研究必须充分地占有材料，分析它的各种发展形势，探寻这些形式的内在联系。只有这项工作完成以后，现实的运动才能适当地叙述出来。这点一旦做到，材料的生命一旦观念地反映出来，呈现在我们面前的就好像是一个先验的结构了。"[5]

教学要从基本的东西开始，它经常采用由一般到特殊的说明方法，这也是区别于科学研究的。在科学研究中，必须首先认识个别的和特殊的事物，然后才逐步扩大到认识一般的事物。例如，人们总要先认识各种不同的铁矿石的选矿方法，然后再认识铁矿石选矿的共同规律；总是先认识铁、铜、钨等各种不同的金属矿物的选矿方法，然后才认识有普遍性的重选、浮选、磁选的一般规律。至于选矿科学的教学则可以不按这种秩序，教学要先讲选矿的一般规律，然后再讲特殊的、个别的矿石的选矿。

按照"四人帮"所搞乱的逻辑，教学中的这种叙述方法也是不允许的，谁认为可以先讲普遍性的东西再讲具体的东西，就是"不按辩证法办事"。根据他们的逻辑，就必须先讲机床再讲力学，先讲农药再讲化学，先讲轧钢自动控制再讲电子学，这样，势必把自然科学的课程搞得支离破碎，削弱乃至取消基本理论的教学。

主张在叙述和说明问题时都必须从特殊到一般的人，虽然打着辩证法的旗号，似乎是按毛主席的指示办事，其实是不懂辩证法，也不研究毛主席的著作。毛主席的《中国革命战争的战略问题》是一部军事理论著作，并以此在红军大学做过讲演，这部著作就是一开始先讲战争的规律，并且是先讲一般战争，再讲革命战争，再讲中国革命战争。毛主席还指出："我们应该研究一般战争的规律，也应该研究革命战争的规律，最后，我们还应该研究中国革命战争的规律。"[6]在这部著作的后面部分才讲到战略防御、战略进攻等有特殊性的战争规律，并在其中再阐述到许多具体的战例。毛主席的《矛盾论》是一篇哲学理论论文，并以此在抗日军政大学做过讲演，这篇论文也是先讲矛盾的普遍性，之后再讲矛盾的特殊性。

四

教学可以不像科学研究那样由实践到理论、由材料到观点、由特殊到一般，这就是在教学中坚持辩证唯物主义的认识论要具体分析和解决的问题。处理得不好，就有可能把教学搞成由理论到理论、由观点到观点。而"四人帮"的诡计，正是根本不对教学作任何具体分析，把教学应有的特点统归之为"唯心主义"，并打出"唯物主义"的旗号来搞乱教学，取消教学，搞垮我国的社会主义教育。

如何根据自然科学教学的特点具体地运用辩证唯物主义，不很容易、不很简单，这里有不少尚待研究的课题，但在总的观点上不应有动摇和混乱。

第一，知识的继承与知识的创造不能割裂开来看。正由于有科学研究中的由实践到理论、由材料到观点、由特殊到一般，才使得接受科学认识成果的教学可以不去重复这个过程，在某种意义上可以由理论到实践、由观点到材料、由一般到特殊。从总体看，这丝毫不违反辩证唯物主义的认识论。

第二，在教学中，学生继承前人的知识，也有一个由无知到有知、由知之不多到知之甚多的认识过程，既然是一个认识过程，就离不并认识过程的普遍规律性。恩格斯在谈到知识的继承时只是说在这里"个体的经验，在某种程度上可以由它的历代祖先的经验的结果来代替"，这里讲的是"在某种程度上"，而不是说历代祖先的经验可以完全代替个体的经验，不是说个体的经验不再必要了。自然科学教学的课程体系可以由一般的理论观点开始，学生的学习过程以至这个体系本身又不能脱离实践。教学过程、学习过程又有它特有的"实践—认识—实践"的规律。

五

教科书的编写，课程的讲授，要贯彻教学中的“实践—认识—实践”的原则。如前所述，编写教材时不必要在每个概念或定律之前列举一堆实践经验材料，但这绝不是说教材就可以只靠逻辑推导，把课程归结为主观随意性的概念体系。这样做会使理论神秘化，使学生无法看懂教材或听懂讲课。

在自然科学理论教学中贯彻理论和实践统的原则，首先是要运用历史和逻辑统一的方法。这里所说的逻辑是自然科学课程（教科书、讲授）的理论逻辑体系，这里所说的历史是人类在实践基础上认识自然现象和自然规律的过程，二者的统一是要求理论的逻辑体系要反映认识的历史发展过程，或者说，要在历史发展的基本进程的基础上展开理论的逻辑体系。这种统一，不是把物理学、化学之类归结为物理学史、化学史，而是说物理学、化学等科学的逻辑体系应当反映人类在实践基础上认识物理或化学现象的历史的本质和主流，应当成为一个有生命的逻辑体系。

一门比较成熟的学科的教材，它的概念、定理不可能是任意安排的，先讲什么后讲什么不能随便。电学的理论体系，大讲上要遵循“静电—库仑定律—高斯定理—直流电—欧姆定律—焦耳定律—电磁感应—安培定律—楞次定律—麦克斯韦方程式”这样的次序。这个逻辑是与人类在实践基础上对电和磁的认识历史基本一致的，电学理论的体系是电学发展史的结晶和缩影。

历史和逻辑统一，是辩证唯物主义认识论的一个基本观点和方法。整个人类对电磁现象和规律要有一个认识过程，现今的每个人（包括学生）对电磁现象和规律也有一个认识过程，这两个过程在创造和继承上有区别，但作为认识过程又有其共同性：二者都必然要由简单到复杂，由定性的认识进展到定量的认识，由一级本质的认识过渡到二级本质的认识。因此，一个人的认识的发展必然简要地同人类认识的历史发展一致，这正如恩格斯所说：“对个人意识各个发展阶段的阐述，这些阶段可以看做人的意识在历史上所经过的各个阶段的缩影。”[7]

教学、教材和课程讲授，只有做到逻辑和历史统一，才能使学生掌握前人认识的知识成果，并学到获得和运用知识的方法。因此，要在教学中坚持实践第一，搞自然科学教学的人对所教学科的历史有所了解和研究就很有必要。在这个方面，我们的教学还有待进一步努力。有的同志主观上想用辩证唯物主义指导教学，却不大了解历史和逻辑统一的关系。有的道理上知道要运用历史和逻辑统一的方法，但缺乏必要的科学技术史知识，还不能把这一方法具体运用于所教的学科。还有的同志认为课程先讲什么后讲什么无关紧要，错误地认为：先讲变压器原理再讲电机原理，同先讲电机原理后讲变压器原理一样；先讲直流机原理再讲交流机原理，或先讲交流机原理再讲直流机原理都行。少数同志只从推理严谨深奥出发，把教学搞成由理论到理论的纯演绎体系。这些问题和倾向都需要解决或克服。

六

教材、讲授做到了历史和逻辑统一，还不能完全解决学生接受科学知识的问题。在教学过程中贯彻“实践—理论—实践”的原则还有其他的方面。

如前所述，学生在继承前人的知识成果时，不必要也不可能一一重复前人创造这些知识的那种实践，也不必事事都从自己的直接经验总结出理论，这是一方面；另一方面，如果学习者根本没有同某种知识有所关联的任何直接经验，他就难于继承这种知识，感到不能理解或不能深切理解。

人们有一定的直接经验是得以较广泛深刻地接受间接经验的有利条件。毛主席在指出怎样才能学到战争全局的指导规律时说：“有局部经验的人，有战役战术经验的人，如肯用心去想一想，就能够明白那些更高级的东西。”[6] 要学习战略学的道理，不必要求学习者都具有战略指挥的实践经验，而如果既无战役战术的经验，又无工作经验，那就很难学懂战略学的理论。

自然科学理论知识的学习也有类似情况。小学生的生活经验和日常见闻多些，他们接受教师或父母的知识传授就容易些。中学生有点儿修电灯或装收音机的实践经验，在接受电学的理论知识上就方便些。大学课程中理论性强的东西更多，学生的直接经验太少，要较好掌握已有知识就有困难。为了搞好教学，使学生的局部经验多一些是完全必要的。在这个问题上，一方面我们反对实用主义的生活教育，反对在学校教学中片面强调以干为主，干什么学什么；另一方面我们也反对脱离实际的经院式教育，反对在教学中片面强调书本知识，只读书而不接触实际。

学生到工厂、农村参加生产劳动，向工农群众学习，树立正确的世界观，同时也使学生对工农业生产有一定的实际经验，为他们更好地接受课程教学创造条件。但学生参加劳动绝不能搞成以干代学，更不能单纯从经济效果上去看待学生的生产劳动。

组织学生到工厂、农村去参观，走马看花，或用教学的术语叫“认识实习”，也对学生接近工农群众和学习科学知识有益。这种形式与参加生产劳动相比有不够深入的缺欠，但也有其比较灵活的长处，增长见闻可以较为广泛，费时较少。认为学生到工厂农村必得参加生产劳动，参观不是实践因而没有意义，这是一种片面的观点。

教师在教学中利用模型或教具做表演试验，尽可能让学生通过生动的直观转入理论的了解，这也是符合教学过程的认识论的。把这种形式说成是以教师、课堂为中心，是“资产阶级的教学法”，这是又一种片面性。

学生从事有益于智育的课外活动，对于培养动手能力，增长见识，很有益处。把这类活动统斥之为“智育第一”，这又是形而上学的表现。

学生从事教学实验和作题演算不仅有助于消化和运用先前学过的东西，而且还为接受以后学的理论提供一定的直接经验。借口生产实践而对此加以否定，这也是形而上学。

“四人帮”在自然科学教学表面上抬高直接经验的作用，实际上他们大搞形而上学、片面性，把真正对接受前人知识有益的直接经验的许多来源都堵塞了、取消了。他们根本不关心学生要学到科学知识来为社会主义建设服务，他们只需要不学无术、只会帮助他们搞篡权复辟的反革命打手，只需要蒙昧无知而任他们愚弄摆布的人。

七

科学实验是改造世界的三项社会实践之一，它对自然科学知识的创造极为重要，对于继承已有的自然科学知识也不可缺少。“四人帮”反对科学研究中的科学实验，也反对自然科学教学中的科学实验。他们给自然科学的教学实验加上种种罪名，下了许多禁令。说什么教学实验只能证明过去的理论，不能学到真知，下令验证理论的实验不开；借口实验要花钱，胡说消耗性的实验不开；把实验室实验歪曲是在小天地里闭门学习，规定要走出实验室，把实验室关闭、拆散。

学生从事自然科学的教学实验，同搞科学研究的实验是有区别的。前者主要是重复验证已有的理论，是证明已被别人证明过的东西，而且是根据自然科学理论教学的体系来安排的。实际情况是，涉及基础理论教学的实验，如果做的结果与理论不符，通常不见得是教材或讲课错了，而是实验的设施、做法或计算有问题；这时不是由教学实验去纠正理论或创造新理论，而是按已有的理论去重做实验。一般教学实验较少导致创新，那么它对学生究竟有什么用呢？前面讲过，学生在学习时对于所继承的知识没有必要也不可能一一都由自己的亲身经验来证明，更无需去重复前人创造这些知识的实践过程，但这绝不是说学生对所继承的知识完全都可以不要实践证明。学电子技术专业的大学生可以不必对所学的数学、力学、光学的各个原理都去搞实践证明，但假定连有关晶体管原理的科学实验和证明都不做，那是不可能学好专业的。

毛主席很重视理工科大学生在实验室做实验的问题，强调实验室首先要保证教学的需要。学生通过教学实验可以学会动手，学会使用仪器设备，学到一些书本上没有讲到的东西；而主要的是通过实验，从自己的切身经验中证明所学的东西。这种证明使学生能真正理解书本上或课堂上所学的东西，能深切记住所学的知识，并初步掌握运用它的方法。学生在学习过程中培养分析问题和解决问题的能力，在很大程度上也要靠科学实验。

自然科学的教学实验不能用生产实践来取代。这不仅是因为在生产过程中往往不具备实验研究所需要的条件（如最少干扰、分离因素的考察、高温高压等），还因为生产过程要连续进行，常常不能满足实验研究的要求。所谓验证理论的实验可以不搞，好像把生产实践抬得很高，实际上是使学生既学不好基本理论，也搞不好生产实践。

至于教学实验要付出一定的学费，这是不可避免的。我们要反对教学实验中的浪费，但付学费同浪费是两回事。反对学生在车床上作切削加工实验的人说，学生在实验中把工件大的车小、小的车没了，这要废除，应当让学生在车床上搞生产。试问，如果学生不做切削实验，天生就会在车床上搞生产吗？要让学机械加工的学生更好地掌握切削原理，浪费少量的工件是必付的学费，代价是学生真正掌握科学技术知识，从而能为社会主义做出更大的贡献，报答党和人民的培养。

在自然科学教学中，与学生从事教学实验有关的，还有学生必须做习题的问题。自然科学各课程的习题，是根据教学的理论体系拟定的，主要是为了更好地消化和掌握已有的理论知识；即或应用性很强的习题，要求学生练习解答，多数仍不是真要在物质生产上付诸应用。数学、物理、电工等基础理论课教学的应用题，主要还是“纸上谈兵”；在教学和学习中不可以没有这种“纸上谈兵”。做习题，是学生运用所学的理论去分析和解决问题的重要形式，许多理论知识只靠教学实验的经验证明还不够，有不少知识不能由实验室去直接证明，而要靠做题的演算分析去证明从而加深理解。不做题而学好数学，不做题而掌握电工原理，是不可能的。做习题，在某种意义上是“纸上的实验”，它也是一种学习上的实践。

在自然科学教学中一律要求都搞“真刀真枪”，认为唯有炼钢炉旁学化学才是真家伙，实验室的试管烧杯无价值，练习本上列方程式是空对空，这是以理论与实践统一作幌子，实际上根本抹杀自然科学教学中的理论联系实际；是表面上高喊要加强“两个能力”的培养，实际上既使学生学不好课程，又不能锻炼分析和解决实际问题的能力。

八

自然科学教学以继承为主，这是从学习的内容来说的。对这一点不应片面化、绝对化。不应把继承与创造、学习与实际应用机械分割，不应忽视教学和书本知识是有局限性的。靠读书学习来继承前人的知识有两种方法：一种是生吞活剥，不加分析地兼收并蓄，死记硬背而不理解，也不知所用；另一种是有分析地学习，对问题有自己的理解和体会，抓住要点举一反三，能用所学的东西来说明一些实际问题。后一种继承就有一定的创造性。我们当提倡在学习中有独立思考，帮助学生掌握有创造性的学习方法，而不单是教知识结论。

在学习中的独立思考当然是有条件的，不可把它片面夸大而不及其余。学习外语必须要下很大的气力去记忆单词和文法；把学习外语说成主要靠理解，外语考试也都开卷，这是掌握不了外语的。对于某些数学公式、物理定律、化学元素和化合物的分类，除了理解，也还有必要的记忆。把明白道理与记忆截然对立，把要求记忆一些知识统归之为死读书，这也一种片面性。

然而，总的说，我们应当强调的是学习中的独立思考。这是基于：第一，正因为学习是接受已有的知识为主，是领会业已成形的东西，容易倾向于不假思索地只记书上写的或教师讲的现成结论，即被动性较大，所以更需要力争主动，教师要避免注入式地教，学生要防止被注入式地学，防止死读书；第二，自然科学教学中所传授的知识，尽管大部分已由前人实践证明是正确的，但并不肯定全部都是完备的，尤其是大学的学习内容，包括不少假说、经验公式及新的观点，知识的相对真理性更强，还包括渗入自然科学的资产阶级观点，以及前人认识中难免的错误，在教学中必须采取有分析的方法；第三，即或教材和书本上的知识都很完备、正确，还不等于对我们同样有用，应当有区别地对待，着重掌握重要的东西；第四，教师的传授也不一样，有时会讲得不够确切，不够明白，个别地方或许讲错，也需要学生有独立思考。总之，教学在内容上以继承为主，在方法上应当生动活泼，有主动性、创造性。正如列宁所说：“你们不仅应当领会你们学到的知识，并且要用批判的态度来领会这些知识，使自己的头脑不被一堆无用的垃圾塞满，并能具备现代有学识的人所必备的一切实际知识。”[8]

独立思考同认真学习也是对立的统一。只讲独立思考而不认真学习，只能是空想胡想，没有基本的数学、物理、化学知识，谈不到对自然现象会有什么分析问题解决问题的能力。要独立思考，就要努力掌握知识，“用基本事实的知识来发展和增进每个学习者的思考力”[8]。“四人帮”鼓吹学生不认真学习，今天批判教材，明天批评教师，这绝不是真正的独立思考。

单靠学习自然科学知识本身还不能自然而然就会独立思考。会思索，要有正确的思想方法，在教学中要有好的教学方法、学习方法，这就要认真学习马克思主义的哲学。毛主席教导说：“你们学自然科学的，要学会用辩证法。”为了搞好自然科学教学，自然辩证法的宣传教育应当加强。

自然辩证法，是辩证唯物主义的自然观和科学观，是认识自然和改造自然的方法论。在大学的自然科学教学中，更不能只用形式逻辑，更需要有辩证逻辑。前人在总结其科学成果时，不管他们是否自觉，都有一定的世界观和方法论作指导。他们总是要处理生产实践与科学实验的关系，要由感性认识到理性认识，进行抽象和概括，要分析和解决自然过程中的矛盾，要研究原因和结果的关系，必然性和偶然性的关系，形式和内容的关系，要既会归纳又会演绎，既有分析又有综合，要对自然现象进行比较、分类，提出和证明、假说，处理数学计算与物理模型的关系，等等。前人的自然科学研究方法也反映在他们的科学成果中，反映在教科书和讲课中，如果在学习时能自觉地懂得这些方面的道理，在接受已有科学成果时一定会生动得多，主动得多。而且，自然辩证法的学习，不仅对自然科学的教学有帮助，对自然科学的研究更不可少。

九

学校教学以继承为主，不仅不排除应在教学和学习的方法上有创造性，也不排除学生在学习阶段可以在知识内容上有所创造，或运用所学的知识真刀真枪地解决实际问题。大学的高年级学生，还应当有一个由继承为主到创造为主的过渡阶段。他们在毕业前要从事带科研性的实际任务。学生的科学研究，要以他们所学的知识为根据，把理论运用于实践，但在其所探索的那个方面，在需要解决的新课题上，又必须遵循科学研究的认识过程，由实践总结出理论，获得新的知识。

大学生从事科学研究，反过来又能促进他们更好地继承前人的知识。书到用时方恨少，书到用时更能钻，书到用时更会看，有一定科学研究任务的学习，是更有成效的学习，学习的目的性更明确，自觉性更高，更能在学习中真正有分析地对待前人的成果，更深刻掌握有用的知识；而且也只有运用所学的东西搞科学研究，才能赶超世界先进水平，对建设社会主义有所贡献。

毛主席在论述“重要的问题在善于学习”时教导说：“一切带原则性的军事规律，或军事理论，都是前人或今人做的关于过去战争经验的总结。这些过去的战争所留给我们的血的教训，应该着重地学习它。这是一件事。然而还有一件事，即是从自己经验中考证这些结论，吸收那些用得着的东西，拒绝那些用不着的东西，增加那些自己所特有的东西。这后一件事是十分重要的，不这样做，我们就不能指导战争。”[6]

毫无疑问，对于自然科学的理论，应该着重地学习，而学生在学校中的学习，则完全是为了毕业后的应用。为此，对于所学的带原则性的自然规律，对于大学专业的基本的东西，就不能局限于教学实验或习题演算上的考证，而且还应当从科学研究的实践中去考证，以便在更充分的直接经验的基础上，在运用理论于实践的基础上，吸收用得着的东西，增加新的东西。大学生毕业前在这方面有所锻炼，很有必要。这种锻炼在学校教师指导下进行，使学生由学习继承进到学习创造，从而更有利于由学习创造进到独立地创造。

十

在自然科学的教学中应当根据自己的特点努力贯彻理论和实践统一的方针。然而，我们不能提出客观上不可能达到的要求。应当看到，在学校教学中要充分解决理论与实践的结合是不可能的，学校中的自然科学教学终究有它的局限性。我们不能用错误的做法去强行消灭这种局限，也不能满足于学校教学而看不到这种局限。

学校中的自然科学教学，即或搞得很好，教材结合实际，科学实验完善，又搞了科学研究和生产，仍然是难免有欠缺的。学生在学校中学的东西多数还是书本知识，对于这些知识，他们在教学实验中所证明的只是一小部分，在科学研究和生产劳动中所运用的更少，相当大的部分终究是别人证明过而自己没有证明的东西。

因此，在我们强调教学要以继承前人的理论为主时，同时要防止片面强调理论的重要性，要正确认识书本知识是不完备的。我们要牢记毛主席的教导："学生们的书本知识是什么知识呢？假定他们的知识都是真理，也是他们的前人总结生产斗争和阶级斗争的经验写成的理论，不是他们自己亲身得来的知识。他们接受这种知识是完全必要的，但是必须知道，就一定的情况说来，这种知识对于他们还是片面性的，这种知识是人家证明了，而在他们则还没有证明的。最重要的，是善于将这些知识应用到生活和实际中去。"[9]

学校教学的局限性不能靠学校的工作完全解决。比较充分地做到理论和实践的结合，还要靠学生毕业后的努力。教学过程所特有的"实践—认识—实践"终究只是整个认识过程中的一个环节、一个片断。我们要在人类总的"实践—认识—实践"的过程中去对待教学，对教学过程的认识论特点作具体分析，时时处处一分为二，反对任何一种形而上学。

华国锋同志在"十一大"报告中号召我们："努力学习马列著作和毛主席著作，完整地、准确地领会和掌握毛泽东思想的体系。"我们一定要系统地而不是零碎地学习辩证唯物主义的认识论，深入批判"四人帮"在教学问题上的假"唯物主义"，肃清其流毒，认真开展教学理论的研究，搞好自然科学的教学工作，为培养更多的人才，为促进建设四个现代化的社会主义强国而努力奋斗。

参考文献

[1] 毛泽东. 毛泽东著作选读（甲种本）上册. 北京：人民出版社，1965：63.
[2] 毛泽东. 毛泽东选集（第5卷）. 北京：人民出版社，1977：408，409.
[3] 毛泽东. 毛泽东著作选读（甲种本）上册. 北京：人民出版社，1965：112.
[4] 恩格斯. 自然辩证法. 北京：人民出版社，1971：244.
[5] 马克思. 资本论（第一卷第二版跋）. 北京：人民出版社，1965：XXII.
[6] 毛泽东. 毛泽东选集（第1卷）. 北京：人民出版社，1968：155，161，165.
[7] 恩格斯. 路德维希·费尔巴哈和德国古典哲学的终结. 北京：人民出版社，1972：10.
[8] 列宁. 列宁全集（第39卷）. 北京：人民出版社，1986：300.
[9] 毛泽东. 毛泽东著作选读（甲种本）上册. 北京：人民出版社，1965：220.

科学与幻想*

人是富于幻想的。古老美丽的神话就是人类想象征服自然力和支配自然力的产物。没有幻想，也许就不会有今天文明的一切。

文学艺术作品要有幻想。幻想是艺术家必须具备的一种才能。领导革命斗争和做实际工作也要有幻想。当俄国工人运动还处在地方性的经济斗争，许多人认为搞政治斗争并“不现实”的时候，列宁就提出要创办全俄政治报，用这张报纸作为“脚手架”和“鼓风机”，在工人中组合革命家队伍，把阶级斗争的星星之火燃成埋葬沙皇旧制度的熊熊烈焰。针对目光短浅的尾巴主义分子的叫喧，列宁明确宣布：“这是我们应当幻想的事情！”① 十月革命胜利以后，列宁还说过，对党的工作者来说，“幻想是极其可贵的品质”。

那么科学要不要幻想呢？是的，科学是老老实实的学问，要实事求是，脚踏实地，来不得半点儿虚假，但是科学又需要幻想。列宁说过：“否认幻想也在最精确地科学中起作用，那是荒谬的。”② 列宁还说过：“有人认为，只有诗人才需要幻想，这是没有理由的，这是愚蠢的偏见！甚至在数学上也是需要幻想的，甚至没有它就不可能发明微积分。”③

我们需要的幻想是一种创造性的想象。它植根于现实生活的肥壤沃土之中，同时又超越于现实，甚至可以离开当前的实际相当远。这使一些持“现实主义”态度的人不敢问津，乃至讽刺为异想天开，是“智者而不为”。

科学的幻想确实是推动工作、推动技术向前发展的刺激力量。我们应当承认，现实的东西是其合理性（必然性），合理的东西注定会成为现实。在科学研究中，人们面临着未知或知之不多的领域，答案是什么，钥匙在哪里，不很清楚；开始时材料不多，经验不足，会碰到什么困难，会遭遇何种挫折，无法确切预计；传统的观念，陈陋的旧习，有可能束缚手脚，搅乱思路。要有所发明创

---

* 陈昌曙、朱志尧，理论与实践，1978年，第6期：第54~56页。

① 《列宁全集》第1卷，北京：人民出版社，1955年，第378页。

② 《列宁全集》第38卷，北京：人民出版社，1963年，第421页。

③ 《列宁全集》第33卷，北京：人民出版社，1963年，第282页。

造，有所突破建树，就需要有勇气和毅力；需要锲而不舍，坚持战斗。幻想会给人们指明方向，在黑暗中看到阳光，在迷雾中扬起风帆，在失败中鼓足勇气。

哥德巴赫猜想就是一种幻想。哥德巴赫并没有掌握素数的规律，也不知道该怎样去推导偶数与素数的关系。他从有限的事实出发，做出一个大胆的猜想：一个任意大的偶数一定等于两个素数之和。正是这个猜想，促使许多人去钻研、去冲击，尽管遇到一次又一次的失败却始终有人坚持不渝。真是这个猜想，推动着我国年轻的数学家陈景润进行艰苦卓绝的努力，做出了创造性的贡献。

豆科植物与根瘤菌共生，能把大气里的氮直接变成营养氮素。人们想象，如果使其他农作物也能与根瘤菌共生，给每株植物配上一个小小的氮肥厂，那该多好啊！尽管我们现在还不大清楚根瘤菌共生固氮的秘密，不知该采取什么具体措施去达到这个目的。但是，人们相信这个幻想并且正在做出认真的努力使之成为现实。这一天并不很远。

太阳的光和热是巨大无比的最干净的能源，每分钟辐射到地面上的能量有80万亿千瓦，用来发电，生产的电能比现在全世界消耗的能量还高出万倍。可是这些能量至今仍在浪费着。有人想建立宇宙太阳能站，发射庞大的太阳能卫星，到浩瀚的宇宙空间去捕捉阳光，产生的电流用微波向地球输送，然后换成电流，供全世界享用。这又是一个大胆的幻想！实现这个幻想一定会遇到许多意料不到的困难。可是困难算得了什么！人类社会本来就是在克服困难和战胜困难的斗争中发展过来的。我们相信，通过人类的艰苦劳动，什么电子住宅，海底城市，设计生物，改造气候，征服太空……这些今天的幻想将来都会变成现实。

科学家是用科学的概念、理论来反映客观实际的。而要确立观念、理论，就必须运用抽象概括的方法，从客观现象中抓住事物的本质，从个别把握一般。也就是说，科学不能像镜子那样刻板地、无一遗漏地反映个别现象，而应该是能动地、有取舍地反映主要的、有规律性的东西。列宁指出："即使在最简单的概括中，在最基本的一般概念（一般'桌子'）中，都有一定成分的幻想。"① 一般"桌子"的概念已经撇开了现实桌子的许多属性（不管桌子是什么形状，什么颜色，有几条腿等），有一定成分的幻想。科学研究对更加复杂的现象作更加深刻的探索，想象或者幻想的成分当然就更多。比如，在数学中，在一定的条件下，我们应当把圆设想为多边形，把 $\sin x$ 设想为 X，甚至需

① 《列宁全集》第38卷，北京：人民出版社，1963年，第421页。

要推想出离开现实原型的$\sqrt{-1}$，不这样就无法研究现实的量的关系。在物理研究中，我们必须把现实的对象想象成根本制造不出来的“理想热机”、“理想气体”、“理想晶体”等。在有些场合下，我们还要靠猜想去建立物理模型（例如超低温热态氦的二流体模型）。一个物理工作者如果光搞实验，知识认真测定记录，而缺乏想象、猜想的能力，不敢或不会幻想，那是很难成为有作为的物理学家的。数学、物理学是这样，其他学科又何尝不是如此。亿万光年远的星系，几千公里深的地下，目力所不及的微观世界，灭绝了亿万年的古代生物……没有幻想，没有想象力，几乎不可能进行任何有创造性的探索。

当然，我们强调科学需要幻想，并不是把幻想绝对化，把幻想的作用夸大到极端的程度。我们需要的幻想，应该是科学的，而不是空洞的。空洞的幻想，是思想跑到任何事物的自然进程始终达不到的地方的空想，因而是违背客观规律的瞎想。嫦娥奔月，在一定时候是幻想；制造永动机，在任何时候都是空想。

科学的幻想总是人们在一定阶段上认识客观事物所孕育的含苞待放的智慧的花朵。人们对客观事物的认识永远发展着，因而我们决不能把幻想变成凝固不变的东西。要仔细倾听实践的呼声，要经常把认识到的结果与自己的幻想相比较，注意修正原来想象中不合实际的东西，并用新的事实来丰富原来的想象。当然，最要紧的是进行艰苦的探索和反复的实践，努力把幻想变成现实。幻想是可贵的品质。但是，一个人光是想象而不行动，那就会一事无成，有益的幻想终将沦为无用的空谈。

科学需要幻想，但并不是人人都有科学幻想的能力。幻想要以一定的知识作基础。被称为宇宙之父的奥尔科夫斯基，是个连飞机也没坐过的人，但他有足够的数学、物理学、天文学的基础知识，又对空间飞行技术做过长期探索研究，才写出了《在地球外面》、《自由空间》、《宇宙火箭列车》等著作，幻想到了有关未来宇宙航行中的一系列问题。他的思想超越了时代，为推动宇宙航行事业的发展做出了贡献。

科学研究中的幻想能力，包括了形象思维，不过主要是理论思维。要学会幻想，就要锻炼、培养和发展理论思维的能力。历史上有的哲学家比自然科学家先猜到了原子论和运动不灭原理，正是由于哲学家有理论思维方面的长处。面对类似的实验事实，有的自然科学家比别人更早想到科学的假说或理论，也往往是由于他们更善于理论的思维。当人们对电的种种现象还没有理出一个头绪的时候，富兰克林就已经构成了一个关于“电流体”的鲜明直觉的想象，这对后世电学的发展有着深刻的影响。爱因斯坦也很重视想象力，他把想象力看得比知识更重要；如果不是爱因斯坦重视想象而又善于想象，相对论的发现就会晚一些。因此，搞自然研究的同志，应该提高理论思维的能力。这就要在学好自然科学知识的同时，也要学习马克思主义的哲学，还要学些哲学史、科学史和逻辑学。

粉碎“四人帮”，思想得解放，在华国锋同志为首的党中央的领导下，现在我们比过去任何时候都更有条件把有益的幻想尽快变成现实。让我们给科学插上幻想的翅膀，叫它在事实的空气中飞翔得更快更高更远吧！既实事求是，埋头苦干，又生动活泼，异想天开，有所发现，有所发明，有所创造，有所前进。祖国的四个现代化一定会早日实现！

科学实验方法的几个问题*

搞好科学实验要严肃的态度，也要有正确的方法。实验方法对头，可能早出成果，多处成果；反之，会事倍功半。实验方法涉及许多问题，这里仅就实验研究中常见矛盾，谈一些粗浅的意见。

一

科学实验从其采取的措施看大致可分为两类：一类可称作“减法实验”或“保护性实验”，这就是设法隔离某些因素，排除对研究对象的多余干扰，以便集中考察整个联系中的个别环节，尽可能使被研究的过程以自己纯粹的形态表现出来；另一类可叫做“加法实验”或“破坏性实验”，这就是设法去干扰所研究的对象，通过变革对象使它的性质暴露出来。

“减法实验”是科学实验开始兴起时的主要形态。伽利略的力学实验室这种实验的一个典型。从古希腊到16世纪，权威性的力学见解是：①力是加速度的原因；②重物体比轻物体先落地；③抛射体最后垂直落地。由于物体运动总要受到外部阻力的影响，自由落体时重力作用很强，在长时期里未能对上述三点做出实验检验，伽利略则设想要尽量排除外力的因素，减缓或“冲淡”重力的作用，设计了让光滑的球经由光滑的斜面和平面再滚落于地的实验，从而证明，力不是速度的原因，而是加速度的原因，轻重物体如只受重力作用则同时落地，抛射体的运动轨迹始终是抛物线。

有的同志认为这种“减法实验”现在意义不大或该淘汰了。其理由是：现代科学研究已发展得相当复杂、高级，17、18世纪的实验方法已不中用了；“减法实验”把本来互相联系、互相影响的因素隔离开来，而且往往只抓住单个因素加以考察，这种方法有形而上学性；“减法实验”比较简单、容易办到，即或还有次要的作用，也无需再作什么探讨。这些理由各有道理，但结论是不对的。

---

* 陈昌曙，辽宁社会科学辑刊，1979年，第1期：第62～68页。

“减法实验”并不只是18世纪前的实验方法。巴斯德驳倒了生命“自然发生说”，创立了消毒灭菌的方法。法拉第证明电磁感应，奠定制造发电机的理论基础。现代最尖端的空间技术把庞大的实验室送到星际空间，其用处之一就是要“减法实验”。伽利略用“冲淡”重力的办法做了力学实验，但在地面上做持续性的物理化学实验就不能把重力“冲淡”，而有的实验只做到“冲淡”重力还不行，要求的是把重力的影响减小到最大限度。例如，科学家曾设想重力对材料加工中晶体结构的形成有扰动，为了探讨重力是否有这种影响和影响到什么程度，最好采取措施把重力的因素减掉。在太空试验室里就有这样的条件。远离星球的太空实验证明，在那里可以制成地面上无法形成的合金，而且这种合金有着特殊的超导电性。这个实验不仅有助于研究重力在物理化学结合中所起的作用，推进对超导现象的探讨，还促使人们设想有朝一日去建立太空金属加工厂。现代科学固然比较成熟，也远没有把自然过程的所有因素分别弄清楚，例如，一些常见病、多发病的形成原因至今还是不很明了；而且新的因素又是层出不穷的。在现代的科学研究中，“减法实验”仍有用武之地。

世界上一切客观过程的各个因素都是互相联系的，在实验中人为地把某些因素减掉、隔离，这是实验研究和理论思维中无法避免的矛盾。正如列宁所说：“如果不把不间断的东西割断，不使活生生的东西简单化、粗糙化，不加以割碎，不使之僵化，那么我们就不能想象、表达、测量、描述运动。思维对运动的描述，总是粗糙化、僵化。不仅思维是这样，而且感觉也是这样；不仅对运动是这样，而且对任何概念也都是这样。”① 为了认识空气对金属热处理的作用，需要把空气排除掉，进行真空热处理实验。为了研究温度变化对某种电子设备的影响，在实验时就要把外界电磁干扰等因素隔离开。人的认识最终是要全面地、综合地把握客观世界，但必须经过局部达到整体，由片面达到比较全面，只要是不把局部当作整体，不把片面看成全面，这就不是形而上学。在科学研究中，形而上学应当防止，但实际的困难却往往是不易做到把不间断的东西割断；因而需要有聪明的实验设计去做减法，从而能测量、描述自然过程。

实验要求减掉某些因素，实际上却办不到，这种情况大量存在。要研究高炉压力大小对炼铁的关系，必须排除矿石、焦炭、鼓风量等因素变化的影响。要研究密植对农作物产量的关系，应当隔离开土壤肥沃程度、灌溉量和植保等方面的差别所产生的作用。对于这些影响作用，我们可以设法缩小，但通常不能减少到可以忽略的程度。这时，就要靠多组对比实验和统计分析把希望排除的因素抵

① 《列宁全集》第38卷，北京：人民出版社，1963年，第285页。

消、中和，从而能着重看出高炉压力与冶炼质量，密植与产量的关系。这也是一种“减法实验”，或者确切些叫做通过实验和实验数据处理做减法。对这种实验的安排很有讲究。例如，可以有三种密植实验的办法：第一种实验忽视了要排除土壤肥沃程度的因素，在不同地块土稀植和密植，得出了密植与产量关系的结论，这是不科学的；第二种实验是尽力选择肥沃程度接近的地块，保持等量施肥，观察从稀植到不同水平的密植对产量的影响，再用统计方法进一步排除土壤肥力上难免的差异，这样得出的结论就比较科学了；第三种实验既有第二种实验的内容，又用同一种密植条件，在不同肥力的土壤上做实验，并把它与前者综合对照，得出在什么肥力范围内密植与产量有何关系的结论，这就更进了一步。对于灌溉、耕作制度等许多因素，也要有这种实验安排。无论如何，只在一块里做了密植实验，就得出密植方案的结论，这是不妥当的。这类科学实验的安排要动许多脑筋，要懂得以数理统计为主要内容的实验设计方法。

设计得最巧妙的“减法实验”也不可能把要排除的因素完全去掉。统计性的实验虽可抵消干扰，仍是有误差的。实验室中比较容易把某些因素的影响尽量减小，但绝对光滑的表面、绝对的真空、绝对不受重力作用的空间，在实验中没有，只能靠思维去想象。必须把实验中的减法与思维中的减法——通过科学抽象去掉粗的、伪的东西，从而使精的、真的东西显示出来——结合起来，才能得到对科学规律的认识。

二

19 世纪以来大工业的发展，向科学实验提出了更多、更高的要求，也给科学实验提供了更新、更有力的武器。“加法实验”在这种情况下迅速发展起来。对原子结构的实验研究是这种实验方法的一个代表。人们在认识原子时所采取的主要手段不是把影响原子运动的干扰因素隔离开，使原子以自己的纯粹形态存在，而是把电子打进原子，或把原子中的电子拉出来，或使原子核分裂，从而认识了原子的结构。现代原子物理学研究的主要实验手段是“炮轰”原子核，过去用中子、质子做“炮弹”；今后还要用重粒子（如铀离子）做“炮弹”，为了使“炮弹”具有很大的破坏力，科学家正研制巨型的粒子加速器。可见，“加法实验”的特点是故意干扰对象，乃至于破坏所研究的对象，确切地说是变革对象。这种实验方法对自然科学研究具有极其重要的作用。毛主席在《实践论》中指出：“你要看知识，你就得参加变革现实的实践。你要知道梨子的滋味，你就得变革梨子，亲口吃一吃。你要知道原子的组织同性质，你就得实行物理学和化学的实验，变革原子的情况。”

"加法实验"也有它的矛盾：我们的目的是要反映所研究的对象的本来面目所用的手段却破坏了对象的本来面目。实验的任务是认识原子，用了把原子中的电子拉出来或多给原子以电子的办法，结果原子不再是它自身，直接认识的对象成了离子；使原子核分裂了，就不是原来的原子，进入观察的是原来原子的碎片。有的人正是从"加法实验"的这种特点做出结论，认为用实验方法不能真正认识事物的本来面目，甚至说我们所感知的不过是自己扬起的灰尘。这种说法，极而言之，就好像体温计要从人身上带走一部分热量，测出的是被扰动了的体温，就由此断言人体本来的温度是无法观测到的。实际上，不论在宏观领域还是在微观世界，实验仪器改变研究对象的情况是普遍的，尽管如此；我们还是能从被扰动了的状态中日益正确地反映自然界本身的规律。对微观对象的观测同用体温计测温度不同，仪器扰动不仅无法避免而且相当大，对这种扰动及与之有关的"测不准原理"可以有不同的看法，但这并不能否定历史的事实——微观物理实验的进展终究还是使我们一天天更多地认识了原子、电子及其他基本粒子的客观特性，更多地揭示了微观领域的客观规律。

施加特殊的外部条件去变革对象从而认识它，这是自然科学实验的优越性。静观对象往往只能反映它的表面，变革对象才可能揭示它的本质。我们对一个人的认识也有类似的情况。在平常生活中，我们对他不会有深刻的了解，在他被某种外部条件"扰动"，如受到批评、表扬、或面临重大考验的时候，这个人的思想品质就明显表现出来，我们就能在"扰动状态"中深刻地认识他。从研究的目的出发故意去刺激周围的同志是不允许的，但为了认识自然现象，就不仅允许而且常常要尽可能去刺激它，干扰它；向自然界有意挑衅，让自然过程在它的"激发态"中把内在本质暴露出来。列宁深刻地阐明了经过变革对象从而认识对象的辩证法，他指出："人给自己构成世界的客观图画，他的活动改变外部现实，消灭它的规定性（即变更它的这些或那些方面特质）这样，也就去掉了它的假象、外在性和虚无性的特点，使它成为自在自为地存在着的（即客观真实的）现实。"①

现代科学实验能把电磁辐射、高温、高压、低温、高频振动等加于实验对象，其中许多条件是生产领域所不允许的或不可能出现的，因而使我们对自然规律的知识极大丰富起来，为科学走在生产前面奠定基础。例如，石墨转变为金刚石就是首先在高压实验中成功的，现在已转化为人造金刚石的生产，并推动了高压物理学的研究。在自然科学中也有一些部门，如天文学、地学，由于很难把

① 《列宁全集》第38卷，北京：人民出版社，1963年，第235页。

“加法实验”用于其研究的对象，其主要的认识方法是观察，这些学科尽管资格很老，至今还是假说的密林，比较确定的原理、定量的公式不多。这也说明了变革对象对于科学发展的重要性。

在变革对象的本来状态中认识对象的本来面目，终究是需要解决的矛盾。这里，更需要发挥理论思维的作用。在实验中把原子变革为离子或原子核碎片，而人的思维则能从离子的性质去想象原来的原子，从原子核碎片的特点去思索原子核本来具有的结构，用推理的方法去建立起原子模型或核模型；而这种思维的正确性又是可以用实践证明的。在“加法实验”中，对实验结果发挥想象、思索、推理的作用，构思出理论的模型和概念，是科学研究中十分重要的一环；理论模型的建立既是实验的产物，又是下一步实验的必要前提。

理论思维在“加法实验”和“减法实验”中各有不同的应用。“减法实验”的主要特点是用物质手段对客观因素作取舍，与之相应的思维特点是头脑中的去粗取精、去伪存真，这时建立的理论模型同实际情况相比有较多的直观相似性，就像抛物线模型同炮弹飞行轨道大致相同那样。与“加法实验”相应的理论思维，其主要特点不是去掉一些次要因素，而是要对实验事实作由此及彼、由表及里的想象，这时建立的理论模型通常具有直观性，而是明显地有着猜测、幻想、构思的成分。

思想方法不对头，就可能对实验事实做出错误的解释，建立的理论模型不符合客观实际，经不住实践的考验。由于电解等实验手段的进步，19 世纪的化学已积累了关于元素化合分解的大量资料，分析了几千种化合物的组成，但是由于思想方法上的形而上学，在建立理论模型上却走了弯路。当时的著名化学家道尔顿、盖-吕萨克、柏齐力阿斯等人片面地认为：原子之间的吸引和排斥是互不相容的，在相同的原子之间只存在排斥，在不同的原子之间才有吸引。因此，他们认为水的化学模型是 HO 而不是 H_2O，理由是两个相同的氢原子只有互相排斥不能联结在一起，他们同样也不确认有 H_2、O_2、Cl_2 这种气体分子存在，建立了原子论的道尔顿在分子学说已到了眼边还未能发现它，并且在阿伏伽德罗提出分子假说以后仍否认它。由于这种把吸引和排斥截然分家的观念，对有机化学研究有更大的妨碍。这时已经知道了许多有机化合物，却不能建立起有机分子的结构模型，因为最简单的有机分子甲烷 CH_4 也有四个氢原子，把相同原子的排斥绝对化，就无法理解四个氢会与碳结合在一起。由于不能用科学的理论思维去解释实验事实，就有人用别的办法去搪塞。比如说，有机分子不属于正规化学的研究对象，它是神秘活力的产物。维勒在 1828 年用实验方法把无机物转变为有机物，这个实验本来打击了“活力论”，但他却找不到对有机分子的合理解释，并且因陷入困惑而放弃了有机化学的研究。

到了19世纪60年代以后，由于分子学说在实验中不断得到证实，才迫使化学家们普遍承认，无论是在相同的或不同的原子之间，都是既有排斥又有吸引；对各种无机分子和有机分子建立结构模型的研究才发展起来。但事情并未到此了结。开始人们认为有机物具有环形结构，这种模型也被当时的实验证实了。但是，在20世纪初高分子化学实验发展以后，化学家却仍用环形模式来解释高聚化合物的结构，这就束缚了化学的进步，又经过不少周折，人们的思想才摆脱了成见的困惑，认识到环形模型通常只适用于小分子量有机物，并用链形模型成功地描述了高聚物，这是有机化学在现代的一个重要突破。

理论模型的建立，首先要重视思维的作用，在科学实验中不停留于记录事实，而且要敢于构思；其次要善于想象，并善于运用数学分析的方法；当然还必须把设想的理论模型再回到实验中去检验。任何实验所提供的知识都不可能是完备的，我们在科学研究中，"在任何时候都必须用思想的首尾一贯性去帮助还不充分的知识"[①] 在基本粒子的物理实验中，发现了具有相同同位旋和超荷的粒子可以有不同的角动量，只把这个事实记录下来，也是一种贡献，但物理学家们更进了一步，他们猜测角动量的不同是由基本粒子具有内部结构引起，提出了量子（或夸克）模型。这就是一个重要的突破了。在温度低于2.17开的情况下，物理学家们分别从圆盘实验和狭缝试验去测定液态氦的黏滞系数，结果差别很大；而对一般液体，这两种实验测定时差别不大的。物理学家们并不满足于记录数据，而是从这两个实验事实出发，对液态氦在极低温时的本来面目巧妙地构思了一个物理模型——双流体模型，认为这时的氦是由正常流体（狭缝试验能测出它）组成的。实践证明这个模型是正确的。当然，对于极低温时氦为什么具有超流动性，还需要从实验和理论上进一步研究。把科学实验和理论思维结合起来，才能日益全面、深刻、正确地反映客观的现实。

三

科学实验既有目的性，又难免有一定的盲目性，这是它的又一个矛盾。人们在生产中也会碰到事先无法预料的事情，但生产什么、生产多少基本上可以按计划进行，工业生产尤其如此。科学实验就不同了：人们不会完全盲目地、随心所欲地搞实验研究，科学实验或是为了验证某种假说或原理，或是为了探索某个未知领域中的新现象或定律，总之是由预想目标的；同时，科学实验又是同未知领

① 恩格斯：《自然辩证法》，北京：人民出版社，1971年，第21页。

域打交道的，人们在实验前乃至在实验中，并不能断定待检验的假说能否得到证实和得到何种程度的证实，尤其不能断定所要探索的未知领域中究竟有什么东西，以及将在什么时候和什么条件下发现这个未知的东西。如果实验之前就能断定这一切，就无需再做实验了。正因为不能断定这些，就使科学实验的过程和结果具有事先无法预料的特点，或者说难免有盲目性。

科学实验和观测中的发现，也可以分为两类：一类是意料之中的，这种发现一般是同检验假说的实验有关的，尽管这种实验也有“证实”或“不能证实”这两种可能，但终究是预计到有这两者的。例如，我们设想强子由更基本的层子所组成，实验的目的是试图把层子打出来，我们虽无法确切预计究竟能否做到这点，仍可以说一旦把层子打出来时在意料之中。另一类是所谓“意外的发现”，这个提法常被用来表示科学研究中不合常理的巧遇、例外的幸运，这样理解实际上是不正确的。科学实验中出现事先完全无法估计过的意外的发现，目的是为了研究甲结果却出乎预计地发现了乙，这是经常发生的、合乎认识的规律性的。反之，如果说一切发现都应该在意料之中，则有些神秘了。

科学实验中意外的发现事例极多。普利斯特里偶然用透镜集中日光照射在氧化汞上发现了氧。伽伐尼偶然看到起电机边上蛙腿的抽动发现了电流现象。诺贝尔在研究火药时偶然割破了手指，把涂伤口用剩的棉胶倒在硝酸甘油中发明了胶状炸药。贝克勒尔在研究 X 射线时偶然把铀盐、十字架、照相底片包在黑纸中，发现了天然放射性。弗莱明在用培养基培养细菌时偶然使培养基被面包上的真菌污染，发现了青霉素。珀金本来是要从实验研究中去制造药物奎宁，结果却意外地合成了染料苯胺紫。艾克逊的本意是要研制人造金刚石，结果却在实验中无意地发现了碳化硅。在基本粒子实验中本来要研究的是这种粒子，却意外地发现了别种新粒子。在天文观测中本来注目于某个天体，却意外地发现了另一个新天体。这种事也不少。对于科学实验中“意内”与“意外”的矛盾究竟如何对待呢？显然，我们不可能等待意外的发现光临。即使是探索性很强的实验研究，也要事先有一个大致的目标要求，从现有的理论、假说中做出推理来指引实验的进行，使实验设计尽可能符合预定的研究目的。瞎碰运气的胡乱实验不但会浪费人力物力，也不会真正有所创造。实验设备的生产、实验基地的建立、实验人员的配置、实验经费的拨给，都应当以实验能做出预期成果为依据。

然而，在实验过程中又必须十分注意原来未曾预料到的或偶然出现的东西，不要轻易放过异常的、例外的情况。科学家能从意外中得到发现：绝不取决于他们的运气好，而是由于他们敏于观察，善于从偶然之中抓住必然。如果弗莱明看到那个被污染了的培养基就把它随手扔掉，他就不会发现青霉素；而他之所以没有扔掉它，又因为他看到真菌污染区域细菌不能生长，认为这是值得研究的现象；他之所以会有这种识别力，又由于他是一个医生，具有医学的知识并正专心研究细菌。正如巴斯德所说："在观察的场合中，时机只有利于素有准备的心灵。"在这个意义上，上面的那些偶然的发现对那些发现者来说又不是偶然的。

意外的发现开始露头，并不就是发现的完成。弗莱明意外地发现青霉素是在1928年。之后，他又反复多次进行了实验，英国的其他一些化学家也投入研究，到1939年才获得青霉素的粗制品，1941年医用青霉素首次用于病人。天然放射性的发现在贝克勒尔那里只是开始，对这一现象的真正认识则花费了许多科学家毕生的精力。在实验研究中敏于观察，抓住那些事先未曾料到的现象，注意分析原因，并不是经常能做到的。人们往往容易只看到实验的特定目标而忽略其他的现象。有时实验者主观倾向于"合乎要求"的指标或事例，把"不合心意"的情况当作例外加以摒弃，或者用统计的办法把异常参数淹没在平均数中。我们应当防止把实验要求僵死化，避免放过有意义的发现。甚至学生做的纯验证理论的实验，也要注意研究意外情况的产生，这时的意外通常不会引出什么新的科学发现，而往往是实验操作或仪器测试不当所造成。如果实验出现意外就放过不管，将不利于吸取教训和培养分析问题的能力。

四

科学实验要求有重复性，而我们又应当在保证完成研究任务的前提下，尽可能减少实验次数，这又是实验研究中的一个矛盾。科学实验的目的是认识自然过程的规律性。规律性的东西很难靠一两次实验就亮出本相；规律本身就有重复性的特点，只靠一两次实验就"证明了的"规律其可信程度是有疑问的。因此，我们不能把重复实验都归之为"少慢差费"，不应过急地要求实验成功。对探索性的实验机械地规定指日突破的期限，很难保证完成。同时，我们也不应陷入另一种倾向，似乎实验次数越多，实验数据册越厚就越科学。似乎做100次实验取得成功必定比做50次实验取得的成功更可靠。

实验的次数究竟怎样为妥，要由实验研究的对象、任务来定。探索性的科学实验很难制定一个实验次数的确定计划，只能要求实验手段完备些，思想方法正确些，争取缩短实验周期，减少不必要的曲折。同应用、研制有关的科学实验，在实验次数上可以大致有所估计，甚至可以比较确定地安排。

考察的任务不同，实验的次数和规模应有区别。要查明新设计的电子线路在原则上是否可行，做少量的实验取得成功就可以了；要了解这种线路在实用上是否可靠，就需要在各种干扰条件下反复多次实验，要有长期考验。只做了前一种实验就把这种电子线路用于安装设备，结果往往是产品质量差。

与实验次数密切联系的是实验的范围。要知道麻雀的机体结构，解剖一两只麻雀就行了；要搞清麻雀是益鸟还是害鸟，就必须解剖许多麻雀、一年四季的大小麻雀。选育农作物良种可以在实验室或小块试验田上做实验，推广农作物新品种，则必须在各种不同地块上做中间实验。不经过较大范围的实验就推广，即或是很好的品种也未必增产。

既要达到实验目标，又要减少实验次数，在科学实验工作中力争多快好省，这也要靠理论思维、靠实验设计。特别是那些为制定工程技术方案所进行的实验，或者有理论的依据可遵循，或者有过去的或他人的经验可借鉴，未必需要事事自己从头摸索，可以充分发挥调查研究、数学计算和集体讨论的作用，减少实验的次数。计算上的困难曾经妨碍了理论对实验的指导作用，现在有了电子计算机，这个困难可以解决了。电子计算机不仅算得快，还有逻辑判断的功能，有些原来需在实验中探讨的关系，可以用电子计算机上的模拟实验来代替，缩短研究的周期。但是，电子计算机终究只能减少实验次数或代替部分实验，不能说有了电子计算机就无需再做实验或科学实验就不重要了。如何利用电子计算机辅助科学实验，是实验方法上的新课题。

科学实验中的矛盾不只是有以上涉及的这些方面。在现代科学研究中，对于同一个对象通常既有宏观方面的实验研究，又有微观方面的实验探讨，既从力学性能上做实验分析，又从物理化学性能上做实验考察，既有定性的实验，也有定量的实验，如何处理好这些实验的关系，综合这些实验的结果，也有不少应从方法论上探讨的问题。再有，在巨大的高能加速器中或电子显微镜下的实验方法有什么特点，这里有什么矛盾；在分子生物学研究 DNA 结构的实验中有什么问题，怎样把遗传物质的内部结构同外部环境联系起来做实验研究……，在这些实验中都会有自然科学方法论应予关注的题目。限于知识水平，对于种种新问题，笔者讲不出什么东西。本文只是试图说明自然科学的实验方法相当复杂，希望能引起对这个问题的讨论。一般地说，是否可以把自然科学的方法论看成是联结哲学和自然科学的一个纽带，自然科学工作者努力概括自己在研究方法上的经验，哲学工作者努力把方法论问题说得具体一些，这两者或许都是必要的吧。

科学研究与研究方法——兼谈学习自然辩证法*

科学研究要有课题、有研究人员、有仪器、有材料、有文献，加上努力再努力，总会出成果，但这并不全对，科学研究还要有正确的方法。没有人否认研究要有方法，就像谁都不怀疑讲话要有文法一样，然而，对于方法究竟有何种重要性，方法从哪里来，研究科学的人要不要下点工夫去掌握方法，看法并不一致。

许多大科学家并没有去搞研究方法的研究，还不是取得了重大成就？实际情况并非如此，恰恰是历史上最著名的科学家们不仅创造了新的科学知识，还自觉地推进了研究方法。重复地说，他们不仅是实际上运用着某种研究方法，而是对科学方法做了有意识的探索。他们的科学成就是与他们在科学研究方法上的突破分不开的。牛顿在他的自然科学著作中专门阐述了科学方法，提出了四条推理法则，论证了科学研究中分析法与综合法的关系[1]。门捷列夫在其化学著作中对观察、实验、假说、比较、分类、归纳、演绎等方法都有所说明，并且把科学研究的方法系统地表述为七条准则[2]。爱因斯坦不仅是大科学家，又是大思想家，他并不否定科学研究中的经验方法，但更强调想象、直觉和数学方法的作用，并且对这些方法讲了相当深刻的哲理[3]。

不应当夸大方法在科学研究中的地位和作用，也不能说唯有自觉地懂得方法论才能研究，没有学过文法的人也会讲话。然则好的方法总可以使研究工作做得更好些，“工欲善其事，必先利其器”，研究方法也是认识世界的武器。法国天文学家和数学家拉普拉斯说：“认识一位天才的研究方法，对于科学的进步，甚至对于他本人的荣誉，并不比发现本身更少用处。科学研究的方法经常是极富兴趣的部分。”俄国心理生理学家巴甫洛夫则认为：“研究上的关键决定于方法和进行方式。一切事实都在于有好的方法。有好的方法时，不是有才能的人也能作出许多事情。而没有好的方法时，即或是有天才的人来工作，也是徒劳无益的，得不到有价值、真实的材料。”

搞科学研究的人谁不希望有好的研究方法？问题是这种方法从何处去找呢？

---

* 陈昌曙，锦州师范学院学报，1980 年，第 1 期：第 1 ~ 2 页。

历史上那些大科学家的研究方法也不是凭空产生的，其一是来自他们自己的摸索，其二是来自向前人和他人学习。牛顿很重视向伽利略、笛卡儿学习，爱因斯坦对哲学史和科学史懂得更多。我们要掌握正确的科学研究方法，无非也是这么两条，而且要把这两条结合起来。

一条是总结自己的经验教训。自然科学本身就是应用逻辑，研究方法的正确与否可以从科学实践的成败中得到检验，问题是需要自觉地去体察这种检验，不仅要关心实验和理论研究的结果，还要注意导致这种结果的过程。

一条是学习已有的科学方法论的成果。搞自然科学研究的可以学点形式逻辑，更需要学习点辩证逻辑。我们在研究工作中经常要判定现象之间的因果联系，逻辑书上讲了这种判定的几种方法，值得一读。要掌握正确的研究方法也不能都靠直接经验，教科书上写的也要吸取。

可惜的是，讲自然科学方法论的书还不多；可喜的是，人民教育出版社出版的《自然辩证法讲义》（初稿）比较系统地介绍了方法论。该讲义指出“自然辩证法是关于自然界和自然科学发展的普遍规律的科学。它是马克思主义的自然观和科学观，又是认识自然和改造自然的方法论。”讲义分三篇（自然观、自然科学观，自然科学方法论）阐述了自然辩证法的基本内容，其中自然科学方法论占了大部篇幅，举凡观察、实验、模拟、理想化、比较、分类、类比、归纳、演绎，分析、综合、证明、反驳、假说及数学方法、信息方法、系统方法等均有论及。

自然辩证法（包括自然科学方法论）并不是能够直接解决具体科学问题的现成结论或现成药方，而是需要以认真的态度并花费一定的精力去学习它。精通文法未必能写小说，要写小说的人仍需肯下工夫去学文法。精通数学未必能解决某项物理实验的问题，要研究物理的人为学数学要十分努力。因为文法、数学是小说家或物理学家的武器，值得他们用气力去学习。自然科学方法论是科学研究的武器，真正有用的武器都不是轻而易举可以掌握的。

只靠读书当然不足以学会科学的研究方法，必须把科学方法论的学习与总结、自己的经验教训结合起来，与总结本专业科学发展的历史经验教训结合起来，特别是要与现实的科学研究工作结合起来。研究物理的，最好从物理发展史上的成功和失败来理解科学研究方法的原则。研究化学的，最好以化学史为基础来学习自然辩证法。在我们的科学研究工作中，自觉地应用正确的研究方法取得重大科技成就的实例还不多，但已有了这方面的先例。如果我们在学术交流活动中不是只谈成果，只谈实验和理论上的成功，而是同时也谈过程和方法，也谈挫折和失败，或许既有利于掌握和运用科学的研究方法，更有助于活跃学术思想，更快取得更多的成果。我们的自然科学刊物也不妨发表一些言之有物的有关研究方法的文章，这样的文章主要是靠自然科学工作者去写。总之，科学研究不能只务实，科学研究也有它的战略战术。只要我们认真地学习、宣传、研究、运用科学的方法论，就会使自然辩证法起到推动和促进科学研究的实际作用。

参考文献

[1] 牛顿．牛顿自然哲学著作选．上海：上海人民出版社，1974.
[2] 门捷列夫．门捷列夫的世界观．北京：生活 · 读书 · 新知三联书店，1959.
[3] 爱因斯坦．爱因斯坦文集（第1卷）．北京：商务印书馆，1976.

自然科学家谈认识世界*

自然科学家们有关认识论问题的言论甚多，这里选录的均属他们的经验之谈，含有合理的成分，可供哲学教师讲授认识论问题时参考。在材料的选择和安排上难免要受编者眼光的局限；编者所加的小标题都是从引文中摘出的，也未必确当，目的在于为教师研究探讨提供一点线索。

一、科学工作是从世界可知性的信念出发的

现代最伟大的物理学家爱因斯坦（1879～1955）说：

相信世界在本质上是有秩序的和可认识的这一信念，是一切科学工作的基础。

科学在发展逻辑思维和研究实在的合理态度时，能在很大程度上削弱世上流行的迷信。毫无疑问，任何科学工作，除完全不需要理性干预的工作以外，都是从世界的合理性和可知性这种坚定的信念出发的（这种信念是宗教感情的亲属）。[1]

美国著名的科学家、控制论的创始人维纳（1894～1964）说：

经验已足以使从事实际工作的物理学家相信，至少从他的工作来看，认为自然界不仅难以解释而且还在积极地抗拒解释的任何想法都是不能成立的。所以，如果要做一位有成就的科学家，他就必须朴素地（甚至有意朴素地）假定，他是在同一位正直的上帝（维纳在这里把自然界说成上帝，他认为自然界虽然奥妙，但它不会对人虚张声势，不会故意迷惑人，对人并无恶意，因此是正直的上帝——编者注）打交道，并且他自己也必须作为正直的人那样提出关于世界的各种问题。[2]

* 陈昌曙，教学与研究，1980年，第2期：第25～28页。

二、必须通过实验去探索原因，从自然现象中提取所愿望的东西

意大利自然科学家达·芬奇（1452～1519）说：

自然界的不可思议的译员是经验。经验绝不欺人。只有我们的解释往往欺骗自己。我们在种种场合和种种状况下；只有向经验求教，才可以从那里引出一般的规律。自然界以原因为开端，以实验为终结，但我们必须采取相反的途径。即我们必须从实验出发，并通过实验去探索原因。[3]

俄国生理学家巴甫洛夫（1849～1936）说：

观察可在动物有机体内看到许多并存着的和彼此时而是本质地、时而是间接地、时而又是偶然地联系着的现象。……实验仿佛把现象掌握在自己的手里一样，时而推动这一现象，时而推动另一现象，因此就在人工的、简单的组合当中确定了现象之间的真正联系。换言之，观察是搜集自然现象所提供的东西，而实验则是从自然现象中提取它所愿望的东西。[4]

法国病理学家巴斯德（1822～1895）说：

……那些新颖的、强有力的思想，只有被观察和实验奉为神圣的那一天，才据有形体，才据有灵魂。实验室和发明是两个双关的名词。如果没有实验室，那自然科学便日渐枯萎，它的生产力便渐渐消灭，它的发展希望便渐渐断绝了。

科学家一旦离开了实验室，便变成战场上缴了械的兵士。[5]

三、假说引导人们进行各种实验，指导研究前进

英国化学家道尔顿（1766～1844）说：

虽然我们必须当心，以便不致被那些与经验矛盾的理论使我们陷于错误，但最好还是建立一些有关我们所研究的对象的初步观念，从而指导自己在一定的研究的轨道上前进。[6]

英国科学家普利斯特里（1733～1804）说：

仅以假说本身而言，它们能够引导人们去进行各种实验，以便使这些假说更为精确。新的事实往往是从这些实验中产生的。这些新的事实促使人们去修正曾经推动他们发现新事实的那些假说。用这种方法修正

过的理论促使人们发现大量新的事实，这些新的事实又像往常那样使理论更接近于真理。[7]

英国生物学家、进化论的创始人达尔文（1809～1882）说：

我一贯力求保持思想不受拘束，这样，一旦某一假说为事实证明错误时，不论我自己对该假说如何偏爱（在每一题上我都禁不住要形成一个假说），我都放弃它。……我想不起有哪一个最初形成的假说不是在一段时间过后就被放弃，或被大加修改的。[8]

四、科学的目的在于概括事实，寻求支配事实的规律

俄国化学家门捷列夫（1834～1907）说：

科学的威力和力量在于无数的事实中；而科学的目的在于概括这些事实，并把它们提高到原理的高度。……汇集事实和假设还不是科学，它仅只是科学的初阶，但不通过这个初阶，就无法直接进入科学的殿堂。在这些初阶上写着：观察、假设和实验。观察是第一步，没有观察就不会有接踵而来的前进运动。[9]

达尔文说：

许多年来，我还遵循着一项金科玉律，即把随时遇到的同我一般结果相反的一件公开事实、一个新的观察，或者一种新的思想，立刻如实地记在备忘录上，因为我从经验中得知这些事实和思想比那些适意的事实和思想更加容易被遗忘。[10]

巴甫洛夫说：

要研究事实，对比事实，积聚事实。

鸟的翅膀无论多么完善，如果不依靠空气支持，就绝不能使鸟上升。事实就是科学家的空气。没有事实，你们就永远不能飞腾起来。没有事实，你们的“理论”就是枉费心机。

但是，在研究、实验和观察的时候，要力求不停留在事实的表面上。你们不要变成事实的保管人。要设法洞悉事实发生的底蕴。要坚持不懈地寻求支配事实的规律。[11]

五、知识从经验开始，科学又不能仅仅在经验的基础上成长起来，经验和思维相辅相成

法国数学家、天文学家拉普拉斯（1749～1827）说：

普遍的定律表现在特殊的现象里，而特殊的事例里常掺杂有许多外来的因素，只有用最巧妙的心思才能将它们分开，而发现定律。实验需要的是选择或造成最适宜于研究的现象，而且使它们发生于变化的环境之中，而观测其间的共同点。因此人们不断地提高到愈来愈广泛的关系，最后才达到普遍的定律，如果可能的话，再由推理或直接的实验去加以核验，或者去考查这些定律是否适合于已知的一切现象。

这便是引导我们寻找真理的最可靠的方法。别的哲学家没有比牛顿更忠实于这个方法了；没有人像他具有更高的机智（这种机智造就科学的真正天才），从事物中去辨别它们当中所蕴藏的普遍原理。例如，由于机智，他从物体的坠落而悟到万有引力原理。[12]

爱因斯坦说：

纯粹的逻辑思维不能给我们任何关于经验世界的知识；一切关于实在的知识，都是从经验开始，又终结于经验。用纯粹逻辑方法所得到的命题，对于实在来说是完全空洞的。

科学不能仅仅在经验的基础上成长起来，在建立科学时，我们免不了要自由地创造概念，而这些概念的适用性可以后验地用经验方法来检验。[13]

德国生物学家海克尔（1834～1919）说：

唯一能导致解决宇宙之谜的两条途径：经验和思维（或经验与思辨）在现代越来越被人们所公认，这是两个相辅相成、同样重要的认识方法。这对宇宙之谜的解决确实是一个最鼓舞人心的进步。……这两大认识途径，即感性的经验与理性的思维，是两种不同的大脑功能。前者要通过感官和中央感官灶来沟通，后者要通过在两者之间的思维灶，即大脑皮层的联想中枢来沟通。只有通过两者之间的联合活动才能产生真正的认识。[14]

六、想象力是科学研究中的实在因素，科学家的职责是一些异端见解，谨小慎微的人不会有所发现

普利斯特里说：

……理论和实验必须相辅相成，任何进步都是由于接受了某些专门的假说，即对自然界某些作用的环境或原因的猜测。因此，凡是能自由想象并把互不相干的各种观念结合起来的人，就是最勇敢、最有创造性的实验者。虽然这里面有许多观念后来判明是荒谬的、幻想的，但是其

中也有一些思想可能引出最伟大的和最有价值的发现。那些谨小慎微、胆小怕事、老成持重和思想迟钝的人，是永远不会有这些发现的。[15]

爱因斯坦说：

想象力比知识更重要，因为知识是有限的，而想象力概括着世界上的一切，推动着进步，并且是知识进化的源泉。严格地说，想象力是科学研究中的实在因素。[16]

维纳说：

如果严格遵循所有这些清规戒律，我们也许会得到稳健思想家的号称，但在促进知识使之继续发展方面将会很少有贡献。以试验的态度提倡一些异端的和犯忌的见解，这是科学家的职责，也是有识之士和诚实文人、有识和诚实的牧师的职责——即使最后他还是要把这些都抛弃掉。[17]

七、明天可能超越今天无法突破的界限，忠实研究的结果一定含有部分真理

德国物理学家、光学显微镜基础理论的确立者阿贝（1840～1905）在1878年说：

在今天的科学视野中，我们的视觉所能达到的观察范围，由于受到光的本性的制约而具有某种界限。由今天的知识获得的任何一种武器都不能突破这个界限。不言而喻，在这个世界上，凭现在我们所掌握的知识，自然界还存在着许多为我们想象不到的东西，然而，今天无法突破的界限，到明天有可能用崭新的方法来超越它。这是我的信念。我相信，将来在追究物质世界的本质时，必然会出现远比今天的显微镜更强有力的有效观察器械。[18]

巴甫洛夫说：

你们不要以为，已被抛弃的“真理”，已经失效的论据，它们全是白白的劳动。假如它们是忠实研究的结果，其中就一定含有部分真理，而且这部分真理将被辨别出来。[19]

八、研究方法并不比发现本身，更少用处，要努力运用科学方法，增长和促进科学中的创造性才华

拉普拉斯说：

认识一位天才的研究方法，对于科学的进步，甚至对于他本人的荣

誉，并不比发现本身更少用处。科学研究的方法经常是极富兴趣的部分。[20]

巴斯德说：

……你们的生活有了工作做基础，你们的思想充满了大人物和大事业的尊敬，还是不够的。你们还得要在你们所担任的一切工作上努力运用在伽利略、笛卡儿、牛顿这班科学家的不朽的工作上所建立的科学方法。[21]

法国生理学家贝尔纳（1813～1878）说：

良好的方法能使我们更好地发挥运用天赋的才能，而拙劣的方法则可能阻难才能的发挥。因此，科学中难能可贵的创造性才华，由于方法的拙劣可能被削弱，甚至被扼杀；而良好的方法则会增长、促进这种才华。[22]

参考文献

[1] 爱因斯坦．爱因斯坦文集（第1卷）．北京：商务印书馆，1976：284.
[2] 维纳．维纳著作选，上海：上海译文出版社，1978：178.
[3] 武谷三男．武谷三男物理学方法论论文集．北京：商务印书馆，1975：86.
[4] 巴甫洛夫．巴甫洛夫选集．北京：科学出版社，1955：115.
[5] 佚名．巴斯德传．北京：中华书局，1949：157.
[6] 关于原子论的著作选（俄文版）.
[7] 普利斯特里．普利斯特里选集（俄文版）．第279.
[8] 达尔文．达尔文生平及其书信集（第1卷）．北京：商务印书馆，1963：83，84.
[9] 门捷列夫．门捷列夫全集（第15卷）．俄文版．莫斯科：苏联科学院.
[10] 达尔文．达尔文生平及其书信集（第1卷）．北京：商务印书馆，1963：71.
[11] 巴甫洛夫．巴甫洛夫全集（第1卷）．北京：人民卫生出版社，1959：16.
[12] 拉普拉斯．宇宙体系论．上海：上海译文出版社，2001：442，443.
[13] 爱因斯坦．爱因斯坦文集（第1卷）．北京：商务印书馆，1976：309，313.
[14] 恩斯特·海克尔．宇宙之谜．上海：上海人民出版社，1973：16，17.
[15] 普利斯特里．普利斯特里选集（俄文版）.
[16] 爱因斯坦．爱因斯坦文集（第1卷）．北京：商务印书馆，1976：284.
[17] 维纳．维纳著作选．上海：上海译文出版社，1978：192.
[18] 东昇．电子显微镜的世界．北京：科学出版社，1977：6.
[19] 巴甫洛夫．巴甫洛夫全集（第1卷）．北京：人民卫生出版社，1959：51.
[20] 拉普拉斯．宇宙体系论．上海：上海译文出版社，2001：445.
[21] 佚名．巴斯德传．北京：中华书局，1949：390.
[22] 贝弗里奇．科学研究的艺术．北京：科学出版社，1979：5.

浅谈对“科学方法论”的思考*

这套“科学方法论丛书”是为科技人员和准备投身于科技事业的青年同志们编写的。每一本小册子讲一个专题，如果把各本小册子的内容汇集起来，大体上包括了科学研究过程中所用的基本方法。

说到方法，很自然地会想到我们常常碰到的问题。

“搞科学就是要如实反映客观对象，还讲什么方法?”确实，自然科学知识是对客观实际的反映，但是，在科学研究中，要真正做到从实际出发，如实反映客观对象却不是一件简单的、轻而易举的事情。虽然自然界的客观规律是可以被人们正确反映和认识的，但自然界不会主动地把它的规律交给人们去把握，人们也不可能一眼就看穿客观现象的本质。

要让自然界暴露出它的真实面目，非得想点办法不可，对于科学研究来说，只讲物质世界不依赖于人的意识，是人们认识的客体，这还不够；科学探索的成果如何，在相当程度上还决定于进行研究的人——认识主体，决定于认识主体是否有良好的素质和足够的才能，其中包括对科学方法的了解和训练。科学研究工作者掌握了正确的方法，善于能动地变革现实让自然界暴露其现象，善于能动地改造制作所获得的实际资料，就能更好地坚持从实际出发的原则，揭示和把握自然界的规律。

“搞科学就要刻苦，要认真，不能靠走捷径，不必讲方法。”毫无疑问，科学是老老实实的学问，科学家应当是老实人，谁不肯下苦功，不肯费力气，就不能攀登科学的高峰。然而，这只是事情的一个方面——科学家又应当是聪明人，会巧干，善于避免失误，力求少走弯路。科学发展史上的许多事例表明，在大致相同的物质条件下同样刻苦地进行试验，结果是巧于安排的研究者取得了更重要的发现，根据大致相同的实验结果同样认真地进行加工，善于思索的科学家会作出较高水平的理论创造。

---

* 本文辑自陈昌曙，归纳与演绎，沈阳：辽宁人民出版社，1986 年。原文为《归纳与演绎》一书“编者的话”，现标题为编者后加。

科学方法论的学习对于科技工作者、理工科大学生来说是必要的，对于哲学工作者来说也是有益的。在现代条件下，要探讨认识论和逻辑问题，就必须要关心自然科学的成就和自然科学的研究方法。

那么，是不是看过了一些小册子就能领会科学方法的诀窍，走近发现和发明的殿堂呢？问题也不这样简单。方法对头终究是取得科学成果的一个条件，如果从事探索活动的人力物力不足、科研体制不当、科技政策失误，再好的方法也无济于事。而且，任何科学方法论的著述都只能在理论原则上给人们以启发，只能着重介绍前人和他人在研究过程中的经验教训，而一个人要真正掌握正确的方法就不能只靠看书，还要靠自己的理解、实践和总结。学习科学方法论也要理论联系实际，也要把读书和应用结合起来。

我们这套丛书是吸取了科学方法论方面的已有的研究成果，着眼于宣传普及而编写的。在编写时力求做到正确准确、生动活泼、深入浅出。同时，我们又深感力不从心，无论是编者或作者，从事自然科学方法论的教学和研究工作都为时不长，造诣不深，错误和缺点一定很多。我们希望读者能对这些小册子提出宝贵意见。

这套丛书是由大连工学院、辽宁社会科学院、东北工学院等单位的自然辩证法工作者参加编写的。辽宁省自然辩证法研究会对编写工作给予了大力支持，不少同志对丛书初稿提出了宝贵的修改建议，在此一并致谢。

工具与机器的区别——兼谈技术论研究的意义*

工具（在本文中指手工工具）与机器有什么区别，是一个不大引人注意的问题；如果去研究它也似乎只有理论上的意义，而对于技术发展、对于我国的社会主义建设不会有什么实际价值。然而，这种看法是不正确的。

无论是手工工具和近代机器都是生产手段，都是人们有目的创造出来并用以变革自然的；劳动资料，它们有许多共同点。同时，手工工具与近代机器之间又有着一些差异，正确认识它们的区别对实际工作会有裨益。

锛、凿、斧、锯、锤、钳、刀、锄、锹、镐、锪等手工工具，与蒸汽泵、起重机、钻井机、电火花加工机床、炼钢转炉、复印机等机器相比，前者简单、便宜，后者复杂、昂贵，这是显而易见的。但是，它们之间除了这种表面上的不同，还有一些本质性的区别。

第一，人们常说劳动手段是人的天然器官的延长，广义地说，这对手工工具和近代机器都适用。手锤、蒸汽锤在一定意义上可以看做是拳头的“器官投影”。钻木取火用的手钻、近代电钻、钻井机可以看做是强化了的手指。锹、挖土机、起重机延续了人的体力。然则，手工工具和机器在延长人天然器官上又是不尽一样的。手工工具基本上可以从天然自然物找到其原型，球形和片状的石头不仅是原始人所用的棰、刀、斧，而且启示人们去制作金属的锤、锛、斧、铯、锹等。或者说，人们能够以天然自然物为原型，有目的地去创造手工工具这种人工自然物，从而延长人的手、脚等肢体。

许多机器是手工工具的改进，它们使手工工具更为强大有力、效率更高。可是，还有许多机器并不直接地以天然物为原型，在形式和内容上也不是手工工具的直接延续，这些机器的产生首先是人们在实践中形成了某种内在性能要求的观念（如怎样使金属耐高温，怎样快速除掉铁水中的硫），并以此为功能目标设计制作出来的。离子渗透装置、吹氧转炉、内燃机、电动机、电火花加工机床、光刻机等都延长了人的天然器官，但很难在自然界找到原型。各种化工机械是为了

---

* 陈昌曙，自然信息，1985 年，第 4 期（总第 22 期）：第 26 ~ 28 页。

生产性能不同的物质（如合成塑料、合成药物等）而研制出来的，它们也延长了人的器官但却缺乏自然物的原型，也不是“器官投影”，化工过程与四肢活动有本质不同。人们常说电子计算机是人脑的延续，从计算机的功能讲，这是对的；但计算机并不是在弄清人脑如何计算、记忆、判断的原型之后，再按这种原型加以人工化而发明出来的。计算机的研制首先取决于要算得快的功能需要。

当然，古代人在制作工具时也是有某种性能要求的想法的，这里主要是指他们的想法通常不超出以天然物为原型（而且是直接原型）的范围，而仅限于此就不足以解释近代的机器。

第二，工具的发明、制作、使用通常是以经验、技能为基础的，工匠们可以承担的任务。机器的发明、制作、使用也要依靠经验、技能，而更需要的则是科学知识。

早起机器（如蒸汽机）的出现与经验的联系更密切些，但已包含有科学理论知识的作用。近现代的机器则越来越多地成为科学原理的自觉应用。前面讲到机器的研制与性能要求有关，机器的性能要求往往是科学知识提出的；而性能要求目标的实现更离不开科学知识（包括基础科学和技术科学的原理）。没有氧化还原原理、冶金物理化学和冶金炉原理等科学，人们就不会有吹氧炼钢的设想并无从使之成为现实。没有热力学、四冲程原理和热机工程学，就没有内燃机的发明和制造。没有原子物理学、工程物理、核工程学，也不会有核裂变的设想并研制成原子能反应堆（反应堆可以看做是动力机器和生产放射性同位素的机器）。所有的现代机器的设计制造都离不开数学，更是众所公认的。正因为人类依据着自己的科学认识，才能不以天然物为原型来发明机器，或研制出与天然物理原型有本质差异的机器。

科学知识对手工工具的制作和完善化也是有用的，科学还有助于使手工工具进化为机器。但手工工具本身只要靠日常经验就能够发明制作，并靠经验技能就能够运用自如，这种技能凭经验的传授就能够被继承下来。在物理学、化学没有多少进展时就有了锤、斧、锄、铇的改进也只需要大致的经验估算而无需多少数学。仅靠日常经验，就能以现成的东西、以天然自然物为原型来仿制器物。

第三，工具是无需经常维护就可以连续使用的劳动手段。人们通常不必去维修手锤、钳、斧、锄、锹、镐、刀、铇等，但刃口钝了后要磨锉一下，但也无需经常去保养。机器就不大一样了。一台普通的车床，工人在操作前要调整、上油，操作过程要不断保养，要经常维修。内燃机和装置内燃机的汽车，飞机也需要经常维护，否则诸如此类的机器就不能正常工作，就会使机器性能迅速下降。手锤可以拿起来就用，不用时就放在一边，锹、锯、锄等也大体如此。然而，如果不经常去保养维护一台精密机床，采取用起来就开动，不用时就放在一边的做法；或者虽有一些保养但做得不十分认真、不十分精细，这台机床很快就会成为废品或次品。在大量使用机床的工厂里往往有专职的保全工、维修工，这是极其正常运行所要求的。

第四，在通常情况下手工工具要连续使用很多年，只要还能使用，就可以父传子乃至子传孙地用下去，直至严重损坏才会报废，另置新的；人们对于仍能使用的锤、钳、斧、锹、镐之类手工工具，一般是不扔掉的。手工工具相对来说寿命长、变异进化少，现代人在劳动生活中仍然要用手工工具，但他们用的工具在性能、形状、重量、种类等方面与古代手工工匠工具几乎没有多大的不同，现代手工工具可能主要是在材质上有新进展。

机器的情况就有所不同了。许多蒸汽机和蒸汽机车即使还能运转，人们就可能让它们进博物馆去“休养”。不少内燃机和汽车纵然还能开动，人们也只让它们在老式汽车比赛时才偶露头角。大量机械加工装置，例如各种机床，尽管仍然能发挥其设计性能，或者已被淘汰，或将要退役。近一百多年来，机器的种类、性能、形态，材质都有了很大的变化，新机器取代旧机器的进程加快了。20 世纪 50 年代以来，计算机和由计算机控制的机器的出现，机器更新换代更为迅速。一种能发挥原有性能要求的机器还可以继续运转，另一种能发挥新的、有更优越性能的机器就产生出来并“威胁”前者的存在和命运。机器是相对短命的，在不少情况下，一些尚未严重损坏乃至“完整无缺”的机器要被报废，另置新的、更为高级的机器。

研究工具、机器等在技术系统中的地位和作用。它们之间的联系和区别，是技术论或技术哲学的任务①。这种研究是概括性的、理论化的、“抽象的”，却并不是毫无实际意义的学术空论。拿工具与机器的区别来看，如本文的几点看法可以成立，在实际工作中就应当注意到下述的一些方面：

（1）机器的设计、研制与科学知识有更密切的联系，机器的使用、改进也更多地与科学知识有关，只靠制造和运用工具的经验和技能来对待机器、这是不行的。

（2）机器需要经常的维护保养才能正常运转，像用工具那样不作精心养护地使用机器，这是不行的。

（3）机器在仍然运转时就允许乃至必须更新。用对待工具的“坏了才换”的方式处理机器装备，这也是不行的。

在这些方面，过去和现在，我们都不是没有问题的。在我们的工矿企业中有

① 陈昌曙：《技术是哲学的研究对象》，《自然辩证法通讯》，1985 年，第 3 期。

许多使用机器、管理机器、研制机器的工人、管理者和工程师。他们中有些人是了解机器的特点的，也有不少人自己过去只有使用手工工具的经验，或者受到小生产的传统观念的影响，因而拿使用工具的看法、态度和习惯去对待机器。他们或者低估了科学知识的重要性，或者不大重视对机器的精心维护，或者把固定资产（包括机器）的更新换代看得无足轻重乃至不闻不问。这种自觉不自觉地把近代机器等同于手工工具的倾向，已经对我国的技术发展造成了不良后果。我国机器行业的创新不足，工厂中机械性能的超标准下降，陈旧机器未及时更新，与人们的技术观恐怕不无联系。

当然，正确认识工具与机器的区别，也不是要把问题引到另一个极端。不是说近代机器就只要科学不要经验，只讲更新不讲节约。机器的更新可能是完全换用新的，也可能只是改变了动力系统或工作系统，也可能主要是增加了控制系统，而所有的更新都要受经济条件制约。重视机器设备的更新改造，与发挥原有机器设备效率，应相辅相成。

正确认识工具与机器的关系是理论问题，有实际意义。技术论的其他问题（如技术的本质、技术系统、技术分类等），如果我们认真研究、研究得好，也会既有理论的又有现实的价值。当然，这并不是说技术论的所有问题都必须有直接的现实效益才可以研究。本文所强调的是，只要真正是理论上还来弄清楚的问题，只要我们在研究这些问题时真正从实际出发和联系实际，那就应当研究。技术论的研究难免要抠概念、争提法，但却不能笼统地把它看做是“书呆子”的事，或认为它只能散发学究气息。我们应当以自己的实际努力，不断加深技术论研究，并努力使自己的工作有益于技术发展的工作。

要重视交叉学科的研究*

分门别类地研究社会生活和人类思维的各个方面，研究各国和各个时代的社会现象，仍是我国哲学社会科学的主要任务。在一个相当长的时期里，我们对普遍性的、总体的问题比较注意，对特殊性、部门性（各个具体社会领域的）的问题则关心不够。这种偏见应当克服，哲学社会科学的学科需要进一步分化。

分化与综合是科学发展中互相联系、互相转化的规律和趋势。各门学科的相互渗透，大量交叉学科的产生，是现代科学（当然包括社会科学）发展的一个重要特点。例如，有哲学社会科学与数学自然科学的交叉（计算社会学、数量经济学、医学社会学、技术美学等），有哲学社会科学中的学科交叉（经济法学、教育经济学、社会语言学等），有社会科学与思维科学的交叉（社会心理学、艺术心理学、心理语言学等），还有些学科不仅是两门学科的交叉，而是多门学科的综合（管理学、科学学、人才学、未来学等）。有的学科所运用的方法，也使之具有交叉学科的性质（社会系统论、经济控制论、比较史学等）。属于交叉学科范畴的，不仅有以“学”或“论”命名的学科，还有以“关系研究”为名的学科性研究（如国际经济与政治、计算机与社会、生态与人类、宗教与伦理关系的有系统探讨等）。

交叉学科的出现，其意义是易于理解的。客观事物和客观过程本身就是互相依存的，科学研究既应当把活生生联系着的东西分离开来，进行专门的、深入的考察，也应当努力使被分离的部分趋于结合，从而更真切地反映现实。自然科学范围内的交叉，在18、19世纪就有所发展（如热化学、植物地理学等），在20世纪上半叶已大量涌现（如化学物理、生物化学、生物物理及它们的分支学科）；而哲学社会科学方面学科交叉（包括与数学和自然科学的渗透）基本上是第二次世界大战以后的事。现代社会生活中诸社会因素（生产、经济、政治、军事、科学、技术、教育、哲学、伦理、艺术等）的相互作用更为明显，反映这种情况的学科之间的交叉和综合势所必然。

---

* 陈昌曙，理论界，1986年，第4期。

交叉学科的研究，会促进科学的创新。恩格斯在谈到电化学的意义时曾写道：“在分子科学和原子科学的接触点上，双方都宣称无能为力，但是恰恰就在这个地方可以期望取得最大的成果。”他还指出：“对化学作用同电的作用及电的作用和化学作用之间的这种紧密联系的理解，就会在这两个研究领域中获致巨大的成果。”（《自然辩证法》）恩格斯的观点适用于各门交叉科学。科学社会学、技术社会学的研究，有助于认识生产力究竟有哪些要素和属性，也有助于揭示科学与技术的特点和价值。教育经济学的研究，不仅会使人们懂得人才培养对经济建设的重要性，而且会懂得如何更有效地培养人才。许多法律（如森林法、矿藏法、草原法、环境保护法、水利法、航空法等）的制定，只靠阶级斗争的知识是不够的，还必须有科学技术的知识，必须有经济法学的研究。这种研究既有利于法学也有利于经济学的发展。

长期以来，我们主要是用定性的方法考察社会现象，对形势的估计上常常出现抓住一点不及其余的偏向，夸大了某个局部。数学与社会科学各学科之间的相互渗透，用定量的方法研究各个社会领域就更应提倡。现在，在我们的社会科学论著（主要是经济学论著）中，各种控制系统框图和计算公式已经多起来了，这是可喜的（可喜之处并不仅是多，而且是正确的），但与要求相比，则仍显不足。我们是社会主义国家，我们要使科学、技术、经济、社会协调发展，要有计划地发展各项事业，就更需要强调综合性研究和定量分析，更需要重视各门学科的结合和交叉学科的地位。

在交叉学科中，管理学、科学学、人才学、未来学的作用是很明显的。这些学科本身就很难说它们是文科还是理科，是社会科学还是自然科学，这种交叉性学科的研究既有益于社会科学和社会活动，又有益于促进科学技术的进步。

交叉学科中的许多学科主要属于自然科学范畴，同时又与社会科学密切相关（如人类学、历史地理学、生态学、环境科学、老年学、病理学等），对社会科学与自然科学间相互渗透的重视也有利于这类学科的发展。

开展交叉学科的研究不仅有认识问题，尤其有些实际困难妨碍着这一工作的进行。现在这方面的困难至少有以下几点：

一是传统的学科分类带来的困难。通常以为，哲学社会科学的门类划分是按文、史、哲、经为界的，一些交叉学科没有相对独立的位置。在国务院学位委员会的学科分类中自然辩证法属于文科哲学类，科学管理属于理科，科学技术史也属于理科，没有文理结合的类别系统。在辽宁省哲学社会科学规划工作中，曾把新兴学科（其中多数是交叉学科）放在自然辨证法学科一起讨论。在出版工作中，交叉性学科的论著有时也不知从哪里进门。一本科学技术史的书稿交到历史编辑室，被认为是科学书类而婉言推出，交到科技编辑室则被认为是历史书类又难以处置，这种事是曾经发生过的。

学科分类终究是必要的，而任何分类都要求相对割散（非此即彼），不可能把一切对象（尤其是亦此亦彼的）囊括无遗。问题是要充分注意到分类的局限性，在学术工作中不要怕越出本门学科的传统界限，敢于涉及相邻学科和其他学科。当然，对传统的分类作某些修正，如增加一个综合性学科类，也可考虑。

二是现有的知识结构带来的困难。长期以来，我们的文理分工是明显的，学文的要求有阶级斗争的知识，学理工的要求有生产斗争的知识，兼学别样实际上没有做到。搞哲学的要研究科学哲学、技术哲学，对科学技术却知之甚少。搞经济的要研究数量经济学、经济预测学，又缺乏运筹学、数理统计的知识。搞法律的要研究资源法、食品卫生法，而对资源的特点和合理使用，对卫生的标准和应有措施的知识不足。这就很难去做交叉学科的研究工作。

知识结构的区别也难以消除，不可能要求自然科学家都同时是社会科学家，反之亦然。然而，要求自然科学家懂一点社会科学，多懂些更好；要求哲学社会科学工作者懂一些科学技术知识，这终究是必要的、可能的。为此，是否可以考虑在哲学社会科学的教育中再增加一点数学和自然科学方面的内容（有的哲学社会科学专业就可以从理科招生，包括研究生）。文理的过度分工（包括现在许多中学里文理科的过早分班）无论对社会科学还是自然科学都不利。很遗憾，这种现象目前仍在继续。

三是组织领导上的困难。时至今日，我国的自然科学和技术工作是由各级科学技术委员会领导和管理的（各级科委不管社会科学），而哲学社会科学研究则分别由各社会科学院、学校的社会科学系部自行其是，各级哲学社会科学联合会则做一些协调和管理工作。在各级科委和各级社联（社联不是科委的对应机构）之间几乎没有什么联系，在科委管理所及的自然科学家与社联协调所及的社会科学工作者之间也几乎没有什么接触。可以设想研究计算机控制论的专家与研究宏观经济的学者不能协同治学，连一起开会的机遇也稀罕，就难以在经济控制论和经济发展战略研究上取得重大成就。

现在人们正在讲横向联合、科技攻关，从学术研究来说，并不是所有课题都需要把哲学社会科学工作者与数学自然科学工作者组织在一起。但在交叉学科的某些项目上，适当地组织这种联合攻关肯定是大有好处的。要做这种组织工作，就要有相应的领导部门的努力。

交叉学科的研究是时代的潮流、四化的需要，我们要重视它，并采取实际措施扶植它，使其为时代和四化做出贡献！

谈 谈 创 新*

谈心一篇，随心所欲、信口开河，如说有个中心，权称创新亦可。

我上大学时学工，改行研究哲学，年轻时发表一点东西，登在研究型杂志，不知深浅，以为应能成家，做点有创新的贡献。几十年过去，文章不算很少，文中偶有己见，但总体看几乎都是发挥前人和他人提到的观点，除了换得稿费、提职，没有什么建树。反省再三，似与“能力类型”相关。常见一些同志，想事颇有新意，有迸发思想火花能力，却短于系统阐发。我的长处是对问题比较敏感，积所见火花，联系起来论证阐述一番，或者说有综合迅速反应能力，但自己的思想则不深刻，短于真知灼见和创新。说我均抄袭，自当争议，言能创新，实所未成，绝非“高尚的”谦虚。

但从主观认识和愿望说，推崇创新，亦是真意。年轻时的想法固然有点狂，却不是毫无可取之处。那时学《联共党史》结束语，讨论到对马列主义的态度。大约涉及三条：一是领会实质，二是学会运用，三是用新经验、新论据来丰富已有原理，或取代已过时的个别结论。对前两条，大家都认为最重要；对后一条，有人认为是方向，但一般人做不到，因为既没有革命经验，站得不高，又没有材料。我当时想（只是想）研究哲学的用些新材料、新观点来充实已有的论断，应当不属非分之举，研究电工或采矿的总要搞出点新东西，研究哲学的为什么不行呢？以后，经过几次运动，仍然认为学术上可以有新见解，也做过把政治问题当做学术问题研究的自我批评。

几十年过去，基于情况变化，基于自己长于发挥的教训，基于当前遇到的问题，觉得创新还是工作的关键。今天，理论工作的处境比过去好得多，同时困难也很大，许多问题自己弄不清楚，乃至迷惘困惑，更无法向别人讲明白，愁于理直气壮。有埋怨，心想过去总是有一套系统理论，帅先于行，“无产阶级专政下继续革命的理论”，尽管错误却相当完整。现在是社会主义初级阶段条件下改革、开放和建设，有大道理，如何实现则常常是预见不足，好像按“车到山前必有

---

* 陈昌曙，党政干部学刊，1989 年，第 1 期：第 3 ~4 页。

路”行事，或“车到山前再修路”。有等待，总希望有哪位高级领导人拿出一部或几部全面深刻、崭新成熟、能解决现实问题的理论著作和办法来，从而有据可依、有章可循；否则，中央领导人都没有讲清理论是非，让下面如何说明曲直缘由。

这种埋怨、等待并非全然无理，对自己来说则有反思的必要。在当今中国条件下改革、开放，世无先例，应出新思想、新观点，应有传道解惑的蓝本，问题是新的理论见解出于何处。一国两制、初级阶段、生产力标准，可以说是出于中央的新思想（又源于实践、源于群众）。要求中央更加重视理论工作，希望中央领导人在理论上更加成熟，兼有革命家和学者的品格，关切之情应堪嘉许。然而，只靠个别领导人或几百年出一位的天才出思想，其他人理解、论证、执行，已不该也难以为继了。我们再有意无意地等待哪位领导人拿出理论体系，好像理论水平的高低主要是几个人或一个人的职责，这种观念未免太传统了。在哲学社会科学方面，党校要出新思想，社会科学院要出新思想，大学要出新思想。发展马克思主义是一切理论工作者的共同职责。

把发展马克思主义作为共同职责，口气不小，自己怎么办，别人如何看？作为方向，理应这样。发展就是创新，不可看得过高。发展有大有小，对基本原理有突破难，就某一个别问题讲点有新意的看法则可期待，基本原理与个别问题又无截然界限。讲发展不仅要新还要正确，不是所有的理论工作者都能做到，自己就无所贡献。退而言之，提出一点有新意的见解，不能保证正确，但却持之有故，言之成理，算作走上有助于发展马克思主义的道路，或要求在力所能及的领域和问题上有所创新，总比只限于“吃马列主义的饭”要好些。理论工作者要有创新的使命感，也要有这样的自信心和勇气。取法乎上，仅得其中；取法乎中，仅得其下；取法乎下，就无所作为了。

创新或有助于创新，并非高不可攀。我认为省委党校《教学研究》上的一些文章就有新意，例如，1988 年第 6 期上关于股份制和外向型经济的研究。探讨和回答群众中提出的问题，必须有新意才能说服人，亦属此例。有人问，凡是过去讲的社会主义优越之处（公有制、按劳分配、没有失业、有计划及公费医疗等），今天都面临改革，社会主义还优越在哪里？研究和讲清这个问题，就是创新。还有人问，各国都发展生产力，社会主义的根本任务是发展生产力如何理解？生产力标准、小康标准、为人民服务标准、培养一代新人的标准有什么关系？党政机关、医院、学校的工作如何以生产力为标准？研究和讲清这些问题，同样是创新。

创新又不是轻而易举的。要钻研大量资料，调查研究，要读较多的书，了解动态，要学会分析，还要有理论勇气。许多同志主观上想有新意，但新不起来，条件所限，能力不够，都是原因，勇气也是一大问题。讲到勇气，人们常爱讲敢于向权威挑战，敢于打破传统观念，似乎自己是有了新见解，只是不敢拿出来。就我自己说情况不大一样。抓住新见解还是敢于发挥的，但常常是不敢突破自己头脑中已有的看法，没有理论勇气向自己挑战，形成新见解。知道垄断资本家曾购买制瓶机新发明专利，却不实施这类的两三个事例，确认垄断腐朽，未找到更多事例，就怀疑自己没找到更多这类事例，而不敢怀疑相信的论点。当然，要提出有新意的看法，还有个研究方法问题。用创造学的话叫做要善于克服心理定势，采用逆向思维、侧向思维的方法，还要多问一两个为什么。

前面提到，理论工作现在比较难做，可以说也要渡难关；而从另一个方面看，理论工作在当前又大有作为，并该有大作为。问题多，不容易说明，正需要有创新精神、创新信念和创新勇气。只讲老话，不仅研究搞不下去，上课也会“挂”在黑板前。只用老话，连自己都说服不了，何谈说服别人。不少老话还是要说的，需要经过创新性的再认识来确认。

决策认识论初探*

决策重要，决策难，决策需要科学化。实现决策需要科学化，有必要从根本道理上弄清楚决策究竟是什么，决策认识有什么特点，正确决策有什么条件。决策认识论的研究，对提高决策者的智慧和才能，具有重要意义。

一、决策是实践认识

人们常说决策是科学，是领导科学，因为决策有规律性，决策要经过认真的研究，其结果表现为概念、论断，要讲逻辑，讲是非，即有正确与错误之分。

人们又说决策是一种 art（艺术或技术），是领导艺术或社会技术，因为决策要善于审时度势，在多种方案中权衡利弊，择优而从，要讲技巧，讲效益，即有利多与利少、有利与有害之别。

两种说法都有道理，于是又有人说决策既是科学又是艺术，或者既不完全是科学又不完全是艺术。但这种介乎科学与艺术之间的东西到底是什么，似还有“辩证”（辨别、论证）一番的必要。

在日常生活和工作中到处有决策、决断，决策的主体是人，是群体（政党、政府部门）。领导者的重要职责，是对人们的行为目标和行为方式作决策。为了说明决策的特点、地位和作用，有必要从总体上考察经验认识、理论认识和实践认识的关系，特别是由理论到实践的转化。

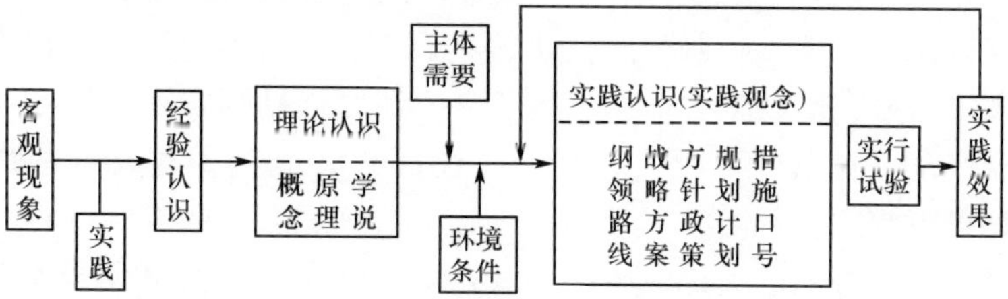

图 1

* 陈昌曙，原载《古今中外智慧之光》编写组，古今中外智慧之光，北京：中国经济出版社，1989 年。

如图1所示，人们的认识始于经验，再由经验上升到理论，在确认何种经验可靠或何种理论可信时，也要作决断或决策。但感觉经验、理论原则并不是决策的产物，而是客观事物及其本质的反映。通常说的领导决策，不是指对理论，比如对历史唯物主义原理或剩余价值学说做出决策。

人们所制定和选择的纲领、路线、方针、政策、计划、措施等也是一种认识，是对应当“做什么”和“怎么做”的认识，可以把这种认识写成文章、著作，作为信息传递。但它们却不同于回答事物“是什么”和“为什么”的理论认识，而是一种特殊的认识。这种特殊的认识可统称为实践认识或实践观念。决策首先是实践认识的形成，然后把选定的实践认识付诸实施。

实践认识或实践观念不是先验的，要以经验认识和理论认识为前提。正确的决策要符合客观事物的本性和规律，决策、实践认识是要讲是非的，广义地说，讲是非就与科学有关。那种不顾是非、只图功利的谋略只是实用主义的权术，那种违背客观事物本性和客观过程规律性的方案必然受挫或失败。

实践认识是人们根据主体需要和环境条件（如国情、省情）制定的，通常要在几种可能的纲领、路线、计划中做出选择，这种选定的中心是考虑到实行之后会产生何种效果。决策就是选定合理的实践观念，加以实施，并根据实践效果再补充修订原来的打算。

决策、实践认识可以也应当以正确的理论认识为指导。但确切地说，决策（包括正确决策）又不等同于科学认识或科学理论，领导机构可以做出决策，在10年内使生产总值增加一倍，或把大连、营口作为开放城市，或限定一对夫妇只能生一个孩子，这类决策无论对或不对，与科学理论都不是一回事，不能把这种同特定需要、特定环境条件相关的实践认识等同于理论原理。

二、实践与决策

如上所述，决策是实践认识或实践观念。就一定意义上说，得到正确的、有价值的实践认识，比得到正确的理论认识更为复杂。因为它要反映客观事物和过程，反映主体需要，反映多方面的环境条件，还要预见到实践效果，并把所有这些因素综合起来，在众多可能的方案（往往都有其道理和益处）中作决断。而科学认识是集中探究客观对象，且通常只有唯一解。这是两者的区别。决策过程复杂，只靠理论不可能逻辑地引申出实践认识，以为认真地研究了关于生产力的原理就会确定某省某年的基建投资规模，以为深刻理解了关于商品经济的学说就能提出我国价格改革的方案，无疑是把事情简单化了。

决策大致可以分为两种，一种是解决已经发生过的类似问题，另一种是解决过去未曾处理过的新问题。前者（常规任务决策）基本上可以利用已有的认识去制订方案，后者（非常规任务决策）则需要有新的经验认识、新的理论认识、新的实践认识。大体上沿用别国模式来建立本国的体制和发展经济，相对比较容易；而在我们这样一个经济文化落后又有10多亿人口的国家中，制定创新的路线、措施，不应当也不可能作为常规任务决策对待。

社会领域中的常规决策本来就少些。在工程技术方面，无论在哪个国家（乃至不同年代），炼钢铁、造汽车、建楼房，其基本原理和决策方案可大同小异，更不用说自然过程的重复性了。而社会生活不仅随历史推移有巨大的区别，还有经济的、政治的、文化的、民族的、地域的明显差异。再者，社会决策与有利益、思维和意志的人直接相关，这更增加了决策的复杂性。

对于复杂的、非常规任务的决策，人们总是想尽力做得更周到一些，尽力发挥理论的指导作用。尽管如此，仍不可避免要在决策中摸索，在摸索中决策，或者说要在过河中摸石头，摸着石头过河。医生遇到一般感冒患者，开个服用阿司匹林的药方就行。一位或一些精通病理学理论又有多年临床经验的名医，遇到病情复杂又前所未见此病的患者，恐怕也只能先以其知识和才能开出有一定试探性的药方，在治疗中诊断，在诊断中治疗。对“社会病”的治疗（克服社会中的弊端），对社会机体发展的谋划，与此亦有相通之处。

在社会决策中讲摸着石头过河，与按正确理论预见指导行动岂不矛盾，难道不是要容忍盲目的实践吗？能完全按正确理论做出正确的决策，又按正确的实践认识去行动固然很好。然而，在解决新的、复杂的社会问题时，按正确理论指导行动并不是完全能做到的，实践中的某种盲目性是不能完全避免的，这或许是决策的最大困难。

决策面向未来，对昨天和以前发生过的事情，我们只能去研究，不能对它们采取行动。亡羊补牢不是以已经亡的羊为目标，而是为了以后不再亡羊。可以说，经验认识是过去认识（经验只反映已经发生的东西），实践认识是未来认识（目标和如何达到目标），理论认识是一般认识（过去、现在、未来的普遍规律）。在理论认识指导下的决策有预见性，而且可以在行动之前就从逻辑分析上判明所提出的实践观念的正确程度，但这种正确预见终究是不完全的，有时是相对模糊的。越是具体的决策，其不确定性越大，罕有毫无任何风险的决策。司令员无需为过去的军事行动制定作战方案，在为下一步作战制订计划时，应当而且可能按军事理论、已有经验、手中情报和部队实力等，辨认出部队是进攻还是退却才正确。然而，究竟何者为宜，在实行之前则不能充分断定。司令部也不可能先按进攻试试，又按退却试试，再以被证明为正确的方案发号施令。一定要以被实践检验为正确的观念去指导实践，人们就无法前进，至少是不能采取新的行动。

军事指挥员总得在边作战中边侦察，随时估计敌我双方力量对比，及时调整部署。企业领导者可以大致估计到新产品生产的前景，但很难一下子做出新产品生产的长期规划和正确计划，而只能有一种初步的设想，在试生产中不断了解市场信息、库存和原材料情况，不断修正原来的打算。走一条新路，需要光明的指引，又必须摸索着前进。

三、理论与决策

决策、实践认识本身不等于理论认识，正确决策离不开科学理论。决策过程和实践认识的实现难免要摸着石头过河，却不能总是摸着走。对于全局性、长远性行为目标和行为方式的决策，有重大意义的战略决策，尤其如此。

在实践认识中，纲领、路线、计划、措施等与理论认识的联系各有不同。纲领、路线与理论的联系更为直接，计划、措施等则间接些，它们通常是为实现纲领、路线服务，经过纲领、路线的中介同理论联系。具体的计划、政策因时间、地点条件而异，更具有实践性，也更需要摸着石头过河。同时，又应当在摸索中及时地总结经验教训，不断完善原来的实践观念，使之日益科学化，不能老是摸而不思，老是看一步走一步。

战略和战略性的方案决策，重大的方针政策的决策，不能只是摸着石头过河，必须以理论研究为先导，以科学理论为指导。头痛医头，脚痛医脚，在一些情况下是必要的，这样做终究强于讳疾忌医。但作为战略、方针则不可只求治标，不讲治本，要治本就得抓住事物的根本，就要有科学的理论认识，解决基本的理论问题。经济过热导致通货膨胀，为控制物价，采取压缩基建规模的决策，应当如此。然而，为什么会一再发生经济过热，为什么可能出现基建规模过大的计划，为什么这种计划得以实施，更是值得探讨的问题。只在基建投资上采取措施减少若干个百分点，不从根本上研究经济过热现象的本质和根源，通货膨胀一时有所控制，过不久又会旧病复发。

基本理论问题的解决，总体指导思想的明确，影响到实践观念的各个方面，影响到多方面的实践行为。从“无产阶级专政下继续革命的理论”出发，必然导致方针政策上的一系列重大失误。以有计划的商品经济的理论为指导，才会有新的经济体制改革方案、并使国民经济计划、价格政策、税收政策乃至购买汽车办法，以新的面貌出现。与之相关，经济、文化生活中出现的一些混乱，又与对生产力标准的不同理解分不开。如果在理论上搞不清生产力标准同为人民服务的准则的关系，生产力标准同精神文明建设的关系，生产力标准同党政机关、学校、医院、部队工作的关系，生产力标准同共产党员标准和干部职责的关系，人们的行为目标和行为方式就会迷失方向。

四、“官员”兼学者与决策

决策是领导者的职责，决策需要理论，要实现决策科学化，必须有一批兼有学者风格和素质的官员。

作为领导者，不能以主要精力从事理论研究，他们不是专业学者。领导者对理论问题不需逐一仔细探讨，这些事要依靠理论工作者，理论工作者也应当做好参谋。可是，如果领导者不亲自研究重大问题，他们就很难理解智囊团提出的观点，或听而不闻，或简单地把参谋的意见当作命令，或在理论工作者的不同见解中摇摆不定。越是高级的领导人，越应当自己研究问题，越应当是官员兼学者。制定具体的计划、措施，不是高级领导人的主要任务，他们要处理纲领性、战略性、方针性的问题。如果不注重于弄清道理、讲清道理，下级人员就会无所适从，在迷宫中摸碰。

在现实生活中，一些同志总是希望上级领导拿出一套正确的理论体系来，作为决策和工作的蓝本，乃至抱怨社会主义初级阶段中改革、开放、搞活的理论不完整。要求中央领导者重视理论研究是对的，但理论研究是决策者和一般工作人员人人有责的事。如果党务工作者不研究领导作用、监督作用和保证作用的区别和联系，经济工作者不研究什么叫引进、消化、吸收国外先进技术，教育工作者不研究硕士生与大学生究竟有何不同，只要求上级部门拿理论、开药方，各项决策的科学化岂不成了空话！

官员兼学者是困难的，有时间上的矛盾，更有风格上的差异。学者讲探讨、争论，讲服从真理，摆各种观点，不急于做结论，他们在研究气氛中生活。做领导工作不可能总是议论是非，必须也应当讲服从上级、服从中央，他们在按上级文件条例办事的气氛中工作。长期在这两种有区别的气氛中生活和工作的人，自觉或不自觉地形成了不同的风格。学者们可能更容易从正确与否看决策，对实践观念的特殊性则顾及少些。官员们可能更容易按上级指示办，并不认真去研究有关的道理。把经常与理论认识打交道的风格同经常与实践认识打交道的风格结合起来，造就一批兼做官员的学者和一批兼做学者的官员，对决策科学化无疑大有益处。

工程技术方法*

创造和改进人工自然系统的手段和途径。它是工程技术知识的自觉应用。工程技术方法有多种层次和类型：有用于特定的工程技术领域的专门方法（冶金、炼铁、铜加工和硫酸制造等）；有用于某类工程技术活动的共有方法（机械加工、火法冶炼、液压传动和输配电等）；有与某方面工程技术要素相关的通用方法（机器设备的故障诊断、工艺自动控制和工程技术教育等）；有适用于一切工程技术过程的普遍方法（设计、试验、检测、系统、创造、成本功能分析和最优化等）。工程技术哲学着重探讨的是这些具有普遍性的方法，普遍方法是在概括总结各种专门方法、特殊性方法的基础上形成的。工程技术方法主要涉及新工艺、新材料和新产品的开发。更广泛地说，还要包括已有技术成果的应用和转移，如技术推广、技术改造和技术引进的方法等。

工程技术方法是工程技术知识的直觉应用。人们认识到使铁成为钢需要脱碳、脱硫，就用喷吹氧气的方法炼钢。有了金属形变的知识，就用压力加工的方法使金属成型。确立了关于技能的观点，就有技能培训的方法；而懂得了工程技术总体特征和工程技术发展的一般规律性的理论，并用以指导各种工程技术活动，就是工程技术的普遍方法。对工程技术缺乏必要的知识，或虽有知识但不去自觉地应用，就不可能有正确的工程技术方法。

一、简　史

工程技术方法的探索由来已久。中国古代的《考工记》就提出“工者巧”，古希腊哲学家亚里士多德认为“形式因”（指设计方案，形成产品的构想）是技术的要素，但对此均未作展开的论述。古代人更加关心的是特定对象的加工制作程序和配方，如织造、建筑、酿酒、制糖、造纸的方法及其改进。随着近代科学的发展，工程技术方法也逐渐科学化。科学原理的启示，科学实验的“放大”，常常成为技

---

* 本文是陈昌曙撰写的“工程技术方法”词条，英文标题为 Method of engineering and technology，引自于光远等主编，自然辩证法百科全书，北京：中国大百科全书出版社，1995 年，第 107 ~ 108 页。

术发明的源泉，工程设计使工程技术活动更加规范化，并且可以分工合作地进行。18、19 世纪的产业革命兴起以来，工程技术方法在设计研究、设计工程、发明学、创造学、设计方法论、工程设计原理、技术革新方法等名称下得到发展，其中工程设计方法论是最有影响和有代表性的。1920 年，德国建筑学家 W. 格皮乌斯创立了专门培养设计人才的学院。荷兰设计理论家 V. 都斯勃格曾提出建立一种客观的技术方法体系的要求。第二次世界大战以后，工程技术迅速发展。一批哲学家、科学家、工程师和设计师注重于从一般方法论的角度探讨工程技术活动和工程设计。德国有对机械设计一般过程的研究，美国人 F. 兹维基提出了设计形态分析法。20 世纪 60 年代初，美国工程师 M. 阿西莫夫出版了《设计导论》一书，提出工程设计是一个独立的领域，应当创立工程设计哲学来专门考察工程设计的一般原理、概念和通用的设计方法。1962 年，在英国召开了第一次设计方法讨论会，之后又多次召开了研讨设计方法的国际会议。在英国、美国、联邦德国和加拿大等国创刊了《设计研究》、《设计方法与理论》、《设计工程》等杂志。创造学、发明学等也对工程技术方法的探讨做出了重要贡献。中国在 1964 年曾开展了“设计改革”活动。提出了研究、试验、设计、制造、检验、安装和成批生产的“七事一贯制”。从 1981 年以来，工程技术方法的研究有了很大的进展，出版了一批专著和论文。

二、与自然科学方法的关系

工程技术方法与自然科学方法有密切的联系，二者都是人们有目的地探索和研究的手段，都要遵循客观世界的规律，都具有主体、中介、客体相结合的结构（见主体与客体）。在自然科学研究中，需要利用实验技术和实验技术方法，在工程技术研究中也要利用科学理论和理论思维的方法。二者在利用计量检测方法、创造方法、系统方法等方面是相通的，并且都要以唯物辩证法为指导。

同时，工程技术方法又在许多方面区别于自然科学方法。后者的主要任务是说明自然事物“是什么”和“为什么”，以增加人类的知识财富为目的。前者的主要任务则是创造、控制、改进和利用人工自然，解决“做什么”和“怎样做”的问题，以增加物质财富和社会实效为目的。自然科学方法着重于揭示自然过程的奥秘，工程技术方法着重于考察实践过程的机制，除了科学上的合理性，还必须估计到成本、资源、社会物质需求、道德法律规范、环境、安全、可靠性和人体的生理、心理条件等复杂因素。缺乏资金（money）、机器设备（machine）、材料（material）、人力资源（manpower）、管理（management）、市场（market）这 6 个“M”，生产技术和工程技术就难以成为现实。自然科学方法的运用，要求日益准确、精密、深刻地反映自然事物的各种属性和关系，对客观对象的分析是实现这一目标的前提。工程技术方法的应用，要求兼顾、协调、平衡人工自然系统中各要素之间的关系，在成本、功能、工期、先进性和安全可靠性等方面合理统筹，在综合、协调中实现最优化。在自然科学研究中也必须积累经验材料，运用经验方法，但核心是理性的方法。而在工程技术活动中，经验、技能则是必不可少的内在因素，经验的方法仍然占据重要地位。

三、特点和内容

工程技术方法的特点和内容，从根本上说与人工自然系统相关。人工自然系统的创造和改进即工程技术活动的过程，一般说来可以划分为以下步骤：①设定目标，分析现有技术状况与新的技术目标之间的矛盾；②提出和选择技术课题，搜集情报，进行技术预测和技术评估；③构思新技术方案，方案设计、研制，做出新的创造发明；④试验探索和验证，技术鉴定评价；⑤实施，提出技术规范和工艺制度，明确检测标准等。与这些步骤相对应，要选择有效的技术预测方法、技术评估方法、发明革新方法、技术设计方法和技术试验方法。

四、研究和运用

工程技术方法的研究和运用，对于推动技术开发和技术进步。实现技术现代化和提高工程技术活动的经济效益与社会效益，都有十分重要的意义。工程技术人员学习有效地创造和改进人工自然系统的方法，可以增加自己的聪明才智，事半功倍地完成任务。工程技术方法论的研究，对于丰富、发展科学技术方法论和马克思主义哲学，是非常必要的环节。马克思主义的认识论和方法论不仅要认真考察由物质到精神、由实践到认识的飞跃过程，还要仔细探讨由精神到物质、由认识到实践的飞跃。工程技术方法研究的问题，从根本上说来，就是如何实现由精神到物质、由认识到实践的转化。

工程技术方法的研究要以唯物辩证法为指导，以人类改造自然的实践为基础。工业史、技术史和发明史为工程技术方法研究提供了大量实际资料，分析历史资料，从中做出正确的逻辑概括，是工程技术哲学包括工程技术一般方法研究的重要途径和任务。必须总结历史上和现实的工程技术活动中成功的经验和失败的教训，不断充实工程技术方法的内容。数学、系统科学、创造心理学、技术经济学、技术社会学和人体工程学等学科，是工程技术方法研究不可缺少的知识领域。工程技术方法的发展，还必须借鉴自然科学的研究方法。

参考文献

[1] 丁汉哲．试验技术．北京：机械工业出版社，1982.
[2] Asimov M. Introduction to Design. Englewood Cliff：Prentice Hall Inc，1962.

关于社会科学划界的几个问题*

人们对社会科学的对象和性质已有公论乃至定论，普遍认为它是研究社会现象和研究人与人之间关系的学问，属于社会的上层建筑和意识形态。社会科学与经济基础密切相关，为占统治地位的阶级服务，有阶级性。这些见解当然是持之有据，言之成理的，否则也不会被广泛接受和流传。但是，由于学科的多样化，特别是当代社会生活的复杂化，这些观点并不都是绝对固定和无可商榷的，至少不应把它们简单化、教条化，本文拟就此作粗浅的议论，主要是提出一些可供探讨的问题。

一、社会科学与人文科学

关于社会科学的学科方向和专业领域，首先值得讨论的问题是它与人文科学的关系。尽管“社科”、“文科”是我们常用的称谓，尽管近10年来既要求学生了解社会，又倡导提高人文素养，并且在一些大学成立了人文社会科学院，但是，对于社会科学与人文科学的内涵、外延和它们的关系，并不是已讨论得很清晰了，人们所持的观点还颇有歧义。当然，名称并无特别重要的意义，但词语的推敲终究是难以完全避免的，学术上总该要求名正言顺，基本概念的界定更值得探讨，更何况对于人文社会科学的理解不同多少还会影响到人们的研究范围、方向、态度和方法。

对于社会科学与人文科学的关系，有诸多可以研究的东西，仅就二者的划界看，大致上存在着以下三类观点：

一是认为社会科学已包括人文科学，确切地说，无需在社会科学之外再提什么人文科学，科学从总体上只能大分为自然科学和社会科学，凡属考察社会现象的学问都属于社会科学；而且持这种观点者强调，在现实生活中找不到非社会的或超社会的“人类文化”、“人类价值”、“人类心理”，文化、艺术、教育、民俗等方面的项目应都属于社会科学规划的内容，这些方面的著述应纳入社会科学的成果来表扬、奖励。

---

* 陈昌曙，社会科学辑刊，1997年，第6期：第34~38页。

在这类观点中还包括一种“现实历史的传统”，即认为“人文科学”是外国人的说法，我们的规范用语则应使用“社会科学”的范畴，人文科学只被看做是社会科学一词的不甚确切的表述，如《汉语大词典》第1卷（上海辞书出版社，1986年）所说，人文科学是“现代用作社会科学的别称”。长期以来造成的印象是，似乎马克思主义只讲社会科学，回避乃至不讲“人文意识”，人文科学的概念被淡化或淘汰。

第二类观点是认为在人文社会科学体系中，主要和首要的是人文学科，社会科学居于第二位，认为人文科学包括社会科学，源头是人文科学，持这种观点的一个重要理由是认为人文科学在11世纪就已形成，并有了长期的历史演化，社会科学只是到19世纪以后才派生出来的。人文科学原指的就是与人有关、与人的利益有关的学问，社会科学要以研究人与人的关系为对象，理应视为是近现代人文科学的特殊部分。在我国虽未见到有人明确地论证这种观点，但可找到接近的看法，如我国1979年出版的《辞海》就提到，广义的人文科学“包括哲学、经济学、政治学、史学、法学、文艺学、伦理学、语言学等”。外国学者通常更多地用人文科学的提法，在《简明不列颠百科全书》（中国大百科全书出版社，1986年）中只列有“人文学科”和“社会科学史”的词条，而不把“社会科学”作为一个条目。

第三种观点则认为社会科学与人文科学在原则上并无互相包容的关系，也不能和不该一般地去排定二者的主次坐席，主张既要确认非人文学科的社会科学，也要认同非社会科学的人文类学科，认为不该在学术上“排斥异己”，反对任何一种“学科沙文主义”。目前，我们常用的“人文社会科学”的提法，大体上就可看做是这样一种“并存论”。但赞同这两种学科并存者对于它们的联系和区别，看法又不尽一致。国外认同社会科学的人，有的认为社会科学是实验性和定量化的，人文科学则是“印象主义”的；有的认为社会科学更多地要求知识和理解，人文科学更需要有涵养和领悟，有的认为人文科学不仅仅是对文化艺术的研究，语言、文学、绘画、音乐、雕塑、建筑等领域本身就是人文学科。

本文认为，从总体上讨论人文科学与社会科学的关系，乃是值得去做的一件事情，这种讨论可能会涉及诸多方面，包括工具书的词条和学科专业目录，虽咬文嚼字，却既难逾越，又有意义和意味。例如，究竟该给社会科学和人文科学下怎样的定义，怎样来阐明这二者的差异和统一。对于政治学、经济学、社会学、法学、哲学、历史学、语言学、人类学、考古学、艺术学等学科及它们的各个分支，哪些应归属于社会科学，哪些要算作人文科学。如果这两大类学科的内容、性质、使命、特色、规范有所差异，我们对这两者的发展和应用又各应持何种态度和方法，等等。基于长期以来我们多讲社会科学，当前是否要多关注些人文科学和人文类学科的发展，也值得考虑。

二、社会科学的阶级性与“人类性”

与上一问题有关，值得研究的还有人文社会科学的阶级性，这个问题本可以是毋庸置疑的，可以认为是社会科学的一个基本的观点。显而易见，对于某种武器的物理性能或鸦片的生物化学结构，人们通常会持同一的观点，而不同的社会阶级对于同一的社会现象的意义，对于善与恶、正义与非正义则常有不同的或相反的论断。有人故意把侵略说成“进入”，把鸦片战争说成是“鸦片贸易”，就明显地表现着社会意识形态的特点和阶级观点上的对立。然而，这并不就意味着社会认识和人文社会科学的阶级性问题已无任何商榷的余地或已完全解决了。这里至少有以下几点是可以探讨的：其一是阶级性可否有广义与狭义之分；其二是阶级性可否有强弱之分或程度上的差异；其三是应如何看待某些现代人文学科及其课题的“人类性”，乃至人类正在增强的现实。

人们通常所说的阶级性，如社会意识形态的阶级性，实际上并不仅仅是指根本对立阶级在重大社会政治问题上见解相背，还常常指人们的利益多寡和地位高低会影响到他们的思想观念，制约他们对客观规律的把握，这样一种功利性也可以说就是“广义的阶级性”。在这点上，人文社会科学的研究与自然科学探索确有重大的差异。对后者，经济利益固然会成为探索的动因，但不会构成认识内容的是非；对前者，根本经济利益和政治地位的状况不仅会推动人们去追求客观真理，或使人们安于现状不思进取，而且还会在认识内容上有助于对客观现实的把握，无私无畏天地宽，或妨碍人们如实地认识客观事物，如由私心导致杂念，利令智昏、歪曲现实，功利上一叶障目而不见泰山。不仅如此，许多非根本经济利益或阶级关系的因素，如人们的民族、地域、职业、性别、个人经历、年龄及家庭状况的特点，乃至某些细微的文化差异，如兴趣与爱好的不同，也会使他们对同一社会现象做出不同的判断。在人文社会的领域，追求客观真理有其特殊、复杂的情况，并不是轻易地断言“社会科学真理要是真理就没有阶级性”可一笔结账的，我们不能只讲社会认识的客观性，低估和忽视社会观念的阶级性、功利性、社会性，当然，“广义阶级性”的概念并不确切，而用“社会性”来表述又不够具体！

那么，能否说一切人文社会科学学科都有阶级性，或均有同等程度的阶级性呢？对此，已有了大致相近的看法：可以认为，政治学、法学是有很强阶级性的，语言学、考古学是无阶级性的，伦理学、美学、社会心理学、教育学、人口学等介乎其间。或许相对地看，社会科学学科的阶级性一般说来要强于人文科学学科。这里，事情不仅仅在于各门人文社会科学在阶级性方面有无强弱程度上的互不等同，而且在于人们在研究和评价各门不同学科时所运用的立场、观点和方法也应互有区别。

与此有关，会涉及某些人文社会学科的“人类性”问题，这里说的人类性是指以人类利益、人类未来、人类价值为研究的导向和方向，从这里出发来探讨社会问题，而不局限于或超出于阶级、国家、民族的视角，这是否可看做是现代人文社会科学发展中的一个新变化和新特点呢？长期以来，我们或是把讲人类问题看做遥远的事情，不大现实，或认为讲“人类生存”、“人类利益”的人旨在淡化和否定社会阶级矛盾，但是，我们的这种态度是不该僵化的，而应适时改变。我们要注意到，近半个世纪里日趋激化的全球性问题已使人们的视角有了重大的变化，新问题、新视角衍生出许多关于整个人类的研究，如有关可持续发展的社会学探讨。

当然，我们还要注意到考察“人类性问题”也不能全然抛开阶级性，造成资源和能源短缺、温室效应、环境污染、生态恶化等并非是各个国家、各个阶级都有均一的、同等的罪过，并非是人人都有等量的责任，对于治理环境、维护生态也并非各国、各阶级都有等同的义务。在这个问题上，我们不应不加分析地谴责整个人类，不要笼统地批判人类和“人类中心主义”。有的文章把“全球性问题”的根源归之于无差别的人类，而这些问题的解决则要求无差别的“人类反省”，这种观点并不符合实际，至少不全面。

另一方面，我们也要充分估计到，温室效应、生态破坏、物种灭绝、资源危机、土地沙化这些问题带来的后果，又不仅仅关系到某一个阶级、某一个国家，而是威胁到整个人类的生存和繁衍，各个阶级、各个国家、每个人都要承受这种威胁，都要面对同样的危机，并要做出共同的回应。在这种情况下，原来更强调和只注重阶级关系的社会科学研究，至少在近30多年里，更转向于考察现实的全球性问题或人类问题，更转向于探讨人类生存、人类未来、人类利益和人类价值，更多地从人类的持续发展来看生产、消费、人口、法律、政策、伦理等，因而不仅出现了社会学、环境心理学、生态经济学、生态伦理学这类阶级性弱化、人类性明显的学科，原有的人文社会科学领域也多有“人类性课题”的研究。我们要认真研究当代社会科学在内容和性质上的这种动向，至少不要全然用传统的阶级性观念套用于环境社会学和可持续发展论的学科；或者换个角度说，我们今天要略多一点关注于社会科学的人类性和人类性的人文社会科学的学科和课题。如果我们一定要把重点放在划清无产阶级的环境社会学和资产阶级的环境社会学上，非得要论证森林法、野生动物保护法及对它们的研究有强烈的阶级性，可能不会有多大的学术价值和现实意义，也不会有多大的进展。

三、社会科学与决策科学

探讨社会科学的性质、地位和作用，必会涉及社会科学的应用和应用社会科学，涉及诸如政策研究、领导科学、战略研究、软科学的学科，涉及党和政府的纲领、路线、战略、方针、政策、规划、方案、措施、口号、策略等，涉及社会科学与管理科学的关系，在这些方面有许多实践意义很强的划界问题值得探讨，但对这些问题似乎不缺乏认真细致的研究。本节不可能逐一考察这些方面，也不探讨诸如工业经济学、科技法学、行政管理学这类的“交叉链”应用社会科学学科，而只就社会科学的实践化、社会科学与决策科学的相互转化讲一点意见。

首先要明确的是，由社会科学理论到社会实践推移必须要有中间环节，再正确、全面、深刻的社会科学理论，都不可能直接处理和解决特定时间、特定领域的具体实践任务，有如精通《资本论》未必就能制定出一个企业的经济运作方案，这里的问题不仅是理论要联系实际，而且是理论需要经过一系列中介性环节才能转化和应用于实践过程。即使是非常简化和线性地看，这种转化也需要一个由社会科学理论—纲领—路线（或战略）—方针（和政策）—规划（或方案）—措施（和口号）—实践操作和实践行为的过程。对这个过程，我们理应有较为充实的研究和成熟的成果，遗憾的是所见还不多，如我们经常讲到方针政策，但究竟什么是方针，什么是政策，它们各有何内涵和特点，是方针的外延大于政策，还是政策的外延广于方针，似乎并不只是“书呆子问题”可以不屑一顾。

与此有关，还可以对纲领与理论（当然主要指社会科学理论）、政策与科学的关系之类问题作点研讨。例如，纲领同理论最密切相关，更直接些地是理论的延伸，但纲领毕竟不同于或不是理论本身，有了正确的理论也未见得就一定有正确的纲领，纲领有误未必都是理论根本不对，不应把纲领同理论完全作为一回事来看待。同样，也不该把政策与科学完全等同起来。人们常说到的政策科学或政策是科学，多有模糊或误解。实际上，所谓“政策科学”既可以指政策合乎科学或政策正确，也可以指关于政策学问或对于政策的研究，指真正的政策科学。但需要明确的是：政策本身并不是科学，“政策科学”也就不是政策。

作为划界问题，首先需要研究决策、政策与科学的区别，继而探讨它们的联系，在这个基础上再来阐明决策科学与社会科学的关系。总的来说，科学与政策至少有以下几点差异：①科学注重于揭示本质和分析原委，政策着重于达到目的和满足需求；②科学力求做到全面、精确，政策必须要有兼顾和折中；③科学是普遍性、一元性、通用性的，政策总是针对着特定的时间、地点和问题，有明显的专有性和多样性；④科学更讲究是非的确认、真理的验证，政策则要求方案的实现、效益的获得；⑤科学（包括社会科学）并不直接约束人们的行为，它倡导百家争鸣，政策规范人们的时间活动，一般不倡导商量，有一定的强制性。简言之，政策是以其合理性、可操作性来衡量的，政策的合理性既要看它是否合乎客观规律性和实际情况，也要看它是否符合群众的利益和需要。政策当然要有其科学性，需要在正确的理论和纲领指导下制定，需要以调查研究为基础，但即使是合理的、可操作的、正确的政策，亦不完全等同于科学。正确的、合理的人口政策不同于人口科学的理论和规律，符合科学的、正确的经济政策和经济改革计划也不同于经济科学。符合客观规律性的政策措施毕竟不同于科学原理，何况政策措施未必就合乎科学。在这一类问题上，如果简单化地断言纲领就是科学，政策就是科学乃至措施、口号就是科学，是无益和有害的。我们既不要把科学神秘化，不要过度抬高社会科学研究的价值，也不要把科学世俗化或过高评价政策的意义。与此相关，决策科学或政策科学尽管属于科学，具有科学的上述特点，但它们与社会科学的基础学科相比又有政策特点，应视为社会科学的应用学科。

在明确了社会科学的重要性和政策不同于科学的前提下，当前又确实需要强调开展政策研究和进行决策科学的探讨，我们要把由社会科学理论到社会实践转化的过程具体化，搞清楚其中的各个中间环节及它们之间的相互关系，从而更有力、更明确地发挥社会科学理论对社会实践的先导和指导作用，就必须深入开展“决策科学”的研究，问题只是要真正把他们作为科学来对待，而不是仅仅列举材料。为了有利于决策科学的发展，应当名正言顺地把“领导科学”、“政策科学”，以及名称有些模糊的“软科学”作为社会科学的应用学科看待，充分重视决策科学研究的成果，并给这类成果以足够的肯定。

我们在决策科学研究中要依靠社会科学的基础理论，而社会科学基础理论的发展也要依靠决策科学的研究。社会科学问题是需要从另一个角度来考虑，即从社会实践运作（包括规划、方案、措施、口号等）—方针（政策）—路线（战略）—纲领—理论的过渡，要有从政策研究向社会科学基础理论的转化。社会科学工作者不能只强调方针政策需要有理论的指导，同时要充分重视路线、方针和实践经验总结对理论的发展有重要的意义，社会科学的研究不能只依靠文献的分析综合，还必须要进行实地调查和参与实践，认真听取社会实践者包括职工群众、企业家和“官员”们的意见。我们不仅需要改变某些偏见，如断言政策无所谓科学或无所谓政策科学，而且需要改变只注重于学术文章、不关心实践的研究方法，充分重视决策实践和决策科学的动向。

参考文献

[1] 于光远．论社会科学研究．成都：四川人民出版社，1981.
[2] 刘仲亨．社会科学与当代社会．沈阳：辽宁人民出版社，1987.
[3] 朱红文．人文精神与人文科学．北京：中共中央党校出版社，1994.

后　记

陈昌曙教授一生致力于中国技术哲学研究，开创了中国技术哲学研究工作的先河。可以说，陈昌曙教授学术生涯前期的研究是为建构中国技术哲学体系进行准备，而后期的研究则是在不断完善和深化这一体系。但无论是在前期的准备过程中还是在后期的完善过程中，陈昌曙教授的研究中有大量关于科学认识论与方法论这一主题的研究成果。这些研究成果既为陈昌曙建构中国技术哲学体系提供了坚实的理论积累和铺垫，又是陈昌曙技术哲学体系中不可缺少的一部分。这些成果散落在陈昌曙先生学术生涯的各个时期，从 20 世纪 50 年代一直持续到 90 年代后期，除“文化大革命”期间因遭受迫害被迫全面停止研究工作外，陈昌曙先生从未间断过对这一主题的思考，研究具有一定的稳定性和连续性。

关于科学认识论和方法论的研究贯穿了陈昌曙先生的整个学术生涯，成为其最为重要的研究主题之一。在其学术生涯的早期，他从哲学认识论研究开始，而后将认识论与自然科学相结合，转而关注科学认识论与方法论的研究；后期，陈昌曙先生一边继续科学认识论与方法论的研究，一边在建构技术哲学研究整体框架的过程中将技术方法论研究纳入其中。

陈昌曙先生关于科学技术认识论与方法论这一主题的论述既有时代特征又具前瞻性，既有理论思辨又有实践依据。这一主题是陈昌曙先生学术思想重要组成部分，将这一主题的成果集结成册，一来有助于脉络清晰地呈现陈昌曙科技认识论与方法论的研究思路，二来有助于全面深入地挖掘陈昌曙科技认识论与方法论的研究思想，三来有助于微观细致地考察陈昌曙学术思想的发展脉络。这既是对一位学术大家的最高礼敬和缅怀，也是为后人研究其思想留存宝贵资料。

本书共收录了陈昌曙先生关于科技认识论与方法论的一本专著《自然科学发展与认识论》（1983）23 万字，一本译著《新实证主义对逻辑问题的歪曲》（1958）5 万字，18 篇文章和资料（主要散见于已出版图书前言和广播讲座），约 14 万字，共计 42 万字。编排的顺序是，专著和译著在前，文章和资料在后。文章和资料按照出版时间顺序排列，以期还原陈昌曙先生的思考过程。

在编辑这部分内容时，除了按照科学出版社出版体例的要求，对每篇文章和专著的格式做了统一处理之外，未对文稿内容做任何修改，原样馈赠读者，以表达对陈昌曙先生思想的尊重。

感谢陈昌曙先生的夫人罗蒨教授为本卷的出版提供了丰富的资料——几乎全部论文的原件或复印稿，只需从散落的文献中找到一些文稿作为补充，省去了本卷编辑者的大量精力和时间。感谢大连理工大学的刘则渊教授提供了陈先生撰写《自然辩证法大百科全书》中“工程技术方法”词条的线索。本卷的部分文章与《马克思主义哲学》卷有交叉，在编辑过程中朱春艳教授与本卷编者及时沟通，很好地解决了内容的取舍，在此一并感谢。参加本卷整理、编辑文献的人有张慧、郭嘉、黄晓伟、王义、王晓航、赵凯、陈绍博，由罗玲玲统稿。

由于本卷文献的编辑者大都年龄尚轻，很难做到与陈昌曙先生同时代的人那样对其文章有深刻记忆，很可能会遗漏一二。期待随着本卷的出版，引起学术界对陈昌曙先生思想的研究。如果发现了新的文献，在此向陈昌曙先生和罗蒨教授表示歉意。

罗玲玲

2013年5月18日